教育部高等学校地矿学科教学指导委员会
采矿工程专业规划教材

数字矿山技术

主　　编　吴立新

副 主 编　陈建宏　　汪云甲

参编人员　吴立新　　王　青　　马洪滨

　　　　　刘善军　　徐白山　　王　植

　　　　　车德福　　柳敬献　　孙效玉

　　　　　陈建宏　　吴　超　　王李管

　　　　　汪云甲　　杜培军　　林在康

　　　　　郭增长　　张　锦　　赵俊三

参编单位　东北大学　　　　中南大学

　　　　　中国矿业大学　　河南理工大学

　　　　　太原理工大学　　昆明理工大学

中南大学出版社

www.csupress.com.cn

内 容 简 介

　　本教材是教育部高等学校地矿学科教学指导委员会规划教材。共分 10 章，分别介绍数字矿山的基本知识，矿区资源环境信息获取、处理与估算，矿山空间信息获取、处理与制图，矿山生产与安全信息收集及分析，矿山信息集成管理与共享利用，矿山信息集成建模与可视化，采矿数字化设计与决策优化，矿山数字化通信与自动化，矿山模拟、仿真与虚拟现实，数字矿山典型系统与建设范例等。本教材图文并茂，并结合课程进度安排了 3 次上机实习，主要锻炼学生了解和使用遥感应用软件、GIS 软件和地矿三维建模软件。

　　本教材侧重于矿山空间信息获取与建模、数字矿山关键技术与应用、典型采矿软件系统与示范，是教育部高等学校地矿学科教学指导委员会规划的采矿工程本科专业教材，可供安全工程、测绘工程、地质工程、自动化工程、通讯工程、计算机工程、管理工程等专业的本科教学使用，也可作为相关专业研究生、大专生的教学参考书，以及供矿山工程师和设计研究人员参考使用。

图书在版编目（CIP）数据

数字矿山技术／吴立新主编.—长沙：中南大学出版社，2009
ISBN 978 - 7 - 81105 - 983 - 0

Ⅰ.数… Ⅱ.吴… Ⅲ.数字技术－应用－矿山－矿业工程
Ⅳ.TD679

中国版本图书馆 CIP 数据核字(2009)第 183728 号

数字矿山技术

主编 吴立新

□责任编辑　汪宜晔
□责任印制　易红卫
□出版发行　中南大学出版社
　　　　　　社址：长沙市麓山南路　　　　邮编：410083
　　　　　　发行科电话：0731 - 88876770　　传真：0731 - 88710482
□印　　装　长沙雅鑫印务有限公司

□开　　本　787 mm×1092 mm　1/16　□印张 16.25　□字数 445 千字　□插页 24
□版　　次　2009 年 11 月第 1 版　□2019 年 12 月第 3 次印刷
□书　　号　ISBN 978 - 7 - 81105 - 983 - 0
□定　　价　48.00 元

教育部高等学校地矿学科教学指导委员会
采矿工程专业规划教材

编 审 委 员 会

序 ......

　　站在 21 世纪全球发展战略的高度来审视世界矿业，可以清楚地看到，矿业作为国民经济的基础产业，与其他传统产业一样，在现代科学技术突飞猛进的推动下，也正逐步走向现代化。就金属矿床开采领域而言，现今的采矿工程科学技术与 20 世纪 90 年代以前的相比，已经不可同日而语。为了适应矿业快速发展的形势，国家需要大批具有现代采矿知识的专业人才，因此，作为优秀专业人才培养的重要基础建设之一——教材建设就显得至关重要。

　　在 2006—2010 年地矿学科教学指导委员会（以下简称地矿学科教指委）的成立大会上，委员们一致认为，抓教材建设是本届教学指导委员会的重要任务之一，特别是金属矿采矿工程专业的教材，现在多是 20 世纪 90 年代出版的，教材更新已迫在眉睫。2006 年 10 月 18~20 日在中南大学召开了第一次地矿学科教指委全体会议，会上委员们就开始酝酿采矿工程专业系列教材的编写拟题；之后，中南大学出版社主动承担该系列教材的出版工作，并积极协助地矿学科教指委于 2007 年 6 月 22~24 日在中南大学召开了"全国采矿工程专业学科发展与教材建设研讨会"，来自全国 17 所院校的金属、非金属矿床采矿工程专业和部分煤矿开采专业的领导及骨干教师代表参加了会议，会议拟定了采矿工程专业系列教材的选题和主编单位；从那以后，地矿学科教指委和中南大学出版社又分别在昆明和长沙召开了两次采矿工程专业系列教材编写大纲的审定工作会议。

　　本次新规划出版的采矿工程专业系列教材侧重于金属矿床开采领域。编审委员会通过充分地沟通和研讨，在总结以注教学和教材编撰经验的基础上，以推动新世纪采矿工程专业教学改革和教材建设为宗旨，提出了采矿工程专业系列教材的编写原则和要求：①教材的体系、知识层次和结构要合理，要遵循教学规律，既要有利于组织教学又要有利于学生学习；②教材内容要体现科学性、系统性、新颖性和实用性，并做到有机结合；③要重视基础，又要强调采矿工程专业的实践性和针对性；④要体现时代特性和创新精神，反映采矿工程学科的新技术、新方法、新规范、新标准等。

采矿科学技术在不断发展，采矿工程专业的教材需要不断完善和更新。希望全国参与采矿工程专业教材编写的专家们共同努力，写出更多、更好的采矿工程专业新教材。我们相信，本系列教材的出版对我国采矿工程专业高级人才的培养和采矿工程专业教育事业的发展将起到十分积极的推进作用，对我国矿山安全、经济、高效开采，保障我国矿业持续、健康、快速发展也有着十分重要的意义。

中南大学教授

中国工程院院士

教育部地矿学科教指委主任

前　言 ......

　　空间信息技术与数字化、自动化、智能化浪潮给当代社会带来了巨大变革，许多行业的组织管理、生产作业与决策指挥的方式方法与技术模式均呈现了崭新面貌。采矿行业在这一浪潮中面临新的机遇和挑战。数字矿山作为一种理念，其思想的实现和技术的突破体现在矿山数字化、信息化和智能化的渐进发展过程中。数字矿山技术对于提高采矿业的劳动效率、改变安全生产状况、促进绿色协调开采具有重要意义。

　　本教材主要面向我国有关高等院校的采矿工程、安全工程和测绘工程专业的本科教育，同时面向这些高校的地质工程、自动化工程、通讯工程、计算机工程、管理工程等专业的本科教育，也可作为相关专业研究生、大专生的教学参考书。本教材旨在传授新思想、新方法、新技术，使得我们的下一代采矿工程师和矿业科技工作者不仅掌握扎实的数字矿山相关理论与关键技术，而且具有更高的视点、更宽的眼界和更远的目光。

　　本教材按总论、信息获取与建模、关键技术与应用、典型系统与示范的逻辑顺序，由10章组成，依次为"第1章　数字矿山的基本知识"、"第2章　矿区资源环境信息获取、处理与估算"、"第3章　矿山空间信息获取、处理与制图"、"第4章　矿山生产与安全信息收集及分析"、"第5章　矿山信息集成管理与共享利用"、"第6章　矿山信息集成建模与可视化"、"第7章　采矿数字化设计与决策优化"、"第8章　矿山数字化通信与自动化"、"第9章　矿山模拟、仿真与虚拟现实"、"第10章　数字矿山典型系统与建设范例"。

　　本书是"教育部高等学校地矿学科采矿工程专业规划教材"。对于编写小组来说，是一个不小的考验，也是一次挑战。来自东北大学、中南大学、中国矿业大学、河南理工大学、太原理工大学、昆明理工大学的18位专家、教授参与了本教材的编写工作，历时一年。参编人员及其完成的章节分别为：吴立新（第1章、第5.3节、第6.1~6.5节、第9.4.4节、第10.1.2节、第10.2.1~10.2.3节、实习三）；

~ 1 ~

陈建宏(第2.5节、第7.1节、第9.2.3节、第9.4.1、9.4.2节、第10.1.6节);汪云甲(第2.1.1~2.1.3节、第3.3.1节、第10.1.3节);王青(第7.2、7.3节、第10.1.4节);马洪滨(第3.1节、第3.2.2、3.2.3、3.2.5节);刘善军(第2.1.4、2.4节);徐白山(第2.2节);王植(第3.2.1节、第4.1、4.2.2、4.2.3、4.3节、第8.1、8.2节);车德福(第6.6节、第9.2.1、9.2.2、第9.4.3节);柳敬献(第9.1.2节、第9.3节);孙效玉(第10.1.5节);吴超(第9.1.1节);王李管(第10.2.4节);杜培军(第3.2.4、3.3.3节、第5.5节、实习二);林在康(第3.3.2节、第10.1.1节);郭增长(第4.2.1节、第8.3节);张锦(第5.1、5.2、5.4节);赵俊三(第2.3节、实习一)。

对于以上专家、教授的辛勤工作和无私奉献表示由衷的感谢!也对教材中所涉及到的知识和成果的所属单位和作者表示真诚的感谢!由于篇幅所限,参考文献中未能一一列出,请予理解!

最后,希望同学们能从本教材中体会到知识的营养和学习的乐趣,祝你们早日成材!

吴立新

2009 年 7 月 25 日

目　录

第1章　数字矿山的基本知识

21世纪是信息主导的世纪，"数字化"已成为知识经济的标志。

1998年底，前美国副总统戈尔提出了数字地球（Digital Earth，DE）的概念，指出将各种与地球相关的信息集成起来，可以实现对地球的数字化、可视化表达，以及多尺度、多分辨率动态交互。世纪之交数字地球概念的提出，导致国际空间信息技术竞争和国家高技术力量对比的新局面。目前，空间信息技术在世界各国的土地、城市、交通、环境、农业、水利、矿山等领域的应用越来越广泛和深入。中国政府对空间信息技术及其综合应用高度重视，并于1999年提出了数字中国战略，随即以一系列"金"字工程为代表的数字中国（Digital China，DC）项目的建设有序铺开，带动了一批行业或领域信息技术的创新发展和工作模式的改造提升。如今，数字区域、数字国土、数字行业、数字工程等数字中国子集的建设与实施如火如荼，数字矿山（Digital Mine，DM）研究与建设蓬勃发展。

1.1　数字矿山的起源

随着信息科学技术的迅速发展和全球经济一体化进程的加快，市场竞争日益加剧，导致信息技术愈来愈广泛地应用于社会经济的各个领域，信息化、网络化、数字化已成为当今社会发展的重要而基础的手段。企业信息化也越来越受到人们的重视，传统产业的信息化改造与提升为大势所趋。处在世纪之交信息技术蓬勃发展的浪潮中，对于古老的采矿业而言，其机遇与挑战并存，采矿业的创新发展——数字矿山成为必然趋势。

1.1.1　数字地球与数字矿山

数字地球和数字中国战略的提出，以及数字农业、数字海洋、数字交通、数字长江、数字城市等一系列数字工程的实施，不断激励广大矿业科技工作者去做关于矿山信息化和传统矿山创新发展的思考。

受数字地球与数字中国概念的启发，在矿山GIS（Mine Geographical Information System，MGIS）研发与矿山信息技术推广应用的基础上，吴立新等一批中国学者开始形成了数字矿山的理念与设想。1999年11月，在北京召开的"首届国际数字地球会议"上，吴立新教授率先提出了数字矿山的概念，并围绕矿山空间信息分类、矿山空间数据组织、矿山GIS等问题进行了分析和讨论。何谓数字矿山，简而言之，数字矿山是"对真实矿山整体及其相关现象的统一认识与数字化再现，是一个硅质矿山，是数字矿区和数字中国的一个重要组成部分"，如图1-1所示。

图1-1　数字地球、数字中国与
数字矿山的关系

此后，在《矿山测量》、《煤炭学报》、《中国矿业》、《科技导报》等杂志上相继发表了多篇学术论文，进一步阐述了数字矿山的理念、概念、目标、框架、特征等关键内容；并在"计算机在矿业中的应用国际采矿学术会议（APCOM，2001）"、"中国矿业联合会年会（2001）"、"全国矿山测量学术会议（2002）"、"中国科协第 86 次青年科学家论坛（2004）"、"采矿、安全与环境保护国际学术会议（2008）"等学术会议上，组织国内外专家对数字矿山的概念、内涵、特征、框架、近期任务、关键技术、发展方向等展开了讨论，逐渐明晰了数字矿山的有关内容，梳理了概念、统一了认识，为数字矿山的科技发展和工程实施奠定了良好基础。

1.1.2 矿山空间数据基础设施

国家信息基础设施（National Information Infrastructure，NII）是继信息高速公路（Information Super - Highway，ISH）之后，人们提出的又一个新的、内涵更为丰富的概念。NII 不仅包含 ISH 等网络设施，而且包含国家基础地理、基础测绘、社会经济统计等基础数据资源。其中，国家空间数据基础设施（National Spatial Data Infrastructure，NSDI）是 NII 的重要组成部分。NSDI 是指国家地理空间数据的获取、处理、访问、分发以及有效利用所需的技术、政策、标准和人力资源。它应包括数据交互网络体系、基础数据集、相关法规与标准、机构体共 4 个方面，具体如国家基础空间数据库、国家空间数据标准、国家空间数据共享网络、国家空间数据处理系统、国家空间数据获取系统、国家空间数据获取与管理机构、国家空间数据层次体系等。

矿山空间数据基础设施（Mine Spatial Data Infrastructure，MSDI）是矿山的一种重要资产与资产形式，是现代化矿山必备的基础设施，包括矿山信息网络、矿山空间数据获取与处理技术体系、矿山空间数据仓库、矿山空间信息标准、矿山空间信息共享、交换与访问控制措施等。其中，以矿山地质测量数据为主体内容的矿山空间数据仓库是 MSDI 的核心。同时，MSDI 既是数字矿山的基本组成，也是 NSDI 的一个重要子集，其中的部分内容可以纳入到 NSDI 的区域子集（矿区）和行业子集（矿业）中。MSDI 与 NSDI 的关系如图 1 -2 所示。

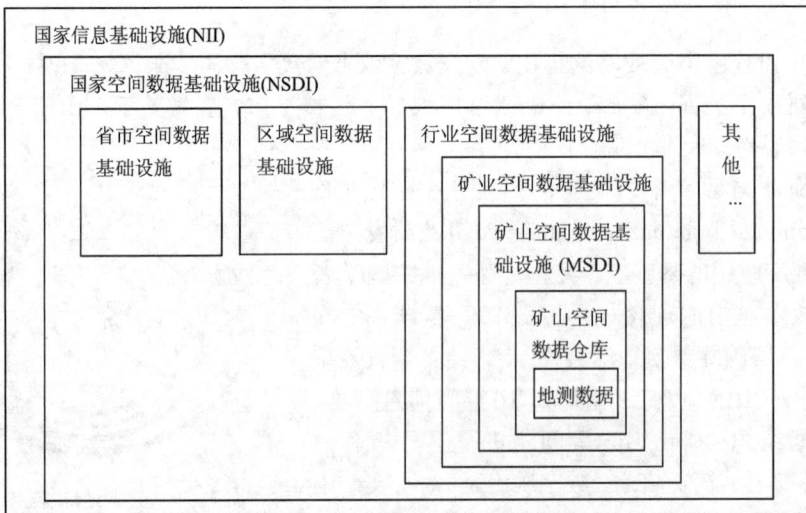

图 1 - 2 MSDI 与 NSDI 的关系

1.1.3　矿山信息化与数字化

中国矿山在矿山勘察、规划、设计、生产、管理、治理等全过程的信息化"软"领域，与发达采矿国家的差距较大。迄今为止，很多中国矿山企业还没有充分意识和明确目标来把矿山空间信息资源当作矿山的一种重要的战略资源加以统筹开发和综合利用，更没有形成数据资源完备、数据更新及时、数据库共享利用便捷的 MSDI。

进入 21 世纪以来，中国矿山行业的信息化建设虽然有了长足发展，但总体状况仍然不很乐观，数字矿山建设方兴未艾。尤其是一些中、小型矿山，其信息化建设的总体水平不高，没有形成矿山企业信息化、可视化的管理与决策环境，矿山的 MSDI 十分落后甚至没有，可共享的矿山基础信息量少，信息流向单一而无序，严重影响了矿山企业安全高效生产与可持续发展能力。

1. 矿山信息化基本现状

长期以来，受资源产业模式和传统生产工艺的影响，中国矿山企业的决策者、管理者和工程技术人员在矿山信息化建设方面不同程度地存在因循守旧、短期效益、重硬轻软、事不关己这 4 种不良情结。该情结影响甚至制约了矿山信息化建设的进程，阻碍了中国矿山的信息化建设和数字矿山工程的健康发展。目前，中国矿山的信息化基本现状是：

（1）空间基础信息不足：由于中国矿山资源赋存条件的复杂性、地质勘探程度的有限性、地质勘探手段的局限性，以及矿床资源与地质环境固有的不确定性影响，导致矿山可获得并可有效利用的地质矿产资源信息不足，尤其是数字化、可视化的空间基础信息所占比例相当低。

（2）信息孤岛现象严重：由于缺乏矿山空间数据集成与共享环境，导致包括地质、测量、传感在内的各类矿山静态、动态数据分别管理、相互孤立，不能或难以进行集成、融合与共享利用。面对众多的矿山信息孤岛，人们难以认识和发现不同数据之间的联系及其隐藏的有用信息。

例如，瓦斯突出是煤矿的"三大灾害"之首，在煤矿瓦斯突出的构造影响分析方面，一般采用平面分区、剖面分带的二维方式来描述和表达三维空间中地质构造对煤与瓦斯突出的控制作用。这种维数简化方式导致人们难以真实、有效地对井田与采区地质环境进行三维空间认知和矿山实体再现，难以对煤层的突出倾向性进行形象的空间认知和准确的空间分析。

造成以上问题，既有矿山数据分裂的原因，也有矿山数据非可视化的原因。

（1）矿山数据分裂原因分析

矿山数据主要包括勘探资料、生产图纸、试验资料和实时监测数据共 4 大类，贯穿矿产资源勘查、采矿设计、矿山开采、环境恢复等全过程。这些数据分属不同阶段、不同部门、不同专题、不同项目，其数据类型、数据格式、数据精度等各不相同，导致数据集之间相互孤立，没有在统一的空间框架与时间标度下进行集成组织与融合管理，形成一种数据分裂的局面。因而，难以进行矿山多专题数据的综合分析与多阶段数据的过程分析，不仅导致各数据集本身的内涵与知识得不到有效提炼，而且导致数据集之间的关联和规律知识得不到及时发现。

数据分裂的原因和后果主要有：

① 原始资料不完备：地矿勘查部门取得的井田勘查成果资料的非完备与及其非数字化、可视化提供，导致矿山地质人员对矿井地质情况及矿区环境地质条件的掌握不完备、不

直观。

② **数据管理不系统**：矿山开发与生产过程中的各类补勘数据、采掘揭露数据、监测传感数据的非系统化、非数字化管理，导致矿山地质测量与采掘设计人员对矿山整体及当前采区地质环境的了解不系统、不详尽。

③ **数据理解不连续**：采掘工程数据的非集成、非数字化管理，以及专业技术人员的离职、退休等变动因素，导致矿山工程技术人员对矿山资料与过程数据理解的不完整、不连续，因而对矿井环境地质条件与安全隐患的背景、历史与现状的掌握不连续、不全面。

④ **数据集成框架缺乏**：4 类数据之间缺乏统一的时空框架，难以进行不同数据集之间的时空融合与集成分析，使得矿山实体空间分析、采区灾变环境研究、采场灾变监测预报等矿山生产与安全关键技术缺乏有效、可靠的数据基础和信息支持。例如，煤矿的煤与瓦斯突出分析需要综合考虑煤矿地质构造、环境应力场、煤层采深采厚、瓦斯分布与运移状况、煤层与围岩地应力变化、地下水压及煤层结构变化等多种因素，既有来自地质、测量的数据，也有来自监测传感的数据，既有相对静态的，也有动态变化的数据，需要在统一的时空框架下进行集成和融合。

⑤ **子系统平行建设**：矿山的综合监测监控系统中的各子系统(如生产调度、安全调度、通风调度及瓦斯监测调度)结构平行、互不交叉，信息流向独立，难以沟通和进行多因素分析，不利于快速准确决策，降低了数据的利用价值和发现安全隐患的能力，以致延误防灾、减灾及救灾的时机。例如，煤矿采面的瓦斯涌出分析需要顾及区域构造环境、煤层赋存结构、煤层瓦斯含量、顶板稳定性、矿井水变化等多种动、静态因素的影响。

上述矿山数据分裂的状况，导致矿山管理与生产技术人员均无法也不可能对本矿井、本采区、本工作面的地质采矿环境与安全生产隐患有足够的了解和形象的理解。面对海量、混乱、无序的矿山基础数据与多源异类的动态监测数据，不仅无法预知一些尚未揭露的安全隐患，也无法从这些数据中确诊和发现一些正在孕育或即将发生的矿山灾害现象。

2003 年 4 月 12 日，河北邢台东庞煤矿在 −480 m 水平 2#煤 2903 工作面皮带巷掘进过程中，发生特大导水陷落柱突水淹井事故，其峰值突水水量 70000 m^3/h，致使一个年产 200 多万吨的大型现代化矿井的一水平、二水平全部被淹，所幸没有造成人员伤亡。其原因就在于地质资料不完备、数据组织的不系统，矿山采掘环境未实现数字化与可视化模拟与管理，以及探测技术方面仍存在着不足(对垂向导水构造，尤其是导水陷落柱缺乏有效的探测手段)。事故发生前，矿方并不知道掘进头前上方存在的一个陷落柱(在石灰岩中古代溶洞非常发育，由于地下水的不断溶蚀、洞穴越来越大。在地质构造力和上部覆盖岩层的重力长期作用下，有些溶洞发生坍塌，这时覆盖在上部的煤系地层也随之陷落，于是煤层遭受破坏。由于这种塌陷呈圆形或不甚规则的椭圆开柱状体，因此叫陷落柱)。正是该陷落柱与掘进头的连通，导致地下水(连通地面河流)源源不断地灌入矿井。

(2) 矿山数据非可视化原因分析

过去，矿山地测数据与采掘设计数据一般以二维形式进行表达，并以平面图或剖面图的形式提供给矿山工程技术人员使用。这种方式虽能给地质测量、采掘施工等专业人员以技术支持，但也存在读图和理解的难度，尤其是非专业人员需要花一定时间去理解、去想像、去分析，才能读懂图纸表达的内容。其原因在于，二维表达不符合人们的空间认知习惯，它不仅割裂了矿井空间的连续性，而且丧失了矿山数据本身的三维特征、埋没了矿山实体形态与三维空间关系，导致矿山图纸的理解与利用困难。因此，基于二维表达的传统矿图，不利于矿山开采优化、防灾减灾设计、灾害应急响应和救灾快速决策。

此外，矿山监测数据多以门限报警(以某一个特定的数值作为报警临界值)或时序曲线形式进行表现和分析，不同监测数据的表达是各自独立的、分析是非可视化的。由于各类监测数据之间缺乏一个共同的空间参照基准，既不能使安全监测数据与矿山地质背景、采掘工程数据等一起进行空间配准和可视化关联分析，也无法进行不同种类安全监测数据之间的实时融合和整体可视化分析。因此，面对大量不断产生的矿山生产与安全监测数据，矿山工程技术人员不能有效利用和形象分析，更难以对矿山安全隐患进行及时预警和超前预报。

2. 矿山信息化建设层次

对于企业而言，如何适应信息时代的要求，以及如何迎接数字地球、数字中国的挑战，充分有效地利用各类信息资源进行科学决策、指导生产，已日益受到现代企业领导层的关注。然而，对于传统采矿业而言，除个别现代化矿山外，国际上矿山行业信息化建设的总体水平还不高。我国煤炭、钢铁、有色、石油、非金属等矿山行业的信息化水平既存在显著的行业内纵向差距、也存在一定的行业间横向差距。以行业内纵向比较为例，我国矿山企业信息化建设现状可分为4个层次，若以交通领域的路—车—油分别比拟为信息领域的网络—软件—数据及其相互依存关系，则这4个层次分别为"无路无车"、"有路无车"、"车油不一"和"车油一致"。其特征分别为：

第一层次——"无路无车"：① 受矿产品市场波动影响和不正当竞争的冲击，一部分矿山企业面临生存与发展困境，企业为维持就业和简单再生产已十分艰难，有关技术创新与信息化建设的投入很少；② 或者因矿山企业领导对信息和矿山信息化的重要性认识不足，对信息技术革命对矿山的积极促进作用认识不足，因而对于如何运用信息技术促进矿山企业发展和提高矿山企业的市场竞争力缺乏统筹规划；③ 或者受传统计划经济思想和急功近利意识左右，矿山领导层或企业主不愿对矿山信息化建设进行长远投入；④ 或者因惧怕变革而安于现状，矿山决策者墨守成规、矿山员工习惯于已有的工作模式和技术方法，不愿对不适应信息时代要求的原有管理体制、管理方式和技术分工进行改革。种种情形，导致处于这个层次上的中、小型矿山企业既没有起码的计算机网络设施，又没有可共享的"数字信息资源"。

第二层次——"有路无车"：自20世纪末以来，一些经济效益稍好的大中型矿山企业已陆续开始进行了矿山信息化建设，包括购置计算机办公设备、实行通讯网络改造、进行局域网建设等，其网络带宽、速度和结构等"路"指标均较高。但由于资金投入的方向与比例不当，注重了网络建设的投资，却忽视了矿山专用软件系统的采用与开发，买"车"、造"车"投入不足；也忽视了矿山信息的获取、采集、加工、管理与利用，制"油"和备"油"工程严重匮乏，未能建立矿山基础数据库或矿山数据仓库。因而导致：① 有了电脑，却没有可用的矿山软件；② 有了网络，却没有可共享利用的矿山数据。形象地讲，就是"路"虽然修起来了，但没解决好"路"上跑什么"车"、"车"用什么"油"的问题，结果是"路"上无"车"可跑，造成"路"资源严重浪费。

第三层次——"车油不一"：自21世纪初以来，一些经济效益较好、现代化程度较高的大中型矿山企业在进行矿山信息化建设的时候，倒是注意了资金投入的比例关系，"路"和"车"的问题均顾及到了，但在"车"的型号、"油"的标准方面依然缺少统一安排和统筹规划。一方面，各矿、各部门在软件选型、数据组织方面各自为战，各矿之间同一业务类型功能软件不同，使得矿与矿之间、矿与集团公司之间的功能软件难以对接，而且出现矿内同一类型数据而格式不同，使得科室之间的基础数据不能共享利用；另一方面，矿山数据的组织管理缺乏统一的标准，各矿所建数据库及数据内容、格式、质量差别较大，导致数据的可用性差，"油"与"车"不匹配，难以实现矿山数据的共享利用。由此导致"车油不一"，结果是某矿或某部门的信息化水平虽有了一定程度提高，但矿山集团公司总体的信息化管理与决策能力并无实质性提高；或者矿山某科室的信息化水平虽有了一定改观，但矿山整体的信息化水平并无实质性提高。

第四层次——"车油一致"：在数字地球、数字中国的体系架构中，有计划、有步骤地进行数字矿山建设。即以构建和维护统一的 MSDI 为中心，基于统一的时空框架、数据格式、元数据标准、数据接口等，进行矿山数据组织管理和矿山应用软件与功能模块开发。如此，才能确保矿山信息"路"上既有"车"可跑，而且矿山数据库中有"油"可用，才能形成矿山企业内"道路通畅、汽车先进、燃油充足"的良好的信息化、数字化局面。

1.2 数字矿山的发展

1.2.1 数字矿山的科技发展

矿山信息化经历了从计算机辅助制作矿图（MCAD）到矿山地理信息系统（MGIS）、从管理信息系统（MIS）到企业资源规划（Enterprise Resourse Planning，ERP，它是一个以管理会计为核心的信息系统，识别和规划企业资源，通过运用最佳业务制度规范以及集成企业关键业务流程来提高企业利润）的发展阶段。目前，国际矿业科技的前沿是从自动化开采朝遥控采矿（remote controlled mining）和无人采矿（hands-off mining）方向迈进。

1. 国外数字矿山科技发展

信息、定位、通讯和自动化技术的飞速发展，深刻影响和改变着传统的采矿工业，遥控采矿、无人工作面甚至无人矿井等已在加拿大、美国、澳大利亚等国成为现实。

以"遥控采矿"为例，国际著名矿山企业——加拿大国际镍公司（INCO）通过地下通讯、地下定位与导航、信息快速处理及过程监控系统，实现了对地下镍矿开采装备乃至整个矿山开采系统的遥控操作。INCO 公司从 20 世纪 90 年代初开始研究遥控采矿技术，其目标是实现整个采矿过程的遥控操作。INCO 公司给遥控采矿下的定义是："利用目前最先进的技术，包括地下通讯、定位、工艺设计、监视和控制系统，去操纵采矿设备与采矿系统。"遥控采矿工艺包括自动凿岩、自动装药与爆破、自动装岩、自动转运、自动卸岩和自动支护等，其技术基础是高速地下通讯系统和高精度地下定位、定向系统（要求达到毫米级）。1999 年 6 月，INCO 公司在地面的一幢大楼内设立了一个中央控制站，对该公司所属的多个矿山、多个矿体的开采活动进行集中自动控制。由此，地下矿山的采、掘、运均可实现无人作业，即无人采矿，仅当设备出现故障时，维修人员才会到达采掘现场。2001 年，INCO 公司就已研制出样机系统，并在加拿大安大略省萨德泊里盆地的几家地下镍矿试用，Stobie 矿和 Greighton 矿已分别有 6 台和 8 台遥控采矿设备在日常运行，实现了从地面对地下矿山进行控制，甚至可以从 400 km 以外的城市多伦多对萨德伯里盆地的地下镍矿的采、掘、运等采矿活动进行远距离控制。

遥控采矿的核心部件是 INCO 公司开发的一个能在地下较快速、精确获取定位数据的 HORTA 装置。若将该装置安装在地下观测车上，当观测车在地下或矿体内部巷道中漫游时，HORTA 就会利用其激光陀螺仪和激光扫描仪在水平和垂直面上扫描矿山巷道的断面，进而产生巷道的三维结构图；若将HORTA安装在钻机上，则钻机将自动驶往目标巷道，自动完成开凿作业，然后再自动驶往下一巷道。

加拿大已制订出一项拟在2050年实现的远景规划：即将加拿大北部边远地区的一个矿山实现为无人矿井，从萨德伯里通过卫星操纵矿山的所有设备，实现机械自动破碎和自动切割采矿。

芬兰采矿工业也于1992年宣布了自己的智能采矿技术方案，涉及采矿实时过程控制、资源实时管理、矿山信息网建设、新机械应用和自动控制等28个专题。

瑞典也制定了向矿山自动化进军的"Grountecknik 2000"战略计划。

澳大利亚联邦科工组织（CSIRO）则开发了矿工人身安全定位与监测系统，该系统由控制装置、监测设备、网络灯标和矿工异频雷达收发机组成，具有无线通讯能力，即使在发生瓦斯爆炸等井下灾害之后仍能报告井下矿工的位置和安全状况。此外，还开发了一个名叫Numbat的遥控无人驾驶急救车，用于爆炸之后对伤员进行紧急抢救。

2. 国内数字矿山科技发展

越来越多的中国矿业科技人员在积极思考如何推进中国矿山的信息化改造，以及如何发展数字矿山技术，政府和部门也对数字矿山高度重视。例如，国家"十五信息化发展规划"中明确指出要利用信息技术改造和提升传统产业。目前，以一批煤矿、铁矿、铜矿、黄金矿山为代表的中国传统采矿业，已经朝着数字矿山方向迈出了稳健的步伐。

2002年春，由吴立新、朱旺喜、张瑞新任执行主席的中国科协第86次青年科学家论坛以"数字矿山战略及未来发展"为主题，在北京中国科协会堂召开。来自全国煤炭、石油、有色、冶金系统的26位青年专家围绕数字矿山的概念、理论、技术与应用问题展开了热烈讨论，达成了许多共识，并以中国科协"科技工作者建议"的形式，向党中央、国务院及有关部门递交了《关于发展数字矿山，促进矿山资源高效与绿色开采的建议》。该《建议》包括：① 解决矿山安全、效益与绿色开采体制与机制创新问题，为数字矿山战略实施提供制度保障；② 建立数字矿山标准体系，为数字矿山健康发展提供技术保障和共享平台；③ 进行自主产权的数字矿山软件开发，尽快构建数字矿山基础软件平台；④ 加强数字矿山基础理论与关键技术研究，构建完善的数字矿山理论与技术体系；⑤ 构建数字矿山创新发展基金，保障数字矿山科技投入，大幅度提高矿山创新发展能力；⑥ 进行数字矿山示范工程建设，带动和促进数字矿山战略的全面实施与健康有序发展。

如今，与数字矿山有关的各项工作已全面铺开，相关科学研究逐渐深入。国家有关部门（包括国家发改委、国家安全生产监督管理局、国家科技部、国家教育部、国家自然科学基金委等）越来越重视和支持数字矿山的科学研究、产品开发与示范建设工作，一批国家级、省部级的数字矿山科研开发课题、示范工程等相继立项。例如：国家自然科学基金委已在国家杰出青年基金、国家自然科学基金面上项目、国家自然科学基金青年项目方面立项，科技部已在高技术863重点课题、高技术863探索课题方面立项，大力支持数字矿山理论与关键技术研究，以及新产品研发。

此外，2000年以来，国内多所高等院校相继设立了一批与数字矿山密切相关的研究所、研究中心、实验室或工程中心，如表1-1所示。

表1-1 国内数字矿山研究机构情况

机 构 名 称	设立时间	所 属 院 校
3S与沉陷工程研究所	2000年	中国矿业大学(北京)
3S与数字矿山研究中心	2004年	东北大学资源与土木工程学院
数字矿山实验室	2005年	中南大学资源与安全工程学院
测绘遥感与数字矿山研究所	2007年	东北大学资源与土木工程学院
数字矿山联合实验室	2007年	北京大学地球空间信息学院
矿山空间信息技术国家测绘局重点实验室	2007年	河南理工大学
矿山数字化教育部工程研究中心	2007年	中国矿业大学计算机科学与技术学院

1.2.2 数字矿山的教育发展

与此同时，与数字矿山相关的教育工作也得到了长足发展，全国范围内形成了研究生培养、本科生教学、职业培训的多层次数字矿山教学与人才培养模式。

1. 研究生教育的发展

在研究生培养方面，自2001年以来，国内20多所高等院校和科研院所的研究生、博士生招生方向中均增列了数字矿山方向，涉及矿业工程、测绘科学与技术、地质资源与地质工程、地理学、信息与通信系统等5个国家一级学科中的11个二级学科。其中，国家级二级学科点5个，即采矿工程、地球探测与信息技术、地图制图学与地理信息工程、地图学与地理信息系统、通信与信息系统；高校自主设立的二级学科点6个，即东北大学在"矿业工程"一级学科中设立的"数字矿山工程"、北京科技大学在"矿业工程"一级学科中设立的"矿山地质工程"、中国矿业大学在"测绘科学与技术"一级学科中设立的"矿山空间信息学与沉陷工程"、山东科技大学在"测绘科学与技术"一级学科中设立的"数字矿山与资源勘探"、中国矿业大学在"地质资源与地质工程"一级学科中设立的"地球信息科学"、中国地质大学在"地质资源与地质工程"一级学科中设立的"地学信息工程"。其中，与数字矿山直接相关的二级学科博士点设立情况如表1-2所示。

表1-2 数字矿山博士点、硕士点设立情况

新设二级学科点名称	所属一级学科	学位点	设立时间	高等院校
矿山空间信息学与沉陷工程	测绘科学与技术	博士点、硕士点	2004年	中国矿业大学
数字矿山与资源勘探	测绘科学与技术	博士点、硕士点	2004年	山东科技大学
数字矿山工程	矿业工程	博士点、硕士点	2006年	东北大学

2. 本科生教育的发展

在本科教育方面，2007年开始，教育部地矿学科教学指导委员会组织建设的"21世纪地矿学科本科专业规划教材"中，首次增设了《数字矿山技术》这一新教材，供全国有色、冶金、煤炭类采矿院校的采矿、地测等专业和其他高校的地矿相关专业的本科生教学选用。

现在大家学习使用的《数字矿山技术》，就是这本规划教材。

3. 职业教育的发展

在职业培训方面，2007 年开始，在国家人事部知识更新工程（653 工程）的统一部署下，中国煤炭工业协会组织国内有关专家编写了《数字矿山》、《矿山测量新技术》（含数字矿山）两部培训教材。并且有组织、有计划地分地区、分批次对全国煤炭行业的企业领导与广大工程技术人员进行技术培训，已经取得了良好的效果。

1.3　数字矿山的内涵

1.3.1　数字矿山的概念

数字矿山的定义为：基于统一时空框架的矿山整体环境、采矿活动及其相关现象的数字化集成与可视化再现，是一种"硅质矿山"，如图 1-3（见附录）所示。

据此分析可见，数字矿山概念的本质可概括为：以地测采、资安环、信系决为学科基础，以遥测遥控、网格 GIS 和无线通讯为主要技术手段，在统一的时空框架下，对矿山地上地下整体、采矿过程及其引起的相关现象进行全面监控、统一描述、数字表达、精细建模、虚拟再现、仿真模拟、智能分析和可视化决策，保障矿山安全、高效、绿色、集约开采和多联产，实现采矿自动化、智能化以至无人矿井，推动采矿科学与技术的创新发展。

数字矿山最终表现为矿山的高度信息化、自动化和高效率，以至无人采矿和遥控采矿。设想未来的数字矿山的基本模式如图 1-4 所示。

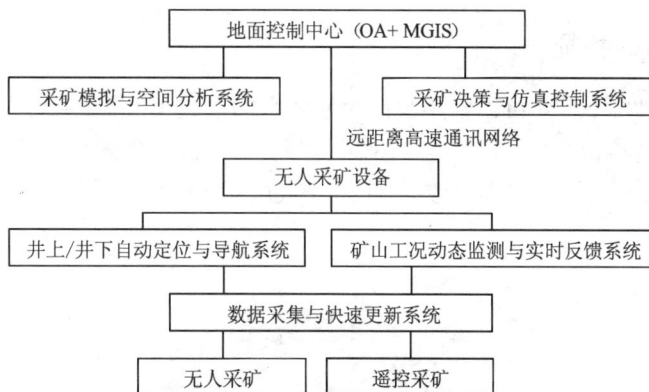

图 1-4　数字矿山的基本模式

1.3.2　数字矿山的特性

数字矿山具有三大特性：即数据资源特性、信息基准特性和可视平台特性。

1. 数据资源特性

数字矿山的基本组成是以矿山空间数据仓库为核心的 MSDI。因此，面向数字矿山的矿山空间数据仓库首先应是矿山各类数据与信息收集、整理、管理、分发与交换的中心。矿山数据具有多尺度性、现势性和共享性。其中，多尺度性表现为数据比例尺与数据对象的多样化,包括从微观的矿物粒子到宏观的矿体矿床、从二维的平面表达到三维的立体表达、从精细的工程结构到粗略的地质构造;现势性表现为矿山数据不仅是历史资料的堆积,而且要随时表达矿山的当前状态,因而要随着矿山开采与影响过程对数据库进行持续的动态更新;共享性表现为矿山基础数据的横向共享和纵向共享,所谓横向共享是跨科室、跨部门的数据共享利用,所谓纵向共享是指跨阶段、跨时期的数据共享利用,矿山基础数据要服务于从地质勘探、井田规划、矿山设计、矿井生产、安全监控、生产管理到环境恢复的矿山整个生命周期。

2. 信息基准特性

数字矿山作为基于统一时空框架的矿山整体环境、采矿活动及其相关现象的数字化集成与可视化再现,必须具备矿山信息的基准特性。据此,方可为各类矿山实体、活动、现象的表达与过程描述提供统一的空间框架、时间基准和分类编码标准,实现地质、测量、采矿、通风、安全、环境等各类矿山信息的时空配准与统一组织。进而,方可支持矿山实体的无缝集成建模、矿山数据的统一管理、矿山数据的融合同化、矿山过程的连续表达、矿山现象的定量处理、矿山信息的灵性服务,以及各类动、静态矿山信息的相互参照。

3. 可视平台特性

数字矿山作为基于统一时空框架的矿山整体环境、采矿活动及其相关现象的数字化集成与可视化再现,不仅要提供一个三维的可视化矿山模型,而且要形成真实感强的矿山三维虚拟现实环境。在此开放式可视化平台支持下,实现矿山规划、采掘设计、生产管理、安全监控、决策指挥等生产过程的可视化作业;并实现矿山多源复杂数据的融合与同化、矿山数据挖掘与知识发现、矿山设计与采掘模拟、采矿仿真与安全分析、开采优化与最优决策等科研行为的可视化研究。

1.3.3 数字矿山的特征

为帮助理解和加深认识,可以参照智能交通体系的模式,如图1-5所示形象地描述和概括数字矿山的6大基本特征为:以高速企业网为"路网",以组件式矿山软件为"车辆",以矿山数据与模型为"燃油",以3DGM与数据挖掘为"过滤",以数据采集与更新为"保障",以矿山 GIS 为"调度"。

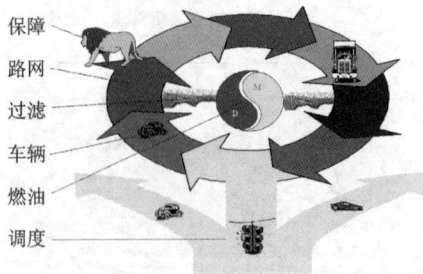

图1-5 数字矿山的6大基本特征

1. 以高速企业网为"路网"

要想信息化,就得先修"路"。数字矿山的建设与矿山信息化运行是以高速企业网(Intranet)为基础,高速企业网是数字矿山的基础设施。在矿山现有通讯网的基础上改造提升，并与因特网(Internet)对接，逐渐建立宽带、高速和双向的通讯网络，是实施数字矿山和确保海量矿山数据在企业内部、外部快速传递的前提。该项工作要注意与NSDI及数字中国建设相协调，以利于矿山产品、经营、管理等社会经济化信息在Internet上的快速传递，促进矿山产品的市场营销和参与国际竞争。

2. 以组件式矿山软件为"车辆"

有"路"应有"车"，"车"型多样化。为满足不断扩展的矿山信息化需求和确保软件模块的复用性，必须采用组件式的软件开发思想，针对不同问题开发适合不同用户、具有不同功能的矿山应用软件，即需要制造多品种、多型号、多用途的"车辆"：如采矿CAD(MCAD)、虚拟矿山(VM)、采矿仿真(MS)、工程计算(如矿山有限元、离散元、边界元和有限差分模型等，统称EC)、人工智能(AI)和科学可视化(SV)等软件工具。利用这些软件系统，不仅可对采矿活动造成的地层环境影响进行大规模模拟与虚拟分析，对矿工进行虚拟岗前培训提高矿工的安全意识和防灾减灾能力，而且可根据多样化需要随时组合、调整和强化矿山软件系统的功能。

3. 以矿山数据与模型为"燃油"

"车"子要想跑，全靠"燃油"好。软件的运行和发挥作用离不开数据，MSDW构成数字矿山的核心。数字矿山的数据仓库由两部分组成，就像人的左右心室：一侧为数据仓库，管理矿山实体对象的海量几何信息、拓扑信息和属性信息；另一侧为模型仓库，管理为矿业工程、生产、安全、经营、管理、决策等服务的各类专业应用模型，如关于开采沉陷计算、开采沉陷预计、顶板垮落计算、围岩运动模型、储量计算、通风网络解算、瓦斯聚集分析、涌水计算等的计算公式、分析模型与关键参数等。数据的质量和模型的可靠性是确保"燃油"品质的关键，必须高度重视。

4. 以3DGM与数据挖掘为"过滤"

"燃油"分品质，关键是"过滤"。为了提高矿山数据的品质，提升矿山数据的集成度和共享性，必须按统一的数据标准和数据组织模式对多源异质的矿山数据进行多时空尺度的"过滤"和重组。"过滤"和重组的关键是真3D地学建模(3D Geoscience Modeling, 3DGM)和矿山数据融合与数据挖掘。3DGM是基于钻孔数据、补勘数据、地震数据、设计数据、开挖揭露数据及各类物探、化探数据等，来建立矿山井田、矿体与采区巷道及开挖空间矢栅整合的真三维集成模型。在此基础上进行数据挖掘和知识发现，揭示隐藏的规律与信息，并进行矿床地质条件评估、地质构造预测、精细地学参数半定量分析、深部成矿定位预测、矿产资源储量动态管理、经济可采性动态评估、开拓设计、支护设计、风险评估及开采过程动态模拟等，从而辅助矿山决策，确保矿山安全和投资回报。

5. 以数据采集与更新为"保障"

"燃油"有保障，系统运行才高效。多源异质和动态变化是矿山数据的基本特点。必须依靠矿山测量(遥感、全球定位系统、数字摄影测量、常规地面测量和井下测量等)、地质勘探(钻探、槽探、山地工程、地球物理物探、化探等)、工业传感(指各类接触式与非接触式矿山专用传感与监视设备/仪器采集系统，如应力传感、应变传感、瓦斯传感、自动监测、机械信号与故障传感、工业电视等)和文档录入(法规、法令、文件、档案、统计数据等)等综合手段，建立精确、动态和全面的矿山综合信息采集与数据更新系统。只有实现了矿山数据的动态采集与快速更新，才能源源不断地为数字矿山系统提供高质量的新鲜、充足的"燃油"，从而保障数字矿山的高效运行。

6. 以矿山 GIS 为"调度"

系统要高效运行,"调度"指挥不可少。在统一的时空框架下,调度、指挥和控制各类"车辆"的有序运行,以及"燃油"的采集、更新与过滤,是确保数字矿山系统高效运行的关键。矿山 GIS(MGIS)作为矿山信息化办公与可视化决策的公共平台,作为各类矿山软件集成和各类模型融合的公共载体,贯穿于矿山业务流的全过程,可以担任总"调度"的角色,是数字矿山的总调度系统。面向数字矿山的 MGIS 系统,应该是一个能为采矿业提供海量矿山信息组织管理、采矿过程动态模拟、复杂空间实体分析、以及可视化决策支持的真三维 GIS。

1.3.4 数字矿山的功能

一个成功的企业,必须有能力及时认准和把握时机,并在转折时刻到来之际果断地进行决策和创新。那么,通过数字矿山建设,矿山企业到底可以得到什么回报呢? 换言之,对于竞争与发展中矿山企业,数字矿山的功能何在? 分析认为,数字矿山至少具备以下 4 大功能,并给矿山企业带来好处,使矿山企业在现代企业竞争中取胜,并逐步走向可持续发展之路。

1. 塑造矿山企业新形象,提高市场竞争能力

通过数字矿山基础设施——网络的建设,矿山企业可以建设自己的企业网络和企业网站,并与 Internet 连接,从而:①在网上塑造企业形象,公布企业发展举措,提高企业凝聚力和影响力,营造良好的企业内部环境和外部环境;②在网上发布矿产品信息,宣传和推介自己的产品,扩大企业的知名度和市场;③进行电子商务,在网上进行矿产品交易、设备与材料采购,降低经营成本,提高企业利润;④融入矿产资源与矿产品全球化环境,及时发现新机遇和潜在商机,迅速调整产品结构和进行新产品开发,规避市场风险,保障企业健康可持续发展;⑤渗透国内市场,并向国际市场拓展,最大限度地参与全球市场竞争,扩大企业生存与发展空间。

2. 优化矿山企业组织结构,提高企业运转效率

传统矿山企业的组织结构是典型的金字塔形,垂向等级之间不透明,横向各部门之间互相隔离[如图 1-6(a)],企业总体上就像一个由许多黑屋子组成的金字塔形房屋,上下层之间由楼梯连接,同层之间没有窗户。在这种逐级上传下达、横向不透明的系统中,信息的传递不仅滞缓,而且难免失真,而滞缓的信息将导致决策延误、失真的信息将导致决策失误,不利于企业科学管理与长远发展。通过数字矿山的基础设施建设和数字矿山的调度系统——MGIS 建设,则可以彻底改变这一弊端。有了网络和 MGIS,矿山企业各级之间可以纵向直接沟通,科室、部门之间也可以横向直接交流,信息质量将得到提高,信息传输的速度将明显

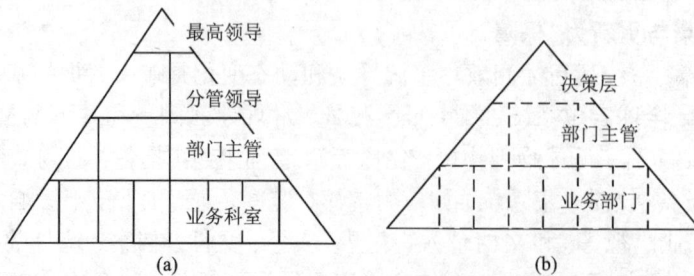

图 1-6 矿山企业的组织结构比较

(a) 金字塔不透明式;(b) 扁平透明式

加快。因此,就可以实现矿山企业管理过程的信息化、透明化,从而减少决策失误。随着管理过程的信息化,企业的组织结构也将不断得到优化,减少中间环节,逐渐向扁平型的高效组织结构转变[如图1-6(b)]。

3.综合利用各类矿山信息,降低企业决策风险

通过数字矿山的数据采集、加工与管理系统的建设,充分发挥数字矿山的数据资源特性,可以为企业生产与决策提供高质量的数据保障与现势性信息。比如,在矿山建设阶段,可以根据勘探数据模拟矿床三维形态及其地质、水文环境,并进行空间赋存预测与不确定性分析,以及经济可采性评价,进而优化开发规划与开拓设计,降低设计决策风险;在矿山生产阶段,可根据更精确的资料和不断获得的各类新信息(如掘进揭露和物探揭露的地质资料),进行矿体与矿床模型精细建模,进行采动影响模拟和灾害隐患分析,动态调整生产布局、优化采掘设计,降低生产决策风险。此外,在矿山管理过程中,还可充分利用各类与矿山生产、经营相关的信息,进行集成融合和多目标分析,帮助企业寻找最佳决策方案,进一步降低企业决策风险。

4.实现数字化集成监控,提高矿山防灾减灾能力

通过数字矿山建设,使得矿山企业的监测监控、通讯传输、救灾抢险、指挥调度等装备与能力明显改进,矿山的自动化、信息化、数字化水平大幅度提升。一方面,可通过有线或无线的方式远程监测与控制矿山(矿井)的关键生产设备及其工况,动态优化采矿作业方式和作业参数,避免和降低矿山灾害风险,保障矿山高产、高效和安全生产;另一方面,可以实时监测矿山(矿井)主要作业场所的生产环境,并进行实时的多因子综合分析和安全评价,当危险临近时可及时预警,当灾变发生时可自动启动应急预案,从而为防灾备灾、减灾救灾赢得时间和时机,最大限度地减少矿山人员伤亡与财产损失。

1.4 数字矿山的体系

1.4.1 数字矿山的内核

数字矿山的基础是矿山空间数据基础设施(MSDI),而MSDI的核心是矿山空间数据仓库(Mine Spatial Data Warehouse, MSDW)。因此,数字矿山的内核是MSDW,如图1-7所示。

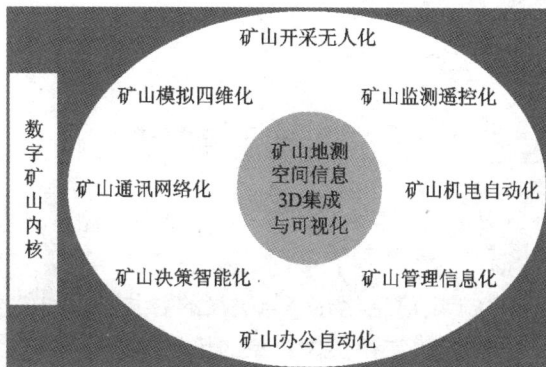

图1-7 数字矿山的核心架构

矿山空间数据仓库的职能是矿山多源异质数据的集成数字化与可视化再现,即在统一的时空框架下,科学合理地组织各类矿山空间数据(主要是矿山地质与测量数据),将海量异质的矿山空间数据资源进行全面、高效和有序的数字化集成与可视化再现。以此为核心,可以支持各种与采矿设计、研究、生产、过程管理与决策支持软件或系统的运行,从而实现未来"矿山八个现代化",即矿山模拟四维化、矿山通讯网络化、矿山决策智能化、矿山办公自动化、矿山监测遥控化、矿山机电自动化、矿山管理信息化、矿山开采无人化。

1.4.2 数字矿山的框架

数字矿山作为一个复杂的巨大系统。基于图 1-5 所示的数字矿山基本特征分析和图 1-7 所示的数字矿山核心架构分析,可按数据流和功能流对数字矿山的基本框架进行同心圆层次剖分,如图 1-8 所示。数字矿山的框架结构由 5 部分组成,由外向里依次为:数据获取系统、集成调度系统、工程应用系统、数据处理系统和数据管理系统。

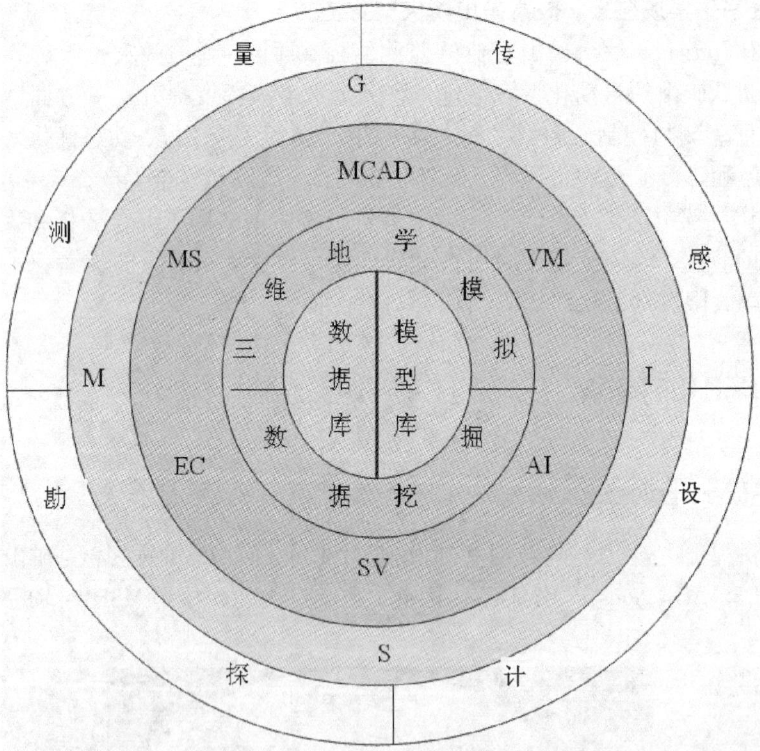

图 1-8 数字矿山的基本框架

(1)数据获取系统:负责数据的采集、处理与更新,包括测量、勘探、传感和设计(含文档数据)4 大类矿山基础数据;

(2)集成调度系统:作为矿山信息化办公与决策的公共平台和各类矿山软件集成和各类模型融合的公共载体的 MGIS,负责矿山实体对象的拓扑建立与维护、空间查询与分析、矿山制图与输出等 GIS 基本功能,并进行数据访问控制,调度和控制各类"车辆"的运行、"燃料"的采集、更新与过滤等;

（3）工程应用系统：即各种专业应用软件的集合，包括采矿 CAD（MCAD）、虚拟采矿（VM）、采矿模拟（MS）、工程计算（EC）、人工智能（AI）和科学可视化（SV）等，为矿山业务流程和决策所需的各类工程计算与应用分析提供功能服务；

（4）数据处理系统：负责多源异质数据的集成、融合和质量控制，通过集成和融合多源异质矿山数据，进行真 3D 空间集成建模，并通过数据过滤与重组机制进行数据挖掘和知识发现；

（5）数据管理系统：负责统一管理矿山数据和应用模型，由矿山时空数据仓库和矿业应用模型库两个子系统组成，是数字矿山的心脏或"油库"。

1.4.3 数字矿山的结构

数字矿山系统在矿山企业中的业务化运作是基于企业的宽带、高速网络来实现的。矿山空间数据仓库中的数据组织以对象—关系型数据库为核心，负责对多源异质信息和矿业应用模型进行管理和维护。基于 4 层客户机/服务器的网络模式，数字矿山的 C/S、B/S 结构及其与网络化数据流如图 1-9 所示。服务器端由 GIS 服务器、功能服务器和数据与模型服务器 3 层组成。客户端、GIS 服务器、功能服务器和数据与模型服务器分别对应用户界面、GIS 应用程序逻辑、矿业功能模块调用逻辑、数据存储与矿业模型访问逻辑等任务。

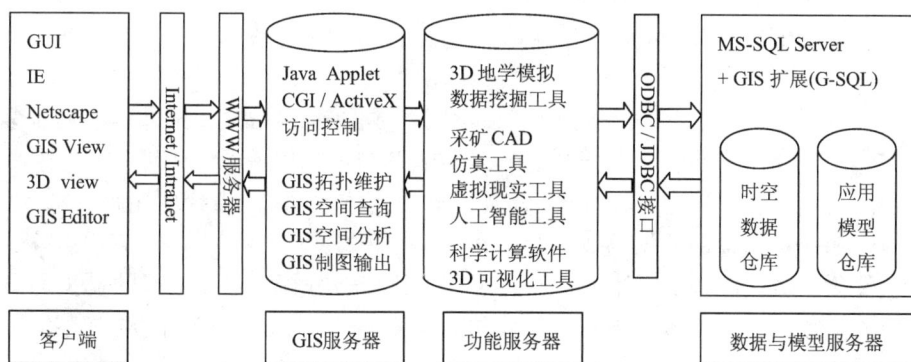

图 1-9 数字矿山的网络架构

以数字矿山的服务端组成、用户端层次结构为例，一个矿山级的数字矿山典型组织结构如图 1-10 所示。

1.4.4 数字矿山的关键技术

基于数字矿山理念、内涵、功能与体系，以及中国矿山信息化现状和数字矿山建设目标，分析认为：现阶段实施数字矿山战略，必须围绕以下 10 项关键技术进行研究和攻关：

（1）矿山数据仓库与数据更新技术：针对矿山数据与信息的"五性四多"（复杂性、海量性、异质性、不确定性和动态性，多源、多精度、多时相和多尺度）特点，为在统一的时空框架下组织、管理和共享矿山数据，必须研究一种新型的矿山数据仓库技术，包括矿山数据组织结构、元数据标准、分类编码、空间编码、高效检索方法、高效更新机制、分布式管理模式等，以及便捷的数据动态更新（局部快速更新、细化、修改、补充等）技术；

（2）矿山数据挖掘与知识发现技术：由于矿山数据与信息的"五性四多"特点，为了从矿

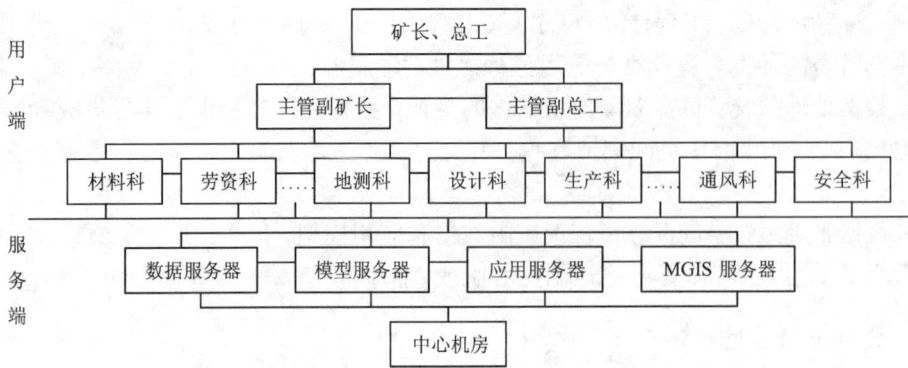

图 1 - 10　矿山级数字矿山的典型组织架构

山数据仓库中快速提取有关的专题信息、发掘隐含的规律、认识未知的现象和进行采动影响的预测等，必须研究提出一种更为高效、智能、透明的符合矿山规律、基于专家知识的数据挖掘与知识发现技术；

（3）真三维矿山实体建模与虚拟采矿技术：在矿山数据仓库的基础上，集钻孔、物探、测量、传感等数据于一体，进行真 3D 矿山实体建模和大规模多细节层次的矿山虚拟表达，才能对地层环境、矿山实体、采矿活动、采矿影响等进行直观、有效的 3D 可视化再现、模拟与分析；

（4）监测数据可视化与空间分析技术：矿山监测数据多源异构、动态变化、特征复杂，需要在矿体围岩与井巷工程的三维模型中进行定位表达与可视化展现，以利于矿山监测数据的可视化查询、分析、预测与应用。为此，需要以矿山实体数据与监测数据的统一组织与有机联系为基础，解决矿山监测数据的效用与空间分析难题；

（5）组件化矿山软件与复用技术：矿山数据的处理与分析、矿山工程的模拟与分析、矿山安全的评估与分析等，均以各类矿山软件与分析模型为工具。为此，需要为不同需求、不同服务研制各类可扩展、可复用、跨平台的组件化矿山软件（即各类组件式"车辆"），形成一套便捷的矿山软件复用技术；

（6）可视化矿山 Office 技术：为实现全矿山、全过程、全周期的数字化与可视化管理、作业、指挥与调度，需要基于矿山空间数据仓库与数字矿山基础平台，并无缝集成自动化办公（OA）和指挥调度系统（CDS），开发可视化矿山 Office 系统（Mine Office），为矿山日常工作提供一个全新的生产管理、安全监控与决策指挥的协同办公平台；

（7）井下快速定位与自动导航技术：基于 GPS 的露天矿山快速定位与自动导航问题已基本解决，而在卫星信号不能到达的地下矿井，除传统的陀螺定向与初露端倪的激光扫描与影像匹配技术之外，尚没有足以满足矿山工程精度与自动采矿要求的地下快速定位与自动导航的理论、技术与仪器设备；

（8）灾变环境下井下通讯保障技术：在矿井通信方面，除井下网络、无线传输之外，如何快速、准确、完整、清晰、双向、实时地采集与传输矿山井下各类环境指标、设备工况、人员信息、作业参数与调度指令，尤其是在矿山灾变环境下如何保障井下通讯系统继续发挥作用，以便支持救灾救援工作，是亟待研究的关键技术；

（9）智能采矿机器人技术：采矿机器人技术是无人采矿与遥感采矿的关键，需要从采矿设备与作业流程的自动控制、自适应调整、自修复的角度，去研究和设计新型的智能采矿机器人；

（10）井下无人采矿系统技术：在矿山自动化方面，要突破采矿机器人的个体概念，要从矿山系统与采矿过程的角度，去研究、设计和开发井下无人采矿系统技术，如采矿机器人协同配合技术、采矿机器人"班组"作业技术等。

1.5 数字矿山的建设

矿山企业作为国家的基础产业之一，在国家的经济发展中具有重要的地位和作用。不同于其他企业，矿山企业具有以下特征：

（1）资源特征：矿山是以自然资源开发利用为对象的生产企业。赋存于地壳浅层中的矿产资源，不仅其所赋存的地质环境非常复杂，而且其空间位置、形态、有用元素品位分布等均极富变化。人们对资源的认识程度会随着开采的不断进行而逐步深入；随着市场价格和开采技术条件的变化，矿体的边界也会随之变化，并需要及时进行变更和修正。

（2）动态特征：由于工作场地多、工序复杂，矿山生产要素具有动态特征，即除了少部分人员设备工作位置固定以外，大多数人员和设备的位置在生产过程中不断变更。

（3）工艺离散：与加工企业的工艺流程相比，矿山企业的生产工艺具有离散（即工艺不连续）和分散（即作业场所多）的特点，各工序之间的协调运行是确保矿山高效、安全生产的基础。

（4）环境恶劣：矿山生产环境恶劣、作业空间狭小，与露天开采相比，地下矿山的电磁屏蔽性强、噪音大，正常通讯难以实现，生产指挥困难。

（5）信息复杂：不仅生产系统内部存在大量的多源、异质信息流动，而且系统内部与外部环境之间，如电力、设备供应、矿产品需求市场等均存在着信息的交换和流动。

矿山企业的这些特征，使其决策、设计、生产计划、生产调度与过程控制、安全生产等各个方面均非常复杂。因此，数字矿山的建设必须从系统的角度出发，以企业的信息流为主线，以对生产要素和生产过程的控制为目标，最终实现矿山企业效益最大化。

1.5.1 数字矿山的建设目标

国外现代采矿统计表明：矿山信息化水平和机械化程度越低，矿山安全情况就越差，如机械化程度分别为40%、60%、80%时，百万吨死亡率分别为5、2、1。加拿大INCO公司通过地下镍矿的无人开采，不仅生产效率提高一倍，而且实现了百万吨死亡率为零的目标。预期2012年INCO公司实现露天矿山遥控采矿后，其生产效率还将提高一倍。

数字矿山是一种理念、一个过程。结合矿山八个现代化，可以从信息的角度采用"五化"来描述数字矿山的发展目标，即数字化地集成管理与共享利用各类矿山数据与信息资源，可视化地三维模拟与虚拟再现矿山地质采矿环境，仿真化地模拟分析矿山采掘活动与采动影响过程，智能化地分析监测监控数据并智能识别各类灾变前兆，自动化地实施采矿系统活动与自动启动矿山安全预案。

数字矿山建设是一项复杂、系统而艰巨的工作，既有人的观念影响、也有技术因素的影响，既有资金的影响、也需有法规的约束，必须有计划、有步骤、分阶段地稳步推进。数字矿山的建设模式不是千篇一律的，数字矿山的发展途径也是多样化的。数字矿山建设的实施无论是自上而下地落实，还是自下而上地推行，均将殊途同归，数字矿山的最终目标是绿色、安全与高效采矿，具体表现形式为遥控采矿和无人采矿。

随着实时矿山测量、GPS 实时导航与遥控、GIS 可视管理与决策、3DGM 与虚拟矿山系统的应用，国际上一些大型露天矿山(包括我国的平朔、霍林河矿区)已可生成数字矿床模型并在其上进行采掘设计，借助 GPS 与移动通讯系统与采场设备相联系，形成采矿活动动态管理与遥控指挥。此外，专家系统、神经网络、模糊逻辑、自适应模式识别、遗传算法等人工智能技术、并行计算技术、射频识别技术以及面向岩石力学问题的全局优化方法、遥感遥测技术等，均已不同程度地在矿山地质勘探调查与测量、矿山设计、矿山开采、设计与控制、灾害监测预警等方面得到应用。

1.5.2 数字矿山的建设任务

数字矿山理念刚提出之时，吴立新曾提出数字矿山建设任务应包括以下 4 个主要方面：

1. 建立 MGIS 业务化平台

具体任务包括：(1)充分分析矿山企业信息化现状，剖析矿山企业在经营管理过程中的信息功能与数据流向，以及数据在数据流动环节中所起的作用，进而为矿山数据组织与管理设计出合适的数据结构和数据模型；(2)建立企业(集团公司)级中心数据库，统一管理全企业的基础数据和各矿山的重要生产数据，并确定数据在共享过程中的访问与使用权限；(3)结合矿山特点和日常办公需求，开发便于矿山工程技术与管理人员日常办公使用的 MGIS 业务化平台，提供多种功能模块，满足矿山经营管理的日常办公与决策需求；(4)进行人员培训，提高矿山各级管理与工程技术人员的信息技术水平和使用 MGIS 进行日常办公的能力，使 MGIS 真正成为矿山企业日常办公的业务化平台；(5)加强 MGIS 系统的维护和管理，及时进行数据更新，确保数据的时效性、可靠性，以满足动态发展的矿山生产与工程要求。

2. 进行矿产资源的动态管理

矿山企业的生存基础是足量的矿产资源储备，而矿产资源的动态管理是矿产资源开发与矿山经营发展的前提。由于矿山地质环境复杂、生产条件多变、开采扰动严重，还有地面不断发展变化的各类建(构)筑物和矿区基础设施的压覆，导致矿山可采矿产资源经常变化。如何及时、准确地评估和掌握矿产资源的储量动态，成为矿山开采设计、采掘接替与经营决策的重要依据。这就需要在数字矿山的总体架构中，借助 MGIS 来管理和分析矿产资源的动态变化。利用 MGIS 中管理的矿山原始数据(包括历史的和现时的)，输入变化了的影响参数和边界条件，通过合适的储量管理模型和计算模块的运算分析，就可以在计算机环境中可视化地快速圈定新的储量边界，并准确计算出变化了的各级、各类储量，必要时还可制图输出和打印统计报表。

3. 进行采矿要素的可视化

在矿山开采过程中，随着开采和掘进工作面的推进，采场、顶底板、围岩、地表等采矿环境要素都在发生相应变化，矿山压力、矿井瓦斯、矿井水等矿山灾害要素的空间分布与数量不断变化。对于这种动态变化，过去的做法主要是对采集到的数据进行分析计算，再把结果在相应的二维图纸上填绘出来，因此数据的时效性、直观性大大降低，甚至会延误重大事故的预防和灾害隐患的处理。如果在数字矿山的架构中，以 MGIS 为基础平台来集成各类专业模型(如通风网络解算、矿井涌水分析、火灾蔓延模拟等)，则可以通过数据整合和系统自动分析，迅速及时地将采矿要素的动态变化在计算机环境中可视化地表达出来，并把矿山生产推进过程、开采影响范围等可视化地再现出来，必要时还可制图输出或输出相应的统计报表，以供分析和决策。

4．及时进行投入产出分析

利用 MGIS 所管理的矿山企业的基础数据与生产数据，输入相应矿山工程项目的有关参数和需求，通过系统内部专业模型的运算和综合分析，则可及时对采矿项目进行投入产出分析。通过修改和调整输入参数与边界条件，还可随时根据变化了的市场情况和地质采矿条件，重新对采矿项目的投入产出、经济可采品位进行评估，进而确定优先方案或改进方案。比如，对于某一建筑物或村庄下压煤开采问题，可以根据当前地面条件和实际社会经济因素，分析比较出在该种特定地质采矿与地面条件下，究竟应选择什么样的采煤方法、进行什么样的采面布置、进行什么样的回采顺序安排，以及做出何种采矿工艺的调整，才能更有效、更经济地开采出地下资源。

1.5.3　数字矿山建设的阶段性

矿山企业不同于其他企业，其生产作业场所既有地下，也有地面，而且地下与地面工程互相联系、动态变化。因此，数字矿山建设是一项复杂、庞大和长期的系统工程，必须分阶段逐步建设。在建设初期，首先是要开发 MGIS，并重点围绕矿山地测与设计部门的技术需求和关键问题进行专业模块开发和应用。

数字矿山建设可分为如图 1－11 所示的科室级、矿山级、集团级和行业级 4 个层次，矿山及集团级数字矿山建设又可分为管理信息系统、办公自动化系统、监测调度系统、可视化采掘设计系统、可视化决策支持系统和本安采矿 6 个阶段，如图 1－12 所示。总之，数字矿山建设应该按从简单到复杂、从小规模到大规模的原则有序进行，并按照企业、行业数字化建设的惯例和要求，先示范后推广、由点带面、稳步推进。

行业	数字煤矿	数字铁矿	数字金矿	数字铜矿	数字油田	数字…矿
集团	数字开滦	数字兖矿	数字同煤	数字平煤	数字宁煤	数字…煤
矿山	数字范各庄	数字钱家营	数字林南仓	数字吕家坨	数字唐山矿	数字…矿
科室	数字地测	数字通风	数字设计	数字采煤	数字安全	数字……

图 1－11　数字矿山的结构模式

目前，我国数字矿山建设的基本情形可概括为：

（1）各个行业竞相建设：煤炭、冶金、有色、黄金、非金属、石油等领域的矿山/油田自发开展了各类数字矿山建设工程及示范工程建设项目。

（2）建设重点各不相同：目前的数字矿山工程建设形式多样，有的以 OA&ERP 为主，有的以地质测量、一通三防、采掘设计为主，有的以人员定位、光纤环网、井下通讯为主，也有的以卡车调度、监测监控、安全检查为主。

（3）建设起点差别较大：由于各矿山行业、各生产矿井的信息水平、基础条件和技术力

图 1-12　数字矿山的结构模式

量的差异，具体实施数字矿山工程建设时既有改造提升型，也有技术跨越型，也有技术研发型。

经过近 10 年的发展，数字矿山理论、技术与应用等各方面均已取得突出成绩，数字矿山建设的基础更为扎实。就现阶段中国矿山的信息化整体水平而言，我国数字矿山建设应分三步走：

第一步，建立矿山空间数据仓库：在统一的时空框架下，全面采集、收集、整理、处理矿山基础数据和生产数据，并按统一的分类编码标准和规范的数据组织格式，进行集中式或分布式管理，形成可供企业内部共享利用的、持续更新的矿山空间数据仓库，奠定 MSDI 的基础，形成数字矿山的内核。

第二步，构建数字矿山基础平台：基于矿山空间数据仓库，采用三维地学建模与可视化技术开发数字矿山基础平台，建立矿体围岩、地质构造、井巷工程、地表地形、地面建筑等地上地下无缝集成的采矿环境真三维实体模型，实现地质采矿环境与采矿工程的三维集成建模与可视化。进而为资源评价、矿山设计、采掘设计和地质测量等矿山日常生产工作提供三维可视化基础平台，以便在采掘设计阶段事先规避潜在的地质隐患。

第三步，形成可视化矿山 Office 系统：基于矿山空间数据仓库与数字矿山基础平台，开发可视化矿山 Office 系统（Mine Office），为矿山日常工作提供一个全新的生产管理、安全监控与决策指挥的协同办公平台。其主要功能是：矿山设计、生产与管理全过程、全方位的矿山数据获取、处理、管理、表达、分析、共享与利用的数字化、模块化、网络化和可视化，包括经济可采性动态评价、采掘优化设计、采动影响分析、矿山安全评估、安全生产管理、生产调度指挥和企业决策支持等。矿山 Office 的技术关键是要在统一的时空框架下，通过地面、井下工业环网将地面与井下的各类人员、物体、环境、生产、安全信息（包括监测监控数据、地面与井下工况数据、井下人员与采矿设备的位置信息等）快速传递、统一配准于数字矿山基础平台上，实现矿山集成可视化监测监控、隐患推测和灾害预警。其应用目标为：实现矿山安全生产的管控一体化和决策可视化，保障在生产阶段及时发现和快速处理各类矿山安全隐患，确保高产、高效、高安全。

本章练习

1. 数字矿山的定义、基本特征和功能?
2. 根据数字矿山的定义、内涵及你的理解,设计一个数字矿山系统架构图。
3. 结合数字矿山的未来发展,你应如何发挥专业优势并参与数字矿山建设?

第2章 矿区资源环境信息获取与处理

2.1 矿区资源环境信息概述

2.1.1 矿区资源环境信息的概念及特征

1. 矿区资源环境信息的概念

矿区的含义有多种表述方法。一是指由于行政上或经济上的原因，将若干个邻近矿井划归一个行政机构统一管理，其所属的井田合起来称为矿区；另一种说法是矿田的范围很大，需要划作若干区域分阶段分步骤地进行勘探和开发，由此将统一规划和开发的矿田或矿田的一部分称为矿区。矿区以矿物开采、加工为主导，应有完整的生产工艺、地面运输、电力供应、通讯调度、生产管理及生活服务等设施，是一种特殊的地理区域，其地理空间要素和社会经济要素内容广泛、综合、复杂、变化迅速，是一种复杂的、动态的、开放的社会经济系统。

所谓资源，是指在一定的技术条件下能为人类利用的一切物质、能量和信息，可分为3种：一是自然资源，包括土地资源、矿产资源、生物资源、水资源、气候资源等，它们属于完全的自然产物，没有人类劳动的参与；二是经济资源，以自然资源为对象经过人类劳动后的产物；三是社会资源，即那些以非物质形式作用于人类生产活动过程的资源，包括知识、文化、技术、信息、组织形态、管理手段、劳动力、人才、法律、政策、道德等。资源是一个可变的概念，资源一经物化，便变为经济资源。狭义地理解，资源是指人类可以利用的自然生成的物质及能量，即自然资源。这里论及的资源，就是指自然资源。

所谓环境，《中华人民共和国环境保护法》指出：环境是指大气、水、土地、矿藏、森林、草原、野生动物、野生植物、水生生物、名胜古迹、风景游览区、温泉、疗养区、自然保护区、生活居住区等。这一定义把环境分为两大类：一类是"天然的自然因素总体"，其特点是天然形成，无人工干预；另一类是"经过人工改造的自然因素总体"，即在天然的自然因素基础上，人类经过有意识的劳动而构造出的有别于原有自然环境的新环境。

表达矿区资源及环境的内容、数量或特征等的信息称为矿区资源环境信息，是国家、省（区、市）资源环境信息的重要组成。矿区资源环境数据就是描述矿区资源及环境的内容、数量或特征的数字、图形、影像、文字、符号及介质。资源环境信息大体分为如下3类：

（1）基础信息：包括各种地面地下测量控制点、高程点、水系、地形、地貌、地物、地名及其某些属性所表达的信息等。

（2）专题信息：指各种专业性的资源环境信息，如资源环境及其相关要素的空间分布及其规律，包括地层结构、地价、矿体品位、储量、植被空间分布、井巷设施、采掘工作面、瓦斯、水文等。专题信息是基础信息的拓展，基础信息是专题信息公共定位的基础。

（3）综合信息：这类信息是在基础信息和专题信息的基础上，针对特殊应用而提取、生成的综合性资源信息，包括资源开发开采规划、土地整治规划、生态环境规划等。综合信息是基础信息、专业信息的拓展。

2. 矿区资源环境信息的特征

与资源环境信息一样，矿区资源环境信息具有多源、时空、多尺度、动态和实用特征。

（1）多源特征：资源环境数据的量纲不一、形式多样，既有定量测量数据，又有定性的文字描述，且获取数据方式及复杂程度不一，因而是典型的多源数据。譬如，地球化学测量所得的数据主要是元素的浓度，而物探数据则主要是电导率、磁化率等物理量。它们显然有不同的数量级、不同的物理量纲。然而，只要我们选取合适的参量，这些不同的数据源将能反映同一目标体。资源与环境问题涉及多学科领域，其影响因素复杂，需要数据量大且要求质量高。由于资源与环境数据来源不一、格式各异、年代不同、位置精度低、现势性差等原因，造成数据质量难以保证及共享，这已成为资源环境信息研究中的一个"瓶颈"。因此，数据融合在资源环境数据处理领域格外重要。

（2）时空特征：资源环境数据具有时空四维的几何和属性信息，并且随着开发开采的进行，数据处在不断的更新、增删之中。资源环境信息的空间变异性具体表现为属性是距离、时间的函数，这导致资源环境数据不论是时间、空间和属性上都存在差异。并且数据的空间特征之间也有相对性，即拓扑关系。由于这些特点，资源环境信息技术需要一个统一的时空框架为支撑，以便将各种资源环境的属性统一存贮在这一框架下，利用计算机高速处理的功能进行综合分析。这就决定了地理信息系统是资源环境信息的支撑性技术。

（3）多尺度特征：尺度是指数据集表达的空间范围的相对大小和时间的相对长短，不同尺度上所表达的信息密度有很大的差异。一般地，尺度变大则信息密度降低，但不是等比例变化。资源环境数据包括空间多尺度，即以其表达的空间范围大小和各部分规模的大小分为不同的层次；时间多尺度，即数据表示的时间周期及数据形成周期有不同的长短。从一定意义上讲，时间尺度与空间尺度有一定联系，往往较大空间尺度对应较长的时间周期。

（4）动态特征：资源环境数据涉及不同的领域、不同的来源、不同的载体，涵盖开发开采的各个时段。任何资源环境信息都具有时序性，因为资源环境及其各组成要素始终处在变化之中，例如植被演替、土地利用变化、地质灾害发生等。作为服务于资源环境管理与利用的信息技术也就必须适应这一特点，提高信息采集、获取与快速更新的能力，具备对突发事件快速响应的能力，而且能够进行时序综合与分析。

（5）实用特征：资源环境信息是资源开发与开采的基础信息，国家机构80%以上的部门都需要使用资源环境信息，资源环境信息系统中的一些数据不仅部门内的人员可以调用，而且部门以外的其他人员甚至普通百姓也可以查询。这就要求资源环境信息系统及其数据库具有很好的兼容性、开放性，以满足不同层次、不同群体的实用要求，系统的数据质量、数据结构、数据编码、网上协议都要达到相应的标准与规范。此外，由于资源环境信息具有经济属性、权能属性，因此又必须保证资源环境信息的安全。

2.1.2 矿产与土地资源信息

矿产与土地资源信息具有多源、多量、多类、多元、多维和多主题特征，信息采集主要有测绘遥感技术、地球物理、化学勘探、野外地质调查观测、室内分析测试和图形获取等方式。矿产资源与土地资源既具有共性，又有其各自特点，如矿产资源是可耗竭资源，而土地资源具有可更新性和可培育性；矿产大多埋藏于地下，土地资源显露于地表，等等。这些特点决定了其信息获取方式及关注重点等有很大差异。

1. 矿产资源信息

矿产资源是指在地质作用过程中形成并赋存于地壳内（地表或地下）、其质和量适合工业要求、并在现有的社会经济和技术条件下能够被开采和利用的固态、液态或气态集合体。矿产资源信息是关于矿床资源空间分布、属性描述、社会经济价值的综合性信息。

矿产资源具有空间属性、自然属性、经济属性、权能属性。空间属性是指矿产具有的特定位置、形状、面积、体积；自然属性是指资源条件，如矿床的品位与储量等方面的自然要素的性质；经济属性是反映资源经济特征的属性；权能属性是反映资源所有权、使用权、抵押权等方面的属性。描述这些空间属性、自然属性、经济属性、权能属性以及属性之间相互联系的信息称为矿产资源信息。

地下矿体的形状因矿而异，变化很大，有的规则，有的特别复杂。矿产资源的特性更是变化莫测，甚至十分邻近的地区，特性的数值差别却极大，不少矿产资源的特征数据，如品位、厚度等，在一定空间范围内既有随机性，又有结构性。矿山资源信息的数据多源、多相、多精度，而且矿床多埋藏于地下，只能根据地质调查和有限的钻孔资料进行推断，因而又具有不确定性。

如何根据已知的空间数据估计（预测）未知空间的数据值，如何运用多元空间信息统计分析、空间信息统计学(地质统计学)、分形几何、神经元网络、遗传算法、模糊数学、灰色系统等分析方法，从矿山资源数据库中发现规律与知识，如何建立数学（矿床）模型，如何模拟资源特征数据的空间分布，如何进行物化探数据的管理与异常解释、探矿工程数据管理、矿产勘查评价、矿区地质制图、矿体圈定、储量计算、矿床开采技术条件数据管理与分析，以及如何对资源数据进行智能化计算机绘图、三维模拟、3D – GIS 及虚拟现实表达等，均是矿产资源信息所关注的重要内容。

2. 土地资源信息

土地资源是由地球陆地表面一定立体空间内的气候、地质、地貌、土壤、水文、生物等自然要素组成，同时又时刻受社会经济条件影响的复杂的自然经济综合体，是指已被人类所利用或可预见的未来能被人类利用的土地。土地资源既包括自然范畴，即土地的自然属性，也包括经济范畴，即土地的社会属性，是人类的生产资料和劳动对象。土地资源的特征是：各要素相互联系、相互作用、相互制约，各要素以不同方式、从不同侧面、按不同程度、独立地或综合地影响其综合特征。

土地资源也具有空间属性、自然属性、经济属性、权能属性。空间属性是指土地具有的特定位置、形状、面积；自然属性是指资源条件，如土地的地形、土壤、植被等方面的自然要素的性质；经济属性是反映资源经济特征的属性；权能属性是反映资源所有权、使用权、租赁权、抵押权等方面的属性。描述这些空间属性、自然属性、经济属性、权能属性以及属性之间相互联系的信息称为土地资源信息。

2.1.3 矿区生态环境信息

人们将地球环境划分为 4 个域，并形象地称之为"圈"，即大气圈、水圈、岩石圈（土圈）和存在于此三圈界面或交接带的生物圈。以人类为中心进行考察，生物圈是人类环境的一个组成部分，而且是与人类生存与发展关系极其密切的环境。通常，把生物圈——地球上最大的生态系统视为生态环境。人类的生产和生活作用于生态环境，导致环境的变化。自然环境剧烈变化，或者侵入自然系统中有害物质数量过大、超过自然系统的调节功能，就会破坏生态平衡，使人类或生物受害。随着以工业化、城市化程度加快以及矿产资源的大规模开发的不断深入，生态系统承受的压力越来越大，造成严重的环境问题，给人类生存带来极大的威胁。

生态环境信息包括反映生态环境状况（内容、数量或特征等）的文字、数据、知识，是开展环境监测、分析评价、模拟预测和规划决策的依据，而生态环境数据是生态环境信息的数量化或地图化表示。作为一种反映生态环境系统中人类施力与环境效应之间的时空关系、数量比例与特征性质的地球空间数据，生态环境数据及信息具有一系列独特的特征，包括层次性、整体性、动态性和调节性。

（1）层次性：生态环境的研究范围和研究时间可以是地域性的，也可以是全球性的，可以是短时间的也可能是长时间段的，因此生态环境数据及信息存在层次性结构；

（2）整体性：生态环境系统中各要素、各子系统之间既相对独立，又相互联系、相互依存、相互制约，是一个有机整体。因此在研究和解决环境问题时，必须从整体观念出发，充分考虑环境要素内部的各子系统之间的关系、环境要素之间的关系以及环境要素与环境系统整体之间的关系；

（3）动态性：由于生态环境系统处于自然过程和人类社会行为的共同作用中，因此环境的内部结构和内部状态始终处于不断变化的过程中，这种变动既是确定的，又带有随机性，可能是有利的也可能是有害的；

（4）调节性：环境系统具有一定的自我调节能力，对于来自内部及外界的作用，能够在一定限度内进行自我补偿和缓解，使得环境处于相对稳定的状态。

2.1.4　矿区地质构造信息

矿山开采的对象是赋存在地表或地下的矿体，矿体及周围岩体的地质构造信息是主要的矿区地质信息，是进行三维地质建模的主要数据来源。矿区的地质构造信息主要包括矿物和岩石、地层、地质构造、矿床与矿体等方面。

1. 矿物和岩石

地壳的主要成分是硅、氧、铝。在原始炽热的地球发展演化过程中，地球物质从混沌状态逐步发展成有序的层圈结构，即地核、地幔和地壳的分异。以铁镍为主的金属集中在内部，构成地核，以硅铝为主的物质则形成地壳，地幔则是由铁、镁、硅酸盐类组成的。三者之间通过岩浆作用和板块运动进行物质交换。同时，在地球的表面进行着水流的搬运、生物的改造、风力分选以及空气氧化等自然过程的作用。

矿物是具有比较固定的化学成分和物理性质的自然物质体（单质或化合物），它是地壳中地质作用的产物，是岩石或矿石的基本组成成分。矿物中绝大多数为固态，分为晶质矿物和非晶质矿物。晶质矿物是矿物的内部质点做规则排列并且具有规则的几何外形。自然界中的矿物绝大多数为晶质矿物，如石英、长石、方解石、黄铁矿等。矿物种类很多，大约有3300多种，常见的有几十种。最为常见的造岩矿物有石英、长石（正长石、斜长石）、辉石、角闪石、黑云母、方解石、白云石等，而常见的金属矿物有黄铁矿、磁铁矿、方铅矿、闪锌矿等。

岩石是矿物的集合体，是构成地壳的主体。地壳中绝大部分矿产都产于岩石中，许多岩石本身也是矿产，如用做石材的花岗岩、大理岩等。岩石的性质（岩性）主要由其矿物组成、结构、构造来决定。岩石的结构是指矿物的结晶程度、颗粒大小、颗粒形状以及彼此间的组合方式；岩石的构造是指矿物集合体之间或矿物集合体与岩石的其他组成部分之间的排列方式与充填方式，它们反映岩石形成的地质环境。

岩石按照成因不同分为3类：岩浆岩、沉积岩和变质岩。

岩浆岩是地下深部的岩浆在向地表侵入和喷发的过程中逐渐冷凝而形成的岩石，也称为火成岩。按照岩石形成的深度又分为深成侵入岩、浅成侵入岩和喷出岩。而按照SiO_2含量的不同划分为超基性岩（<45%）、基性岩（45%~52%）、中性岩（52%~65%）和酸性岩（>65%）。常见的岩石种类见表2-1所示。

表2-1　常见的岩浆岩类型

按SiO_2含量划分 / 按深度划分	超基性岩	基性岩	中性岩	酸性岩
深成侵入岩	橄榄岩、辉岩	辉长岩	闪长岩	花岗岩
浅成侵入岩	金伯利岩	辉绿岩	闪长玢岩	花岗斑岩
喷出岩		玄武岩	安山岩	流纹岩

超基性岩、基性岩、中性岩、酸性岩、深成侵入岩、橄榄岩、辉岩、辉长岩、闪长岩、花岗岩、浅成侵入岩、金伯利岩、辉绿岩、闪长玢岩、花岗斑岩、喷出岩、玄武岩、安山岩、流纹岩、沉积岩是地表的松散沉积物经压固、脱水、胶结及重结晶作用而变成的坚硬岩石。由于它是在常温、常压并大部分是在地表水体里形成的，因而其矿物组成以及结构、构造都与岩浆岩不同。

沉积岩以其特有的层理构造（岩石成层出现）与其他岩类相区别。按照结构的不同细分为碎屑岩、黏土岩和化学岩。常见的碎屑岩有砾岩、砂岩、粉砂岩；黏土岩有黏土、页岩和泥岩；化学岩有石灰岩、白云岩和硅质岩等。地表的75%岩石为沉积岩。

变质岩是原岩在地壳中受到高温高压及化学成分渗入的影响，在固态下发生变化而形成新的岩石。因此，变质岩不仅具有变质的特点，还保留原岩的某些特征。变质岩经常具有晶质结构，但它不同于岩浆岩，其晶质结构是由于重结晶作用而形成的，故称为变晶结构。变质岩因遭受压力而常具有定向排列的特征，片理构造是识别的主要标志。常见的片理构造有片麻状构造、片状构造、千枚状构造和板状构造，相应的岩石称为片麻岩、片岩、千枚状岩和板岩。此外，常见的变质岩还有石英岩、大理岩以及由构造作用形成角砾岩等。

2. 地层

从地球形成到现在，已经有45~60亿年的历史了。在漫长的地质历史进程中，地壳在发生着不断的变化。为研究方便，地质学家将漫长的地质历史进行单元划分。划分单位按大到小排列为宙、代、纪、世、期、时。

在地质历史的某一地质年代中，有的地区上升遭受风化、剥蚀；有的地区则不断下降，接受沉积，形成沉积岩层。在地质学上把某一地质时代形成的一套岩层（包括沉积岩、火山碎屑岩和变质岩）称为那个时代的地层。为研究方便，国际上将地层按照地质年代进行划分，其划分单位称为年代地层单位，包括宇、界、系、统、阶、时间带6个级别，这与地质年代的宙、代、纪、世、期、时相对应。宇是最大的年代地层单位，是宙的时间内形成的地层。整个地质时代包括四个宇：冥古宙、太古宙、元古宙和显生宙，相应的地层单位冥古宇、太古宇、元古宇和显生宇。不同地质时期，对于特定的矿床形成具有决定作用。我国的煤矿资源主要产于古生代的石炭系、二叠系地层以及中生代的侏罗系和新生代的第三系中；而金属矿床的成因可以概括为岩浆分异、接触变质、海底喷流、热液、沉积和风化等6种作用，是地质历史演化过程中，在很短时间内形成于区域性地质构造单元内的某些成矿元素大面积、高强度富集成矿的产物。

3. 地质构造

地质构造是指组成地壳的岩层和岩体在内、外动力作用下发生变形，从而形成诸如褶皱、节理、断层、劈理以及其他各种面状和线状构造。地质构造不仅对于矿产资源的形成与分布、矿体的形态与产状具有控制作用，而且对于已形成的矿体具有破坏作用。因此，对地质构造的深入了解对于矿山建设和生产非常重要，是矿山开拓设计、采矿方法选择、采场合理布置以及解决水文地质、工程地质问题的重要依据。常见的地质构造主要有褶皱、断层和节理等。

（1）褶皱

褶皱是层状岩石受力后发生弯曲变形的产物。褶皱的形态多种多样，基本形式有两种：一是岩层向上弯曲，其核心部位的岩层时代较老，外侧岩层较新，称为背斜；二是岩层向下弯曲，核心部位的岩层较新，外侧岩层较老，称为向斜。褶皱在地面出露特征为：两侧岩层相对于核部岩层对称出现。褶皱对于一些矿床的形成起到控制作用。如一些内生矿床矿体往往在褶皱的转折端处厚度较大（见图 2 -1）。

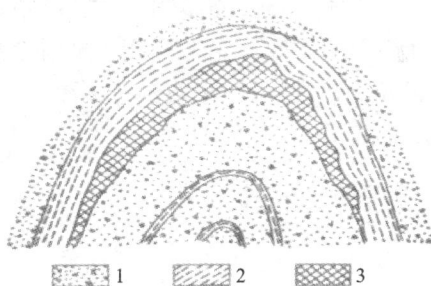

图 2 -1　转折端处厚大的鞍状矿脉

（2）断层

断层是岩层或岩体顺破裂面发生明显位移的产物。断层在地壳中广泛发育，也是矿山最为常见的地质构造之一。断层可以是平面，也可以是曲面，而且往往是由一系列破裂面或次级断层组成的断裂带，并夹杂有错碎的岩块、岩屑、岩片以及各种断层岩。断层的规模不等，大到数千千米，小至几十米。断层面两侧的岩体被称为断盘，在断层面以上的那一盘称为上盘，以下的那一盘称为下盘。根据两盘的相对位移方向将断层划分为正断层、逆断层、平移断层和旋转断层（见附录图 2 -2）。

正断层是上盘下降、下盘上升的断层；逆断层是上盘上升、下盘下降的断层；平移断层是断层两盘沿断层走向线方向发生相对位移的断层；而旋转断层是断层两盘做相对的旋转运动的断层。断层不仅与矿床的形成密切相关，而且与矿山的安全有着密切的联系。如一些热液型矿床往往受断层或断裂带控制，而一些矿山灾害如矿井突水、矿压增强、煤与瓦斯突出、边坡失稳以及危岩体形成等均与断层有关。

（3）节理

节理是一种没有明显位移的破裂，破裂面叫节理面。节理的规模较小，一般从几米到数十米。节理按照成因的不同分为原生节理（指在岩石形成过程中产生的节理）、风化节理（又称风化裂隙，指岩石受风化作用而产生的节理）和构造节理。构造节理是最为常见和对于矿山生产关系最为密切的节理，又可分为剪节理和张节理。密集发育的节理使得岩石破碎，对于矿山岩体的稳定性具有重要的影响。

4. 矿床及矿体特征

矿床是地壳中因地质作用而形成、且所含有用矿物资源在质和量上达到工业要求并具备开采条件的地质体。按照成因不同将矿床分为内生矿床、外生矿床和变质矿床。内生矿床是由内力地质作用而形成的矿床，包括岩浆矿床、伟晶岩矿床、热液矿床、火山成因矿床；外生矿床是由外力地质作用而形成的矿床，包括风化矿床、沉积矿床；变质矿床是由变质作用而形成的矿床，包括接触变质矿床和区域变质矿床。矿床在空间上由矿体和围岩组成。

矿体是矿床中被开采利用的那部分地质体，具有一定的大小、形状和产状。矿体的形状有等轴状（如矿瘤、矿囊等）、板状（对于热液矿床称为矿脉，对于沉积矿床则称为矿层）、柱状及不规则状。一个矿床可以由一个矿体或数个矿体组成，矿体数量越多规模越小，对开采就越不利。围岩是矿体周围无经济价值的岩石，围岩的力学性质是采矿方法选择的主要依据。从矿体上开采下来的岩石叫矿石，它是具有经济价值的矿物集合体，是矿山开采的产品。矿石中的矿物分为矿石矿物和脉石矿物。矿石矿物是能够提供有用元素（或组分）并被利用的矿物，脉石矿物是不能利用、被剔除掉的矿物。矿石中有用组分含量称为矿石的品位，矿石品位是矿石质量的一个主要指标。品位越高，矿石就越富、质量就越好，矿体的经济可采价值就越高。

2.2 地球探测信息技术

为建立矿床影像模型，需要对未知区域的资源及地质隐患进行探测、预测和评价，包括各种地质结构、构造探知和精确定位。地球探测信息技术是从揭示和探测地球内部特征的一系列方法和技术，主要有地质钻探方法、地球物理方法（包括重力勘探、磁法勘探、电法勘探、地震勘探和放射性勘探）、地球化学方法等，本章主要介绍地球物理方法和地球化学方法。

2.2.1 重力勘探

物体所受到的重力是地球的引力及地球自转所引起的惯性离心力的合力，因为惯性离心力约为地球引力的1/300，所以，物体还是被紧紧地吸引在地球上。地球不是一个静止不动的、表面光滑而且内部物质密度分布均匀的圆球体，因此，在地球的不同位置，物体受到的重力不同。由于地球内部物质分布的变化及天体的吸引等原因，在同一地点的不同时间，物体受到的重力也会不同，即重力不仅随地点也随时间而变。通过观测重力及其变化，可以了解地球的形状、内部结构、物质的分布以及外表和内部结构的变化。重力方法不仅在矿产资源探测工作中，而且还在地球环境自然规律的研究上起重要作用。

1. 重力及其变化

在地球体内部及附近存在重力作用的空间称为地球的重力场。由于用重力本身不便于描述存在的地球的重力场，故采用单位质量所受到的重力即重力场强度来描述重力场。重力场强度在数值上正好等于物体受重力作用时所具有的重力加速度。为纪念第一位测定重力加速度的物理学家伽利略，把重力的单位取为"伽"（Gal），实用单位为"毫伽"（mGal），即千分之一伽，或"微伽"，即10^{-1}毫伽。在我国，重力的法定单位是国际单位制，即 g. u.（gravity unit），1g. u. $=10^{-1}$mGal。在国外地球物理核心刊物上，仍采用 mGal 作为重力的实用单位。

地球上的重力随地点和时间而变。重力在空间上的变化原因在于：地球并非正球体，而是一个扁球体,其赤道半径约为 6378 km,而两极半径约为 6356 km,这将引起 6 万 g. u. 的重力变化;引起重力变化的另一个原因是地球表面的起伏,即重力随高度而变化;处于不同纬度的物体具有不同的自转半径 r,所受的惯性离心力不同,因而重力随纬度而变,赤道与两极处的重力差约 3.4 万 g. u. ;地下物质密度分布不均匀也将引起重力发生变化,高密度体将引起大的重力,低密度体将引起小的重力,而且与物体和密度体间的距离有关。重力法正是通过研究地下物质密度分布不均匀所引起的重力变化来研究地球或地壳的结构及寻找资源。

2. 重力异常测量

由地下某一高密度物质体的不均匀分布所引起的重力变化称为重力异常。地下密度不均匀分布的主要形式包括密度"过剩"(高密度体)及密度"亏损"(低密度体),具有这一性质的常见地质体有岩体、矿体、洞穴、油气藏、隆起、拗陷以及密度分界面的起伏等。假定在地下密度为 $\sigma_1 = 2.0$ g/cm^3 的围岩中有一体积为 V 的球状矿体,如果矿体与围岩间没有密度差,即其密度也为 $\sigma_2 = 2.0$ g/cm^3,那么,地面各测点的引力均相同;如果 $\sigma_2 = 2.2$ g/cm^3,则密度差 $\Delta\sigma = \sigma_2 - \sigma_1 = +0.2$/cm^3,那么,"多余"的一块质量 $\Delta m = \Delta\sigma \times V$,它在各测点处引起的引力沿铅垂线方向的分量将会不同。

地球表面的平均重力值约为 980 Gal。获得重力异常的过程包括两个阶段,即观测重力值、由重力值计算重力异常。重力值有绝对重力值和相对重力值,绝对重力值即重力的全值;相对重力值系两点间的重力差值,或一个测点相对于某一基准点(面)的重力差值。在地质构造研究、资源勘探以及环境灾害研究中,主要的观测目标就是相对重力值。

由微重力测量仪器(分辨率 1~5 μGal)测出相对重力值,进行高度校正后得到的异常称为"自由空间重力异常",经过高度校正和中间层校正(称为 Bouguer 校正)后的异常称为布格重力异常。此外,还有地形改正、正常场改正(纬度改正)。布格重力异常反映地下密度不均匀分布所引起的重力变化,是研究地质构造、寻找资源的主要基础资料。自由空间重力异常包含有观测面以下地形起伏的影响,可用于研究地壳均衡等。经过"均衡校正"便得到均衡重力异常。根据均衡重力异常的情况可以判断一个地区的地壳均衡状态。

应用微重力测量可以探测到近地表溶洞、矿巢、盐丘、地下河、孔穴、矿山废弃巷道、老采空区、巨径管道,以及规模较小的地质构造断裂、断层、矿脉、破碎带、接触带等密度异常体,解决许多矿山工程与环境问题。

2.2.2 磁法勘探

早在 17 世纪就有人发现,罗盘在强磁性的大型铁矿体附近会偏离南北方向。因此,人们试图利用这种现象来寻找铁矿。实际上,各种地质体都能产生强弱不同的磁场,这种磁场叠加在地球的正常磁场之上,称为磁异常。磁法勘探就是利用磁力仪测定这种磁异常,掌握其分布规律并对异常作出解释,从而达到找矿和解决地质问题的目的。

1. 磁力及其变化

地球表面各处都有磁场存在,这个磁场称为地磁场。地磁场在地球表面的分布是有规律的,它相当于一个位于地心的磁偶极子的磁场。S 极位于地理北极附近,N 极位于地理南极附近,地磁轴和地理轴有一偏角。

地磁场强度一般用 T 来表示,它在 x、y、z 三个轴上的投影分别为:北分量 X、东分量 Y、垂直分量 Z。T 在 XOY 平面上的投影称为水平分量 H,其方向指向磁北。地磁场各分量的方向与坐标轴方向一致时取正,反之取负。H 与 x 轴的夹角称为磁偏角 D,当 H 偏东时,D 取正,反之取负;H 与 T 的夹角称为磁倾角 I,T 下倾时取正,反之取负。上述 X、Y、Z、H、T、D、I 各量统称为地磁要素,地磁要素中有各自独立的三组:I、D、H;X、Y、Z;H、Z、D。如果知道其中一组,则其他各要素即可求得。

磁场强度的国际单位为特斯拉(T),在磁法勘探中常用它的十亿分之一为单位,称为纳特(nT)。根据各地的地磁绝对测量结果,可以绘制出地球表面各地磁要素的等值线图。在世界地磁图上反映的地磁场分布规律为:两极处,$Z = T = \pm 60000 \sim 70000$ nT,$H = 0$,$I = \pm 90°$;赤道处,$H = T = 30000 \sim 40000$nT,$Z = 0$,$I = 0°$;在北半球,Z、I 为正值,且自南向北逐渐增加,H 自南向北逐渐减小,方向指向磁北;T 向下倾;在南半球,Z、I 为负值,且自南向北绝对值减小,H 自南向北增加,方向仍指向磁北,T 向上倾。在我国境内,Z、H、I 自南向北的变化范围为,Z:$-10000 \sim 56000$ nT;H:40000.21000nT;I:$-10° \sim 70°$。D 在我国东部和中部为负,西部为正,其变化范围为 $-11° \sim 50°$。

遍布世界各地的地磁台长期观测结果表明,地磁场是随时间变化的,既有日变、月变、年变、长期等周期性变化,也有磁扰、磁暴等短时间的非周期性变化。

2. 磁力异常测量

自然界中的各种岩石具有不同的磁性,即使同种岩石,由于矿物成分,结构特点不同,其磁性也不相同。火成岩磁性最强,沉积岩最弱,变质岩介于二者之间,其磁性取决于原岩的磁性。火成岩中,由酸性到超基性,铁磁性矿物逐渐增加,磁性也由弱变强。

岩石之间的磁性差异是磁法勘探的物理基础。磁法勘探是利用地壳内各种岩(矿)石间的磁性差异所引起的磁场变化(磁异常)来寻找有用矿产资源和查明地下地质构造的一种物探方法。在磁法勘探中,实测磁场总是由正常磁场和磁异常两部分组成。其中正常磁场又由地磁场的偶极子场和非偶极子场(大陆磁场)组成。而磁异常则是地下岩、矿体或地质构造受地磁场磁化后,在其周围空间形成、并叠加在地磁场上的次生磁场。其中含分布范围较大的深部磁性岩层或构造引起的异常,称为区域异常;而由分布范围较小的浅部岩、矿体或地质构造引起的异常,称为局部异常。

磁法勘探工作大致包括以下几个主要环节:(1)用高精度的磁力仪测定不同点的磁异常值;(2)将异常值整理和绘制成磁异常图;(3)测定和整理出各种岩、矿石的磁性,总结其磁性规律;(4)对全区的磁异常作数理及地质解释,得出地质结论。

磁法勘探工作测量中通常测 I、D、H 三个要素,可分为地面磁测、航空磁测(海洋)和井中磁测。航空磁测主要测定 T 的变化,具有速度快、效率高的特点,在短期内能获得大面积的磁测数据;地面磁测主要测 Z 的变化,有时也测 H 和 T,高精度磁测一般用于大比例尺的详查矿产资源工作;井中磁测通过测定钻孔中磁场的三个分量,能准确地确定矿体的位置,进一步发现井旁或井底的盲矿体,它是铁矿勘探中不可缺少的方法。

2.2.3 电法勘探

电法勘探是地球物理探测技术中非常重要、种类最多、应用最广的一类方法。它是以地下介质的电性参数为基础,通过探测介质的电性参数的差异来回答各种地质矿产资源、环境和工程、地质灾害方面的问题。从使用电磁波的频率,可分为直流电与交流电(频率为1010Hz)方法;从探测的深度来看,既有探测几百千米以上的方法,也有探测几毫米的高频电磁波方法;从原理上来看,既有采用电场或磁场进行探测的,也有采用电磁波总场或某一个分量进行探测的。此处重点介绍高密度电阻率法和探地雷达法。

1. 高密度电阻率法

高密度电阻率法实际上是将电剖面方法和电测深结合起来的阵列电阻率勘探方法。该法以岩土体导电性差异及施加电场作用下地中传导电流的分布规律为基础，采用解析法来求解简单地电条件的电场分布。

高密度电阻率勘探系统一般是由两部分组成的，即野外数据采集系统和资料的实时处理系统。其中，野外数据采集部分包括电极系、程控式电极转换开关和微机工程电测仪。高密度电阻率法野外数据采集方式主要有两种：地表剖面数据采集方式和井中电阻率成像方式，而后者又包含单孔和跨孔方式两种。现场测量时，只需将全部电极（60，120，180，…）布设在一定间隔的测点上，然后用多芯电缆将其连接到程控式电极转换开关。程控式电极转换开关按设定程序实现电极的自动和有序换接。测量信号由转换开关送入微机工程电测仪并将测量结果依次存入随机存储器。

高密度电阻率测量采用了阵列的测量方式，数据量大大地增加，基于计算机的数据处理和解释成为高密度电法的非常重要部分。目前商业的数据处理和正反演解释的软件很多，例如：Res2dinv、ElecPROF 等。数据处理的内容大致相同，解释方法也基本一致，不具体介绍。

2. 探地雷达法

探地雷达（Ground Penetrating Radar，简称 GPR）是用高频脉冲电磁波在介质中的传播规律来探测来确定地下介质分布的一种方法。探地雷达方法还有其他名称，如"地质雷达GeoRadar"、"脉冲雷达 Pulse Radar"、"表面穿透雷达 Surface Penetrating Radar"等，都是指利用宽带的电磁波以脉冲形式来探测地表之下或不可视的物体或结构的一种方法。根据波的合成原理，任何脉冲波都可以分解成不同频率的单谐波，因此，单谐电磁波的传播特征是探地雷达的理论基础。

探地雷达由主机和天线两部分组成。主机是控制电磁波信号的产生和进行同步接收。天线是将主机产生的信号发射出去和接收地下反射信号，并传送至主机，由主机进行处理。

探地雷达是利用超高频短脉冲电磁波地下介质的分布。探地雷达的野外工作，必须根据探测对象的状况及所处的地质环境，采用相应的测量方式并选择合适的测量参数，才能保证雷达记录的质量。目前常用的时域探地雷达测量方式有剖面法和宽角法两种。其中，剖面法是发射天线（T）和接收天线（R）以固定间距沿测线同步移动的一种测量方式，如图 2 - 3。当发射天线与接收天线间距为零，亦即发射天线与接收天线合二为一时称为单天线形式，反之称为双天线形式，此外还有多天线形式。剖面法的测量结果可以用探地雷达时间剖面图像来表示。该图像的横坐标记录了天线在地表的位置；纵坐标为反射波双程走时，表示雷达脉冲从发射天线出发经地下界面反射回到接收天线所需的时间。这种记录能准确反映测线下方地下各反射界面的形态。

探地雷达资料反映的是地下介质的电性分布，要把地下介质的电性分布转化为地质体分布，必须把地质、钻探、探地雷达这三方面的资料结合起来进行综合分析，建立测区的地质—地球物理模型，并以此获得地下地质模式。探地雷达图像剖面是探地雷达资料地质解释的基础图件，只要地下介质中存在电性差异，就可以在雷达图像剖面中找到相应的反射波与之对应。探地雷达地质解释基础是拾取反射层。通常从有勘探孔的测线开始，根据勘探孔与雷达图像的对比，建立各种地层的反射波组特征。识别反射波组的标志是同相性、相似性与波形特征等。根据相邻道上反射波的对比，把不同道上同一个反射波相同相位连结起来称为同相轴。一般在无构造区，同一波组往往有一组光滑平行的同相轴与之对应，这一特性称为

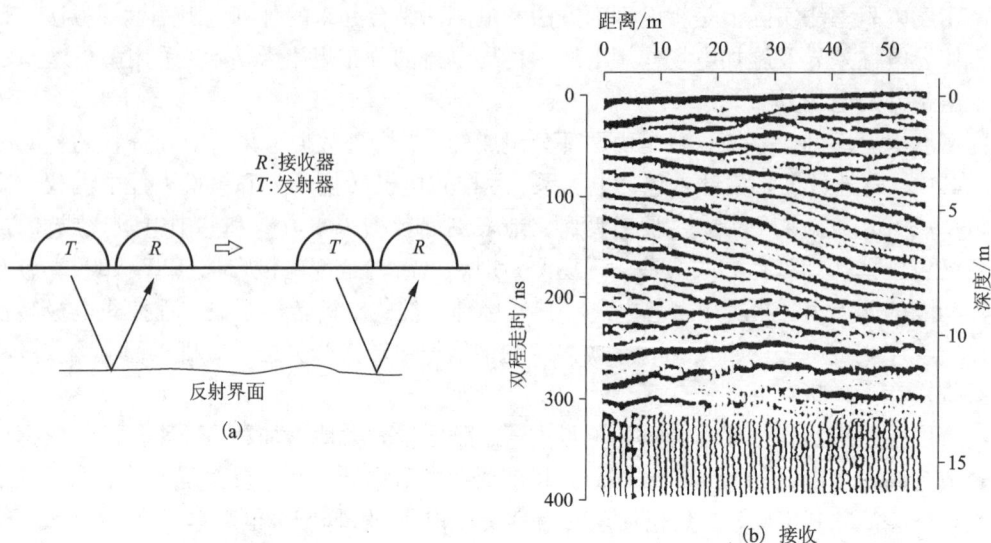

图 2-3 探地雷达剖面法示意图及其时间剖面图像

反射波组的同相性。根据地层反射波组特征在与钻孔对应层的位置划分反射波组,然后依据反射波组的同相性与相似性,就可进行地层的追索与对比。

2.2.4 地震勘探

地震勘探方法的原理与回声测距相近。不同的岩层具有不同的地震波传播速度和密度,因而可以利用地震波的反射及折射等现象来探测岩层的埋深、延伸和产状,并了解地震波所经过的岩层的岩性信息。目前,地震勘探方法已被广泛地应用到石油、天然气、煤、地下水等许多资源的探测以及工程、考古等领域。

地震勘探方法主要分反射波法和折射波法两大类。以反射波法为例,其原理是:在波的激发点激发的地震波传至需要探测的地震界面,反射回到检波点由地震仪器接收,从而带来有关地震界面和波所经过的路途上介质的信息。

波从激发点传至检波点的时间,称为波的旅行时或走时。激发出来的地震波的能量,一部分沿地面传播,直接到达各个检波点的,叫做直达波。地震仪记录下零时及反射波、直达波到达各检波点的旅行时,以旅行时作纵坐标,检波点距激发点的距离作横坐标,所得的曲线,称为时距曲线。直达波的时距曲线显然是一条直线。反射波的时距曲线:当两层介质时为对称轴双曲线,界面倾斜时,对称轴的位置向界面上升方向偏移。实际上,由于界面的形状及上覆介质的复杂性,时距曲线的形状要复杂得多。有了地震波的旅行时间,要想知道界面的深度,就需了解地震波的传播速度。波的传播速度可用两种方法求得:一是地震测井或声波测井,它可测得地震波在各层介质中传播的层速度(或间隔速度)和地震波从地面传播到某个深度的平均速度;二是通过对时距曲线或地震记录进行的正演、反演运算,如速度谱和速度扫描等,求出地震数据处理时所需的速度资料。反射波勘探利用的有纵波,也有横波。横波在浅层勘探中,分辨力较高,具有一定的优越性,但解释和属性分析比较复杂。

地震勘探的野外观测技术有两大部分:一是地震波的激发,激发装备即震源;二是地震波的接收，接收装备称为地震仪，主要包括检波器、放大器和记录器。地震勘探中所用的震源，种类繁多，大体可以分为炸药震源和非炸药震源两大类。炸药震源是根据任务及工作条件等方面的不同，采用药量不同的炸药在空中、水中或井中爆炸来激发地震波；而非炸药震源则包括锤击、气枪、电火花和可控频率震源。矿产资源勘探以炸药、可控频率震源为震源，在环境地球物理工作中，往往采用锤击和小型振动器等轻便震源。

从检波器检波，经放大器放大、滤波，到记录器记录地震信号，是接收地震信号的一条通道，称为地震道。根据地震勘探任务的不同，地震勘探工作中所用地震道的数目，可以是单道，也可以是多道的。石油、天然气地震勘探所用的地震道达千道以上，而环境地球物理探测中所用的地震道从单道到数十道。

2.2.5 地球化学勘探

地球化学是研究地球的化学组成、化学作用和化学演化的科学，它是地质学与化学、物理学相结合而产生和发展起来的边缘学科。地球化学找矿已从一种单一的直接找矿方法发展成为一门新兴的独立应用学科——勘查地球化学(explorationgeochemistry)，又称地球化学探矿。它是以地质学、地球化学作为理论基础，通过系统测试(或测试其中某些方面)矿体(矿带或矿床)周围三度空间与成矿有关系(时间、空间和成因)的化学元素(包括环境安全与物探技术同位素)的分布分配、组分分带、存在形式以及与成矿有关的物理化学参数(温度、压力、pH 和 EH)等，并用这些标志进行找矿的一门科学。根据勘查对象和方法的不同，它区分为金属矿化探、非金属矿化探、油气化探、地热化探、航空化探、海洋化探和区域化探等。

1. 地球化学的基础知识

通常，地壳岩石圈中元素的分布量用"克拉克值"表示，有些国家则称其为"丰度"。克拉克值指的是元素在地壳岩石圈中的平均含量。其含量表示有的用百分比表示，有的用 g/t (克/吨)、γ/g(伽马/克)来表示($1\ g/t = 1\gamma/g$ 相当于 1 ppm = 0.0001%)。

克拉克值反映了岩石圈中的平均化学成分，提供了衡量各组成部分元素分配的尺度，如各类地质体、岩石或矿物中某元素的平均含量若高于其克拉克值，表明该元素相对集中；反之，则说明相对分散。因而常用地质体中某元素平均含量与克拉克值的比值(称为浓度克拉克值)表示元素的集散状况。浓度克拉克值大于1，说明该元素在地质体中相对集中；反之，则分散。浓度克拉克值的概念，对研究元素的分散、集中与迁移，进行地球化学找矿工作是很有意义的。

2. 地球化学异常

所谓地球化学异常(简称异常)是指某些地区的地质体或天然物质(岩石、土壤、水、生物、空气)中，一些元素的含量明显地偏离正常含量或某些化学性质明显地发生变化的现象。具有这种现象的地区(地段)称为异常地区(异常地段)。至于某些地区的地质体或天然物质中，元素属于正常含量的这种现象称为地球化学背景(简称背景)。元素呈背景含量的地区(地段)叫做背景地区(背景地段)。背景含量也不是一个确定的数值，背景含量的平均值称为背景值，背景含量最高值称为背景上限值。高于背景上限值的含量即为异常含量。地球化学找矿中，不仅要正确区分背景与异常，而且要正确解释形成异常的原因，评价其找矿意义。

地球化学异常可以分为原生地球化学异常(原生异常)和次生地球化学异常(次生异常)。在成岩、成矿作用下，在基岩中所形成的异常称为原生异常；由于岩石、矿石的表生破坏在现代疏松沉积物(包括残积物、坡积物、塌积物、水系、冰川和湖泊沉积物)水及生物中形成的异常称为次生异常。至于气体中的异常(包括大气及土壤中气),虽然并不完全都是次生作用形成的,但目前一般列入次生异常内。

地球化学异常根据其与介质形成的时间关系,分为同生地球化学异常(简称同生异常)和后生地球化学异常(简称后生异常)。同生异常是与介质同时形成的异常;后生异常是介质形成以后,异常物质以某种方式进入已形成的介质而形成的异常。

地球化学异常根据其规模可分为地球化学省、区域原生异常和局部原生异常。地球化学省的范围可达几千至几万平方千米,并常与构造成矿带相重合。区域原生异常分布的范围为几平方千米至几百平方千米,通常表现为与成矿有关的岩体或含矿层中某些元素含量偏高。局部原生异常地段中与矿床有关的主要是矿床的原生晕。所谓"晕"(地球化学晕)严格说来,应该是包括矿体的、成矿有关元素含量增高的异常地段。在"晕"中,由矿体(或高含量中心)向外元素含量逐步降低,直至趋于正常含量。原生晕可理解为在成岩、成矿作用的影响下,在矿体附近围岩中所形成的局部地球化学原生异常地段。

3. 勘查地球化学找矿

勘查地球化学找矿是通过发现地球化学异常、解释评价异常的过程来进行的。异常可以存在于各种不同的介质中,根据进行地球化学调查介质的不同,地球化学找矿可以分为:岩石地球化学找矿、土壤地球化学找矿、水系沉积物地球化学找矿、水地球化学找矿、气体地球化学找矿和生物地球化学找矿。其中,前三者比较成熟,在生产工作中广为应用,并取得了较好的找矿效果;气体地球化学找矿及生物地球化学找矿,目前尚处于试验阶段。

勘查地球化学找矿具有如下的特点:①以研究与成矿有关的物质成分作为找矿的基础,所观测的不单是一些地质现象或若干物性参数,而是化学元素和其他地化参数,有些指示元素本身就是成矿元素或者为伴生元素,因而是一种直观的找矿方法;②可以通过揭露原(同)生地化异常和次生地化异常,达到寻找岩石中埋藏不太深的盲矿和寻找第四纪覆盖层下面的隐伏矿体,近年发展的航空气测方法对于森林地带和草原覆盖地区的普查找矿具有十分广泛的前景;③野外设备较为简单轻便,采样速度快,随着样品分析方法的改进(如直读光谱、中子活化、原子吸收光谱和现场分析的X射线荧光分析仪等)和计算机数据处理的采用,化探已成为一种多、快、好、省的找矿方法。

2.3 遥感技术

2.3.1 遥感找矿技术

1. 遥感概述

遥感(Remote Sensing),意即"遥远的感知",它是一种远距离的、非接触式的目标探测技术与方法。遥感技术自21世纪50年代后期人造地球卫星上天以后,逐渐发展为一门独立的现代技术领域,作为遥感技术的前身——航空摄影测量技术还可追溯到21世纪的初期。对于遥感有多种定义,广义的遥感泛指一切无接触的远距离探测,包括电磁场、力场、机械波(声波、地震波)等。目前,对遥感比较一致的定义为:在远离被测物体或现象的位置上,使用某种仪器设备,接收、记录物体或现象反射或发射的电磁波信息,经过对信息的传输、加工、处理、分析与解译,对物体或现象的性质及其变化进行探测与识别的理论与技术。图2-4所示为遥感信号传输与采集的一般情况;图2-5所示为不同地面目标的固有电磁波特性受太阳及大气等环境条件的影响,通过遥感器观测并经计算机数据处理或人工图像判读,最终应用于各领域的数据流程。

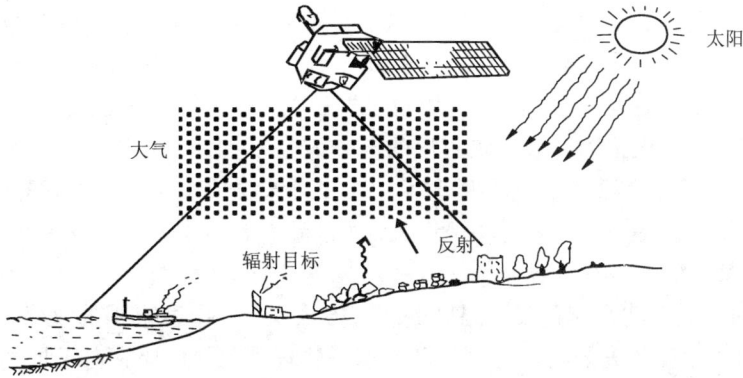

图 2-4　遥感数据采集图

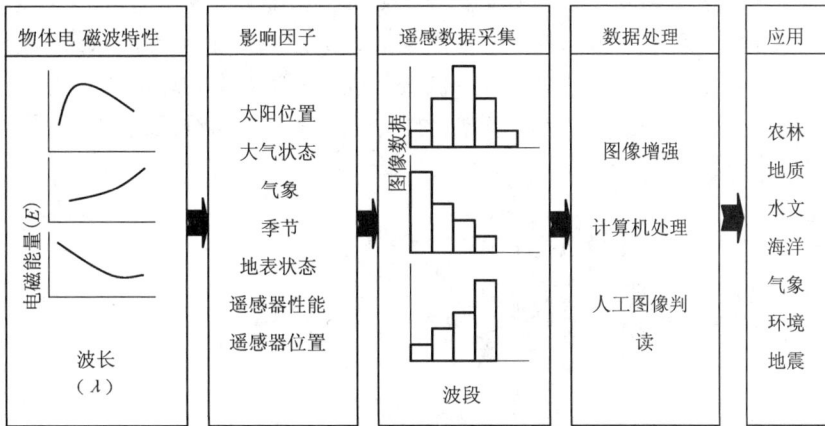

图 2-5　遥感数据流程图

　　根据搭载遥感器的平台不同,分为航天遥感(卫星、航天飞机、宇宙飞船等)、航空遥感(飞机、飞艇、气球等)、地面遥感(高塔、汽车等)几种。也可以根据使用电磁波波段不同划分,可分为可见光、红外、微波遥感、多光谱遥感和高光谱遥感。从工作模式划分又可分为被动遥感与主动遥感(雷达遥感)。半个多世纪以来,在社会需求的强烈驱动下,遥感技术获得了巨大的发展。遥感影像的几何分辨率可以达到 0.6 m,甚至更高;在可见光到远红外的波长范围(0.3~14 μm),可以精细划分为 500 个波段,即所谓光谱分辨率可达到 10 nm;而获取地物反射及辐射电磁波能量可以精微划分为 212 个等级,即所谓辐射分辨率可达 12 bits。以上 3 个指标决定了遥感技术能够对地面植被、地质构造以及矿化蚀变异常得到精细、准确、可靠的信息,为遥感找矿提供了坚实的技术基础。目前,可供遥感找矿的国内外遥感影像数据源多达数十种,大量卫星遥感影像已经商业化,可以随时根据应用目标采购。

2. 遥感基本原理

（1）电磁辐射

遥感是凭借传感器测量地物反射阳光以及自身辐射电磁波能量而成像的。由物理学得知，任何物体，只要其表面温度在绝对零度以上，都向外辐射电磁波。电磁波的波长可划分为紫外（小于0.3 μm）、可见光（0.38～0.78 μm）、红外（0.78～14 μm）直到微波（0.3～100 cm），还向更长的波长延续。物体辐射电磁波的功率是该物体表面温度与电磁波波长的函数，也就是说，不同温度下物体表面辐射出的电磁波在不同波长范围，其功率是不同的。对于特定的物体（物质），在某一表面温度时某一波长下辐射出的电磁波功率达到最大值，比如，太阳在0.5 μm波长（绿光）辐射功率最大；而常温下的物体表面一般在10 μm波长（远红外光）辐射功率最大。

物体辐射的电磁波功率与其表面温度的四次方成正比，温度很小的改变，辐射功率就有很大的变化，对于温度较高的物体更是如此。这一物理现象致使遥感对于地物的温度测量可以达到很高的精度，目前，遥感传感器测量地物表面温度的精度可以达到0.2℃。这一高精度、大范围的地表温度测量对于包括遥感找矿在内的许多应用都十分有利。

（2）地物反射

地物对于太阳光要产生3种效应：反射、吸收、透射，这3种效应都与入射电磁波的波长有直接关系。对于同一波长，不同物体、不同物质组成或物体处于不同状态，3种效应的表现都不相同。就反射而言，不同地物在各个波长范围，其反射率表现不同。图2-6给出了4种典型地物，即雪、植被（小麦）、沙漠、湿地的反射光谱特性曲线示意图。该图的横坐标为波长，而纵坐标为反射率。

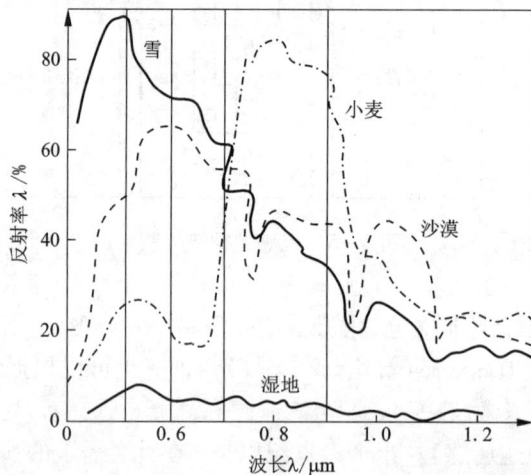

图2-6　典型地物的反射光谱曲线示意图

由图2-6可以看出，在可见光波长范围，雪反射率最高、沙漠次之、植被第三、而湿地最小。严格地讲，每一物种、以及同一物种所处的不同状态，其反射光谱曲线都是不一样的，这是大千世界不同物体有不同颜色及色调的根本原因。这里同一物种所处的不同状态是指含水量、含有的微量元素、处于阴坡或阳坡，等等。一定意义上说，遥感影像就是地面各种地物反射率按照一定单元逐一的记录。

（3）大气效应

大气对于阳光也与其他物体一样，有反射、吸收、透射3种效应，大气所处的状态不同，如包含的水汽、尘埃等的含量不同，效应也表现不同。无污染的大气，就透射而言，对于不同波长的电磁波，有不同的透射率，比如，对于可见光波长范围，大气几乎100%透射，就是说大气对于可见光波长范围的电磁波（阳光），可以说几乎是透明的。除可见光外，对于某些红外波段、微波等也有同样的透射效应。在遥感中，称大气透射率大于85%的波长范围为大气窗口。显然，遥感应当选用大气窗口作为其工作波段。因为遥感获取地面信息过程中，载有信息的电磁波必须要穿越大气，才能到达空中的传感器。大气中的水汽、尘埃对于遥感获取地面信息有不同程度的干扰。这是遥感原始影像需要图像处理的原因之一。

（4）遥感成像

遥感影像有模拟影像与数字影像两种。遥感摄取模拟影像与普通摄像区别不大，主要利用光化学感光乳剂将镜头中的场景记录下来形成影像。而数字影像是将镜头中的场景划分为细小网格，每一个网格对应地面一个单元，地面单元内的地物电磁波辐射与反射能量经传感器的光电管转换为电信号，将此信号记录在电磁介质中，最后由计算机处理成影像。限于本书篇幅，这里对复杂的遥感成像过程以及几何光学原理不做介绍。

数字影像是一个网格阵列，网格被称为像元，又称像素。每个像元都有行列号，计算机中按照行列顺序存储其灰度值（DN），灰度值越小代表该像元越暗，值越大则越亮。计算机系统就是根据各个像元灰度值大小按顺序显示成黑白影像的。

遥感是分波段对同一地面场景同时成像的，比如现在仍在运行的TM卫星遥感数据就分为8个波段，每个波段各自对应生成一幅黑白影像，8幅影像构成一景影像。在一景影像中，除全色波段以及热红外波段外，其余6个波段影像的几何分辨率相同，这些波段影像对应像元是完全几何配准的，即影像同一位置上的6个像元都属于地面同一个单元，分别是各波段反射率的记录。根据遥感图像处理知识可以知道，只要用以上6波段影像中的任意3幅，分别赋予红（R）、绿（G）、蓝（B），就可以生成一幅彩色影像。

3. 遥感找矿的技术原理

与成矿作用有关的地质活动，特别是区域断裂活动、岩浆活动、地表风化（地表和地下水）等地质现象会在遥感影像图上显示出来。矿体或矿床是成矿元素的富集体。成矿元素，特别是金属成矿元素的富集往往伴随热液蚀变作用或表生改造作用而发生。这就意味着蚀变或矿化有密切的成因和空间关系。遥感找矿就是要探测和圈定与成矿密切有关的成矿矿物、蚀变矿物、蚀变岩带和矿体表生氧化带（铁帽）特殊遥感影像特征。

遥感找矿的技术原理就是解译成矿地质过程中，直接或间接因素造成的环线形影像异常。环形构造异常多数和岩浆活动、热液活动有关，线形构造异常则和断裂构造有关。

4. 遥感找矿的技术途径

（1）遥感影像的选择

如前所述，遥感影像有3种分辨率，即几何分辨率、光谱分辨率和辐射分辨率，三者之间相互制约。比如，对于大多数遥感传感器，都设有全色波段，其波长范围一般为0.5~0.8 μm，其光谱分辨率是很低的，其辐射分辨率也相对较低；但其几何分辨率却高于其他高光谱分辨率的波段。

遥感技术发展到今天，多源遥感数据为遥感应用提供了很大的选择空间。遥感影像分辨率指标的选择需要根据应用目标而确定，具体说来，应当根据制图比例尺而定。比如，制作

1∶5万比例尺的高精度地质图，使用30 m几何分辨率的影像（TM）就比较适宜；制作1∶100万比例尺的低精度地质图，使用500 m几何分辨率的影像（MODIS）就可以。一般来讲，影像几何分辨率越高，影像就越清晰，但每景影像的覆盖范围就越小，价格就越贵。对于研究地质构造，一般使用全色波段的遥感黑白影像即可。此外，选择适当时相的遥感影像对于实现遥感的既定目标也很重要，比如，以研究地质岩性为目的，一般应选在冬季成像，此时植被干扰较少；如果需要分析植被性状来获取某种矿藏的矿化蚀变异常信息，就应当选择夏秋两季的影像。

（2）三种技术途径

遥感影像是地表信息的反映，而矿藏一般位于地下，因此遥感找矿是一个不确定性问题，只能通过间接性分析进行，要依据成矿理论与经验判断矿藏存在的可能性。遥感找矿大致有3种技术途径：地质结构分析、植被征兆分析以及比类分析。

①地质结构分析：特定的地质结构是矿藏形成的基础条件，多数矿藏位于条形、环形地质断裂带附近。比如，金矿以及其他几种贵重金属矿藏经常分布在两条地质断裂带的交汇处。根据这一特点，我国多家单位就曾发现了内蒙、新疆、云南等处的金矿。中、低几何分辨率的遥感黑白影像就可以适应地质结构分析的要求。此外，岩性分析也可作为找矿的重要参考依据。

②植被征兆分析：植被特点是矿藏存在的重要征兆，比如，地下有汞、铜矿，地面植被就富含汞、铜，甚至只生长对应的特殊植物，带有明显的遥感特征。遥感找矿的重要技术优势在于可以获取地物精细的光谱特征信息，包括近红外的光谱特征，以此分析矿藏征兆的位置、面积及其可能性。此外，地热也是放射性元素矿藏存在的一个重要特征，使用遥感热红外波段（8～12 μm）影像，分析其像元灰度值就可以直接测量与发现地表的温度异常。

③比类（比对）分析：所谓比类分析是指将已发现某种矿藏地区的遥感影像与待勘查地区的影像进行比类，利用遥感图像处理中的监督分类（Supervised Classification）技术，查找具有同样条件、有可能存在矿藏的地区。比类分析实质上是一种综合分析方法，既然某地区确定存在某种矿藏，地面就应当具有某些遥感特征，或岩性特征、或地质构造特征、或植被特征、抑或几种特征兼而有之，用这种特征，调用计算机遥感图像处理软件，进行几何特征与光谱分析，发现特征相似地区以辅助找矿。

2.3.2 遥感图像处理技术

1.综述

遥感技术的终极目标就是要提取地表两类信息：表象信息和潜在信息，土地覆盖类别、裸露岩石的岩性、地质构造等属于表象信息；地表温度与湿度、生物量、植被富集微量元素状况等属于潜在信息。而遥感影像上反映的又是另外两类信息：几何信息与光谱信息。所谓几何信息即为地物的位置、形状、面积、光洁纹理等；而所谓光谱信息则是一景影像同一位置的像元在各波段的灰度分布。在可见光范围，光谱信息则表现为颜色。一般讲来，从数字遥感影像上提取表象信息主要依靠分析几何信息，而提取潜在信息则主要依靠光谱信息。

由经处理的遥感影像提取地表信息的方法也有两种途径：目视解译与计算机解译。所谓目视解译即为由有经验的图像解译员或专业应用人员依据图像上各个图斑的位置、形状、色调深浅、颜色判定地物的种类及其状况进行解译，如土地管理员可以判别出土地利用状况、耕地的分布、建设用地的布局等等，在计算机系统支持下勾画出边界；而地质研究者则可以识别出地质构造，断裂状况，山体走向，结合地质学知识又可判断山体生成的年代、有无成矿条件等等。所谓计算机解译则主要依靠计算机软件支持，利用人机对话的形式，采取适当步骤与方法，由计算机直接得出解译结果，并用设定的颜色表示出来。

实际工作中，目视解译与计算机解译常常结合进行。目视解译多用于表象信息的提取，而计算机解译多用于潜在信息提取，因为大量的红外光谱数据蕴含的信息用目视解译是无法分析的。应当强调的是：无论什么方法，专业知识都是必不可少的，解译前后，解译员带着遥感影像到实地或局部地区实际勘察是必须的工作程序。对于遥感找矿这样复杂、技术性很强的工作，实际勘察更是非常重要，影像解译只能作为一种参考。

2. 几何校正

遥感影像几何校正有两种方式：对于低几何分辨率遥感影像，则需要利用原始影像提供的数据进行校正，校正过程中还要在现有网格数据中进行内插，补充网格数据，这里不做具体介绍。图 2-7（见附录）就是 MODIS 1 km 分辨率影像几何校正前、后的对照影像图。对于高几何分辨率遥感影像，一般使用以下模型进行校正：

$$\begin{cases} X = a_0 + a_1 x + a_2 y + a_3 xy \\ Y = b_0 + b_1 x + b_2 y + b_3 xy \end{cases} \tag{2-1}$$

式中：x，y 为原始影像上网格点的坐标；X，Y 为校正后影像上该网格点的理想坐标；a_0，b_0，a_1，b_1，a_2，b_2，a_3，b_3 为待定系数。

使用该校正模型时，在图像处理软件支持下，用鼠标在屏幕图像上采集有明显地物特征的点，如道路交叉点、河流交汇点、田坎边角点，系统自动得到 x、y 数据；然后用地面测量方法获取这些点的准确坐标，在系统中输入这些准确坐标，由此得到 X、Y 数据。这种既有图面上 x、y 数据，又有 X、Y 准确数据的地物点，称作同名点。系统软件要求用户给出 4 个或 4 个以上的同名点坐标，由这些数据，系统解算式（2-1）中这 8 个待定系数。模型这样建立以后，系统即可对待校正影像的每一个网格坐标代入式（2-1）中进行校正，得到准确坐标。

影像几何校正后，需要根据原始影像数据对新生成网格阵列中的每一个网格重新赋予灰度值（DN），这一工作称作灰度重采样。一般遥感图像处理软件提供三种灰度重采样方法，即：最近邻域法、双线内插法以及三次卷积法。对于变形不大的影像，用前两种方法的一种效果较好；而对于变形较大的影像，用后一种方法效果较好。

3. 彩色合成

每一波段的遥感影像都是黑白影像，这种影像蕴含信息量较少，真实感差。彩色合成不仅可增加了遥感影像的美观度，而且也便于人们提取所需要的信息。遥感影像彩色合成有 3 种类型：真彩色合成、假彩色合成以及伪彩色合成。

（1）真彩色合成：用一景遥感图像中的三幅影像分别赋予相应于红（R）、绿（G）、蓝（B）的三波段颜色光，进行颜色合成。以 TM 影像为例，用其第 1 波段（0.45~0.52 μm）赋予蓝色，第 2 波段（0.52~0.60 μm）赋予绿色，第 3 波段（0.63~0.69 μm）赋予红色。这种合成制作的彩色影像基本复原了人肉眼看到的真实自然场景颜色，因而又称为自然色彩色合成。

（2）假彩色合成：用其他三幅遥感影像分别赋予 R、G、B 三种颜色，生成彩色影像。其中，有一种提取植被地合成方案是与真彩色合成的方案基本相同，所不同的是后者用 TM 第四波段（0.76~0.90 μm）替代真彩色合成中的第 3 波段，并赋予红色；用第 3 波段替代真彩色合成中的第 2 波段，并赋予绿色；用第 2 波段替代真彩色合成中的第 1 波段，并赋予蓝色。这种假彩色合成影像中植被显示为红色，植被越茂盛，生物量越大，显示的红色越浓。原理为：植被在红内到近红外这一狭小的波长范围内反射率陡然上升，而其他地物的反射率并没有太大的改变（见图2-10），致使在这种假彩色合成方案下，其他地物影像颜色没有多大改变，惟一改变较大的是植被显示为红色，以突出显示植被及其植被生物量的分布。

（3）伪彩色合成：将一幅遥感影像通过图像处理的方法转化为彩色图像，如人为地将一幅遥感影像分为三类图斑，例如将农用土地（包括耕地、园地、森林、草场等），城镇工矿建设用地以及未利用土地等3类土地利用图斑类别分别赋予R、G、B三种颜色，形成彩色影像。这种合成带有更大的人为成分，完全是为了区分图斑性质的需要，与真实场景几乎没有直接的关系。

4. 影像增强

所谓遥感影像增强是指将影像黑白对比度增强，这种增强有利于用户目视区分原始影像中灰度级差较小的两种地物。图2-8（见附录）显示了影像增强前后的不同效果。

影像增强是以损失某些信息为代价换取突出某些信息的一种图像处理的手段。影像增强是在计算机统计影像像元灰度（亮度）直方图基础上进行的。图2-9（见附录）给出了一幅卫星遥感某一波段的原始影像（见左图），同时又给出该影像的像元灰度直方图（见右图）。所谓影像像元灰度直方图是一种统计图，直方图的横坐标表示像元灰度值，一般影像像元灰度值范围为（0~255），也有（0~1023）。灰度值为"0"表示最暗，灰度值为"255"表示最亮。直方图的纵坐标表示影像像元为某一灰度值的总个数，或者在这一灰度值的像元数目占影像总像元数的百分比。灰度直方图表示影像总体色调分布的情况，由于影像总体偏亮，而且相当数目的像元集中在很小的一个范围内，致使直方图呈现"尖塔"型。显然，这种直方图对应的影像不利于目视识别，很多地物因其灰度接近而不能区分。

所谓影像增强就是对其灰度直方图进行拉伸，即按照用户的指令，将像元某一范围内的灰度值合并为一个灰度值，而将该范围以外的灰度值级差加大，比如，在像元灰度值（0~255）范围中，将灰度（0~100）范围合并为"0"；另将灰度（201~255）范围合并为"255"。然后将原来灰度（101~200）范围扩大至（1~254），这样原来像元灰度级差由"1"扩大至"2"以上，平均扩大了2倍，原来灰度在（101~200）范围的地物在影像上的显示效果就可得到显著改善。当然，灰度在（0~100）范围以及灰度在（201~255）范围内的地物信息就被"牺牲"掉了。可见，影像增强并不改变影像中各个地物的几何形状，仅仅增强了地物之间的对比度；但是，选定适当的灰度合并范围十分关键，灰度合并范围选定不适当，就可能将某些有用的信息"牺牲"掉。

5. 数字滤波

数字滤波功能用于抑制噪声、锐化与提取地物边界、弱化强烈反差的边界等多种应用场合。在一幅黑白影像的像元阵列中，从左至右或从上至下看过去，像元的灰度值是"波动"的，这就是"波"的由来。根据傅立叶分析原理，任意一种波，周期变化的或非周期变化的，都可以分解为一系列的、频率呈线性增加的正弦三角波。如果采取某种技术手段，"滤除"这一系列三角波的某些成分，比如"滤除"高频三角波，或"滤除"低频三角波，就会使原来数字信号产生特殊的效果。

遥感图像处理技术中，数字滤波的种类繁多，如高通滤波、低通滤波。滤波种类不同，功效也不同，甚至有些滤波，功效相反。有一种滤波是方向滤波，这种滤波可以将地物的纵向或横向边界线提取出来，该效果可用于提取某一方向的地质断层边界线。在系统支持下，多次旋转影像，将经这种方向滤波提取的断层边界线图叠加起来，就可以发现断层的交叉点，这种区域往往是蕴藏贵重金属矿藏所在地。

仍以图 2-9 中的原始影像为例，经"滤除"低频三角波后，得到如图 2-10（见附录）所示的影像。显然，影像中每一地物的边沿得到了增强。由于这里是"滤除"低频三角波系列，而保留高频三角波，因而在遥感图像处理中称其为"高通滤波"，意指让高频三角波系列"通过"。

6. 遥感地物特征指数与变化信息提取

遥感地物特征指数是指反映地物反射光谱特征的一类指数。植被是覆盖地表最普遍并具有典型意义的一个地物类别。植被的状况与多种地表信息有关，比如，植被长势旺盛，光合作用强烈，表明植被所在地区土壤湿度较大；又比如，氮、磷、钾三种植物营养元素中缺少或过剩一种或两种，或某种金属元素在植物体内富集，都可一定程度上反映地表甚至地下相应矿物质富集的程度。因此，植被指数在诸多遥感地物特征指数中具有十分突出的地位。

从典型地物的反射光谱曲线图（见图 2-6）中可以看到，植物的反射光谱具有十分显著的特征，即波长在 $0.76~\mu m$ 红内附近有一个反射"谷底"；而紧邻红内的 $0.82~\mu m$ 近红外附近反射率又陡然上升到达峰值。植被反射光谱曲线"谷底"是由于植物光合作用造成的，在这一波长区域，植物强烈吸收光能，以生成有机物质。植物这种显著的光谱特征是其他任何一种地物所不具备。于是，人们设计了以下一种植被指数：

$$NDVI = [CH(INR)-CH(R)] / [CH(INR) + CH(R)] \qquad (2-2)$$

式中：NDVI 是英文 Normalized Difference Vegetation Index 的缩写，译作归一化植被指数；

CH(INR)为一景影像中，近红外波段（如 TM 影像第 4 波段）影像中某一像元的灰度值；

CH(R)为同一景影像中，红内波段（如 TM 影像第 3 波段）影像某一像元的灰度值。

显然，对于属于植被的像元，NDVI 值较高，而对于非植被的像元，NDVI 值较低，甚至为负值。目前仅反映植被状况的指数就有二十几种，NDVI 指数是最为基础、具有典型意义的一种。用 NDVI 指数与其他指数组合，还可以构成其他指数，如测算植物体内金属的富集程度。

7. 非监督分类与监督分类

非监督分类（Unsupervised Classification）与监督分类是指利用计算机对遥感影像像元进行自动分析与判别，区分各种像元的类型，为人们解译影像打下基础，或者直接用来解译影像。监督与非监督分类的工作对象是一景遥感影像，这一景多波段的影像所蕴含的光谱信息与几何信息是用来进行分类的主要依据。这里的所谓"监督"是指人为的干预。

（1）非监督分类：无需人为的干预，只要用户给出最后在影像上分出类别的数目，比如要求分为 5 类，计算机就自动将影像的像元分成 5 类，分类结果生成一幅新的影像。这种分类过后，需要用户根据经验与知识，必要时到实地勘察，鉴别出每一类别到底是哪一种地物。非监督分类的优点在于完全根据影像数据的分析，没有人的主观成分，操作简单，分出的类别客观性好；缺点是分出的图斑地块块往往非常破碎，鉴别属于哪一种地物较为困难。

（2）监督分类：需要人的干预，即由操作员操纵鼠标，在屏幕显示的影像上划出某类别的典型区域，指出每一典型区域的类别，系统允许一次划分几个或十几个类别。当操作员给出典型区域以后，系统就对这些典型区域进行多种特征分析。系统中将操作员划出典型区域以及计算机进行特征分析的过程称为对计算机进行"训练"，典型区域称为"训练样区"。"训练"步骤过后，计算机即开始对影像的每一像元进行归类分析，最后将影像分出各个类别地块图斑，生成分类结果图。监督分类的优点在于根据人们的识别意图分类，分类结果不需要再度处理，影像分类整体性较好；缺点是受人的主观因素影响较大，常有一些地块错分、误判。遥感找矿技术途径中介绍的比类法实际上就是应用了监督分类的方法，仅适用于同一种遥感影像，即确定为矿藏的区域遥感影像应当与待研究区域影像属于同一种遥感影像，这样影像信息比对性强。

非监督分类与监督分类的具体算法很多，也还在不断发展中。目前，人们使用较多、普遍认为分类结果较好的分类方法是最大似然法。这是一种基于概率分析中的贝叶斯准则进行的分类。实际工作中，非监督分类与监督分类还可结合进行，即先使用非监督分类，在该分类基础上，对感兴趣地区再进行监督分类。工作经验表明，无论非监督分类还是监督分类，预定的分类类别数目不宜过多，10类以下为宜，甚至一些情况下，仅分为两类都可以，即：某一种地物为一类、非该种地物为一类，然后再在不是该类地物的局部影像中再进一步分类，这样分层次分类往往结果较为理想。

2.4 矿山采场条件探测

2.4.1 采区三维地震技术

1. 采区三维地震技术的特点

随着大型矿井建设的发展，越来越需要为综采工作面的布局、开拓设计与巷道布置提供精确细致的地质构造信息。综采工作面的生产能力和效益在很大程度上依赖于小构造（垂向落差5 m左右的断层、幅度5 m左右的褶曲）的查明程度。因此，查明采区细微地质构造，解决困扰综采工作能力和效益的地质问题是采区勘探必须攻克的难题。

三维地震勘探原理与三维地质体相适应。用三维地震勘探容易得出正确的构造形态及各种直观的三维图像。三维地震勘探是把沿测线观测的二维地震方法扩展到三维空间，由深度方向 Z 和构成面积的 X、Y 一起构成三维空间。相对于二维地震勘探而言，三维地震勘探主要有如下特点：(1)数据量大，可形成一个较小间隔（煤田一般为 $10\ m \times 10\ m \times 1\ m$）的三维数据体，能够沿任意方向抽取剖面和按任意时间（深度）提取切片，能比较精细地反映地下地质情况；(2)偏移归位准确，三维数据体经过了三维偏移，空间归位正确，使地震与地质的空间对应关系简单化。

采区三维地震勘探的主要地质任务有：(1)查明断距为5 m以上的断层，控制煤层底板形态；(2)查明采区内主要煤层露头位置；(3)了解陷落柱等其他地质现象；(4)了解区内主要煤层厚度变化趋势；(5)圈定区内主要煤层受古河床、古隆起、岩浆岩等的侵入范围。

2. 采区三维地震勘探的步骤

采区三维地震勘探的步骤包括：面积测量、资料处理与资料解译三个方面。

(1)面积测量

面积测量是把观测系统布置在一定的面积内，利用炮点和检波点的灵活组合，获得地下均匀分布的数据点网格，称为 CDP(common depth point)网格，如图2-11所示。

三维观测系统不同于宽线观测系统，宽线观测虽然是在面积内布置两条以上的测线，但垂直于测线方向（横向）不要求叠加次数或覆盖次数。三维观测则不同，它是宽线勘探方法的发展，在横向至少有二次以上的地下覆盖次数，总的覆盖次数为 N_x、N_y 之积。三维观测系统

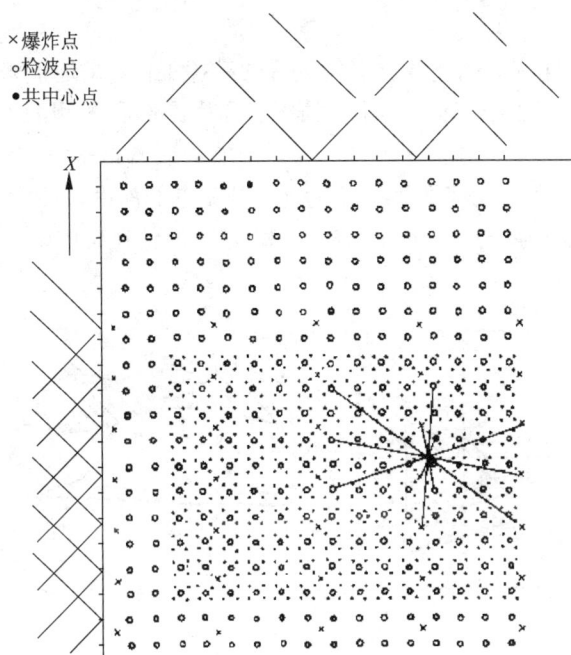

图 2-11 采区三维地震勘探面积测量网格

的类型是多种多样的,分为规则型(双 L 型、栅状、蛛网状等)、非规则型(为跨越地面障碍)。数据点网格疏密直接影响勘探效果和勘探成本,要根据采区地质采矿条件和勘探需求灵活选择。

(2)资料处理

采区三维地震勘探资料处理至关重要,有专门大型软件可供使用。为查清采区的细微地质构造,处理过程中需要提高三维地震数据的信噪比和分辨率,速度分析和偏移处理是二个重要的环节,不赘述。

(3)资料显示与解释

在二维地震勘探阶段,数据显示方式是垂直地震剖面沿地震测线垂直剖切的,要么采用变面积方式显示剖切面,要么采用波形加变面积方式显示剖切面,形式比较单一。三维地震勘探则不同,三维地震数据组成的数据体在平面上按 CDP 网格排列分布,在垂向上按深度换算的时间采样组成立体数据网格,处理之后消除了干扰,提高了分辨率,经过三维偏移后的数据体基本上反映了地下的真实情况。对于这样的数据体,解释工作者可根据需要灵活地显示多种图件,可以根据生产需要显示走向、倾向或者某一方向的剖面或折线剖面(如连井剖面,通过不同地质特征带剖等)。这些剖面能表现出相位和振幅的变化,可以通过彩色显示其特征的变化,还可以对于不同特征综合,通过一系列剖面、等时切片、透视图分析或连续显示,显著提高了人们对地下构造形态、断层和地层变化的识别和确定能力。

2.4.2 井中勘探与物探技术

1. 矿井勘探

矿井下常用的地质勘探手段包括坑内钻勘探、中深孔或深孔凿岩设备勘探、坑道勘探等。上述手段主要用于生产矿山探矿、水体探测以及构造探测等。

（1）坑内钻勘探

坑道钻探是指在勘探坑道或生产坑道内进行的钻探工作，是地下采矿广泛采用的生产勘探手段，主要用于追索和圈定矿体深部延伸情况，寻找深部和旁侧的盲矿体，也可以多方向准确控制矿体的形态和内部结构以及探明影响开采的地质构造等。坑内钻具有地质效果好、操作简便、效率高、成本低、无炮烟污染等优点。其钻进的深度一般为 100 m、150 m、300 m 几种规格，钻杆直径一般为 33 ~ 43 mm。图 2 - 12 是坑内钻在矿山生产勘探中的两个用途。

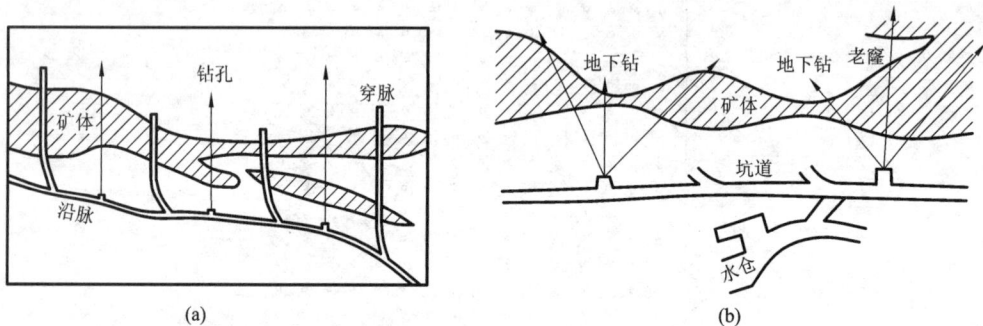

图 2 - 12　坑内钻勘探在矿山生产阶段的典型应用与施工布局图
（a）用坑内钻穿脉加密工程勘探；（b）用坑内钻探老窿并疏干积水

（2）中深孔或深孔凿岩设备勘探

中深孔或深孔凿岩设备勘探是利用凿岩机进行勘探的一种方式。近 20 年来，我国矿山常利用该手段进行探矿，取得了很好的效果。其优点是设备的装卸、搬运比坑内钻更为方便，而且作业条件也更为简单，特别是利用它在采场内进行生产勘探，其优越性更加显著。与坑内钻相比，其优点在于：更适合打各种向上孔，成本更低、效率高 1 ~ 2 倍。许多情况下可以实行探采结合，通过爆破用的炮眼孔取样，就可使此炮孔起到探矿的作用，图 2 - 13 是利用深孔凿岩设备加密探矿工程的平面示意图。但是，凿岩机探矿也有相应的缺点，即不适于打下向孔、所取样品不易鉴

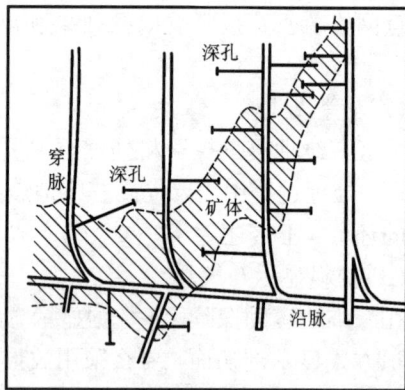

图 2 - 13　用深孔凿岩设备加密勘探

定岩性、岩层产状及地质构造等，当地质体之间成过渡关系时，不易划准界线。

（3）坑道勘探

坑道勘探是指在地下通过挖掘坑道达到勘探的目的，生产矿山常利用该手段进行准确探矿。常用的坑道勘探可分为水平坑探（平窿、石门、沿脉、穿脉）、垂直坑探（竖井）和倾斜坑探（斜井、天井、上山、下山）3 类。坑探的特点是：（1）对于矿体的了解更全面，特别是对矿化现象及地质构造现象的观察均较钻探或深孔取样更为全面；（2）可及时掌握地质情况的变化，便于采取相应的措施，如改变掘进方向，以达到更准确地获得地质资料的目的。

2. 井中物探技术

井中物探是在钻井中布设物探仪器,对钻井周围的地质情况进行勘探的地球物理探测技术。探测半径为几十至几百米,主要用于:(1)发现井旁或井底盲矿,确定其空间位置(埋藏深度、距钻孔距离、相对于钻孔方位等);(2)评价井周的形态、产状、延伸等,用以指导钻井,合理布置钻孔。井中物探在寻找深部隐状矿体,解决水文、工程与环境地质问题中广泛应用,是一种重要的手段,不仅加大和补充了地面物探方法的勘探深度,同时也扩大了钻孔的有效作用半径,可及时指导钻进,提高勘探速度和见矿率。

原则上,所有的地面物探方法均可应用于井中。目前已应用于生产的主要有3类:第一类是研究位场的方法,如井中视电阻率法、井中激发极化法、井中三分量磁测、井中重力测量等;第二类是研究电磁感应现象的方法,如井中低频电磁法、井中脉冲瞬变电磁法;第三类是研究弹性波或电磁波传播的方法,如井中地震、井中声波、井中无线电波透视法等。井中物探方法突出的优点是可以把场源或测量装置通过钻孔放入地下深处,使其接近深部探测对象,因此它发现深部隐伏矿的能力往往比地面物探方法要大。

2.5 矿体品位与储量矿量估算

2.5.1 矿体单元划分

矿体品位与矿量估算是金属矿山资源开发的十分重要的环节。一般应用地质统计学原理,在矿体三维建模过程中,需要将整个研究区进行空间定位和单元划分,形成一系列体积相同的方块(称为单元块),如图2-14所示,进而应用地质统计学原理对每个单元块进行空间位置、岩性及品位估值,在此基础上进行品位等级划分,并对品位等级的单元块进行统计,计算矿量。

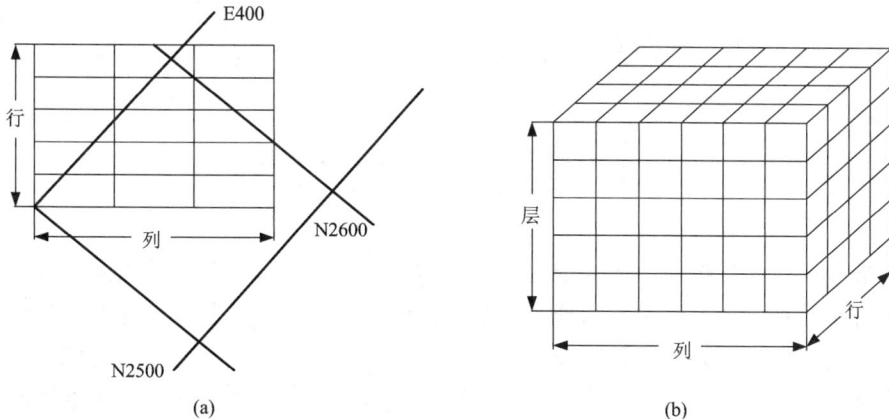

图2-14 矿体模型定位与单元划分

(a)矿体模型定位;(b)矿体模型单元划分

一般来说,模型的定位应依据以下原则:模型范围应包括整个研究区域,模型的行(列)方向应与矿体的走向(倾向)或延伸方向一致。

2.5.2 矿体品位估算

1. 样品数据点搜索方法

进行矿体品位估算前，首先要根据已有采样点的空间分布对无采样点区域进行空间插值，获得无采样点的空间单元块的品位值。为了计算未知点的品位值，需要搜索和选择有效的已知采样点。样品数据点的搜索方法根据不同的需要分为平面搜索和空间搜索两种。

平面数据搜索方法包括最近点搜索法、等分圆扇区搜索法和椭圆扇区搜索法。平面上呈各向同性特征的数据点，采用最近点搜索法[如图 2 – 15(a)所示]或等分圆扇区搜索法[如图 2 – 15(b)所示]。这两种方法均是在以待估块中心为圆心，在以搜索半径所作的搜索圆内进行搜索。其不同之处是：前者从最近点开始收集样本点，一直到收满指定样本点数据为止；后者则是将搜索圆进行四、六或八等分，对指定的每个扇区从近到远收集数据点，直到每个扇区收满指定的数据点个数。此外，对于平面上呈各向异性特征的数据点，还可采用椭圆扇区搜索法，这种方法以估值块为中心，根据变异分析所获得的变程来确定平面椭圆参数，再按 45°角将椭圆分成若干个扇区，每个扇区内从近到远收集 n 个数据点参与估值。

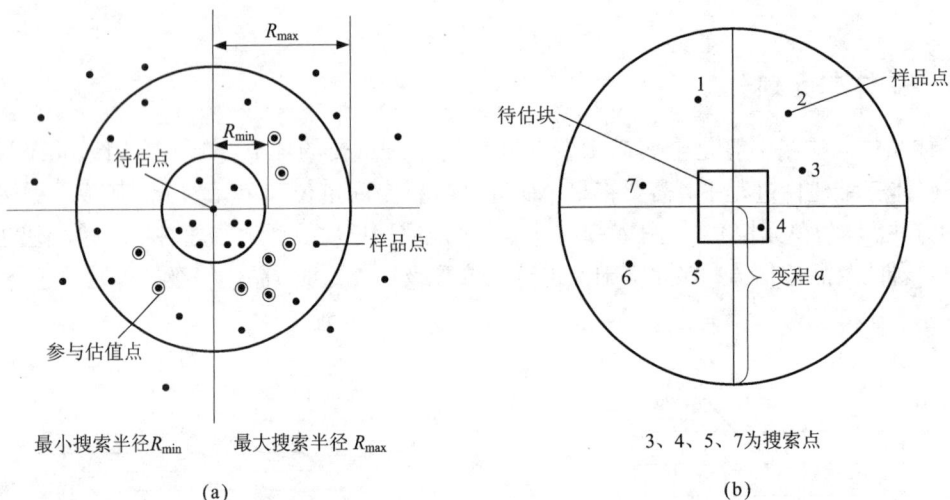

图 2 – 15　平面数据搜索方法示意图
(a)最近点数据搜索法(8 个点)；(b)四分圆搜索法(每扇区 1 点)

空间数据搜索方法包括球体搜索法和椭球体搜索法。对于各向同性数据，采用球体搜索法。这种方法是在以待估块中心为球心，以各向同性数据的变程为球半径所作的球体内进行搜索，数据搜索与平面方法一样，采用最近点搜索或扇区搜索；对于各向异性数据，采用椭球体搜索法。这种方法以估值块为中心，根据变异分析获得的变程来确定空间椭球体参数。椭球体内的数据搜索也采用最近点搜索法或扇区搜索法。应该注意的是，同一球内不同尺寸轴的椭球表面上各个样品点的影响程度是相等的。

2. 品位估算方法

确定了样品数据点之后，即可建立品位模型，对三维网格模型中每个单元块的品位作出估值。一般的估值方法有多边形法、距离幂反比法和克立格法。

(1)多边形法：多边形法是指由每一个钻孔与其相邻钻孔连线的垂直平分线构成多边形，

该钻孔的品位即为多边形区域的平均品位，然后利用多边形面积公式计算该区的储量。多边形面积计算公式为：

$$S = \frac{1}{2} \sum_{i=1}^{n} (X_i Y_{i+1} - X_{i+1} Y_i) \qquad (2-3)$$

式中：S——多边形面积；

(X_i, Y_i)——多边形顶点坐标；

n——多边形顶点数。

（2）距离幂反比法：此法考虑到被估块段地质参数与周围取样点的距离有一定的联系，认为这种联系与待估点和样本点距离的 P 次方成反比。

计算公式如下：

$$Z(B) = \sum_{i=1}^{n} \lambda_i \cdot G_i \qquad (2-4)$$

$$\lambda_i = \frac{\dfrac{1}{d_i^P}}{\sum\limits_{i=1}^{N} \left(\dfrac{1}{d_i}\right)^P} \qquad (2-5)$$

式中：$Z(B)$——插值点的估计值；

G_i——第 i 个点的实测品位值；

P——距离倒数法幂次，$P = 1, 1.5, 2, 2.5, 3$ 等，一般取 $P = 2$；

λ_i——第 i 个样品点的权系数；

d_i——第 i 个样品点到块段 B 中心的距离；

N——指定搜索范围内的实测点个数。

（3）克立格法：克立格法的实质是以矿石品位和矿石储量的精确估计为目的，以矿体参数（变量）值的空间相关为基础，以区域化变量为核心，以变异函数为基本工具的数学地质方法。由此可见，计算和拟合研究区域的变异函数是克立格估值的核心内容。

①计算试验变异函数

已知在满足二阶平稳假设的条件下，计算试验变异函数的公式为：

$$\gamma^*(h) = \frac{1}{2N(h)}$$

其中：$\gamma^*(h)$——变异函数的一个估计量；

$N(h)$——在 h 方向上相距 $|h|$ 的数据点对数；

$Z(x_i)$——参加试验变异函数计算，在点 x_i 处的样品品位值；

$Z(x_i + h)$——参加试验变异函数计算，在点 $x_i + h$ 处的样品品位值。

由于 h 为向量，故在求取试验变异函数时，就应分别计算不同方向的试验变异函数。通常根据矿体的产状，分别计算矿体的走向、倾向、反倾向和垂直或水平方向的试验变异函数。试验变异函数的计算依赖于有效数据的构形。上面试验变异函数的计算公式，在有效数据空间相对位置规则的情况下方可使用。

在实际工作中，有效数据的排列通常是非列线且不等距的，即有效数据的构形是不规则的。此时，先将数据组合成角度组，然后组合成距离组，如图 2-16 所示。为了构造 α 方向的变异函数，每一个数据值 $Z(x_0)$ 都要与位于弧 $[\alpha \pm \Delta\alpha]$ 内的所有其他数值组合，在此角度组内，可以再将数据组合成距离组 $[r \pm \varepsilon(r)]$。这样，凡是落在角度范围 $[\alpha \pm \Delta\alpha]$ 和距离范围$[r \pm \varepsilon(r)]$内的数据点都可以看成是x_0点在α方向上相距为r的数据点。

以上内容是在二维情况下讨论的，此时角度误差限是一顶角为$2\Delta\alpha$的扇形。在三维情况下，则角度误差限是一顶角为$2\Delta\alpha$的圆锥体。

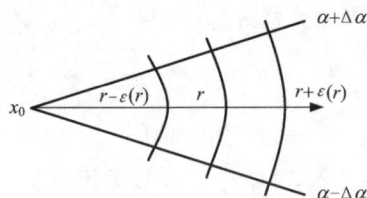

图 2 - 16　非列线不等间距的组合

②理论变异函数的拟合

在求出不同方向上的试验变异函数值以后，需要选择适当的模型对其进行拟合，由于球状模型使用的普遍性，选择球状模型进行拟合，拟合的方法则采用加权多项式回归法。

设对不同的h已经算出相应的变异函数值$\gamma^*(h_i)$，且对每一个h_i参加计算的数据对的数目为N_i。现在要对它拟合一个球状模型：

$$\gamma(h) = \begin{cases} 0 & h = 0 \\ C_0 + C\left(\dfrac{3}{2}\dfrac{h}{a} - \dfrac{1}{2}\dfrac{h^3}{a^3}\right) & 0 < h \leqslant a \\ C_0 + C & h > a \end{cases}$$

因为在$h = 0$和$h > a$两种情况下，$\gamma(h)$均为常数，所以，只须讨论当$0 < h \leqslant a$时的情形。此时有：

$$\gamma(h) = C_0 + \left(\frac{3C}{2a}\right)h + \left(\frac{-C}{2a^3}\right)h^3$$

令$y = \gamma(h)$，$x_1 = h$，$x_2 = h^3$，$b_0 = C_0$，$b_1 = \dfrac{3C}{2a}$，$b_2 = \dfrac{-C}{2a^3}$

则上式可写为：

$$y = b_0 + b_1 x_1 + b_2 x_2 \tag{2-6}$$

这样，对球状模型变异函数的拟合问题就转化为多元线性回归问题。可用最小二乘法求得b_0、b_1、b_2的值。

变异函数的拟合可采取以下步骤：

①计算变异函数实验点；

②确定需要拟合的实验变异点个数；

③确定头三个实验点权系数；

④加权最小二乘法计算C_0、C、a；

⑤绘制实验变异曲线和理论变异曲线；

⑥观察实验变异曲线的拟合程度；

⑦若要调整实验点个数和权系数转②；

⑧人工修改变异参数然后转⑤，直至获得满意的拟合曲线。

(3)变异函数参数的交叉验证

在确定变异函数参数后，必须对其进行交叉验证，以考核其正确性。交叉验证的具体做法是：在每个实测点上，用其周围点上的值对该点进行克立格估值，若有N个实测点，就有N个实测值Z和N个克立格估值Z^*，再求其误差平方的均值$E[Z^* - Z]^2$，以此均值的大小作为衡量变异函数拟合优劣的准则，若参数正确，则$E[Z^* - Z]^2$的值应较小。

（4）克立格估值

在经过变异函数的拟合和交叉验证后，便可对模型中的每个单元块进行品位估值，即克立格估值。克立格估计值及其方差的计算公式为：

$$Z_K^* = \sum_{\alpha=1}^{n} \lambda_\alpha Z_\alpha, \quad \sigma_K^2 = \sum_{\alpha=1}^{n} \lambda_\alpha \overline{\gamma}(V, v_\alpha) + \mu - \overline{\gamma}(V, V)$$

其中：Z_K^*——待估单元块的品位估计值；

λ_α——待估单元块周围第 α 个样品信息点的权系数；

Z_α——待估单元块周围第 α 个样品信息点的品位值；

σ^2——克立格估计方差。

权系数 λ_i 和 μ 可通过下列克立格方程组求得：

$$\begin{cases} \sum_{\beta=1}^{n} \lambda_\beta \overline{\gamma}(v_\alpha, v_\beta) + \mu = \overline{\gamma}(v_\alpha, V) \\ \sum_{\beta=1}^{n} \lambda_\beta = 1 \end{cases} \quad (\alpha = 1, 2, \cdots, n)$$

2.5.3 储量与矿量估算

1. 储量估算方法

在矿床的品位模型建立之后，便可采样集合的方法进行矿产资源储量计算。

储量计算公式如下：

$$P = \sum_{i=1}^{n} vdC_i \qquad (2-7)$$

其中：P——矿床金属量，t；

v——单元块体积，m^3；

d——矿石体重，t/m^3；

c_i——第 i 个单元块品位，%。

上式中：v = 单元块长 × 单元块宽 × 单元块高。

2. 矿量估算方法

矿量又称矿岩量，是指含有一定品位的矿石且经济可采的矿岩总量。一般有块段累加法、剖面算量法和平面算量法。

（1）块段累加法：一般用于块段模型的算量。首先根据每个矿块的矿石品位或矿石含量百分比，求出每个矿块的矿石量（单位：t），计算公式如下。

$$Q_i = V_i \cdot \gamma_i \cdot K_i \qquad (2-8)$$

$$V_i = \Delta x_i \cdot \Delta y_i \cdot \Delta z_i \qquad (2-9)$$

式中：V_i——某个矿块的体积，m^3；

$\Delta x_i \cdot \Delta y_i \cdot \Delta z_i$——分别为矿块 i 的长、宽、高，m；

K_i——矿石重量品位（%）或矿石含量百分比；

γ_i——矿石容重，t/m^3。

所求范围内的矿石总量 Q（单位：t）：

$$Q = \sum_{i=1}^{n} Q_i = \sum_{i=1}^{n} V_i \cdot \gamma_i \cdot K_i \qquad (2-10)$$

式中：n——为所求范围内的矿块数。

（2）剖面算量法：是一种手工算量中常用的算量方法。首先用所建立的矿床模型，以较小的间距（根据算量精度要求和矿床赋存情况）作相互平行的剖面；求出每个剖面上的矿石剖面面积 F_i，相邻剖面的间距为 l_i，则每个剖面的矿石量（单位：t）为：

$$Q_i = F_i \cdot l_i \cdot \gamma_i \cdot K_i \tag{2-11}$$

将所有剖面的量 Q_i 累加起来，即为矿石总量 Q（单位：t）。

$$Q = \sum_{i=1}^{n} Q_i = \sum_{i=1}^{n} (F_i \cdot l_i \cdot \gamma_i \cdot K_i) \tag{2-12}$$

（3）平面算量法：用计算机建立矿床地质模型后，用平面算量最为方便准确。其方法如下：

①确定算量的平面范围，即多边形：P_1，P_2，P_3，$\cdots$，P_n；

②求出多边形 P_1，P_2，P_3，$\cdots$，P_n 的平面面积 S：

$$S = \sum_{i=1}^{n} (x_i \cdot y_{i+1} - x_{i-1} \cdot y_i) \tag{2-13}$$

式中：$i = 1, 2, \cdots, n$；

(x_1, y_1)——顶点 P_i 的坐标，且 $x_{n+1} = x_1$，$y_{n+1} = y_1$。

③以较小的格网间距 $\Delta x \times \Delta y$ 将算量区域划分成很密的格网（一般取 2 m×2 m，5 m×5 m）；

④求出每个格网点处的地质柱状图，求出其矿体厚度 H_i，对于层状矿体，分别求出每个小分层的厚度 h_i 及矿石含量 k_j，则 $H_i = \sum_{j=1}^{m} h_j \cdot k_j$，对于非层状矿体，求出该处平均品位及矿体厚度 H_i，平均品位 $k_i = \frac{1}{m} \sum_{j=1}^{m} R_j$，其中 R_j 为第 j 格网顶点处柱状图上不同标高处的品位值；

⑤求出算量区域内的平均矿体厚度 H 和加权平均品位 K。

$$H = \frac{1}{N} \sum_{i=1}^{m} H_i \tag{2-14}$$

$$K = \frac{\sum_{i=1}^{m} H_i \cdot k_i}{\sum_{i=1}^{N} H_i} \times 100\% \tag{2-15}$$

⑥求矿石总量 Q（单位：t）

$$Q = S \cdot H \cdot K \cdot \gamma \tag{2-16}$$

式中：γ——平均容重。

上机实习一：遥感找矿与矿区环境遥感分析

1. 实习资料及设备

某煤矿矿区(如淮北煤矿)一景 TM 遥感影像(时相：夏或秋)、同一地区数字地形图(比例尺1:1万)，一般台式计算机，ENVI 遥感图像处理软件。

2. 实习目的

了解 TM 遥感影像的特点，掌握遥感影像目视解译基本方法，学习遥感图像处理软件使用方法，用地质、地理知识结合影像分析矿区环境。

3. 实习步骤

(1)向计算机输入 TM 影像参数，系统读取遥感影像，屏幕显示；

(2)屏幕显示数字地形图，选取 5～10 个同名点，从地形图上读取其坐标数据；

(3)以地形图上读取的同名点坐标数据，对 TM 影像进行几何校正，像元灰度重采样采用双线内插法；

(4)从 TM 影像上目视解译、结合地形图分析煤矿塌陷区的状况，包括新、旧塌陷区以及矿区整体生态环境状况，矿区土地利用状况；

(5)结合地学相关知识，分析该矿可能发展、开拓的方向。

4. 书写实习报告，报告内容要求包括：

(1)ENVI 遥感图像处理软件显示遥感影像以及对影像几何校正的方法；

(2)目视解译影像获取的矿区有关生态环境的信息；

(3)用找矿知识，分析该矿体可能延伸的方向。

本章练习

1. 矿区地质构造和生态环境信息都包括哪些内容？

2. 地球探测信息技术的分类及特点？

3. 矿区资源环境遥感影像分类与常规土地利用现状分类方法有何异同？

4. 简述根据采样点空间信息及品位信息进行储量估算的一般方法和步骤。

第3章 矿山空间信息获取、处理与制图

矿山空间信息是地球空间信息的一个分支或重要组成部分，矿山空间信息学是由矿山测量学逐渐发展演变而来，矿山空间信息学可表示为：在矿山勘查、设计、建设和生产经营的各个阶段，研究矿区地面与地下空间、资源和环境及其变化信息的获取、存储、处理、显示、制图、分析和利用，研究矿产和土地资源的合理开发与利用、区域环境监测与治理及可持续发展的一门科学技术。其主要内容又可分为：矿山空间信息的获取、处理与制图三大部分。

3.1 矿山空间信息获取

由于资源与环境信息的特殊性、复杂性、多样性，以及矿山地面、地层及井下空间信息的特点，必须采用多种技术手段、方法来获取矿山空间信息，或者是多种技术手段相结合。

3.1.1 水准仪经纬仪测量

1. 水准测量

测量地面各点高程的工作称为高程测量。根据人们所使用的仪器和施测方法的不同，高程测量又可分为水准测量、三角高程测量、GPS 高程测量等。其中水准测量是精确测定地面点高程的主要方法之一。水准测量使用水准仪和水准尺，利用水平视线测量两点之间的高差，再由已知点高程求出未知点高程。

（1）水准测量原理

如图 3-1 所示，若已知地面上 A 点的高程 H_A，欲求地面上 B 点的高程 H_B 时，则应测定 A、B 两点间的高差 h_{AB}。因此，安置水准仪于 A、B 两点之间，并于 A、B 两点上分别竖立水准尺，再根据水准仪提供的水准视线在水准尺上的读数，就可以算出 B 点相对于 A 点的高差为：

$$h_{AB} = a - b \tag{3-1}$$

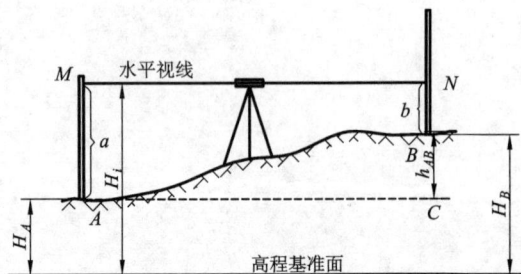

图 3-1 水准测量原理

当已知 A 点高程为 H_A 时, 则未知点高程 H_B 为:

$$H_B = H_A + h_{AB} = H_A + (a - b) \qquad (3-2)$$

利用实测高差 h_{AB} 来计算 B 点高程的方法称为高差法。为了避免计算高差时发生正、负号错误, 在书写高差 h_{AB} 时必须注意下标的写法。这里 h_{AB} 是表示 A 点到 B 点的高差, h_{BA} 则表示由 B 点至 A 点的高差, 即 $h_{AB} = -h_{BA}$。

在实际工作中, 亦可利用水准仪的视线高 H_i 来计算前视点 B 的高程。这一做法对安置一次仪器, 并根据一个已知高程点的后视来求取若干前视点高程时计算较为方便。

$$\left.\begin{array}{l} H_i = H_A + a \\ H_B = H_A + (a - b) = H_i - b \end{array}\right\} \qquad (3-3)$$

当 A、B 两点相距较大或其高差较大(图 $3-2$), 往往安置一次仪器不可能测定其间的高差值时, 则必须在两点之间加设若干个临时的立尺点, 作为高程传递的过渡点(转点), 并分段连续安置仪器、竖立水准尺, 依次测定转点之间的高差, 最后取其代数和, 从而求得 A、B 两点间的高差 h_{AB} 为:

$$h_{AB} = h_1 + h_2 + \cdots + h_n = \sum_{i=1}^{n} h_i \qquad (3-4)$$

式中:
$$h_1 = a_1 - b_1, \ h_2 = a_2 - b_2, \cdots, \ h_n = a_n - b_n$$
$$\begin{aligned} h_{AB} &= (a_1 - b_1) + (a_2 - b_2) + \cdots + (a_n - b_n) \\ &= (a_1 + a_2 + \cdots + a_n) - (b_1 + b_2 + \cdots + b_n) \\ &= \sum_{i=1}^{n} a_i - \sum_{i=1}^{n} b_i \end{aligned} \qquad (3-5)$$

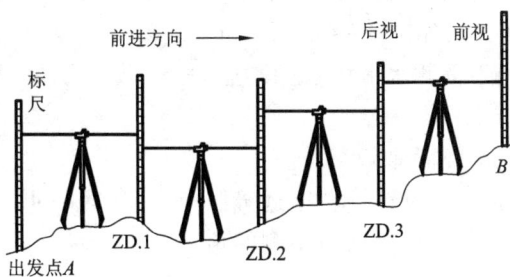

图 $3-2$ 连续水准测量

由此可见, 在实际测量工作中, 起点至终点的高差可由各段高差求和而得, 也可利用所有后视读数之和减去前视读数之和而求得。

若已知 A 点的高程 H_A, 则 B 点的高程 H_B 为

$$H_B = H_A + h_{AB} = H_A + \sum_{i=1}^{N} h_i \qquad (3-6)$$

在实际工作中, 可逐段计算出各测站的高差, 然后取其总和而求得 h_{AB}, 并利用式($3-5$), 即用后视读数之和减去前视读数之和来计算 h_{AB} 作为检核。

井下水准测量, 由于井下水准点通常设置在巷道的顶板上, 也有的设置在地板、边帮或固定设备基础上。当水准点在顶板上时, 测量的水准尺应倒立。此时高差的计算公式仍按照式($3-1$)来计算, 只是在倒立水准尺的读数前加上负号即可。

（2）水准测量步骤

在使用水准仪进行测量时，其基本操作步骤为安置水准仪、粗平、瞄准、精平和读数。

（3）数字水准仪

数字水准仪（digital levels）是一种新型智能化的水准仪，也称信息水准仪。数字水准仪的测量原理是将编码了的水准尺影像进行一维图像处理，并利用传感器来代替观测者的眼睛，从望远镜中获得水准尺上"刻画"的测量信息，再由微处理器自动计算出水准尺上的读数及仪器至标尺之间的水平距离。所测数据可在仪器显示屏上显示，并存储在内置的 PCMCIA 卡上；也可通过标准的 RS232C 接口向计算机或相关数据采集器中传输。

图 3 - 3　数字水准仪

图 3 - 3 所示为日本索佳厂生产的 SDL50 型数字水准仪。该仪器高程测量精度（每千米往返测高差中数的中误差）为 0.4 ~ 1.0 mm，其测距精度为 $0.5 \times 10^{-6} \sim 1.0 \times 10^{-6}$，测程 1.5 ~ 100 m。通过键盘面板和相关操作程序使用仪器，测量时可以利用屏幕菜单技术来引导作业员操作仪器，并可显示测量成果及仪器系统的状态。

2. 经纬仪测量

1）水平角测量

水平角测量有测回法和方向观测法两种。

（1）测回法

测回法是水平角观测的方法之一，一般用于两个方向的单角观测。观测方法如图 3 - 4 所示。A、B 为观测目标，O 为测站点，欲测水平角 β，其方法为：

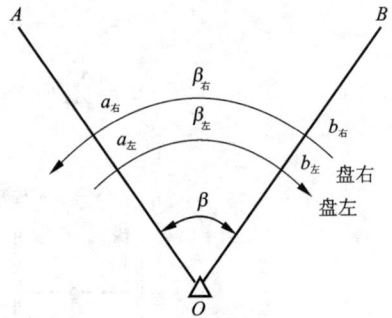

图 3 - 4　测回法观测水平角

①用盘左位置照准目标 A，读取读数 $a_左$；

②松开照准部制动螺旋，顺时针旋转望远镜照准目标 B，读取读数 $b_左$，则盘左位置所得半测回角值为：

$$\beta_左 = b_左 - a_左 \tag{3-7}$$

③倒转望远镜呈盘右位置，照准目标 B，读取读数 $b_右$；

④松开照准部制动螺旋，逆时针旋转望远镜照准 A，读取读数 $a_右$，则盘右位置所得半测回角值为：

$$\beta_右 = b_右 - a_右 \tag{3-8}$$

用盘左、盘右两个位置观测水平角，可以抵消仪器误差对测角的影响，同时也可作为观测过程中有粗差的检核。

对于 DJ6 级经纬仪，如果 $\beta_左$ 与 $\beta_右$ 的差值不大于 40″时，则可取盘左、盘右的平均值作为一测回的观测结果。

$$\beta = \frac{1}{2}(\beta_左 + \beta_右) \tag{3-9}$$

当观测角精度要求较高时，还可观测几个测回。为了减少读盘刻画不均匀误差的影响，各测回间应利用经纬仪上度盘变换轮变换度盘位置 $180°/n(n$ 为测回数)。如观测 3 回合,则各测回的零方向读数应按 $60°$ 递增,即分别设置成略大于 $0°$、$60°$ 和 $120°$。

(2)方向观测法

当测站需要观测的方向数大于 2 个时,则应采用方向观测。若方向数大于 3 个时,每半测回均应从一个选定的零方向开始观测,一次观测完应测目标后,还应再次观测零方向(归零),称之为全圆方向法观测。

观测步骤:

a. 安置经纬仪于测站点 O 上,如图 3 – 5 所示。在盘左位置,设置度盘读数略大于 $0°$,观测所选定的零方向 A,并读取水平度盘读数 a;

b. 顺时针方向转动照准部,依次照准 B、C、D 各点,并分别读取水平度盘读数。

c. 为了进行检核,应顺时针转动照准部再次照准 A,读取归零读数 a'。a 与 a' 之差的绝对值称之为上半测回归零差,该值若超过仪器规定的互差范围,则要进行重测。

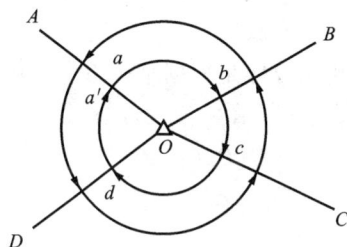

图 3 – 5 方向观测法

d. 倒转望远镜,用盘右位置逆时针方向依次照准 A、D、C、B,再回到 A 点,为下半测回。上下半测回合起来为一测回。若要观测多个测回时,则各测回仍按 $180°/n$ 的角度间隔变换水平度盘的起始位置。

2)竖直角测量

经纬仪竖盘包括竖直度盘、竖盘指标水准管及指标水准管的微动螺旋。竖直度盘被固定于横轴的一端,横轴过竖盘中心且垂直于其平面。当望远镜绕横轴转动时,竖盘也随着转动。分微尺的零分化线即是竖盘读数的指标线。当指标水准管的气泡居中时,则指标也处于正确位置,以此才能读取竖盘的正确读数。当望远镜上下转动以照准不同高度目标时,竖盘将随之转动而指标线不动,这样可读得不同位置的竖盘读数,以计算不同高度目标的竖直角值。

竖角有两种表示形式,都是在竖直平面内由目标方向与一特定方向所构成的角度。一种为目标方向与水平方向间的夹角,称之为高度角。视线上倾所构成的仰角为正高度角,视线下倾所构成的俯角为负高度角,其角值大小为 $0° \sim 90°$。竖角观测值一般用于三角高程测量和斜距化平距的计算中,竖角观测的方法有中丝法和三丝法。

3.1.2　全站仪数字化测图

1. 全站仪简介

全站型电子测速仪(简称全站仪)由电子测角、电子测距、电子计算机及数据存储系统构成,其本身是一个带有特殊功能的计算控制系统。全站仪由两大部分组成:①数据采集专用设备,有电子测角系统、电子测距系统、数据记录系统及自动记录设备等;②过程控制机,包括与测量数据相联系的外用设备和进行计算、产生指令的微处理机。

2. 全站仪测量原理

(1)后方交会测量

全站仪后方交会是通过多个已知点的测量来确定站点的坐标,如图 3 – 6 所示。仪器可以通过 2～10 个已知点的观测值计算测站点坐标，设已知点的坐标为 (x_{Pi}, y_{Pi}, z_{Pi})，测站点的坐标为 (x_{Pi}, y_{Pi}, z_{Pi})，则有：

$$S_{PoPi} = \sqrt{(x_{Pi} - x_P)^2 + (y_{Pi} - y_P)^2 + (z_{Pi} - z_P)^2}$$

$$\alpha_{PiPo} = \arctan \frac{y_{Pi} - y_P}{x_{Pi} - x_P} \qquad\qquad (3-10)$$

（2）放样测量

放样测量主要用于在实地上测设所需点位，包括距离放样和坐标放样。

①距离放样

距离放样是根据某一参考方向转过的水平角度和至测站点的距离来设定所要求的点位，如图 3-7 所示。

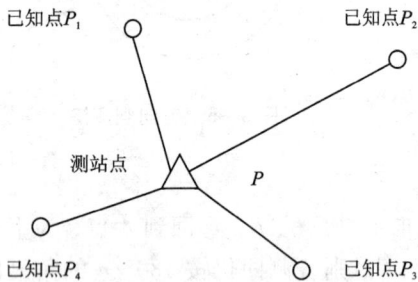

图 3-6 后方交会

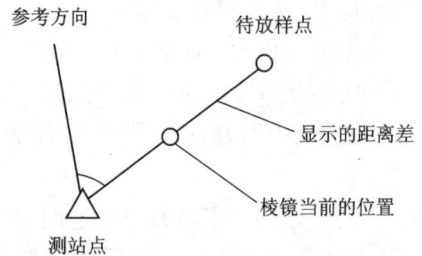

图 3-7 距离放样

②坐标放样

坐标放样主要用于在实地上测设出所要求的点位，是在输入待放样点坐标的基础上，计算出放样时所需的水平角和距离值并存储于仪器的内部存储器中，借助于角度放样和距离放样的功能设定待放样点的位置，如图 3-8 所示。

③偏心测量

偏心测量常用于测定测站至通视点或者是测站至不通视点间的距离和角度。测量时，将棱镜设于待测点（目标点）附近，通过测定测站至棱镜（偏心点）间距离和角度来定出测站至测点（目标点）间的距离和角度。

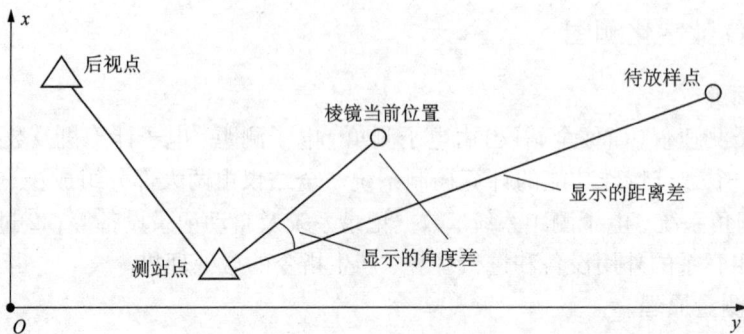

图 3-8 坐标放样

3. 测量机器人

测量机器人是自动遥控全站仪 RTS (Robotic Total Station) 的俗称，如图 3-9 所示。测量机器人无需人员操作控制便可对目标进行快速判别、锁定、跟踪、自动照准和遥控测量。

测量机器人由马达驱动全站仪和目标捕捉系统组成。目标捕捉系统由镜站端可发射扇形光束的 RC 遥控器和测站端马达驱动全站仪上的光束探测器组成：光束探测器能敏锐地感知 RC 遥控器所发出的瞬间光信号，并驱动全站仪快速地指向目标，对目标进行精确照准和测量。系统内置智能方向传感器可以判别和锁定指定目标，实现对目标的智能跟踪。目标捕捉系统驱动全站仪快速照准棱镜所在方位，并对目标实施高精度的自动照准和测量。目标捕捉系统能够驱动全站仪自动照准和锁定目标棱镜，测量过程中移动棱镜时即使出现影响目标通视的障碍物(如建筑、树木、汽车等物体)，一般也能锁定目标棱镜，确保测量工作的正确进行。

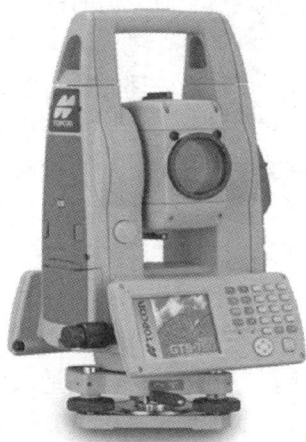

图 3-9 测量机器人

在地形复杂的条件下作业时，测量人员只须注意脚下的路面，而不必太在意棱镜的姿态。即使目标棱镜暂时失锁，只须在镜站方发出搜索指令，仪器便可快速地重新锁定目标。由于探测光束不是可见光，因此它能够在夜间、雾天甚至雨天(保证镜面无雨水)进行测量，可以实现常规监测网测量的自动化。

4. 陀螺全站仪

陀螺全站仪是集指北、测角、测距和数据处理为一体的新型多功能自动指北仪器，它由陀螺寻北仪、全站仪和测量控制器三部分构成，如图 3-10 所示。

陀螺全站仪是一种全天候、全天时、快速高效独立的精密测量仪器，主要用于大型隧道(洞)贯通测量、地铁定向测量、矿山贯通测量、建立方位基准及导航设备标校等领域。我国目前对高精度陀螺全站仪的需求还主要依赖于进口，国外的该类仪器多以摆式陀螺寻北仪为核心，尽管精度很高，但是操作复杂、价格昂贵。目前国内关于动力

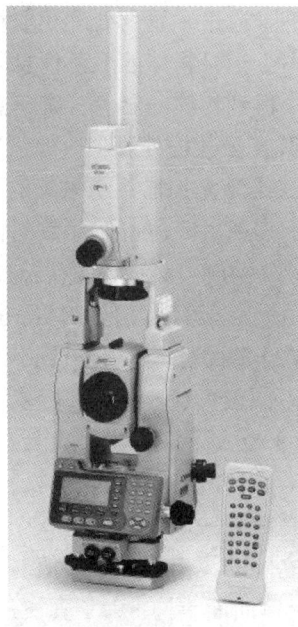

图 3-10 索佳陀螺全站仪

调谐陀螺仪的研制已经比较成熟，它具有精度适中、成本低、体积小等优点。

3.1.3 三维激光扫描

1. 三维激光扫描原理

三维激光扫描(Light Detection And Ranging, LiDAR)是一种采用了激光这一具有方向性好、发散角小、相干性强的优良光源的全自动高精度立体扫描技术，又称实景复制技术，主要是将各种大型的、复杂的、不规则的实体或实景三维数据完整地采集到电脑中，进而快速

重构出目标的三维点云模型及线、面、体、空间等三维实测数据,并进行高精度的三维逆向建模。同时,它所采集的三维激光点云数据还可用于进行各种后处理工作,如测绘、计量、分析、仿真、模拟、展示、监测、虚拟现实等。由于其采集的三维激光点云数据都是目标的真实数据,使得后处理的数据真实可靠,并且采集的三维点云数据及三维建模数据都可以通过标准接口格式转换给各种工程软件直接使用。

随着三维激光扫描技术的逐步发展与完善,在种类上出现了以飞机为载体的三维激光扫描系统、地面型三维激光扫描系统、近距离高精度三维激光扫描系统、特殊场合如井巷、采场、溶洞中使用的激光扫描系统以及手持式的激光扫描系统等。不同种类不同品牌的三维激光扫描系统在工作距离、精度、采样速度、彩色信息等方面都有着很大的区别。用于矿山各类工程中的三维激光扫描系统一般是距离在 2 ~ 1000 m 地面三维激光扫描仪。

地面三维激光扫描测量系统由地面三维激光扫描测量仪、后处理软件、电源以及附属设备构成。其中地面三维激光扫描测量仪主要由激光发射器、接收器、时间记数器、马达控制可旋转的滤光镜、彩色 CCD 相机、控制电路板、微电脑和软件等组成。激光脉冲发射器周期地驱动一激光二极管发射激光脉冲,然后由接收透镜接收目标表面后向反射信号,产生一接收信号,利用一稳定的石英时钟对发射与接收时间差作计数,经软件处理原始数据,从中计算出采样点的空间距离;通过传动装置的扫描运动,完成对物体全方位的扫描;然后进行数据整理,通过一系列处理获取目标表面的点云数据。同时,彩色 CCD 相机拍摄被测物体的彩色照片,记录物体的颜色信息,采用贴图技术可将所摄取的物体的颜色信息匹配到各个被测点上,得到物体的彩色三维信息。

2. 点云数据处理

三维激光扫描系统采集的数据为点云数据,点云数据处理一般包含以下几个步骤:噪声去除、多视对齐(配准)、数据精简、曲面重构。

(1)噪声去除:除去点云数据中的错误数据。在扫描过程中,由于某些环境因素的影响,比如人员、车辆、其他物体等也会被扫描采集,这些数据在后处理过程中就要被删除。

(2)多视对齐:由于被测物件过大或形状复杂,扫描时往往不能一次测出所有数据,需要从不同位置、多视角进行多次扫描,这些点云数据就需要对齐、拼接成为多视对齐。

(3)数据精简:由于点云数据是海量数据,在不影响曲面重构和保持一定精度的情况下,需要对数据进行精简,不同品牌的点云处理软件不同,精简的方法也不同,常用的方式有:平均精简——原点云中每 n 个点保留 1 个;按距离精简——删除一些点后使保留的点云中点与点之间的距离均大于某值。

(4)曲面重构:为了真实地还原扫描目标的的本来面目,需要将扫描的数据用准确的曲面表示出来。曲面常见的表示种类有:三角形网格、细分曲面明确的函数表示、暗含的函数表示、参数曲面等。经过曲面重构后,就可以进行三维建模,还原扫描目标的本来面目。点云数据处理基本完成后,可以用点云数据做各种应用。

3. 应用与实例

三维激光扫描技术已经在各行各业得到了应用,其前景非常广阔,各厂家也纷纷推出适用于各种行业的三维激光扫描设备,如用于城市街道和道路扫描的测量车。加拿大 Optech 公司先后推出多款三维激光扫描设备,最近又推出了三维激光测量车以及 Optech CMS 矿山井下专用系统(图 3 - 11)。其功能主要是用于无法进入的采空区、溶洞等,扫测采空区内部的数据然后进行实景重构(图 3 - 12),为矿山采掘规划、生产设计、生产安全等提供决策所需数据。

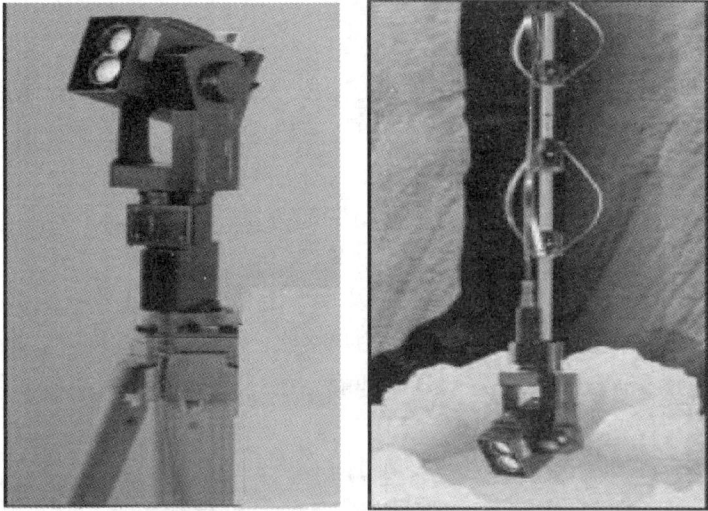

图 3 – 11 Optech CM 的两种应用方式

图 3 – 12 用 Optech CM 扫描数据重建的巷道三维模型

3.1.4 GPS 测量

1. 概述

为了满足军事及民用部门对连续实时三维导航的需求,1973 年美国国防部开始研究建立新一代卫星导航系统,即授时与测距导航系统/全球定位系统(Navigation System Timing and Ranging/Global Positioning System——NAVSTAR/GPS),通常称之为全球定位系统(GPS)。

GPS 系统不仅可用于测量、导航,还可用于测速、测时。测速的精度可达 0.1 m/s,测时的精度可达几十毫微秒。GPS 可为各类用户连续提供动态目标的三维位置、三维速度及时间信息。随着 GPS 定位技术及数据处理技术的不断完善,其精度还将进一步提高。

GPS 主要由三大部分组成,即空间星座部分、地面监控部分和用户设备部分。

GPS 软件部分是指各种后处理软件包,其主要作用是对观测数据进行精加工,以便获得精密定位结果。

2. GPS 定位原理

(1) GPS 绝对定位原理

绝对定位是以地球质心为参考点,确定接收机天线在 WGS-84 坐标系中的绝对位置。由于定位作业仅需一台接收机,因此又称为单点定位。

单点定位结果受卫星星历误差、信号传播误差、接收机本身的仪器误差及卫星几何分布等影响,所以定位精度较低,一般适用于低精度的测量领域,例如,车辆、船只、飞机的导航,地质调查和林业调查等。

利用 GPS 进行绝对定位的基本原理是:以 GPS 卫星和用户接收机天线之间的距离观测量为基准,根据已知的卫星瞬时坐标来确定用户接收机天线所在的位置。根据用户接收机天线所处的状态不同,又可分为动态绝对定位和静态绝对定位。

(2) GPS 相对定位原理

GPS 相对定位,也叫差分 GPS 定位,是目前 GPS 测量中定位精度最高的定位方法,它广泛应用于大地测量、精密工程测量、地球动力学的研究及精密导航。GPS 相对定位原理分为静态相对定位和动态相对定位。

用两台接收机分别安置在基线的两端点,其位置静止不动,同步观测相同的 4 颗以上 GPS 卫星,确定基线两端点在协议地球坐标系中的相对位置,这种定位模式称为静态相对定位。

用两台 GPS 接收机,将一台接收机安置在基准站上固定不动,另一台接收机安置在运动的载体上。两台接收机同步观测相同的卫星,通过在观测值之间求差,以消除具有相关性的误差,提高定位精度。运动点位置是通过确定该点相对基准站的相对位置来实现的,这种定位方法称为动态相对定位,也叫差分 GPS 定位。

3. 差分 GPS 测量原理

差分 GPS 根据其系统构成的基准站个数可分为单基准差分、多基准局部区域差分和广域差分;根据信息的发送方式又可分为伪距差分、载波相位差分及位置差分等。无论何种差分,其工作原理基本相同,都是由用户接收基准站发送的改正数,并对其测量结果进行改正以获得精密定位结果的。其区别在于发送改正数的内容不同、定位精度不同、差分原理也有所不同。

3.1.5 摄影测量

1. 航空摄影测量

航空摄影测量(Aerial Photogrammetr)指的是利用航摄仪器在飞机上对地面连续摄取的像片,研究和确定被摄物体的形状、大小、位置、性质和相互关系。

摄影测量的直接产品是立体像对,立体像对是具有重叠度的相邻两张像片。根据人眼的立体视觉原理可知,单张像片只能确定地面点的方向,不能确定地面点的三维空间位置,而有了立体像对则可构成模型,求解地面点的空间位置。

航空摄影测量要按航摄计划要求进行,并确保航摄像片质量。在整个摄取过程中,飞机要按规定的航高和设计的方向呈直线飞行,并保持各航线的相互平行。空中摄影一般采用竖直摄影方式,即摄影瞬间摄影机的主光轴近似与地面垂直。

通常,航空像片均利用高精度的专用扫描仪将其数字化。这种扫描仪一般是由 CCD

(Chauge Coupled Device – 电偶合器件)阵列传感器组成，分为线阵列和面阵列两种排列方式，如 Leica – Helava 公司的 DSW 300 扫描仪、Zess – Intergraph 公司的 PhotoScan 扫描仪、Vexcel VH4000 扫描仪。

然后，采用专用的软件系统对扫描获得的数字图形进行测图。实现数字影像自动测图的软件系统称为数字摄影测量系统 DPS(Digital Photogrammetric System)或数字摄影测量工作站 DPW(Digital Photogrammetric Work Station)。目前具有代表性的数字摄影测量系统有：Helava 的 DPW(Digital Photogrammetry Work Station)，德国 Zeiss 厂的 PHODIS，INPHO 公司的 MATCH – T，法国 Mszi 公司的 TRASTER T10，意大利 Galilea Siscam 的 ORTHOMAP，Intergraph 公司的 Image Station，我国武汉大学的 VirtuoZo，中国测绘科学研究院的 JX4 等。

航空摄影测量的主要数字产品有数字地图、数字影像、数字景观模型、DOM、DEM、DLG、DRG 等，其成图比例尺可覆盖 1∶500 ~ 1∶50000，是测绘地形图或专题图的主要方法。

2. 数字近景摄影测量

近景摄影测量是通过摄影(摄像)和随后的图像处理、摄影测量处理以获取被摄目标形状、大小和运动状态的一门技术。凡可摄取影像的目标，均可作为近景摄影测量的对象，以获得目标上点群的三维空间坐标，以及基于这些三维空间坐标的长度、面积、体积、等值线(剖面线)等。在同时记载时间信号的情况下，还可以获取运动目标的运动状态，即获取运动目标(点)的速度、加速度和运动轨迹。与其他测量手段相比，近景摄影测量的优点在于不伤及、不接触被测物体，信息容量高，信息易存储。可重复使用信息，精度高、速度快，特别适用于测量拥有大批量点位的目标，以及危险环境和敏感目标等。

近景摄影测量与常规航空摄影测量在基本理论方面有许多相通之处。近景摄影测量中存在一个比较普遍的问题是当目标物色调单一、缺少纹理目标时，其人工或自动的识别和测量会遇到困难，需要进行被测物体的表面处理，处理方法有：(1)利用投影设备，将线条密度和线条粗细适宜的光栅、格网或斑纹图案投影到被摄物体表面，以形成人工纹理；(2)利用激光经纬仪，将激光按一定的扫描规则投射到被摄物体上，以形成人工纹理；(3)按一定间隔将某种标志贴附在被测物体表面；(4)手工绘制人工纹理。

为了把所构建的近景摄影测量网纳入到给定的物方空间坐标系中，需实施近景摄影测量控制。在近景摄影测量中主要使用两类控制：控制点和相对控制。控制点通常是被测目标物上或周围测定的已知坐标的标志点；相对控制是指摄影测量处理中一些未知点间的某种已知几何关系。

数字近景摄影测量的主要摄像设备是各种类型的固态摄像机(Solid State Camera)，借助它们可以直接地获取被摄目标的数字影像。目前常用的数字近景测量摄像机有：Nikon 公司 E2N 型数字照像机、柯达 DCS 型系列数字摄像机、HSV – 1000 型高速视频摄像机、殷卡摄像、Rollei Q16 型量测摄像机、普通数码相机、夜视、Finepix S5 Pro 型数码相机。

多基线数字近景摄影测量系统(Lensphoto)是一套全新的数字近景摄影测量系统。Lensphoto 是基于摄影测量专家张祖勋院士最新提出的以计算机视觉原理(多基线)代替人眼双目视觉(单基线)传统摄影测量原理，从空间一个点由两条光线交会的摄影测量基本法则变化为空间一个点由多条光线交会而成的全新概念而研发的。它只需要一部普通单返(定焦)数码相机，原则上 4 个控制点，就可以很快地完成一个区域(对象)的精确测量和建模。

3.1.6 雷达遥感测量

1. 概述

雷达(Radar, Radar Radio Detection And Ranging)遥感测量的发展可以追溯到 20 世纪 50 年代早期，由于军事侦察的需求，美国军方发展了侧视机载雷达(Side Looking Airborne Rader, SLAR)。此后，侧视机载雷达 SLAR 逐步用于非军事领域，成为获取自然资源与环境数据的有力工具。雷达遥感主要用微波进行探测。微波是指波长 1 mm ~ 1 m(即频率 300 MHz ~ 300 GHz)的电磁波。微波遥感与可见光遥感、红外遥感在技术上也有很大的差别，它用的是无线电技术，而可见光遥感、红外遥感用的是光学技术，通过摄影或扫描来获取信息。

雷达遥感有主动、被动之分。被动方式与可见光和红外遥感类似，是由微波扫描辐射计接收地表目标的微波辐射，它记录的是在自然状况下地面反射、发射的微弱的微波能量；主动方式由遥感器主动发射已知的微波信号(短脉冲)，再接收这些信号与地面相互作用后的回波反射信号，并对这两种信号的探测频率和极化位移等进行比较，生成地表的数字图像或模拟图像，从而探测地物的后向散射系数和介电常数。

雷达遥感目前主要使用的成像微波传感器有侧视雷达、合成孔径侧视雷达。

(1)侧视雷达：在飞机(或卫星)飞行时向垂直于航线的方向发射一个很窄波束，这个波束在航向上很窄，在距离向很宽，覆盖了地面上一个很窄的条带。飞机在飞行时不断发出这样的波束，并不断接收地面窄带上的各种地物的反射信号。每个波束是由所发射的一个短的脉冲形成的，这个脉冲遇到目标时，部分能量由地物反射返回雷达天线并不断接收地面窄带上的各种地物的反射信号，即回波。地面上与飞机距离不同的目标反射的回波，由雷达天线和接收机按时间的先后次序接收下来，并由同步的亮度调制的光点在摄影胶片上按回波的强度大小记录下来，一条视频回波线就记录了窄条带上各种地物的图像。紧接着发射下一个脉冲，飞机同时向前飞行了一段很短的距离，然后又接收地面相邻窄条带的地物反射回波信号，如此继续，构成地面成像带的图像。

(2)合成孔径雷达(SAR)：合成孔径雷达概念的提出是相对真实孔径雷达天线而提出的。对于真实孔径雷达，当雷达随载体(飞机或卫星)飞行时，向地表发射雷达波束，然后接受地面反射信号，这样便得到了地表雷达图像。卫星雷达天线越长，对地物的观测分辨率就越高。由于受雷达天线长度的限制，真实孔径雷达的地表分辨率往往很低，难以满足应用要求。而合成孔径雷达正是解决了利用有限的雷达天线长度来获取高分辨率雷达图像的问题。合成孔径技术的基本思想是：用一个小天线沿一直线方向不断移动，在移动中每个位置上发射一个信号，接收相应发射位置的回波信号贮存下来，同时保存接收信号的振幅和相位。当天线移动一段距离 L 后，存储的信号和长度为 L 的天线阵列诸单元所接收的信号非常相似。

2. 干涉雷达测量

基于合成孔径雷达技术还发展起来了干涉合成孔径雷达测量技术和差分干涉合成孔径雷达测量技术。

(1)合成孔径雷达干涉(Interferometric Synthetic Aperture Rader, INSAR)测量简称干涉雷达测量。其原理是：以同一地区的两张 SAR 图像为基本处理数据，通过求取两幅 SAR 图像的相位差，获取干涉图像，然后经相位解缠，从干涉条纹中获取地形高程数据。干涉纹图包含了斜距方向上的图像点与两天线位置差的精确信息，利用遥感器高度、雷达波长、波束视向及天线基线距(baseline)之间的几何关系，可以精确地测量图像上每一点的高程信息，从而获得高分辨率的地表三维图像。

（2）差分干涉雷达（Differential INSAR，D–INSAR）测量：该测量技术是近十年发展起来的一项新的空间对地观测技术。其原理是利用同一地区的两幅干涉图像经过差分处理（除去地球曲面、地形起伏影响）来获取地表微量形变。它与 GPS、VLBI 和 SLR 等空间技术一道，将构成空间测地技术的主体。从 1978 年 L 波段星载雷达卫星 Seasat SAR 的发射，到 1992 年首次利用差分干涉雷达对美国地震同震形变场测量，以及 2000 年美国"奋进号"航天飞机对全球地形进行高精度干涉测量，目前 D–INSAR 已广泛用于地震、火山、冰川、滑坡、城市沉降、矿区沉陷等形变场测量中。

3.2 矿山空间数据处理

3.2.1 数据处理概述

空间数据获取工作中不论测量仪器多么精密，观测进行得多么仔细，观测值之间总是存在着差异。例如，往返丈量某段距离若干次，或重复观测某一角度，观测结果都不会一致；测量某一平面三角形的三个内角，其观测值之和常常不等于理论值180°。产生这些现象的原因是测量结果中存在着测量误差，误差的来源可能是仪器、人为或外部条件的原因，误差的类型分为系统误差和偶然误差。受随机误差的影响，测得的数据是某个随机变量的一个样本，随机误差的出现通常是遵循正态分布的，因此，可以对空间数据进行必要的处理（包括平差、估计、滤波），以消除或减弱误差的影响，或者提取出空间数据的基本规律。

1. 克里格方法（Kriging）

时空信号往往是不规则分布的，经常需要将非规则分布的时空信号插值为规则分布的信号或估计某些未知点的值。对矿山领域而言，诸如煤田储量分析、金属矿山储量计算、工程地质参数估计等问题都要求根据少量不规则数据点进行插值计算，根据有限或不规则的数据点重建全局规则分布的数据点集。地质统计学方法可以在区域化变量内蕴假设条件下利用变量的空间相关性来估计未知点的值与方差。

克里格插值方法实际上是一种加权平均方法，利用空间自相关性，在方差极小意义下估计待求点的值。克里格插值见公式为：

$$z(x_0, y_0) = \sum_{i=1}^{n} \lambda_i \cdot z_i \quad (\sum_{i=1}^{n} \lambda_i = 1) \tag{3-11}$$

式中：$z(x_0, y_0)$ 是待估点的值；

    n 是临近相关点的个数；

    λ_i 是加权系数。

由于高频信号仅有较低的空间相关性，因此高频信号对加权系数贡献较小，高频信号损失较大。因此，克里格插值是一个明显的低通滤波过程，不利于高频含量丰富或要求插值结果含有高频局部信号的应用。

2. 抗差估计（Robust Estimation）

抗差估计源于统计学中的抗差性（Robustness）概念，是指既能抑制模型偏差又能抵抗异常观测值干扰的估计方法。当观测值中混有少量粗差的时候，选择的估计方法要尽量避免粗差的影响，得到与正常情况下的参数估计量相同或者相近的结果。

例如，在矿山地表沉陷及变形监测的分析评价中，对主要观测数据质量的评定包括观测值之间相关性估计、粗差和系统误差的探测及其剔除。在传统的数据处理中常采用最小二乘法，但是在观测值中有个别异常值的情况下，如果使用最小二乘法来处理，这些异常值会导致估值偏差较大，为了避免出现这种情况，提出了抗差估计方法来处理这些观测值。20 世纪 70 ~ 80 年代矿山测量工作者对抗差估计的研究主要集中在权函数的确定上，提出了倒数型权函数、基于验后方差的权函数、基于均方误差的权函数等。20 世纪 90 年代以来，进一步发展了非最小二乘估计(有偏估计)、贝叶斯(Beyes)估计、最小范数估计(MINQE)等。

3. 卡尔曼(Kalman)滤波

卡尔曼滤波是一个不断地预测、修正的递推过程，求解时不需要存储大量的观测数据，并且当得到新的观测数据时，可随时计算新的参数滤波值，便于实时地处理观测结果。因此，卡尔曼滤波理论作为一种重要的最优估计理论被广泛应用于各种动态数据处理中，尤其是 GPS 动态数据处理、惯性导航等。在露天矿山移动目标定位等动态系统中，由于 GPS、测地机器人等新技术不断应用，资料积累多，时空数据量大，需要及时有效的从大量的信息中进行数据挖掘，从中提取关键性的数据。

卡尔曼滤波不仅适合滑坡监测数据的动态处理，也可用于静态点场、似静态点场在周期的观测中显著性变化点的检验识别。边坡下滑实际上就是坡体上各质点所占据的空间位置随时间而改变，即在一定时间内发生位移。滑坡监测就是在被研究的滑坡体上设置一定数量的有代表性的目标点(监测点)，在滑坡体外建立稳定的基准点(参考点)，应用测量手段对它们作定期观测，对获取的变形观测数据进行处理，推求出各目标点的位移量。从运动模型出发，用运动方程描述滑坡的下滑过程，采用离散卡尔曼滤波工具对滑坡变形监测数据进行处理分析，能全面描述滑坡的下滑行为，并通过更新向量的大小对滑坡下滑过程中的异常行为做出验后判断，并分析、解释其原因。

4. 小波技术

小波变换是一种窗口大小(即窗口面积)固定但其形状可改变，时间窗和频率窗也可改变的时频局部化分析方法。小波变换在低频部分具有较高的频率分辨率和较低的时间分辨率；在高频部分具有较高的时间分辨率和较低的频率分辨率。它与傅里叶变换、短时傅里叶变换的最大不同之处在于小波变换的分析精度可变，是一种加时变窗分析的方法，在时 – 频相平面的高频带具有较高时间分辨率和较低的频率分辨率，而在低频带具有较低的时间分辨率和较高的频率分辨率。小波技术以上的特点，有效的克服了傅立叶变换中时 – 频分辨率恒定不变的弱点。小波变换信号处理方法的多尺度性和自适应性，使其广泛的应用于矿山时空数据的处理工作中，例如矿震信号分析、通过地磁异常找矿等。

3.2.2 GPS 数据处理

GPS 接收机采集记录的是 GPS 接收机天线至卫星伪距、载波相位和卫星星历等数据。GPS 数据处理要从原始的观测值得到最终的测量定位成果，其数据处理过程如图 3 – 13 所示。

(1)数据采集：GPS 接收机进行野外观测，野外观测记录的同时用随机软件解算出测点的位置和运动速度，进而提供导航服务。

(2)数据传输：用专用电缆将接收机与计算机连接，并在后处理软件的菜单中选择传输数据选项后，便将观测数据传输至计算机。数据传输的同时进行数据分流，生成 4 个数据文

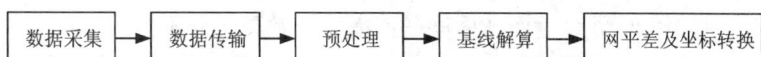

图 3 – 13　GPS 数据处理基本流程图

件：载波相位和伪距观测值文件、星历参数文件、电离层参数和 UTC 参数文件、测站信息文件。

（3）数据预处理：对数据进行平滑滤波检验，剔除粗差；统一数据文件格式并将各类数据文件加工成标准化文件（如 GPS 卫星轨道方程，卫星时钟钟差标准化，观测值文件标准化等），找出整周跳变点并修复观测值；对观测值进行各种模型改正。

（4）基线向量解算：这是一个复杂的平差计算过程。解算时要估计观测时段中信号间断引起的数据剔除、观测数据粗差的发现及剔除、星座变化引起的整周未知参数的增加等问题。

基线处理完成后应对其结果作以下分析和检核：① 观测值残差分析；② 基线长度的精度检核；③ 基线向量环闭合差的计算及检核。

（5）网平差：以 GPS 基线向量为观测值，以其方差阵之逆阵为权，进行平差计算，消除许多图形闭合条件不符值，求定各 GPS 网点的坐标并进行精度评定。

（6）坐标转换：GPS 定位成果（包括单点定位的坐标以及相对定位中解算的基线向量）属于 WGS – 84 大地坐标系，而实用的测量成果往往是属于某一国家坐标系或地方坐标系（或叫局部的、参考坐标系）。参考坐标系与 WGS – 84 坐标系之间一般存在着平移和旋转的关系。实际应用中必须研究 GPS 成果与地面参考坐标系系统的转换关系。

WGS – 84 大地坐标系是 GPS 卫星定位系统的大地坐标系，所有利用 GPS 接收机进行测量计算的成果均属于 WGS – 84 坐标系。GPS 单点定位确定的是点在 WGS – 84 坐标系中的位置，大地测量中点的位置常用大地纬度 B，大地经度 L 和大地高 H 表示；GPS 相对定位确定的是点之间的位置，因而可以直接用坐标差 ΔX、ΔY、ΔZ 表示，也可以用大地坐标差 ΔB、ΔL、ΔH 表示。

一般 GPS 接收机随机软件都能给出 WGS – 84 坐标系中的三维直角坐标（X、Y、Z）或三维大地坐标（B、L、H）这两种坐标值。如何将其转换为国家或地方坐标系（如 1954 年北京坐标系）中的坐标呢？一般有以下几种转换方法：①利用已知重合点的三维直角坐标进行坐标转换；②利用已知重合点的三维大地坐标进行坐标转换；③利用已知重合点的二维高斯平面坐标进行坐标转换；④利用已知重合点的二维大地坐标进行坐标转换。其中，利用三维（或二维）大地坐标进行坐标转换时，转换模型比较复杂，计算中要利用大地主题解算公式求解大地方位角，利用大地测量微分公式进行大地坐标的变换。具体转换公式可参考有关椭球大地测量相关参考书。

由 GPS 相对定位得到的三维基线向量，通过 GPS 网平差，可以得到高精度的大地高差。如果网中有一点或多点具有精确的 WGS – 84 大地坐标系的大地高程，则在 GPS 网平差后，可求得各 GPS 点的 WGS – 84 大地高 H_{84}。

实际应用中，地面点的高程采用正常高系统。地面点的正常高 H_r 是地面点沿铅垂线至似大地水准面的距离，这种高程是通过水准测量来确定的。大地高 H_{84} 和正常高 H_r 之间的关系为：

$$H_r = H_{84} - \xi \qquad\qquad (3-12)$$

式中，ξ 表示似大地水准面至参考椭球面间的高差，叫做高程异常。

实际上，GPS 单点定位误差较大，一般很难获得高精度的高程异常 ξ 值，而一般测区内缺少高精度的大地高 H_{84}。所以很难应用式（3-12）来精确计算各 GPS 点的正常高，需要寻求其他技术措施。目前主要采用 GPS 水准高程（简称 GPS 水准）、GPS 重力高程和 GPS 三角高程等方法来精确计算各 GPS 点的正常高 H_r。

3.2.3 摄影测量数据处理

目前，数字摄影测量已经取代了模拟摄影测量及解析摄影测量。因此，本教材主要介绍数字摄影测量系统软件处理摄影数据的主要步骤。

1. 处理影像准备

若影像原始数据为硬拷贝像片，则要先进行图像扫描，扫描得到的影像需要进行影像内定向。此外还可以根据影像条件和具体要求对影像进行图像增强等预处理。

2. 自动空中三角测量

（1）区域的建立

准备好测区相机参数文件、地面控制点文件、航带和影像信息文件。

（2）区域量测

测区全部影像自动内定向，内定向的目的是利用框标点的像片坐标（理论值）与扫描坐标，计算像片坐标与扫描坐标之间的转换参数，框标的位置可以用自动或半自动甚至是人工方法进行定位，获取扫描坐标。启动系统的连接点选择及转刺程序，进行自动相对定向、选点、转点，量测，以及自动连接与构网，然后半自动量测控制点，交互式后处理，检查粗差、删点、加点等。

（3）区域网平差

（4）自动生成测区各立体模型的有关参数，即完成测区所有模型的定向。

（5）生成核线影像

在定义的作业区域内，按同名核线将影像的灰度予以重新排列，形成按核线方向排列的立体影像。

（6）匹配结果的交互编辑

当自动匹配完成后，显示立体模型的视差断面或等视差曲线，采用点、线、面方式进行交互式立体编辑，这是数字摄影测量系统中需要人工干预最多的地方，事关成果质量高低。

一般地，需要进行影像编辑与交互的情况有以下几种：

① 影像中大片纹理不清晰的区域或没有明显特征的区域，如湖泊、海洋等，处理方法是选择此多边形，根据整体地形的等高线走向，选择上/下或左/右方向的插值运算，然后进行平滑；对于小面积水域，可以直接置平。

②由于影像的不连续或被阴影遮盖等原因，使等高线上一些点没切准地面。

③匹配点悬在房屋和其他建筑物上，处理方法是选择该区域，使用平面拟合算法消除"小山包"或是先作插值运算，再进行平滑处理。

④匹配点悬在植被密集的山上或大片树林上，处理方法使其高程减少一个树高。

⑤大面积平地、沟渠等比较破碎的地貌。对比较破碎的地貌和需要精确表示的田埂、沟渠及道路等，需要用线编辑模式进行编辑。

⑥在影像匹配的结果上生成数字高程模型。

⑦依据数字高程模型生成等高线。

⑧利用 DEM 和定向结果生成地表正射影像图。

⑨将等高线与正射影像叠加，制作带等高线的正射影像图。

⑩制作透视图和景观图。

⑪进行数字影像的机助量测，如地物、地貌元素的量测。

⑫进行地图编辑与注记。

3.2.4 遥感数据处理

1. 遥感数据预处理

遥感影像在获取过程中，由于传感器、遥感平台、大气传输等的影响，存在各种几何和辐射上的扭曲和噪声，因此需要通过各种预处理去除噪声和扭曲。另一方面，以行、列像空间坐标系为基准的遥感数据必须实现和地理空间基准的匹配，才能够应用于地学分析，并和多源地学信息匹配。遥感影像预处理(preprocessing)是最初的也是最基本的影像分析操作，典型的预处理操作是图像校正(Image correction)。图像校正是指从具有畸变的图像中消除各种畸变的处理过程，消除几何畸变的叫几何校正(geometric correction)，消除辐射量失真的叫辐射校正(radiometric correction)。另外，为了能更好地分析和使用遥感数字图像，有时还必须对遥感图像作图像增强、滤波、变换和特征提取等处理，从而能更准确地获取和提取到所需的信息。

几何校正是从具有几何畸变的图像中消除畸变的过程，也可以说是定量地确定图像上的像元坐标(图像坐标)与目标物的地理坐标(地图坐标等)的对应关系(坐标变换式)。遥感图像几何校正包括粗校正和精校正两种。粗校正一般由遥感数据地面接收站处理，也叫系统级的几何校正，它仅做系统误差改正，即利用卫星等所提供的轨道和姿态等参数，以及地面系统中的有关处理参数对原始数据进行几何校正。几何精校正是在粗校正的基础上利用地面控制点(Ground Control Point，GCP)进行的，可以由遥感数据接收部门来完成，也可由用户来完成。几何精校正是用一种数学模型来近似描述遥感图像的几何畸变过程，并利用畸变的遥感图像与标准地图之间的一些对应点(即控制点)求得这个几何畸变模型，然后利用此模型进行几何畸变的校正。

2. 特征提取

光学遥感影像直接以灰度(或反射率)记录像素的光谱属性值，多光谱遥感影像以像素在不同波段上的灰度向量(或反射率向量)反映像素对应地物的光谱特征。雷达影像中以复数影像来表达地表后向散射特征，通过强度和相位特征实现对地物特征的描述。除了这些原始特征外，在遥感影像处理中还可以应用其他由原始数据中派生的特征，如植被指数、纹理特征、边缘特征、光谱特征等等。遥感特征提取有植被指数、主成分分析等多种方法。

3. 遥感影像分类

理想条件下，遥感图像中的同类地物在相同的条件下(纹理、地形、光照以及植被覆盖等等)，应具有相同或相似的光谱信息特征和空间信息特征，从而表现出同类地物的某种内在的相似性。遥感图像(影像)分类就是对地球表面及其环境在遥感图像上的信息进行识别和分类，从而达到识别图像信息所相应的实际地物(如矿体、水体、植被、道路、建筑物等)，并提取所需地物的几何与属性信息的目的。

遥感图像分类有监督分类和非监督分类两种基本模式。遥感图像分类中依据的特征就是能够反映地物光谱信息和空间信息并可用于遥感图像分类处理的变量，如多波段图像的每个波段都可作为特征，多波段图像的各种处理结果(如比值处理、线性变换以及主成分变换等)也可以作为分类的特征空间构成特征向量。

4. 多源信息融合

遥感图像融合一般多指将不同类型传感器获取的同一地区的图像数据进行几何配准，然后采用一定的算法将各图像数据中所含的信息优势性或互补性有机地结合起来，产生新图像数据的技术。这种新数据具有描述所研究对象的较优化的信息特征，同单一信息源相比，能减少或抑制对被感知对象或环境解释中可能存在的多义性、不完全性、不确定性和误差，最大限度地利用各种信息源提供的信息。

遥感图像融合不仅仅是数据间的简单复合，而且强调信息的优化，以突出有用的专题信息，消除或抑制无关的信息，改善目标识别的图像环境，从而增加解译的可靠性，减少模糊型(即多义性、不完全性、不确定性和误差)、改善分类、扩大应用范围和效果。按融合立足的对象不同，可分为像元级、特征级和决策级3个层次。

5. 变化检测与动态监测

遥感主要解决了两方面的问题：即"从宇宙的角度看地球"和"从历史的角度看问题"，进行遥感动态监测是当前遥感应用的主要方向。将卫星遥感图像应用于地学动态过程研究的主要方法有两种：一种是直接基于遥感图像，通过多时相图像综合分析评价进行研究，也称逐个像元比较法(pixel to pixel comparison)；另一种则是利用所提取的信息、分类结果在GIS的支持下，结合空间分析模型进行分析研究，即分类后比较法(post classification comparison)。其中第一种方法的基础是面向动态监测与分析评价的变化信息提取。

不同时相具有统一空间基准与地理区域的遥感图像，反映了区域实时的综合特征，通过对多时相遥感图像的综合分析可以提取变化信息，实现对区域演变的遥感监测。目前常用的变化检测方法主要包括图像运算法、植被指数相减法、变化矢量分析法、变化信息提取法、主成分分析法、光谱特征变异法、分类结果比较法等。对这些方法进行分析，可以将区域演变遥感动态监测的方法归纳为基于图像信息运算的方法、基于空间信息变换的方法、基于分类结果比较的方法、基于空间分析模型的方法。

6. DEM建立与变形监测

利用遥感影像建立DEM通常采用两种方法实现：基于光学遥感中的立体像对和基于雷达影像的干涉测量。相干雷达就是利用SAR在平行轨道上对同一地区获取两幅(或两幅以上)的单视复数影像来形成干涉，进而得到该地区的三维地表信息。该方法充分利用了雷达回波信号所携带的相位信息，其原理是通过两幅天线同时观测(单轨道双天线横向或纵向模式)或两次平行的观测(单天线重复轨道模式)，获得同一地区的重复观测数据(复数影像对)，综合起来形成干涉，得到相应的相位差，结合观测平台的轨道参数等提取高程信息，可以获取高精度、高分辨率的地面高程信息。

利用差分干涉(D-InSAR)技术可以精密测定地表沉降。如果已有地形数据就可以做差分计算，将当前重轨方式的计算结果与以前的地形数据进行比较，得到地形形变的信息。一般说来，一个像元内的所有散射体的相位位置如果没有多大变化，但是这个像元所在的地面及其周围的地面出现隆起、沉降或水平位移，这时相位的不同即与天线距离的变化，就意味着包含地面形变的信息，这种变化可以是雷达波长数量的变化，即几毫米到几厘米的变化，要能探测到这种量级的变化，前提条件是事前已知其 DEM 数据，能够获得天线位置和方向的精确的数据。

雷达干涉测量地表变形时必须满足两个条件：（1）两次观测期间的变化不能太大，像元之间变化梯度必须小于某一数值；（2）两次观测期间，一个像元内的所有地物散射体的特征应具有相似性，特别是表面位置变化中误差应只是雷达波长的 10% ~ 20% 的量级。

7. 遥感数据处理软件概述

目前已有许多商业化的遥感数据处理软件，如国外的 ERDAS IMAGINE、ENVI、PCI Geomatica、ER Mapper，国内的 Titan Image、GeoImager、CASM Imageinfo、Geoway ImageStation 等，这些软件都具有预处理、增强、特征提取、分类、制图等方面的功能，能够满足不同用户的需求，实现从遥感原始数据中提取有用信息的目的。

以 ENVI 软件为例，ENVI（The Environment for Visualizing Images）遥感影像处理软件是美国 ITT 公司产品，它是采用交互式数据语言 IDL（Interactive Data Language）开发的一套功能强大的遥感图像处理软件。ENVI 可对图像进行多种形式的预处理，例如图像裁切（包括空间及波谱重采样）、图像旋转及镜象处理、图像格式转换及数据查询、磁带数据的读取及查询、坏行替换、去条带等。ENVI 能处理不同传感器、不同波段和不同空间分辨率的数据，能够处理各种常用光学传感器和雷达传感器数据，并具备处理未来更多传感器数据的能力。

但针对不同用户如矿山资源环境信息获取等方面的需求，往往需要一些商业化软件中未提供的专业模块，针对这种情况，通常需要用户进行一些开发工作，既可以利用商业化软件提供的一些开发接口或环境进行，如 ENVI 的功能可以用 IDL 语言开发来扩展，也可以采有其他程序设计语言或编程环境如 Visual C++ 、Matlab 等进行。

3.2.5　变形监测数据处理

1. 变形监测的内容与目的

所谓变形监测，就是利用测量理论与专用仪器及方法对变形体的变形现象进行监测的工作。其任务是确定在各种荷载及外力作用下，变形体的形状、大小及位置变化的空间状态及时间特征。变形监测是人们通过对变形现象的科学认识，检验变形理论和假设的必要手段。

地球物体与对象的变形复杂多样，根据变形的时间长短，可分为长周期变形（变形体自重引起的沉降和变形）、短周期变形（温度变化所引起的变形）和瞬时变形（风振引起的变形）。根据变形的类型可分为静态变形和动态变形。根据变形体的研究范围可分为全球性变形研究、区域性变形研究、局部变形研究和工程变形研究。在工程测量中，最具代表型的变形体有矿区地面沉降、露天矿边坡滑动、大坝、桥梁、隧道、高层建筑物等。

（1）变形监测的内容

变形监测的内容应根据变形体的性质与环境情况来确定，一般包括工业及民用建筑物、水利建筑物和地面沉降等。矿山变形监测内容主要包括如下两类：①地下矿物的开采引起的地表沉降监测，通过对矿物开采地区的变形监测点的高程及水平位置的观测，计算出变形点的点位变化量及其变化速率，进行变形分析，对下沉地表的影响范围内的建构筑物进行变形监测，提供安全措施，为在城市地下，交通线下、河湖下面采矿（简称"三下采矿"）提供服务和保障；②露天矿边坡移动变形监测，在露天矿边坡范围布设若干变形监测点，通过测量变形监测点的高程变化、水平位置变化，计算出边坡移动速率和方向，预测其变化规律，提出安全防范措施。

（2）变形监测的目的

变形监测的首要目的是要掌握变形体的实际变形性状，为判断其安全提供必要的信息。变形监测研究主要涉及到：变形信息的获取，变形信息的分析与解释以及变形预报。以露天矿边坡滑动监测为例，随着露天矿采掘深度的不断增加，露天矿的边坡受到排土的压力以及自身重力的影响会产生变形甚至滑坡，边坡的稳定性成了安全生产的重要隐患，需要定期对边坡进行监测，确定边坡开始滑动的时间，并在滑坡期开始后，及时监测边坡的位移及其速率，作出预报，制定相应安全措施，达到安全生产的目的。

此外，变形监测还有助于揭示变形机理，验证有关工程设计理论，并进行反馈设计及建立有效的变形预报模型。

2. 变形监测的特点和方法

（1）变形监测的特点

① 观测精度要求高：变形监测的结果将直接关系到变形体的安全，影响对变形成因及变形规律的正确分析，因此，变形监测数据必须具有很高的精度。典型的变形监测精度要求是 1 mm 或相对精度为 1×10^{-6}。对于矿山边坡监测，根据《煤矿测量规程》中规定，当观测点的水平移动或下沉大于 30 mm 时，即认为滑坡期已经开始。对于矿区地表下沉的观测，按照《煤矿测量规程》的规定分为采动后的第一次和地表移动稳定后的最后一次全面观测以及活跃期间的多次全面观测。在活跃期(缓倾斜煤层和倾斜煤层地表每月下沉值大于 50 mm，倾斜煤层地表每月下沉值大于 30 mm)进行不少于 4 次全面观测。对于各种不同的监测精度要求，变形监测应根据不同的目的，确定出合理的观测精度及观测方法，优化观测方案，选择合适的测量仪器，以保证变形监测结果的准确性和可靠性。

② 需要重复观测：由于各种原因产生的变形体变形都存在着时间效应，计算其变形量最简单、最基本的方法是计算变形体上同一点在不同时间的坐标差和高程差。这就要求变形观测必须按一定的时间间隔进行重复观测。重复观测周期取决于观测的目的、预计的变形量的大小和速率。

（2）变形监测的基本方法

① 利用常规的大地测量方法，包括几何水准测量、三角高程测量、三角测量、导线测量、交会测量等；

② 利用摄影测量方法，包括近景摄影测量等；

③ 利用物理原理的方法，包括激光准直、液体静力水准等；

④ 利用空间测量技术方法，包括全球定位系统(GPS)、甚长基线干涉测量、卫星激光测距等。

传统的矿山监测采用方法有水准测量和导线测量等，随着测量技术的发展，全球定位系统(GPS)已广泛应用于矿山监测当中。

3. 变形分析

变形分析包括控制点稳定性检验、观测点的变形检验和变形届时三个方面。

（1）控制点稳定性检验

① 稳定点的检验：可采用统计检验方法。先做整体检验，在确定有动点后再做局部检验，找出变动点予以剔除，最后确定出稳定点组；也可采用按单点高程、坐标变差及观测量变差的 u、χ^2、t、F 检验法；或采用按两期平差值与测量限差之比的组合排列检验法。

② 非稳定点的检验：应在以稳定点或相对稳定点定义的参考系条件下进行。可采用比

较法,当两期的高程或坐标平差值之变差 Δ 符合式(3 – 13)所示条件时,可判断点位稳定。

$$\Delta < 2\mu_0 \sqrt{2Q} \tag{3 – 13}$$

式中:Q 为检验点高程或坐标的权倒数;

μ_0 为单位权中误差(mm),按下式计算:

$$\mu_0 = \pm \sqrt{\frac{\sum\limits_{i=1}^{n} f_i \mu_i^2}{\sum\limits_{i=1}^{n} f_i}} \tag{3 – 14}$$

式中:μ_i 为各期观测的单位权中误差(mm);当多余观测较少时,μ_i 值可取经验值。f_i 为各期网形的多余观测数。

对于平面监测网中的非稳定点检验,宜绘制置信椭圆;当计算的变形值落在椭圆外时,可推断其变位值是点位变动所致。

2)观测点的变形检验

该项检验应在以稳定点或相对稳定点定义的参考系条件下进行。对普通观测项目,可以观测点的相邻两周期平差值之差与最大测量误差(取中误差的两倍)相比较进行。若平差值之差小于最大误差,则可认为观测点在这一周期内没有变动或变动不显著。在每期观测后还要做综合分析,当相邻周期平差值之差很小,但呈现一定的趋势时,也应视为有变动。对于要求严格的变形分析,则可按控制点稳定性检验方法进行。

3.3　矿图制图

3.3.1　矿图的种类与作用

随着矿床勘探、矿井建设和矿山开采,地质测量人员必须及时将所有钻孔、巷道、矿体产状要素、地质构造、金属品位的空间分布、井下巷道的空间布置以及井下与地面的空间关系等通过图纸表示出来,以便根据这些图纸进行采矿设计,指导巷道的掘进和合理地安排回采等工作。

矿图是采矿企业中各类矿山地质测量图和其他矿用图的简称,它是地质、采矿和测量的信息库。生产矿井必须具备的图纸有两大类:一类是矿井地质图;另一类就是矿山测量图。此外,还有采掘计划图和其他矿图。

1. 矿井地质图

矿井地质图主要包括矿区地形地质图、综合柱状图、地质剖面图、地质平面图和底板等高线图共 5 种。

(1)矿区地形地质图

矿区地形地质图是一种综合性图纸,它是矿山企业设计、施工和生产过程中不可缺少的重要矿图,为井口位置的选择、工业广场的布置提供重要的技术依据。矿区地形地质图的主要内容包括:①地形等高线、地形建筑物、河流、公路、铁路、车站、高压线、经纬线、指北线;②全部钻孔、探槽、探井、平峒、坑巷、小窑等;③地层分界线、火成岩分布范围、地层产状、断层线、褶曲轴等;④矿体、标志层及其他有益矿产露头线;⑤矿区边界线、勘探线及其编号;⑥生产矿井还应表明采掘范围;⑦最高洪水位线等。一套完整的地形地质图,还要附地层综合柱状图及地质剖面图。

（2）综合柱状图

由于各种地质作用，造成一个地区中地层厚度、岩性、矿体等沿走向和倾向发生变化。因此，为了把地质情况较全面系统地反映出来，需要把该地区的钻孔资料和其他地质资料进行综合分析、研究与概括。如把岩层厚度变化进行平均、综合，把地层由下而上，由老到新编制出一个有代表性的综合平均柱状图。综合柱状图的内容有：①矿区内地层的时代及其编组顺序；②各组地层编号、岩性成分以及地层接触情况；③各组岩层厚度、岩层及其夹层的岩性持征；④有益矿体及标志层的描述；⑤有关水文、矿产、化石及其他地质资料等。综合柱状图的比例一般为 1：500、1：200。

（3）地质剖面图

地下矿体及围岩的赋存都是空间立体的，为了掌握它们的立体形态，必须通过了解其剖面状况来实现。地质剖面图又称为地质断面图，是垂直于岩层（矿体）的走向剖切得到的断面形状图。也有沿地层走向剖切而控制走向方向地质构造变化的剖面图。如果有其他表示需要，也可在任意方向编制长短不定的辅助剖面图。矿山地质剖面图一般有 4 种：①实测地质剖面图，这是在地面上选择岩层露头出露较好的地方或具有代表意义的地段作垂直岩层走向的地质剖面图；②勘探钻孔资料地质剖面图，这是为了获得系统完整的地质资料，把勘探工程布置在垂直地层走向的直线上，并根据线上工程所需绘制的地质剖面图；③走向剖面图，为了研究和了解地层及矿体在走向方向的变化形态，根据沿走向的工程点所揭露的地质资料而编制的剖面图；④从地形地质图切制的剖面图。图 3-14（见附录）所示为某铁矿区的地形地质图、综合柱状图、地质剖面图。

（4）地质平面图

地质平面图是将一某地区或矿区的各种地质现象、构造现象，用正投影的方法绘制在平面图上。地质平面图主要有两种：①矿区内某矿体的水平投影图；②水平地质切面图。在井田范围内，以某一水平面将大地切开，反映该水平切断面上各煤层、岩层分布情况和地质构造待征的图称为井田水平地质切面图。在生产矿井中，当矿层条件为倾斜、急倾斜和多矿层时，水平地质切面图的使用较为普遍。

（5）底板等高线

将各矿层底板的等高线，用标高投影的方法投影到同一水平面上，并按一定比例和规定的线条、符号绘制而成的图纸，称为矿层底板等高线图。该图主要反映矿层产状、地质构造，可用来进行采区规划、储量计算、构造预测等工作。在矿井的某一主要矿层的底板等高线图上布置巷道、采掘面、边界线、煤柱线，即可得到采矿设计方案。

2. 矿山测量图

矿山测量图是反映矿区地面的地形地物情况、采矿巷道的空间位置和矿层的采掘情况等主要内容的图纸。因不同矿种的开采方法、开采工艺不同，其矿山测量图也略有差异，煤矿的矿山测量图与金属矿的矿山测量图的种类和形式略有不同。矿山测量图中，根据测量成果直接展点绘制的，称为原图；根据原图复制的称为复制图。

1）煤矿山测量图

按照《煤矿测量规程》的规定，常用的煤矿矿井测量图有以下 8 种（通称为 8 大矿图）：

（1）井田区域地形图，比例尺为 1：2000 或 1：5000；

（2）工业广场平面图，比例尺为 1：500 或 1：1000；

（3）井底车场平面图，比例尺为1:200或1:500；

（4）采掘工程（分层）平面图，比例尺为1:1000或1:2000；

（5）主要巷道平面图，比例尺为1:1000或1:2000；

（6）井上、井下对照图，比例尺为1:2000或1:5000；

（7）井筒断面图，比例尺为1:200或1:500；

（8）主要保护煤柱图，包括平面图和断面图，比例尺一般与采掘工程平面图一致。

矿井测量图有如下特点：①矿井测量是随着开拓、掘进和回采而逐渐进行的，矿井测量图也是逐渐填绘而成；②测绘的地带随矿层分布和掘进情况而定，常常是分水平的成条带状；③矿井测量图反映的是较为复杂的井下巷道的空间关系、矿体与围岩的产状以及各种地质破坏，内容较多而读图较困难；④矿井测量图是矿井常用图，从了解矿体形状、制订采掘生产计划到计算储量都需要使用矿井测量图。

以下对煤矿8种矿图的主要内容与用途进行简要介绍。

（1）井田区域地形图

除《煤矿测量规程》规定的1:2000或1:5000的区域地形图之外，有的矿井还测绘1:1000的区域地形图。由于受地面建设和井下开采的影响，引起地面地形地物不断变化，因此矿区地形必须定期重测，不断填绘和修改原来的地形图。井田区域地形原图要按照标准原图格式绘制，它是绘制井上、下对照图的基础。

（2）工业广场平面图

工业广场平面图是一种专用的矿图，其测绘方法与一般地形图相同。工业广场平面图的主要用途是：①为工业广场规划、设计、改建和扩建提供必备资料和依据；②记载工业广场内的测量控制点的位置，为利用它们解决各种测量问题提供条件；③为埋在地下的上、下水管道和电缆沟等的检修和改建提供方便；④用于井筒和工业广场保护煤柱留设、开采与分析设计。

（3）井底车场平面图

井底车场平面图是矿井必备的主要矿图之一，只有特别简单的井底车场可以不单独绘制。在井底车场平面图上应绘出井底车场范围内的测量控制点、全部井巷和硐室、车场内的运输线路，标出轨道的坡度，注明各巷道特征点的底板高程。此外，还应绘出巷道横断面图，标出巷道的主要尺寸。井底车场平面图的主要用途是详细反映井筒附近巷道、硐室和运输线路的布置情况，为井底车场设计、改建和扩建提供必备的技术资料。

（4）采掘工程平面图

采掘工程平面图是反映矿层内巷道布置和回采情况的图纸，对采掘情况反映得最全面最清楚，需要时还可加绘1:5000的比例尺。图3-15a所示为某矿井由一对立井、水平运输大巷和采区石门构成的立体示意图。石门进入煤层后，沿煤层掘进运输巷、采区上山和回采巷，开切割眼，构成回来工作面进行采煤。图3-15b是相应的水平投影图，即一张煤层采掘工程平面图。这种图纸是分煤层（成分层）绘制的。

采掘工程图的主要用途有：①了解煤层内巷道掘进和布置情况及煤层回采情况，以便解决采矿中出现的各种问题；②用于绘制和修改沿煤层倾斜方向的剖面图及煤层底板等高线；③了解断层分布情况和规律，作为邻近采区及邻近煤层地质预报的基础资料；④用于产量、损失量和储量变动的统计计算；⑤作为编制其他矿图和地质图的依据。

（5）主要巷道平面图

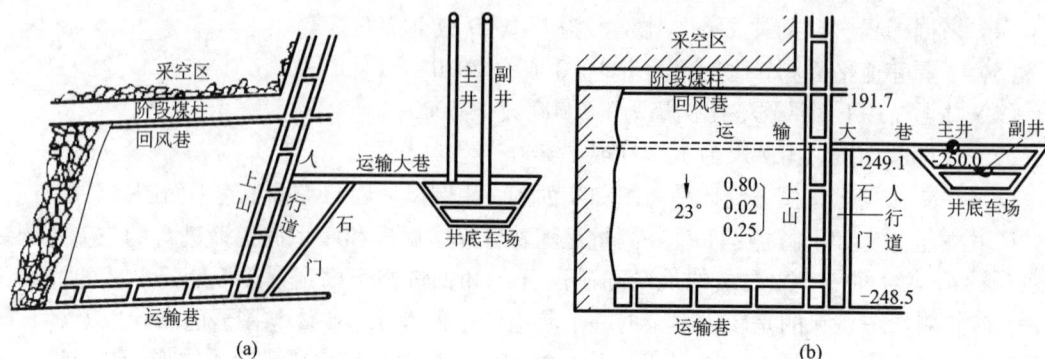

图 3 - 15 采掘工程平面图

(a) 矿井开拓立体示意图；(b) 煤层采掘工程平面图

主要巷道平面图是一种水平面投影图，一般分水平绘制各生产水平主要巷道的平面分布情况，需要时也可绘制几个开采水平的综合平面图，其比例尺有时也用 1：5000。图 3 - 16 是一张矿井主要巷道立体示意图，由图可知该矿井由一对立井开拓，主井已掘到 - 320 m 水平，副井仅掘到 - 250 m 水平；- 250 m 水平为生产水平，- 320 m 水平为开拓水平；在每一水平内掘进底板主要运输大巷和采区石门，沿各煤层掘进煤层运输巷。图 3 - 17 则是 - 250 m 水平主要巷道的平面图。

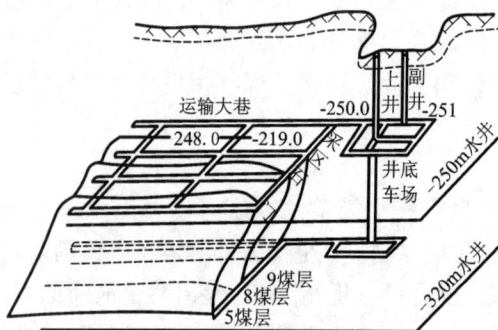

图 3 - 16 矿井主要巷道立体示意图

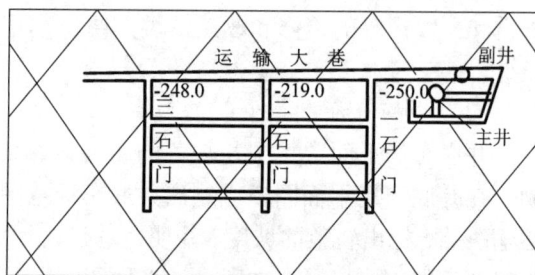

图 3 - 17 主要巷道平面图

主要巷道平面图的主要用途有：①作为绘制煤层采掘工程平面图、地质断面图和矿井主要巷道综合平面图的基础；②了解煤层走向的变化和断层等地质情况，便于指导采矿巷道的设计和施工；③了解本水平内巷道的布置和煤层开采情况；④预测巷道的前进方向和深部水平可能遇到的断层；⑤丈量主要巷道的长度，确定断层间的水平距离等。

（6）井上、下对照图

把井田范围内地面的地形、地物和井下各水平的主要巷道综合反映在图纸上，使井上、下的对应关系一目了然，这种图纸称为井上、下对照。它也是矿井必备的主要矿图之一。井上、下对照图是一种复制图，它是由井田区域地形图和主要巷道综合平面图复制而成。该图井下巷道部分每季填绘一次，以便反映井下主要巷道的动态变化情况。

井上、下对照图的主要用途有：①了解地面地形、地物与井下巷道、采空区的相互关系，用于地面建设规划和地下作开采设计；②确定井下开采深度，和岩层移动引起的地表移动范围以解决铁路下、建筑物下和水体下（简称"三下"）的开采问题；③解决矿井防水与排水问题；④规划土地复垦及其他环境保护问题。

（7）井筒断面图

井筒是矿井出入口的咽喉要道。在开凿过程中，它在较大范围内首先揭露出矿山开发区域的地层情况。随着井筒的开凿，可以绘制井筒地质垂直剖面图（断面图）。在垂直断面图中要描绘地层层序、岩层性质、地层垂直厚度、地层倾角、含水层的涌水量等。在绘制井筒地质垂直断面图的基础上，再加绘井壁砌碹、井口和井底的高程、水平剖面等内容，就完成了井筒断面图的绘制。井筒断面图是是井筒情况的原始记录，它既是重要的地质原始资料，又是今后井筒维修和改建的重要技术依据。

（8）保护煤柱平面图

保护煤柱平面图是为了在"三下"开采煤层，而从技术上为防止因开采引起地表移动所绘的保护煤柱区域图。保护煤柱平面图比例尺一般与采掘工程平面图的比例尺一致，其内容有：①地表保护对象边界；②地表保护对象受护边界（一般要从地表保护对象边界往外扩一定距离，具体视受护对象的重要性而定）；③主要开采煤层底板等高线；④保护煤柱边界等。

2）金属矿山测量图

金属矿山测量图的种类和煤矿基本相同，但图的名称稍有不同。金属矿的中段巷道平面图相当于煤矿的水平主要巷道平面图，采场的采掘工程图相当于煤层的采掘工程图。由于金属矿井田范围较小，而地质、采矿条件相对为复杂，故测量图的比例尺比煤矿的测量图要大。地面测量图纸的比例尺一般是 1∶1000，甚至采用 1∶500；井下测量图纸通常是 1∶500 和 1∶1000，有的专用图还采用 1∶100 和 1∶200。其次，在图例符号方面也有一些区别，冶金部门对此另有规定。

金属矿山中段巷道平面图的主要用途与煤矿的水平主要巷道平面图相类似，较为详细地反映了采矿准备工作，是金属矿井的最重要的必备矿图之一。这种图是按规定的图幅绘制成原图，通常采用 1∶200、1∶500 和 1∶1000 这 3 种比例尺。将几个中段平面图综合，可绘制中段综合平面图，它能够明显地反映出矿体开采的空间情况，必要时可加绘竖直面投影图（纵投影图）和横断面图（横剖面图）。

金属矿山采场采掘工程图的用途与煤矿的采区煤层采掘工程图相同。它是金属矿必备的矿图之一，图的比例尺为 1∶100、1∶200 或 1∶500。

3）其他矿图

生产矿井所需的图纸，除了上述介绍的矿井地质图、矿山测量图之外，还有一些其他专题矿图。不同的专业或矿山工作对矿图的要求也不尽相同，如办理煤炭生产许可证，常需要井上下工程对照图、采掘工程平面图、通风系统图、避灾线路图和储量计算图；而在一些矿山安全管理中，需要的矿图则包括矿井地质图、矿井水文地质图、井上下对照图、采掘工程平面图、巷道布置图、井下运输系统图、通风系统图、通风网络图、井下通信系统图、安全监测监控装备布置图、排水系统图、防尘防火系统图、压风系统图、防火注浆系统图、抽放管路图、井上下配电系统图、井下避灾路线图、井下电气设备布置图、井下充填系统图、压风自救系统图（含躲避硐），等等。这些图纸都是在测量图或地质图基础上绘制出来的，其特点是在矿井基本图纸的基础上增加相应的专业图元，减少或省略基本图纸中的多余部分而形成的专用图纸，成为各类矿山专题图。

4）矿图数字化

传统矿图处理需要人工来完成，主要问题是：①绘图速度慢、周期长，有些急需的图纸由于不能及时提交而严重影响矿山工程的要求；②绘图重复工作量大，矿山使用的部分图纸或图纸大部分的内容具有重复性，绘图重复浪费大量的人力和工时，成本高、效率低、效益差；③纸图的精度低，标准化和规范化程度低；④图纸资料利用率低，不易保存、交流和管理。

矿图数字化是指采用手工输入、图象扫描、数字化仪、编程自动绘制、直接绘制等方式将矿图变成矢量图形，成为能够用计算机绘制、编辑、修改、保存、输出、交换、重复使用和更便捷更新的矢量化文件。图形文件常用的格式有.dwg、.wmf、.3ds 等。矿图矢量化常用的软件平台有 AutoCAD、国内开发的地测系统软件与 AutoCAD 结合、MapGIS、MapInfo 等。

3.3.2 基于 CAD 的矿图制图

AutoCAD 绘图软件应用非常广泛，目前常用的 AutoCAD 版本有 2004、2005、2006，其中 AutoCAD2004 的帮助信息中用 VBA 编制的 824 个小程序十分实用，为初学者提供了丰富的技术资料和快速开发实用软件的捷径。AutoCAD 自带 AutoLISP、VBA 开发环境，即 Visual LISP 编辑器和 Visual Basic(VB) 编辑器。以此为基础，使用 VB 或其他高级语言开发工具，就可以进行 AutoCAD 的二次开发。由于 AutoCAD 具有优越的二次开发能力，我国大约 95%的煤炭企事业单位都使用或部分使用 AutoCAD 作为绘图工具，解决矿山制图问题。

1. 常用采矿线型

在矿山绘图过程中，经常会遇到许多新的线型，这些线型代表着实际矿山问题中的某些特定含义，如断层、井田边界、高压线、铁路、水沟线等。采矿图形中有许多 AutoCAD 没有定义的线型，或虽有但不符合采矿工程的要求，也远不能满足实际采矿绘图需要，需要重新定义。事实上，AutoCAD 没有也不可能考虑到采矿绘图中出现的各种情况，为方便矿山绘图工作，提高工作效率，定制采矿专用线型十分必要。

AutoCAD 的线型在一些特定的线型文件中定义，这些文件具有统一的.lin 扩展名。AutoCAD 的线型是由一些点、线和可以嵌在其中的型对象和文字对象构成的，其中只包括点、线和空格的线型被称为简单线型，嵌入了型和文字的线型被称为复合线型。要创建或修改线型定义，可使用文本编辑器或字处理器来编辑.lin 文件，或者在命令提示下使用 LINETYPE 命令编辑.lin 文件。创建线型后，必须先加载该线型，然后才能使用它。.lin 文件有 acad.lin 和 acadiso.lin。

2. 常用采矿图元

在采矿工程图中存在大量的专用符号或图形。对一张具体的工程图，这些符号或图形的相对大小基本固定，而且重复数量有时较多，例如进风风流、回风风流、重车运输、空车运输、单滚筒采煤机、道岔、吊挂胶带输送机、翻车机、风镐、刮板输送机、胶带输送机、局部通风机等。在常用的井上下对照图中还有大量的地面符号，如水塔、水闸、无线电台、泵站、公路桥、铁路桥、涵洞、农田、菜地、牧草地、树林、苗圃等。上述符号或图形均可称之为图元。将图元标准化并编制成图元图像菜单对提高采矿工程图绘制效率有很大帮助，图元子菜单可分为设备、地面、井下、断层、测绘、循环图表、充填图例、生产系统和通风等图元。

采矿图元开发的基本步骤如下：

（1）制作图元文件

将采矿设备示意图制作成标准的 AutoCAD 图形文件，并存放在同一个目录（例如新建 C：\Program Files\AutoCAD 2004\Support\CAD2004CD\图元菜单 2004 目录）中。

（2）制作幻灯文件

为了插入图元时能够对该图元进行预览，应该使用 AutoCAD 自带的图像菜单功能，为此需将用到的全部图元作成幻灯文件。方法为：调入一个标准图元，例如"JD – 114 调度绞车.dwg"，利用 Zoom\Extent 命令使它充满整个屏幕，用同名图形文件作为其幻灯文件保存。

（3）生成幻灯库

在生成所有的幻灯文件后，调用 AutoCAD 提供的应用程序 Slidelib.exe，将所有的幻灯文件打包成幻灯库。

有了采矿图元文件和图元图像的幻灯库，图元的使用很简单。以中国矿业大学开发的采矿 CAD 设计系统中使用生产系统图元为例，其使用步骤为：

①利用鼠标单击菜单【采矿】|【图元】|【生产系统】，出现图 3 – 18（见附录）所示的选择生产系统图元界面。

②选择皮带运煤图元，并单击"确定"按钮，选择生产系统图元界面消失。

③然后，根据命令行指示，依次确定插入点、比例尺和旋转角度。

3. 利用 VB 进行二次开发

AutoCAD 是一个开放性平台，它提供了多种手段进行二次开发。目前在采矿工程图中较多使用 AutoLISP 语言或 Visual Basic 6（VB6）、VC ++ 、DELPHI 等高级语言进行二次开发，可直接生成脱离原编程环境的可执行文件.exe。

以 VB6 编程为例，首先从 AutoCAD 的帮助信息中得到软件的 VBA 代码，将其复制到 AutoCAD 的 VBA 编辑器中；其次，在 VBA 编辑器中调试运行成功后再复制到 VB6 的"代码"区域中。在 VB6 中"添加模块"、增加必要的控件、按 VB6 规定适当修改代码，调试运行成功后按 VB 格式存储；最后，编译并得到实用软件的可执行文件。

3.3.3 基于 GIS 的矿图制图

地理信息系统（GIS）在矿山的应用发展迅速，成为矿山多源信息管理、分析与可视化工具，基于 GIS 的矿山制图正在成为矿山制图的重要技术手段，主要有以下几种工作模式：

（1）基于通用桌面 GIS 软件的矿山制图，如基于 ArcGIS、MapInfo、SuperMap 等桌面 GIS 软件进行矿山制图。

（2）基于专题矿山 GIS 的矿山制图，如基于龙软煤矿 GIS、Titan – MGIS 进行矿山制图等。

（3）GIS 与其他软件集成的矿山制图。

本节主要介绍基于通用桌面 GIS 软件的矿山制图方法。以基于 ArcGIS 的矿图制作为例，简要介绍基于 GIS 的矿山制图涉及的关键技术和解决方案。

1. 图层管理与制图数据获取

在常用桌面 GIS 软件中，各种地图要素按图层进行组织，每一层存储的空间实体具有相同的空间数据结构和属性数据库结构。基于 GIS 进行矿山制图时，首先要解决的问题就是制图要素的选择，其重点是从矿山 GIS 数据库中选择相应的数据层，通过这些层的数据操作提取制图所需的数据。这里的制图要素类主要是代表点、线、面几何图形的地理要素集。图层的划分及图层数据的组织取决于专题及其数据的使用。煤矿传统 8 大矿图所包含的数据与图层信息是 GIS 矿山制图主要数据来源。

在图层显示列表中，图层的排列原则一般为：按照点、线、面要素依次排列，点在上、线在中、面在下；按照要素重要程度的高低依次排列，重要的在上、次要的在下；按照要素线划的粗细依次排列，细的在上、粗的在下；按照要素颜色的浓淡依次排列，淡的在上、浓的在下。

此外，为避免不同比例的数据层同时显示，可以针对不同的数据层设置不同的显示比例范围。该自动显示控制，根据当前窗口地图显示范围设置数据层地显示比例尺。

2. 矿图符号设计与装配

由于矿山制图时需要使用许多矿山专用制图符号，因此需要在 GIS 符号设计工具的支持下，建立适合矿山制图需要的符号库。ArcGIS 中提供了交互式符号设计系统 Style Manager，它可同时对多个符号库进行管理，各符号库之间相互独立、互不影响，可满足多比例尺系列符号库管理的要求。

与 AutoCAD 符号设计不同，ArcGIS 中的一些符号可由另一些符号来装配生成。对于在 ArcMap 下的符号设计，全部都在 Symbol Property Editor 下面完成。Symbol Property Editor 提供了丰富的参数设置，可以满足大多数符号设计的需要。对于复杂的点状符号，可以采用调用字体符号或图片的方式定制，前者为矢量格式，后者为栅格格式。字体符号的优点是不随符号自身的放大、缩小而失真，并且 Turetype 字体所占用的空间比图片等其他格式要小的多。而线状、面状符号则可通过其他简单符号装配生成。

以下制作的流量测井孔符号就是由 Symbol Property Editor 组合简单点状符号及通过 Turetype 字体定制的符号来装配实现的，如图 3 - 19。

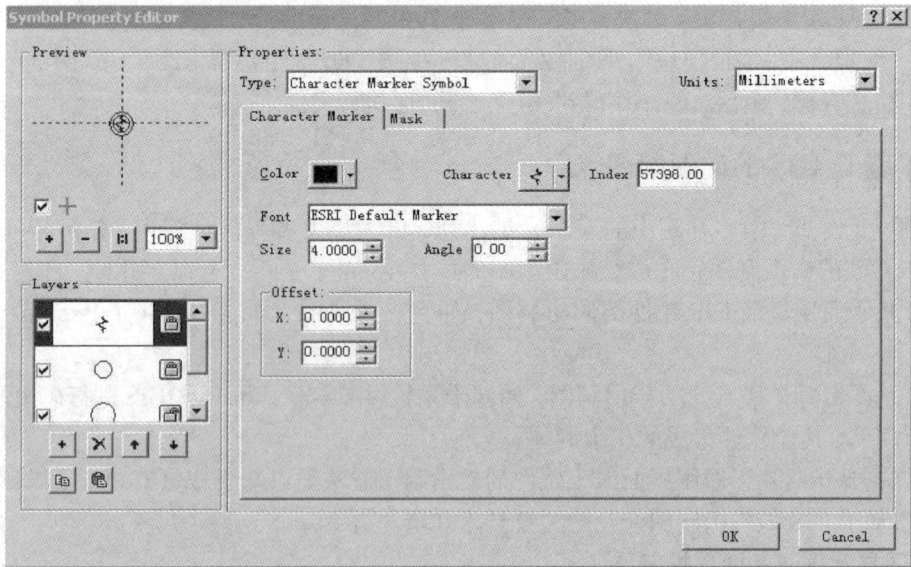

图 3 - 19 ArcGIS 中点状符号装配制作实例

3. 特殊符号表达与比例尺问题

矿山制图中不同类别的目标和符号表达方式往往与比例尺相关。以矿山制图中最为重要的井下巷道为例，在大比例尺矿图中要求用双线表示，而在小比例尺矿图中只需用单线表示。又如，对于一些重要的矿山目标如溜煤眼、风门、躲避硐、瓦斯监测点等，在不同比例尺的矿图中都要求予以体现，需要作为不依比例尺符号进行表达。

在煤炭行业规范中，比例尺大于 1∶1000 的各种图件要求以实际数据按比例尺绘制；1∶2000 的图件要求以 2 mm 宽的双线绘制；比例尺小于 1∶5000 的图，用单线表示；而且，在不同比例尺的图件中，需要表达的巷道内容也有不同要求。GIS 制图下巷道双线的表达有别于传统意义上的制图，需要判断巷道之间的关系，保证不同比例尺变换下巷道之间的正确连接，因此，需要确定巷道之间的三维空间拓扑关系。图 3 – 20 是在不同比例尺下，顾及巷道三维拓扑连接关系(连通或跨越)的单双线表达效果。

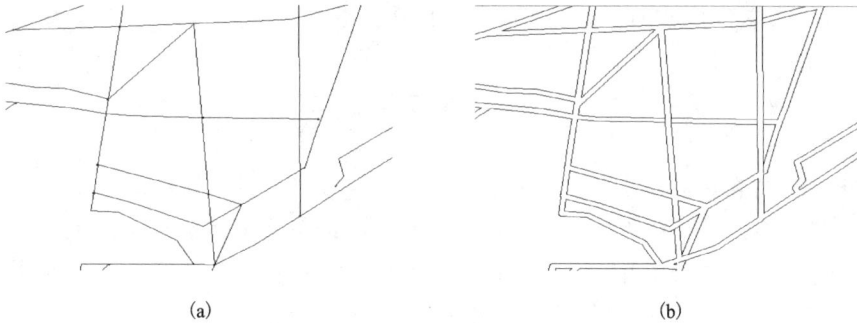

(a)   (b)

图 3 – 20　巷道的单双线表达

(a) 单线表达；(b) 双线表达

4. 矿山制图规范化

矿山制图需要按照相应的规范进行。因此，基于 GIS 的矿山制图时，也需按照相应的规范进行矿图设计、标注和图幅整饰等。

矿图设计的主要任务是制定新编矿图的内容、表现形式及制图工艺程序。具体包括：①确定矿图性质、特点与制图范围；②确定矿图内容并制订矿图图例；③确定矿图数学基础，包括比例尺、投影、经纬网格以及建立数学基础的方法和精度要求；④广泛搜集编图用的各种资料并进行整理、分析与评价，作出使用程度和方法的说明；⑤研究制图区域地理特征，制图对象的分布规律，制定矿图概括的原则、方法与指标；⑥确定矿图分幅与图面配置；⑦确定制图工艺方案，包括矿图资料的加工和转绘方法，矿图编绘的程序和方法，编绘用色规定，矿图清绘工艺方案和制印要求等。

图幅整饰的基本内容包括：图名、比例尺、坐标系统等基本内容，标准化制图时还需有指北针、图例、编制单位、制图日期等。

上机实习二：多专题图层叠加分析与矿图制作

采用 GIS 软件系统进行矿山制图与专题分析时，往往需要将多个图层进行叠加来实现矿山综合制图。本实习的目的在于以煤矿井上下对照图的制图与分析为例，说明在 GIS 环境下进行多个专题图层叠加并制作专题矿图的具体过程和实现方法，矿山图层叠加分析主要包括：要素裁剪、图层拼接、要素融合、合并图层、图层相交等。

实习环境：GIS 软件视各校具体情况而定。可以是国外软件如 ArcView，也可以是国内软件如 MapGIS。

实习数据：由任课老师准备矢量的矿山基础数据或专题数据。

具体要求：熟悉图层叠加在矿山制图中的应用。

本章练习

1. 矿山空间信息获取的仪器及技术有哪些？对比分析其适用性及优缺点。
2. 矿山空间多源数据处理常用软件有哪些？选择一种简述其操作步骤。
3. 矿区地质图及测量图有哪几种，其主要图面要素及常用比例尺是什么？
4. 基于 GIS 和基于 CAD 制作矿图有何异同，各有什么优缺点？

第4章　矿山生产与安全信息收集及分析

4.1　矿山生产信息

随着计算机技术在矿山生产管理中的逐步深入，生产信息管理系统在矿山企业得到了广泛应用，并开始向更高效、更便捷的方向发展。矿山企业生产信息管理系统发展的前期是根据各个使用部门的需求，建立规模较小的生产信息管理系统；后期是逐渐向大系统综合、信息共享方向靠拢，这主要应归功于互联网与企业内部局域网在矿山的成功应用。在网络环境下矿山企业生产信息系统实现企业内部事务处理，为各级领导和管理人员提供全面、及时和便于决策的生产信息管理服务。

4.1.1　矿山生产信息分类

建立矿山生产信息统计和分析系统，要在收集来自生产一线的资料的基础上，通过全面的、多角度的统计分析，获取、整理、管理可供矿山企业各级管理人员使用的信息，使矿山生产中的问题能够及时被发现并得到有效处理，从而提高生产管理水平。矿山生产信息数据的分类如图4－1所示。而对生产信息的统计分析是整个系统的核心内容，这主要包含2个方面：设备作业能力及作业效率统计分析和直接生产成本统计分析。

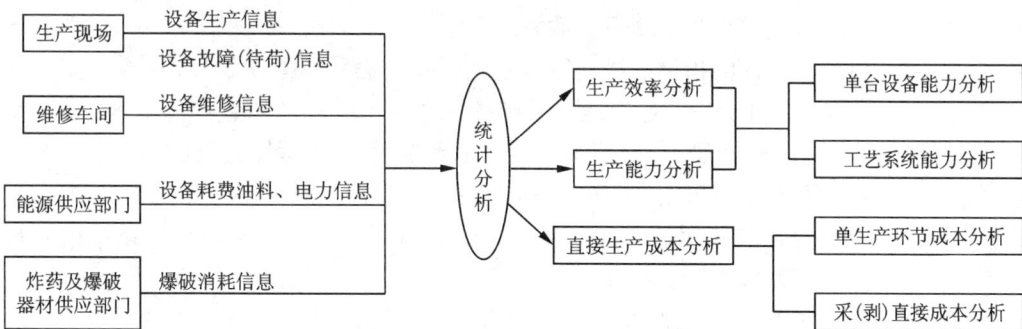

图4－1　矿山生产信息分类

我国矿山开采工艺多种多样，应结合当前矿山的生产工艺与管理方式，在明确生产信息获取途径的基础上，全面分析各种工艺条件下生产信息所包含的具体内容。针对矿山的特点，为进行设备作业能力及效率的统计分析，可以穿孔、爆破、剥离、采矿运输及排卸各主要环节以及相关辅助环节(如平路、洒水等)为单位，分别收集各类设备的作业信息，包括作业地点、作业物料类别、作业量等反映作业能力的指标以及故障时间、故障原因、待荷时间、待荷原因等反映作业效率的指标。为了统计直接生产成本，也需以各环节设备为中心，收集其燃油、油脂及电力消耗量，以及包括临时故障维修和定期检修的零配件消耗情况。对于爆破作业所发生的火工品消耗，因其不是对应具体设备，故需另行记录。此外，在复杂工艺下所发生的资源消耗信息，如半连续、连续工艺下胶带机移设的材料、人工消耗，溜槽、溜井、井巷工程建设及维护的消耗等，都应按实际发生的情况详细收集。

在收集矿山生产信息，给出统计分析结果的过程中，应注意以下问题：

（1）生产信息的收集应主要以班为时间单位，例如设备作业信息应在本班生产结束后收集。但也要针对不同的信息区别对待，例如设备的故障（待荷）时间可能大于一个班的作业时间，此种情况应以故障（待荷）的起始和终止时刻为界进行计算。

（2）生产信息的统计分析应力求多角度、多层次。也就是说，不仅能为生产一线管理人员所用，而且要为企业高层领导制定宏观计划所用；不仅要能分析单台设备的作业能力和效率，而且要能对不同设备组合所构成的各生产子系统进行分析。

（3）单台设备能力和效率统计分析是评价设备性能及司机作业水平和业绩的有效手段，可以籍此制定设备的维修、更新计划，并为建立合理的企业人员奖惩制度提供依据。

（4）工艺系统的能力和效率统计分析则直接反映了系统内设备之间的合理匹配情况。由于系统内设备之间作业衔接紧密，整个系统的能力和效率的发挥要受到作业能力和效率最低的设备的制约，因此，单台设备的能效分析并不能说明实际问题，而着眼于设备之间的联系与制约的系统能效分析，更有实际意义。

（5）为使系统分析具有层次性，应对整个采矿系统从粗到细、从大到小逐级划分，并明确各级子系统的构成，然后分级、分类统计。以露天矿山为例，首先，可以把露天开采工艺系统粗分为采矿和剥离2个子系统，更进一步再按采剥物料类别进行划分，如表土剥离子系统、岩石剥离子系统、采矿子系统。对于比较复杂的工艺系统，各子系统内部还可以进一步细化。系统构成确定之后，可以以采（剥）设备为准，以班、日、周、月及年为时间单位，分析系统的能力。而系统的效率分析，还应同时辅以对运输、排卸设备的分析。这是因为系统效率和系统的故障频率及持续时间相关联，而系统中采（剥）、运输及排卸任一环节故障都表现为系统故障，单单一个系统的指标无法让管理者判断究竟是哪一环节影响了系统效率。

（6）关于直接成本统计分析，首先是对采矿各子系统内单环节的直接成本进行统计，包括穿孔、爆破、采装、运输及排卸各工艺环节，然后逐级统计采（剥）直接成本。以胜利一号露天煤矿为例，其岩石剥离拟采用上部单斗—卡车配合下部拉斗铲、倒、堆的综合工艺系统，那么在分析岩石剥离直接成本时，应首先分别统计上部和下部2套不同工艺系统的直接成本，然后按其承担的剥离量进行加权计算。

在输入矿山生产统计信息原始数据的基础上，生产信息管理系统能够自动生成各类报表。生产信息管理系统的主要功能包括原始数据输入、报表运算、报表数据查询、报表生成打印、数据上报、系统维护等6个部分。

4.1.2 人员与设备的定位

为了实现矿山人员和设备的现代化调度与管理，应该实时掌握工作人员和移动设备的运行位置和状态。对于露天矿而言，一般是由工作人员携带GPS接收机、在采掘设备（电铲、运输矿车）上安装GPS接收机，利用GPS实现露天矿工作人员及采矿设备的定位。而在井下，由于地表的屏蔽作用无法接收到GPS信号，可以使用磁罗盘、机械陀螺仪、光纤陀螺定位技术实现井下设备的定位。由于光纤陀螺结构简单、价格低、体积小、重量轻、信号稳定、使用寿命较长等优点,因此比传统的机械陀螺仪更实用。

此外,可以在矿山井下环境中,将光纤陀螺和加速度传感器按一定的角度组合安装在井下移动设备上,采集光纤陀螺和加速度传感器的输出信号,经计算机处理后,可以在设备和调度室的显示屏上显示设备的运行速度、位置和姿态等信息。

矿井无线定位技术发展很快,主要有红外线定位技术、超声波定位技术、蓝牙技术、无线保真技术(Wi-Fi)、射频识别(RFID)技术、ZigBee技术等。

(1)红外线定位技术的原理是由红外生成器发射经过调制的红外射线,再由光学传感器接收这些红外射线,实现对目标的定位。虽然红外线具有相对较高的定位精度,但其直线视距和传输距离较短,使其在地下环境中的定位效果很差。此外,还需要在地下巷道中安装大量接收天线,系统造价较高。而且,红外线很容易被荧光灯和地下其他灯光干扰,在精确定位上有一定的局限性。

(2)超声波定位技术采用反射式测距法,即发射超声波并接收由被测物产生的回波,根据回波与发射波的时间差计算出待测距离。超声波定位系统由若干个应答器和一个主测距器组成。当同时有3个或3个以上不在同一直线上的应答器做出回应时,就可以根据三角定位算法确定物体的位置。超声波定位技术精度较高,结构简单,但超声波受多径效应和非视距传播影响很大,而且需要大量的底层硬件设施投资,成本很高。

(3)蓝牙技术是一种短距离低功耗的无线传输技术,在地下安装适当的蓝牙局域网接入点,通过测量无线信号的强度就可以对物体进行定位。蓝牙技术主要应用于小范围定位,优点是设备体积小、易于集成在PDA、PC及手机中,其信号传输不受视距的影响。其不足是蓝牙器件和设备的价格比较贵,而且对于地下复杂的空间环境,蓝牙系统的稳定性较差,受噪声信号干扰大。

(4)无线保真技术(Wi-Fi)是无线局域网络(WLAN)系列标准IEEE802.11的一种定位解决方案。Wi-Fi定位系统的特点是易于安装,系统总精度高。Wi-Fi信号定位的精度完全依赖于Wi-Fi网络的部署情况,在Wi-Fi信号密集时,定位精度可达1 m。但是Wi-Fi信号很容易受到其他信号的干扰,从而影响其精度,定位器的能耗也较高,Wi-Fi收发器都只能覆盖半径90 m以内的区域,长距离的矿井巷道需要安装大量的基站。

(5)射频识别(RFID)技术通过射频方式进行非接触式双向通信交换数据,以达到目标识别和定位目的。RFID可以在几毫米内得到目标的定位信息,定位速度非常快。RFID还具有非接触和非视距等优点,其电子标签的体积小、造价低。缺点是RFID的作用距离较短,一般最长为几十米,由于作用距离近,不便于整合到其他系统之中。RFID的定位精度由读写器的数量决定,而读写器价格比较昂贵,在矿井巷道中大量安装读写器的成本高。

(6)ZigBee技术是近年来新兴的短距离、低速率的无线网络技术,其性能介于射频识别和蓝牙之间,也可以用于地下定位。ZigBee系统通过数千个微小的传感器之间相互协调通信以实现定位功能。这些微传感器只需很少能量就可以工作,彼此间以接力的方式通过无线电波传递数据,通信效率非常高。ZigBee最显著的技术特点是低功耗,其缺点同样是需要布置大量基站,这导致整个系统的成本很高。

矿山地下自动采掘设备是实现矿山全自动化和无人采矿、遥控采矿的核心技术。国外对地下采掘设备的高精度定位进行了多年研究。例如,加拿大国际镍公司(INCO)开发了高精度地下定位、定向系统——HORTA的装置,将该装置安装在地下车辆上,利用其内部测量单元(IMU)计算车辆姿态参数,并使用多个激光扫描仪在水平和垂直面上扫描矿山巷道的断面，可以在巷道的三维结构环境中实现设备的精确定位。INCO 公司的地下定位系统使用了多个激光扫描仪和测距仪，这使得定位系统变得非常昂贵和庞大，实时获取的数据量也很大，处理这些数据需要一定的时间，使得该系统难以实现对快速移动目标的定位。

表 4 - 1 对矿山地上和井下定位技术进行了综合比较分析。可见：在井下环境中，激光、红外线能达到的定位精度最高，但穿透能力差，不能出现障碍物；超声波的穿透能力强，但价格昂贵；无线电可采用的频段很多，具体方法也多种多样，定位精度差异也较大，无线电信号的穿透性通常要优于激光和红外线，但容易产生多路径效应。

表 4 - 1 矿山定位技术综合比较分析表

矿山定位技术	精度	作用距离	抗干扰性	传感器价格	功耗	基站价格	基站数量	系统价格	适用地下
GPS	高	远	好	便宜	低	便宜	少	便宜	否
光纤陀螺	高	远	好	便宜	低	便宜	少	便宜	是
红外线	高	近	差	昂贵	低	昂贵	多	昂贵	否
超声波	高	近	差	昂贵	低	昂贵	多	昂贵	否
蓝牙	一般	近	差	便宜	低	昂贵	多	昂贵	否
Wi－Fi	一般	<90 m	好	便宜	高	昂贵	多	昂贵	是
RFID	一般	<50 m	好	便宜	低	便宜	多	昂贵	是
ZigBee	一般	近	好	便宜	低	昂贵	多	昂贵	是

4.1.3 采矿设备的工况监测

随着采矿技术的发展，采掘设备的复杂程度日益提高。在矿山机械化生产过程中，对采矿机械设备进行工况监测是安全生产必不可少的环节。一般地，采矿机械设备处在较为恶劣的工作条件下运行，设备的频繁移动带来冲击和振动，还会受大量粉尘污染等因素的影响。由于采掘机械的工况监测受狭小空间和恶劣环境的限制，而且监测设备必须是防爆的，因此目前只有少数监测设备可用于采掘机械设备工况监测，主要有：

（1）磨屑监测：磨屑监测可在少量油样中测出金属含量的多少，还可以用显微镜鉴定磨屑与图谱集上的照片进行比较，经磨屑分析发现齿轮箱有问题时，再进行油样分析测定，将测定结果记录下来，用数字和图形的形式将结果输入计算机。

（2）乳化液分析：液压支架上的乳化液若不能保持良好的水质和液体浓度，会导致许多问题。除去日常维护外，还应定期分析油样，如 pH 值、厚水硬度、浓度、固态、细菌及霉菌的测定。

（3）油位测定：采煤机截割部的齿轮箱，其油位堵头不易接近，难以用油标监测油位，探测油位的单棱镜取代了井下一些齿轮箱的油位堵头。

（4）冲击波监测：冲击波计与探头一起使用，可以进行润滑油脂润滑式轴承（主要是皮带滚筒轴承）监测，且内部安全可靠，但一个接口只接一个单一线路。

（5）管路测定：主要检查电液式采掘机械设备液压回路的健康状况。

（6）链条的张紧力和伸长测定：链式刮板运输机或铠装式运输机的链子需要一个最佳预

张力,而预张力取决于链子长度、大小和装机功率。如预张力不符合技术要求,会造成链子传动刮煤板的损坏,连接环的磨损造成了链子的伸长,链子伸长5%便应及时更换链条。

(7)温度监测:包括设备的工作温度和表面温度。监测仪器有光测高温计、电接点压力式温度计、温度记录器及电阻式温度计。温度探头装在运输机机头减速齿轮箱里,瞬时温度的监测可显示在屏幕上;也可预先编程输入计算机,将收集到的数据绘制成图表和图形。

(8)油液监测:所有机械设备都离不开润滑,而设备故障与润滑失效密切相关,虽然润滑油可能仅占设备全部运转费用的0.5%~1.5%,但40%以上的机械设备故障是因为润滑油使用不当或润滑油质量不合格造成的。通过分析润滑油性能参数的变化,可以间接了解机械主要部位的工作状态,及时准确地监测设备的工作情况。

矿山企业采掘机械设备使用条件恶劣,机械设备损坏严重,经常影响到正常生产与安全。只有加大对采掘设备监测的投入,建立具有丰富经验的高素质、高水平的专家型监测技术队伍,才能提高采掘设备完好率,减少事故率。

4.2 矿山安全信息

安全生产作为矿山企业的关键环节,其重要性不言而喻。而矿山企业的大型化和复杂性,使得安全生产信息越来越庞杂,管理者通过传统方式愈来愈难以全面掌握和分析。

4.2.1 矿山安全信息分类与管理

1. 矿山安全信息分类

矿山安全信息是安全信息管理系统构建的基础,但目前矿山安全信息系统的建设常常忽视多源异质异构矿山数据的集成。矿山安全信息来源复杂,不仅涉及勘探初期的钻孔、地球物理勘探、水文地质、地理地貌、测量控制等基础地测数据,矿山建设阶段的开拓设计、采区设计、工程地质、施工测量、验收测量等矿山建设数据,而且还涉及矿山生产阶段的地质巡查、延伸测量、瓦斯监测、矿压监测、通风监测、粉尘监测等生产数据。这些数据的获取途径、表述方式、存储格式、数据精度、生命周期各异。

矿山安全信息内容复杂、形式多样,与地测空间信息、生产管理信息等存在许多交叉和重叠,既有动态信息管理,也有静态信息管理。可以按矿山安全背景、矿山安全对象、矿山安全环境、矿山安全监测、矿山安全事件、矿山安全管理分为6类,如表4-2所示。

表4-2 矿山安全信息分类

类型	内 容
矿山安全背景	地理(地形、地貌)、地质(矿床、水文)、测绘(控制、地籍)等
矿山安全对象	车间、职工、设备等
矿山安全环境	井巷、采面、掘面、车间等
矿山安全监测	瓦斯、矿压、粉尘、涌水、温度等
矿山安全事件	隐患、已发生事故、职工伤亡等
矿山安全管理	安全管理人员、矿山安全措施等

现代化的安全信息管理系统的基本功能包括以下内容：①信息输入：对安全信息的录入、修改、检查、更新等，对安全信息的录入可以完全替代传统的对信息进行分类、归档工作；②信息查询：通过安全信息管理系统软件可以方便快捷地检索到需要的安全信息，基于GIS还可实现安全信息的定位查询与空间分析，这比起传统的手工方式要便捷和直观；③信息输出：主要包括自动生成报表、统计图，以及进行空间可视化；④信息共享：基于WebGIS开发的安全管理信息系统，可以实现矿山安全信息的分布式管理、网络共享和远程指挥。

一般而言，单从管理的角度，矿山安全管理信息系统所需管理的矿山安全基本信息涉及矿山安全对象、矿山安全监测、矿山安全事件、矿山安全管理4个方面。矿山安全信息主要有车间信息、职工信息、设备信息、安全监测信息、事故隐患信息、事故信息、职工伤亡信息、安全管理人员信息、安全措施信息等内容。

2. 矿山安全信息管理

从安全工程学角度，矿山安全事故的产生是由物的不安全状态和人的不安全行为造成的，避免这些状态的出现，直接的作用来自安全管理，即："管理者对安全生产进行的计划、组织、指挥、协调和控制的一系列活动"。可以说，安全管理工作直接决定了安全预防工作的有效性。基于以上原理，中国安全生产科学研究院将对物的监测监控和对人的管理相结合，围绕监控人的不安全行为和物的不安全状态以及事故预警等内容建立了4个平台：矿山安全监测监控平台、矿山安全报警及应急管理平台、矿山安全综合管理平台和矿山企业安全信息网站，如图4－2所示。通过该监测监控系统，可望有效地控制人的行为和监控物的状态，以达到预防、控制事故的发生，同时，对不可控事故的发生通过建立相应的报警应急体系以减轻事故造成的后果。

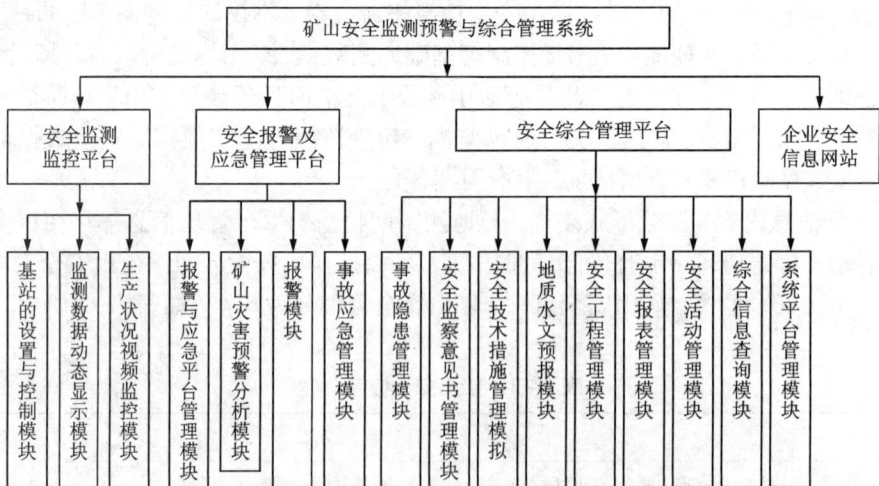

图4－2 矿山安全监控预警平台设计

要实现如图4－2设计的矿山安全监控预警，还需要做很多的数据、软件、硬件、技术与能力的准备，其中包括矿山安全管理信息系统的建设。通常，矿山安全管理信息系统包括安全培训管理、日常安全管理、矿山电路监测系统、矿山运输监测系统、物资材料管理系统及矿山救护系统等6个基本子系统。

4.2.2 瓦斯与粉尘的数字监测

近年来,煤矿安全装备日新月异。煤矿安全生产监控系统已经成为矿井,尤其是高瓦斯矿井必不可少的技术装备,该系统可以集中连续地监测整个矿井的瓦斯浓度、风速、负压、一氧化碳、二氧化碳、氧气、温度、电压、电流、功率、煤位、水位等模拟量以及各种设备的开关量,如主要通风机、局部通风机、水泵、采煤机、掘进机、胶带输送机、刮板输送机、绞车等机电设备的开停以及风门、电机车位置等。在监控主机屏幕上可以显示出各种数据、曲线、图表等,具有数据存储、超限报警、输出控制、报表曲线打印多种功能,并可以方便地将计算机的信号在模拟盘、大屏幕投影、大屏幕监视器、远程终端、电视机等外部设备上进行显示,还可根据需要组成计算机网络,实现数据共享。

1. 瓦斯的数字监测

瓦斯是煤矿井下有害气体的总称,由于沼气(甲烷 CH_4)比例占到80%以上,故矿井瓦斯一般专指沼气,它是煤体或围岩中释放出的一种有害气体,看不见,闻不着,遇火能燃烧、爆炸。瓦斯爆炸有上下限,空气中瓦斯浓度14% ~16%为上限,5% ~6%为下限,浓度9.5%时爆炸力最强,破坏性最大。由于瓦斯的存在,空气中氧气不足,当达到一定浓度时,人也会窒息死亡。表4-3显示了矿井瓦斯等级分类方法。据统计,全国600多家原国有重点矿中,高瓦斯矿井、煤与瓦斯突出矿井占48%,近一半;具有自然发火危险的矿井占58%,具有煤尘爆炸危险的占88%。

表4-3 矿井瓦斯等级分类

矿井瓦斯等级	矿井相对瓦斯涌出量	矿井绝对瓦斯涌出量
低瓦斯矿井	$\leqslant 10 \ m^3/t$	$\leqslant 40 \ m^3/min$
高瓦斯矿井	$> 10 \ m^3/t$	$> 40 \ m^3/min$

据统计,近几年全国煤矿发生的重特大事故中,90%以上是瓦斯或煤尘爆炸事故。矿井下作业,特别要注意一是不能让瓦斯积聚,二是严禁明火作业。防止瓦斯爆炸的措施很多,主要是加强通风,保证井下有足够的风量,冲淡瓦斯并排出地面,经常检查各个地区瓦斯的涌出情况和通风情况。由于瓦斯比重较轻,容易在巷道上方积聚,因此,在瓦斯矿井要采取上行风。而防止井下火源的主要措施是消灭一切明火,禁止明火作业,放炮要用安全炸药,采用防爆型电气设备等。

我国煤矿瓦斯监测监控技术应用较晚,20世纪80年代初,从波兰、法国、德国、英国和美国等(如DAN 6400、TF200、MINOS和Senturion-200)引进了一批安全监控系统,装备了部分煤矿。在引进的同时,通过消化、吸收并结合我国煤矿的实际情况,先后研制出KJ2、KJ4、KJ8、KJ10、KJ13、KJ19、KJ38、KJ66、KJ75、KJ80、KJ92等监控系统。

随着电子技术、计算机软硬件技术的迅猛发展和企业自身发展的需要,国内各主要科研单位和生产厂家又相继推出了KJ95、KJ101、KJF2000、KJ4-2000和KJG2000等监控系统,以及MSNM、WEB GIS等煤矿安全综合化和数字化网络监测管理系统。同时,在"以风定产,先抽后采,监测监控"十二字方针和煤矿安全规程有关条款指导下,规定了我国各大、中、小煤矿的高瓦斯或瓦斯突出矿井必须装备矿井监测监控系统。

煤矿安全监控系统的主要任务是实时监测井下生产的瓦斯浓度等主要环境参数。因此，监控系统的安全性和稳定性是第一位的，提供外部数据共享的前提是安全的网络结构和可靠的安全策略，将监控系统的核心设备：主机、服务器、操作终端屏蔽于因特网以外，是确保监控系统可靠运行的基础。在对外提供数据服务的同时，不断提升监控安全策略已成为监控系统管理的重要工作。为保障监控系统的稳定运行，兼顾数据共享，淮南矿业集团对其网络结构和安全策略进行了改造，改造后 KJ4－2000 的网络结构示意图如图 4－3。

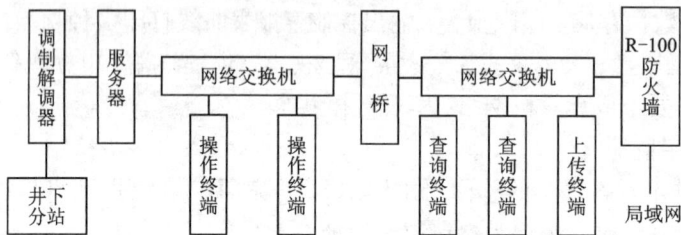

图 4－3　KJ4－2000 的网络结构示意图

瓦斯数字化监测系统也随之由早期的地面单微机监测监控，发展成为网络化监测监控以及不同监测监控系统的联网监测。瓦斯数字化监测系统主要由中心监控站、井下分站、传感器、中心站软件和应用软件等组成。

2. 粉尘的数字监测

随着煤矿开采强度和机械化水平的提高，在提高煤炭产量的同时，产尘量和矿井作业场所的粉尘浓度也大大提高。粉尘给作业人员和安全生产造成极大危害，如果防护不严，粉尘就会吸入工人肺里，损害职工身体健康，时间一长，会引起多种职业性呼吸系统疾病，轻则丧失劳动能力，重则夺去生命。粉尘引起的职业性呼吸系统疾病包括：尘肺（如矽肺、煤工尘肺、石墨尘肺、碳黑尘肺、石棉肺、滑石肺、水泥肺、云母肺、陶工尘肺、铝尘肺、电焊混合尘肺、铸工尘肺等）、粉尘沉着症、有机粉尘引起的肺部病变、呼吸系统肿瘤。根据 20 世纪 90 年代的统计，我国每年大约有 3000 人死于尘肺病。至于尘肺病的患者，现在保守的数字约有 12 万人。

依据 2006 年《粉尘测定记录台帐》显示：全尘浓度与呼尘浓度经常超标的作业地点为：综采工作面与综掘工作面，具体工序为：采煤机割煤、移架，综掘机割煤；综采工作面粉尘浓度大约 92～150 mg/m³，综掘工作面产尘浓度大约 76～168 mg/m³。因此，有必要进行煤矿粉尘在线数字化监测研究，对煤矿各尘源点的粉尘浓度进行实时监测，利用粉尘浓度传感器智能化控制降尘。

目前世界各国使用的测尘仪表主要有 3 类：粉尘采样器、测尘仪及粉尘浓度传感器。粉尘采样器测量的准确度高，在很多国家定为标准粉尘浓度测定仪器，但由于用它测尘需要称重、烘干、采样、再烘干、再称重及计算等一系列繁琐的过程，因此存在不能及时反映现场环境的粉尘污染状况的缺点。直读式快速测尘仪应用于我国煤矿井下监测作业场所的粉尘浓度始于 20 世纪 80 年代，这种仪器的优点是快速、直读，能及时反映出作业场所的粉尘污染状况，但由于受当时技术条件的限制，测量结果误差大于 25%，使该类仪器无法推广应用。国外发达国家在 20 世纪 80 年代初就采用不同原理，开发研制了各种快速测尘仪。快速测尘仪采用的测量方法大致有光电转换法、β 射线衰减法及压电晶体频率变化法等 3 大类，国内生产厂家也先后开发出了多种快速测尘仪。

由于历史和技术原因,我国粉尘监测技术与国外发达国家尚存在不小的差距,除了监测方法和监测手段上的差距之外,还有管理标准上的差距。世界主要采矿国家一般均制定有符合本国实际条件的呼吸性粉尘卫生浓度标准,我国煤炭系统虽已制定出一个总粉尘和呼吸性粉尘浓度的管理标准,但它不是卫生浓度标准,标准的落后造成了对尘害防治的混乱。

我国粉尘监测技术的发展趋势是:①短时间采样测尘与长时间(一般为8 h)连续监测并重,并逐步向连续监测发展;②向多点连续监测发展,多点连续监测比单点监测效果更好,特别是粉尘浓度排放超标的企业更需多点监测,因为某一点或某一生产环节超标,尚不能构成很大的危险,但多点的粉尘浓度过高,则说明生产出了故障;③向远距离大面积连续监测发展,大功率激光器的开发为远距离大面积连续监测提供了基础保证,美国、前西德已研制出对8~10 km范围内的大气粉尘进行连续扫描监测的激光粉尘雷达;④向标准化方向发展,尽快制定出既符合我国实际条件、又有充分科学试验依据的呼吸性粉尘卫生浓度标准,把我国煤矿的测尘重点转向测呼吸性粉尘卫生浓度,这对尘害防治工作有重要的指导意义。

4.2.3 矿压与温度的数字监测

1. 矿压的数字监测

矿山压力变化是矿山冒顶、片帮、煤爆、岩爆、煤与瓦斯突出等矿山灾害的直接原因,矿山压力监测是矿山安全监测的重要内容。采煤工作面的直接维护对象是直接顶,而直接顶的完整性又受到老顶平衡特征的影响。一定意义上讲,控制采煤工作面主要是控制老顶的活动规律,其中,现场矿压监测至关重要。现场矿压监测主要有文字记录和数字记录两种:

(1)文字记录:主要是对工作面超前巷道破坏、顶板维护状况、活柱下缩量、顶底移近量、两帮位移量以及煤壁片帮等矿压现象进行文字记录,且对工作面推进度、地质变化情况进行文字记录和描述。

(2)数字记录:采用矿压观测仪器对超前巷道位移变形、顶板稳定状况、液压支架工作面阻力、支架工作状态等进行定量的数字记录。

表4-4所列为一些常用的矿压监测仪器,可以直接或间接获得压力数据。

表4-4 常用的现场矿压监测仪器

仪器名称	仪器型号	量程
综采数字压力计	KBJ-60Ⅲ-1	0~60 MPa
液压支柱工作面阻力检测仪	KBY-40	0~40 MPa
顶板动态仪	KY-80	0~200 mm
顶板离层仪	DLJ-2	0~180 mm

现场矿压监测数据的处理方式一般为:

(1)将整理好的各顶板离层监测点的顶板离层量及巷道围岩变形监测点的围岩变形量绘制成离层量(速度)、变形量(速度)与距回采工作面距离关系的曲线,以便从中分析采动影响范围;

(2)将整理好的液压单体支柱工作阻力绘制成阻力随回采速度的关系曲线,以便从中分析采动压力超前峰值位置，进行超前来压预报；

（3）综合分析每架液压支架循环末工作面阻力随回采速度关系曲线、工作面煤壁片帮、地质构造情况，从而可以较为准确地进行来压预报，判断来压步距；

（4）通过对液压支架工作阻力在每一个支护循环内的变化曲线可以分析顶板在回采过程中的运动状态，分析顶板是处于相对稳定时期、挠曲变形期、运动显著时期还是下沉乃至断裂时期，从而分析工作面老顶岩梁变化情况，掌握老顶从稳定到失稳到再稳定的一般过程。

综采工作面矿压监测的关键是数据采集的时效性与可靠性，以及数据处理的及时性与综合性。由于矿山压力场是随工作面推进而演化的（如图4-4），矿压监测仪器也需经常移动。工作面在回采过程中，应采取每班保证有一位矿压监测工到现场收集数据，施工技术员、技术主管要及时对工作面地质情况进行动态汇报，掌握其矿压显现规律，进行准确预测、预报，以便制定切实可行的顶板管理措施，选择合适的支护材料及支护方式，确保工作面安全回采。

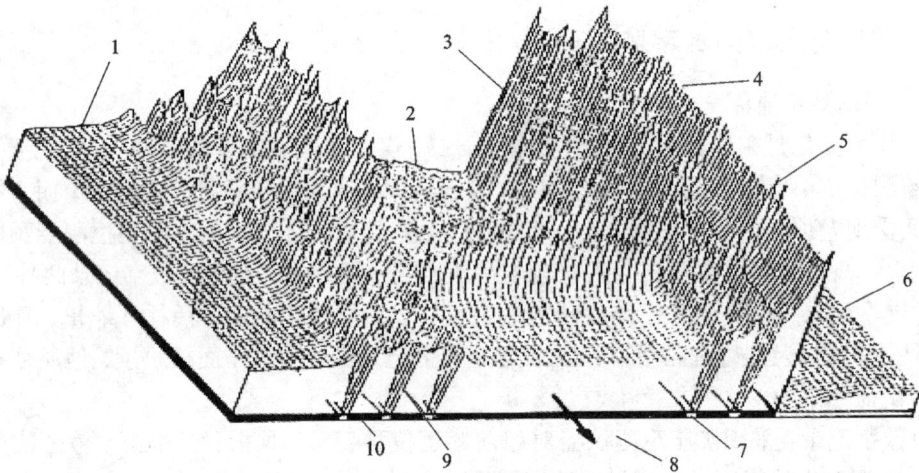

图4-4　长壁回采盘区周围应力分布

1—未采盘区的煤体；2—后部支承压力；3—前部支承压力；4—侧部支承压力；5—联络巷；
6—原盘区老采空；7—尾顺槽；8—工作面推进方向；9—主顺槽；10—巷道煤柱

2. 温度的数字检测

矿山井下生产过程中，温度也是对劳动者最直接的危害因素之一，导致温度变化的主要因素是井下热源及热应力。一般地，矿山井下热源主要有空气自压缩升温、围岩传热、提升机械放热、机电设备放热、地表大气状态变化导致井下温升、无轨柴油设备放热、井下爆炸生热、矿石氧化生热和其他热源等。对井下热源进行监测、调查与分析，是改善井下环境的首要任务。

在高温矿井中，一般生产率均较低，有的矿山其相对劳动效率仅为30%。根据南非资料：工作面温度超过标准1℃，工人的劳动效率降低7%～10%；前苏联的统计资料：工作面温度超过26℃，劳动效率系数为0.8，高于30℃时，劳动效率系数为0.7。在高温环境中，人的中枢神经系统容易失调，从而感到精神恍惚、疲劳、周身无力、昏昏沉沉，这种精神状态成为诱发事故的原因。广西茶花山锑矿自建矿以来，矿井曾发生多起伤亡事故，从事故发生的时间上看，主要集中在每年的 4~7 月，而这段时间井下温度达 30℃ 以上，相对湿度达 90%。根据日本 7 个矿井的调查结果表明：在 30℃~37℃ 以上的工作面较 30℃ 以下工作面的事故率增加 1.5~2.3 倍。为了保护井下工人的身体健康和提高劳动效率，我国《金属非金属矿山安全规程》规定，金属矿山井下作业地点的空气温度 ≤26℃，相对湿度为 50%~60%。凡超过此上限值的矿井，必须采取降温措施。

由于井下特有的空间封闭狭小、高潮湿、高粉尘及化学污染等恶劣环境，对井下测温数字化设备有一定限制，使测温仪器的精度和使用寿命都受到很大的影响。测温仪器在煤矿井下使用首先应符合煤矿防爆要求，此外，测温仪器的整体结构要防尘、防水，外壳连接缝要有密封圈密封，安装完的元器件的线路板及元器件要涂有绝缘漆。目前国内外测温仪器可按测量方法、测量原理、记录方式和传感器类型进行分类。在传感器的分类中主要包括：热电偶、热敏电阻、铂电阻、集成电路芯片（如 AD590）等。其中铂电阻传感器是由铂丝绕制而成，一般电阻值为几十欧姆，多者达几百欧。考虑到火区钻孔内复杂苛刻的地质条件对铂电阻的热响应时间、绝缘电阻等性能参数的影响，很多测温仪器采用耐高温铠装式铂电阻温度传感器。

测温仪器应包括数据处理芯片，它应是一个低电压、高性能的单片机。单片机技术及集成电路在测温仪器中的应用，很大程度的克服了以往测温仪器中的各种缺陷，有效地简化了仪表线路，减小了仪器的体积和重量，增加了便携性，同时也提高了仪表的测量精度和可靠性。

4.3 矿山安全分析与预警

矿山安全分析与预警是保障矿山安全生产、防止事故发生的关键，将现代科学技术应用于矿山安全监测监控系统，是矿山安全管理必不可少的基本手段。从单台计算机的直接监测监控到多级计算机监测监控系统，以及分布式、网络化、智能化的系统，在各种矿山企业中都有应用。

4.3.1 矿山安全监控系统

随着煤矿现代化的发展，我国《煤矿安全规程》趋于丰富和完善，对矿井监控系统的功能要求日益提高、监测容量日益增多。矿井安全监控系统需要不断升级改造，包括监测仪器、监测布局、通信模式、软件系统、操作系统等各个方面。本节重点介绍 KJF2000 和 KJ95 两种代表性的矿山安全监控系统及其应用情况。

KJF2000 矿井监控系统是由煤炭科学研究总院抚顺分院开发的新一代矿井安全生产监控系统，主要完成对井下的各种工况参数和井下、井上各种机电设备的运行状态的实时监测和控制，在煤矿"一通三防"中发挥了重要作用。由于测控软件的实时性和多任务的要求，软件的设计采取多线程、多进程编程。该监控系统由地面中心站或服务器（中心站与服务器可合二为一）、数据传输接口装置、井下分站、井上分站、各种传感器、地面局域网以及远程终端等组成。其软件系统在串行口通讯中采用多线程技术，网络通讯采用 Winsock 套接字和 TCP/IP 协议，中心站数据库上采用 SQLServer 2000 网络数据库，网络终端与中心站采用 C/S 结构，线程之间的同步采用了事件同步类设计。为了使矿山领导及上级主管部门能够更有效及时地掌握井下的安全生产状况，煤炭科学研究总院抚顺分院还开发了 KJ F2000 短信报警系统。KJ F2000 短信报警系统通过 GPRS 网以短信的方式将煤矿安全报警信息和管理信息发送到煤矿生产管理人员的手机上，实现上级管理部门对煤矿安全生产的远程自动化管理，管理人员在任何地方都能及时地掌握煤矿井下安全生产运行状况。

KJ95 综合监控系统是煤炭科学研究总院常州分院开发的，是国家"八五"科技攻关项目的产品。它将矿井调度通信、光纤高速通道、安全生产监控系统及计算机网络有机融合在一起，是一种集散型分级管理计算机实时监控系统。自 1996 年鉴定以来，系统软件逐步升级，从 Win32 过渡到 Win95、Win98 再升级到 Win2000。软件核心还是通信程序常驻内存，界面采用 Windows 风格，亦即前后台工作方式。前后台之间采用 DLL 动态连接进行数据交换。KJ95 安全监控系统在保障矿井安全生产、提高生产效率等方面发挥了重要作用。该系统可以将计算机网络、矿井安全和生产实时监测、电力监测、胶带机监测、主副井提升监测、工作面综合监测等系统综合在一起，形成一个完整的、实用的矿井综合监控系统。各部分既可以集成在一起，又可以单独使用，以满足矿井的不同需求。

作为矿井综合信息系统的一部分，KJ95 型煤矿综合监控系统主要用来监控井上、井下的各类环境参数和皮带、水泵、风机开停、设备运行状态等主要生产参数，使值班人员及矿领导能够及时准确地了解各生产环节及环境参数的变化情况，实现风电闭锁、甲烷电闭锁、甲烷风闭锁的全部功能。

4.3.2 矿山安全分析技术

安全系统工程的内容主要包括事故成因、系统安全分析、安全评价和安全措施 4 个方面。安全分析和评价就是对系统中的危险源进行识辨和评价。最终通过危险源评价，判定危险源的危险性是否可以被接受，或者已有的危险控制措施是否达到了预期效果，为采取危险源控制措施提供依据。

安全评价技术在 20 世纪 60 年代得到了很大的发展，首先运用于美国空军弹道导弹安全系统。1964 年美国道（DOW）化公司根据化工生产的特点，首先开发出"火灾、爆炸危险指数评价法"，用于对化工装置进行安全评价，该法已修订 6 次，1993 年发展到第 7 版，它是以单元重要危险物质在标准状态下的火灾、爆炸或释放出危险性潜在能量大小为基础，同时考虑工艺过程的危险性，计算单元火灾爆炸指数（F&EI），确定危险等级，并提出安全对策措施，使危险降低到人们可以接受的程度。此技术在世界工业界得到一定程度的应用。1976 年日本劳动省颁布了"化工厂安全评价六阶段法"该法采用了一整套系统安全工程的综合分析和评价方法，使化工厂的安全性在规划、设计阶段就能得到充分的保证。英国在 20 世纪 60 年代后期，建立了以概率风险评价为基础的故障数据库和可靠性服务咨询机构对企业进行概率风险评价工作，包括 1976 年英国生产安全管理局（HAS）对 Canvey 岛以及 Thurreck 地区的工业设施进行了危险评价，以及 1979 年英国伦敦 Cremer&Wamer 公司和德国法兰克福 Battle 公司对荷兰 Rijnmuncl 地区工业设施进行的评价。

此后，这类方法在工业发达国家的许多项目中得到了广泛的应用。随之，又出现了一系列以概率论为理论基础的有特色的安全评价方法。尤其是 1986 年两起震惊世界的巨大事故（美国"挑战者"号航天飞机爆炸和前苏联切尔诺贝利核电站爆炸事故）等，使得人们对安全问题有了更加深入的认识，于是引起了安全理论更加蓬勃的发展。

我国推行安全评价技术是从 20 世纪 80 年代后期开始的，虽然起步较晚，但安全评价的方法、理论的研究和应用发展很快。安全评价技术已经应用到了许多大中型企业和行业管理部门。通过吸收、消化国外安全分析方法，如安全检查表（SCL）、事故树分析（PTA）、故障类型及影响分析（FMFA）、事件树分析（ETA）、预先危险性分析（PHA）、危险与可操作性研究（HAZOP）、作业条件危险性评价（LEC）等。许多企业将安全检查表和事故树分析法应用到生产班组和操作岗位。此外，一些石油、化工等易燃、易爆危险性较大的企业，应用道化公司开发的"火灾、爆炸危险指数评价法"进行了安全评价，许多行业和地方政府有关部门制定了安全检查表和安全评价标准。

目前，已提出了很多安全评价理论与方法，现将主要的方法列举如下：

（1）概率危险性评价法

概率危险性安全评价是一种以某种伤亡事故或财产损失的发生概率为基础进行的系统危险性评价方法。该方法主要采用定量系统分析技术中的事件树分析、事故树分析等方法，计算系统事故发生的概率，确定安全目标，然后将所计算的事故发生概率与所确定的目标值相比较，从而评价系统的危险性。

（2）模糊安全评价

模糊安全评价法是利用模糊数学这一工具，对所研究的系统进行危险性分析，进而对其安全状况进行评价的方法。其主要特点就是将模糊行为的因素定量化、数字化，评价整个系统的安全状况，分出危险性等级。这种方法虽然结果准确，但是权重设置受主观因素影响较大，计算量较大。

（3）神经网络评价法

该方法是借助于人工神经网络技术而开发的安全评价方法。人工神经网络具有极强的非线形逼近、模糊推理、大规模并行处理、自训练学习、自组织和比较良好的容错性等优点。将神经网络应用于系统安全评价之中，能克服传统安全评价的一些缺陷，快速、准确地得到较好的安全评价结果。

（4）其他评价方法

其他评价方法还有检查表法、道氏法、蒙德法、事故树分析法（FTA，Fault Tree Analysis）、故障类型和影响分析（FMEA，Failure Mode and Effects Analysis）、事件树分析（ETA，EventTree Analysis）、综合安全评价法（FSA）等。这些方法在事故发生机理的分析以及危险源辨识与分析中有着比较广泛地应用。

4.3.3　矿山安全预警模型

由于矿山生产作业的特殊性，安全方面相对其他行业更为复杂，安全事故的发生率远高于其他行业。近年来，全国矿山每年死亡人数占全国工矿企业职工伤亡总数的60%以上。矿山开采所面临的安全问题是方方面面的，任何一个小的细节出现问题都有可能造成大的人员伤亡或财产损失，而安全管理人员不可能对各种安全隐患考虑得面面俱到。因此有必要将潜在的安全隐患整理并进行科学的分析，建立矿山安全预警模型，进而根据一些规则得出当前作业状态的安全状况，同时给出实现安全状态的安全措施。

采场的采矿作业是整个矿山开采的重要环节，也是矿山灾害与安全事故的作业场所。根据采矿作业事故的发生机理以及安全管理的要求，将采矿作业中安全隐患进行整理分析，可将爆破、顶板冒落等重点危险源单独用事故树的方法进行评价，将采矿作业系统危险状态以危险、预警及安全三种状态显示，实现对应安全隐患原因的矿山采矿管理安全预警模型。

从安全工程学角度，事故的产生是由物的不安全状态和人的不安全行为造成的，避免这些状态的出现，直接的作用来自安全管理，即："管理者对安全生产进行的计划、组织、指挥、协调和控制的一系列活动"。可以说，安全管理工作直接决定了安全预防工作的有效性。通过监测监控系统来有效的控制人的行为和监控物的状态，可以达到预防控制事故的发生，同时，对不可控事故的发生通过建立相应的报警应急体系以减轻事故造成的后果。

1. 人员安全评价模型

实际的安全事故一般是由人、设备、环境以及管理四方面的因素引起的，尤其是人的因素往往都是事故发生的主导因素。据有关资料统计，劳动过程中有58%～86%的事故与人的因素有关。还有统计资料表明，20世纪60年代发生的事故，人为因素占20%；而20世纪90年代，人为因素上涨到80%～90%。所以对人的安全状态进行比较科学的评价和预警，对系统事故的控制以及预防都将有积极的意义。

对人的安全状态进行评价，应主要从人的个体因素、工作环境、生活事件以及生活节律四个方面进行：

（1）个体因素：主要是指人的行为、能力、特征等人自身的一些属性，包括①性格：性格是一个人在社会实践中，通过与自然环境和社会环境的相互作用，形成的较稳定的处事方式和生活态度，不良的性格特征往往是造成事故的隐患；②健康与体力状况：许多研究表明，健康状况与事故有关，工人健康状况不良或经常生病者较容易发生事故，与事故有关的身体缺陷最常见的是视力或听力不良，所以应从视力、听力以及体质三个方面对工人的健康状况进行评价；③年龄：据统计，人在20～25岁时事故率最高，30岁以后事故率有所下降，35～45岁事故率最低，45岁以后其经验较丰富，但由于生理机能下降，如果仍在第一线，事故率又有上升的趋势；④工作经验：显然工人的工作经验越丰富，发生事故的可能性就会越小。

（2）工作环境：主要包括①工作时间：工人操作失误的概率会随着时间的延长而增大。并且研究表明，10小时工作日的事故比8小时明显增多，特别是10小时工作日的最后两个小时，是事故的多发高峰；但是还没有证据表明工作时间的缩短会减少事故的发生；②照明情况：研究表明照明状况的好坏将直接影响到眼睛的疲劳程度，进而影响到工人的安全状态；③噪声：噪声可以影响信号的传递，可以影响工人的情绪进而影响工作效率以及增大发生事故的概率；④卡他度：卡他温度计是一种测定气温、湿度和风速三者综合作用的仪器，卡他度一般用来评价劳动条件舒适程度，卡他度H可通过测定卡他温度计的液柱由38℃降到35℃时所经过的时间（t）而求得。

（3）生活事件：生活事件是指在人的生活过程中，那些对人产生显著影响或关键性变化的事件，实质上是一个人社会关系处理好坏对自身情绪的影响，进而增大了事故的发生机率。

（4）生物节律：生物节律又称生物钟现象，它是一种普遍存在于一切生物体内的自然规律。一些学者经过反复试验，认为每个人从他出生那天起，直至生命终止，都存在着周期分别为23天、28天、33天的体力、情绪和智力的变化规律。在每一个周期中，上半周期对人的活动起到一个积极、良好的作用，成为高潮期。体力表现为充沛，情绪表现为有创造力，心情愉快、乐观，智力表现为思维敏捷，更具有逻辑性和解决问题的能力。下半周期对人的活动起到一个消极、抑制的作用，成为低潮期。体力表现为容易疲劳、做事拖拉，情绪喜怒无常、暴躁、意志沮丧，智力表现为注意力不集中、健忘、判断准确性下降。在所有的3个周期中，由高潮转向低潮期或者由低潮期转向高潮期的那一天成为临界日。在体力周期和情绪周期临界日发生事故的可能性很大；而智力周期临界日在安全方面则认为是不重要的，但如果和其他临界日相重,则产生的综合效果增大。

综合上述4个因素,顾及性格、视力、听力、体质状况、年龄、工作经验、工作时间、照明、噪声、卡他度、生活事件、生物节律等指标,建立安全事故与上述指标之间的评价模型函数,并确定指标权重。

2. 安全预警专家系统

对物的监测监控主要包括环境安全监控参数和生产设备工况参数。监测监控的有效性建立在对灾害发生机理的准确认识的基础上,而监测监控能否得到实施,并长期坚持下去,取决于监测监控体系是否可靠,核心是要解决两个问题:①实行关键区的监测;②对监测信息必须有准确的判断。因此,矿山监测监控系统除了设计合理的监测方案,能够监测监控环境安全参数和生产设备工况参数外,还能利用各种灾害机理和监测数据开发出合理的预警指标体系,进行矿山综合灾害分级;并且对于与发生事故关系密切的参数,系统能对其变化趋势进行实时处理分析,实现矿井危险性预测预警。

矿山安全监测监控平台(负责对基站或传感器的设置与管理,以及对环境安全、生产设备工况和井下人员位置的监测数据进行实时动态显示)、矿山安全报警及应急管理平台(负责对矿山企业发生紧急情况下的报警以及事故应急管理)、矿山安全综合管理平台(负责企业日常安全办公管理)和矿山企业安全信息网站(对企业员工和公众开放)是矿山安全的4个基础平台。在此4个平台的基础上,还需要建立一个安全预警专家系统(Expert System of Mine Safety Pre – warning,简称 MSES),这是一个利用专家知识对矿山安全生产状况进行预测的系统。

知识库是 MSES 的核心,主要用于存储矿山安全生产的原理性知识、专家的经验性知识以及为推理机提供求解问题所需的知识等,其存储的知识量的丰富程度直接影响到矿山安全预警专家系统的智能水平。因此,构建知识库是建立矿山安全预警专家系统的关键工作,主要包括知识获取、知识表示、知识库建立与知识库维护4个方面的内容。

本章练习

1. 矿山安全信息主要分类与监测方法有哪些?
2. 煤矿瓦斯与粉尘、矿压与温度的数字监测技术及监测数据处理方法如何?
3. 矿山安全生产影响因素及其相互作用模式?
4. 结合所学知识,设计出一套井下人员与关键设备定位方案。

第5章 矿山信息集成管理与共享利用

5.1 矿山信息集成框架

5.1.1 矿山信息集成的空间框架

1. 空间基准与坐标系

测量的基本任务就是确定物体在空间中的位置、姿态及其运动轨迹。而对这些特征的描述都是建立在某一个特定的空间框架之上的。所谓空间框架就是我们常说的坐标系统。一个完整的坐标系统是由坐标系和基准两方面要素构成的。坐标系指的是描述空间位置的表达形式，而基准指的是为描述空间位置而定义的一系列点、线、面。在大地测量中的基准一般是指为确定点在空间中的位置，而采用的地球椭球或参考椭球的几何参数和物理参数，及其在空间的定位、定向方式，以及在描述空间位置时所采用的单位长度的定义。

坐标系指的是描述空间位置的表达形式，即采用什么方法来表示空间位置。人们为了描述空间位置，采用了多种方法，从而也产生了不同的坐标系，如空间直角坐标系、空间大地坐标系、极坐标系、平面直角坐标系等。在测量中，常用的坐标系为空间大地坐标系和平面直角坐标系。

（1）空间大地坐标系

空间大地坐标系采用大地经、纬度和大地高来描述空间位置，见图5-1。纬度是空间点与参考椭球面的法线与赤道面的夹角，经度是空间点与参考椭球的自转轴所在的面与参考椭球的起始子午面的夹角，大地高是空间点沿参考椭球的法线方向到参考椭球面的距离。

（2）平面直角坐标系

平面直角坐标系是利用投影变换，将空间大地坐标通过某种数学变换映射到平面上，这种变换又称为投影变换。投影变换的方法有很多，我国采用的是高斯-克吕格投影，也称为高斯投影。

图5-1 空间大地坐标系

高斯投影的中央经线和赤道为互相垂直的直线，其他经线均为凹向并对称于中央经线的曲线，其他纬线均为以赤道为对称轴的向两极弯曲的曲线，经纬线成直角相交。在这个投影上，角度没有变形。中央经线长度比等于1，没有长度变形，其余经线长度比均大于1，长度变形为正，距中央经线愈远变形愈大，最大变形在边缘经线与赤道的交点上；面积变形也是距中央经线愈远，变形愈大。为了保证地图的

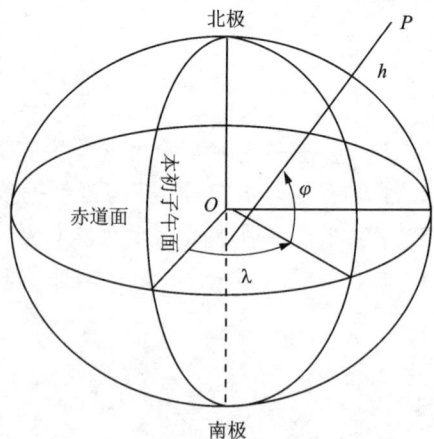

精度,采用分带投影方法,即将投影范围的东西界加以限制,使其变形不超过一定的限度,这样把许多带结合起来,可成为整个区域的投影(图5-2)。高斯投影的变形特征是:在同一条经线上,长度变形随纬度的降低而增大,在赤道处为最大;在同一条纬线上,长度变形随经差的增加而增大,且增大速度较快。在6度带范围内,长度最大变形不超过0.14%。

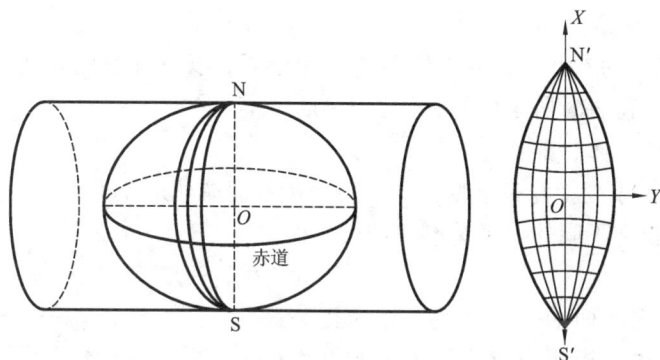

图5-2 高斯—克吕格投影示意

我国规定1:1万、1:2.5万、1:5万、1:10万、1:25万、1:50万比例尺地形图,均采用高斯投影;1:2.5至1:50万比例尺地形图采用经差6度分带;1:1万比例尺地形图采用经差3度分带。

6度带是从0度子午线起,自西向东每隔经差6为一投影带,全球分为60带,各带的带号用自然序数1,2,3,…,60表示。即以东经0—6为第1带,其中央经线为3E,东经6—12为第2带,其中央经线为9E,其余类推(图5-3)。3度带是从东经1度30分的经线开始,每隔3度为一带,全球划分为120个投影带。图5-3表示出6度带与3度带的中央经线与带号的关系。

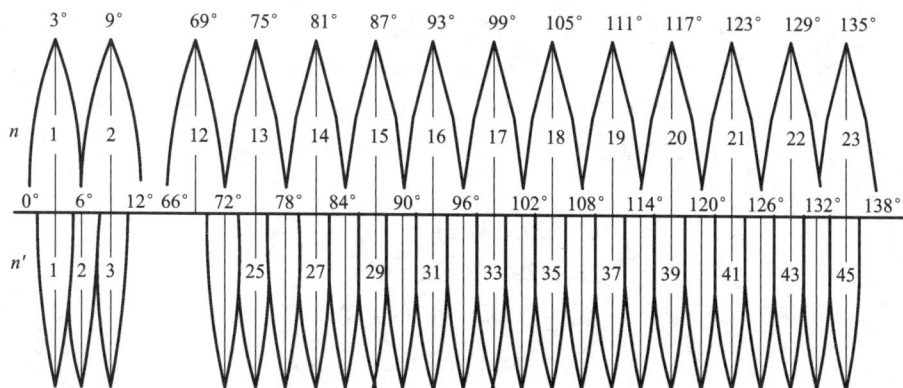

图5-3 高斯—克吕格投影的分带

在高斯克吕格投影上,规定以中央经线为X轴,赤道为Y轴,两轴的交点为坐标原点。

X坐标值在赤道以北为正,以南为负;Y坐标值在中央经线以东为正,以西为负。我国在北半球,X坐标皆为正值。Y坐标在中央经线以西为负值,运用起来很不方便。为了避免

Y 坐标出现负值,将各带的坐标纵轴西移 500 km,即将所有 Y 值都加 500 km。

由于采用了分带方法,各带的投影完全相同,某一坐标值 (x,y),在每一投影带中均有一个,在全球则有 60 个同样的坐标值,不能确切表示该点的位置。因此,在 Y 值前,需冠以带号,这样的坐标称为通用坐标。

(3)基准

所谓基准是指为描述空间位置而定义的点、线、面。在大地测量中,基准是指用以描述地球形状的参考椭球的参数,如参考椭球的长短半轴,以及参考椭球在空间中的定位及定向,还有在描述这些位置时所采用的单位长度的定义。

(4)坐标系变换与基准变换

经常要进行坐标系变换与基准变换。所谓坐标系变换就是在不同的坐标表示形式间进行变换,基准变换是指在不同的参考基准间进行变换。

(5)高程

地面点到大地水准面的垂直距离,称为正高高程。通常所说的海拔高指地面点到似大地水准面的垂直距离,似大地水准面是一个与大地水准面在海洋表面重合,在平原地区相差很小的似水准面。如图 5-4 所示,$P_0P'_0$ 为大地水准面,地面点 A 和 B 到 $P_0P'_0$ 的垂直距离 H_A 和 H_B 为 A、B 两点的绝对高程。地面点到任一水准面的高程,称为相对高程;A、B

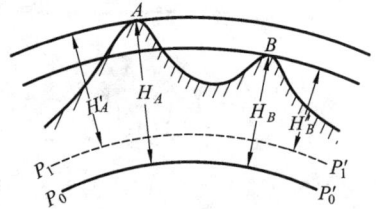

图 5-4　地面点的高程

两点至任一水准面 $P_1P'_1$ 的垂直距离 H'_A 和 H'_B 为 A、B 两点的相对高程。

2. 中国常用坐标系

我国测绘工作中,常用的坐标系主要有 WGS-84 坐标系、1954 年北京坐标系、1980 年西安大地坐标系和 2000 国家大地坐标系。

(1)WGS-84 坐标系

WGS-84 坐标系的全称是 World Geodical System-84(世界大地坐标系-84),它是一个地心地固坐标系统。WGS-84 坐标系统由美国国防部制图局建立,于 1987 年取代了当时 GPS 所采用的坐标系统——WGS-72 坐标系而成为目前 GPS 所使用的坐标系统。WGS-84 坐标系的坐标原点位于地球的质心,Z 轴指向 BIH1984.0 定义的协议地球极方向,X 轴指向 BIH1984.0 的启始子午面和赤道的交点,Y 轴与 X 轴和 Z 轴构成右手系。WGS-84 系所采用椭球参数为:

$$a = 6378137 \text{ m}$$
$$f = 1/298.257223563$$
$$\overline{C}_{20} = -484.16685 \times 10^{-6}$$
$$\omega = 7.292115 \times 10^{-5} \text{ rad} \cdot \text{s}^{-1}$$
$$GM = 398600.5 \text{ km}^3 \cdot \text{s}^{-2}$$

(2)1954 年北京坐标系

1954 年北京坐标系是我国目前广泛采用的大地测量坐标系。该坐标系源自于前苏联采用过的 1942 年普尔科夫坐标系。建国前,我国没有统一的大地坐标系统。建国初期,在苏联专家的建议下,我国根据当时的具体情况,建立起了全国统一的 1954 年北京坐标系。该坐标系采用的参考椭球是克拉索夫斯基椭球,该椭球的参数为:

$$a = 6378245 \text{ m}; \ f = 1/298.3$$

遗憾的是，该椭球并未依据当时我国的天文观测资料进行重新定位，而是由前苏联西伯利亚地区的一等锁，经我国的东北地区传算过来的，该坐标系的高程异常是以前苏联1955年大地水准面重新平差的结果为起算值，按我国天文水准路线推算出来的，而高程又是以1956年青岛验潮站的黄海平均海水面为基准。

1954年北京坐标系建立后，全国天文大地网尚未布测完毕，因此，在全国分期布设该网的同时，相应地进行了分区的天文大地网局部平差，以满足经济和国防建设的需要。局部平差是按逐级控制的原则，先分区平差一等锁系，然后以一等锁环为起算值，平差环内的二等三角锁。平差时网区的连接部仅作了近似处理，如有的仅取两区的平差值，当某些一等锁环内的二等网太大，在当时的计算条件下无法处理时，也进行了分区平差，连接部仍采用近似处理的方法。

(3)1980年西安大地坐标系

1978年，我国决定重新对全国天文大地网施行整体平差，并且建立新的国家大地坐标系统，整体平差在新大地坐标系统中进行，这个坐标系统就是1980年西安大地坐标系统。该系统中地球椭球参数的4个几何物理参数采用了IAG 1975年的推荐值，它们是：

$$a = 6378140 \text{ m}$$
$$GM = 3.986005 \times 10^{14} \text{ m}^3 \cdot \text{s}^{-2}$$
$$J_2 = 1.08263 \times 10^{-3}$$
$$\omega = 7.292115 \times 10^{-5} \text{ rad} \cdot \text{s}^{-1}$$

椭球的短轴平行于地球的自转轴(由地球质心指向1968.0 JYD地极原点方向)，起始子午面平行于格林尼治平均天文子午面，椭球面同似大地水准面在我国境内符合最好，高程系统以1956年黄海平均海水面为高程起算基准。

(4)2000国家大地坐标系

上世纪建立1954年北京坐标系和1980年西安坐标系，为测制各种比例尺的地形图和国民经济与社会发展提供了基础测绘保障。随着社会进步，国民经济建设、国防建设和科学研究等均对国家大地坐标系提出了新的要求，迫切需要采用原点位于地球质量中心的坐标系统(以下简称地心坐标系)作为国家大地坐标系。采用地心坐标系，有利于采用现代空间技术对坐标系进行维护和快速更新，测定高精度大地控制点三维坐标，并提高测图工作效率。

国务院批准自2008年7月1日启用我国地心坐标系即2000国家大地坐标系，英文名称为China Geodetic Coordinate System 2000，英文缩写为CGCS2000。

国家大地坐标系的定义包括坐标系的原点、3个坐标轴的指向、尺度以及地球椭球的4个基本参数的定义。国家大地坐标系的原点为包括海洋和大气的整个地球的质量中心；Z轴由原点指向地球参考极的方向；X轴由原点指向格林尼治参考子午线与地球赤道面的交点；Y轴与Z轴、X轴构成右手正交坐标系。地球椭球参数的数值为：

长半轴　　　　　$a = 6378137 \text{ m}$

扁率　　　　　　$f = 1/298.257222101$

地心引力常数　　$GM = 3.986004418 \times 10^{14} \text{ m}^3 \cdot \text{s}^{-2}$

自转角速度　　　$\omega = 7.292115 \times 10^{-5} \text{ rad} \cdot \text{s}^{-1}$

在国家测绘局统一领导下，国务院各有关部门和各级测绘行政主管部门分工负责，正在进行各类基础测绘成果和基础地理信息数据库的坐标系转换，完成各类地图数据库及地理信息系统的坐标系转换，建立各地相对独立的平面坐标系统与2000国家大地坐标系的有效联系。拟用8~10年的时间，完成现行国家大地坐标系向2000国家大地坐标系的过渡和转换。

5.1.2　矿山信息集成的时间框架

客观的矿山信息并不是一成不变的，会随着时间的演化自然或人为地发生变化。矿山空间数据的时态特性使得矿山空间数据形成空间数据系列。矿山空间数据实时获取与快速、高效的更新技术，以及如何动态、一致地管理空间数据系列，是数字矿山者面临的艰巨任务。

如果不考虑空间数据发生变化的现象原因，仅考虑其时间特性，则可分为周期性时态空间现象和非周期性时态空间现象。对于周期性时空现象又可将其周期划分为长周期、中间周期和短周期。

周期性现象的时空表达可应用圆周划分对应的空间事件和空间实体来记录空间现象，并表达基本的时空关系。此表达法的基本原理是建立圆周划分的时间刻度与空间坐标实体和量化的空间现象的基本影射关系，形式化该关系并在合适的系统中实现。

非周期性现象的时空表达可将时间处理为事件时间和系统时间。

(1)对于矢量数据引入时间维后，可将矢量对象标记为版本矢量对象，有3种方法：①当一个或若干个对象在一次事件中发生变化时，对这些对象所涉及到的关系表重建一个新的版本；②对变化的对象给定一个新的版本；③仅对对象变化所涉及到的属性字段增加一个新的值。其中，第1种方法冗余度是最大的；第3种方法最理想，不仅数据的冗余度最小，而且在一条记录中记录了历史信息，但第3种方法不符合关系模型的基本范式要求。所以人们当前的研究大多集中在第2种方法上面。

(2)对于非矢量数据，如影象数据的时空关系的表达，是通过分析多时相影象数据的时间相关性，并提取时间相关的空间现象与实体，后期的时空数据组织与管理可纳入到矢量数据的版本管理框架中。

体现时态属性的空间数据强化了基于空间数据的决策支持功能。决策支持的基本技术特点是依据历史推断下一步或未来，时空数据系列使决策依据的样本更具客观性。

5.2　矿山信息管理与更新

矿山信息的管理与更新是一个倍受关注的问题。由于我国的矿山数据库的建设起步晚，许多重要的数据库刚刚完成或正在建设中，矿山信息管理与更新的研究还很薄弱。遥感数据和遥感技术在数据更新中已越来越重要，利用大比例尺地图对小比例尺地图进行级联更新是一种重要途径，矿山地理空间数据更新应注意整合利用各类行业数据资料。

5.2.1　矿山信息资源整合与规划

现代企业信息服务技术，在技术结构上已从传统的基于需求分析来定义功能模块、进行软件开发、提供孤立的信息服务，改变为分析企业战略、组织结构，梳理业务流程，在此基础上对业务流程进行流程建模和对组织结构进行结构化建模，并在企业应用集成环境进行业务系统或模块集成，在企业门户中进行信息资源集成管理和共享服务。

1. 矿山空间信息资源整合

"数字矿山"建设中，很重要也很困难的一个问题是对现有各部门、相关行业、相关领域的信息资源最大限度地集成与利用，即对现有信息资源进行改造与开发。

（1）矿山信息资源整合的原则

鉴于矿山信息资源整合的复杂性，具体实施时应遵循的基本原则是：统一标准，统一框架；一库多用；分步改造；力求标准；数据、文档和质量控制同步考虑。

（2）信息资源整合的内容

从数据库标准、数据格式、文档形式和数据质量控制等方面入手，对现有数据库进行标准化、空间化改造。

（3）信息资源改造流程

对现有数据资源进行标准化、空间化改造的基本流程如下：

数据库平台选择：采用 C/S 或 B/S 结构进行数据库的网络化改造，采用大型关系数据库系统作为平台。

数据标准化改造：包括数据分类、编码、空间数据配准（统一到同一种坐标系）、数据格式转换等。

数据库结构改造：包括调整和改善数据库结构、建立属性数据（含统计数据）与空间数据关联。

数据质量控制：包括数据几何精确性、逻辑一致性、数据完整性、数据时间性与更新等。

数据划分与提交：区分集中共享、分布无偿共享与分布有偿共享，并确立用户级别。

建立数据库服务器及相关文档：将改造过的数据导入数据库，建立数据库服务器，提交数据库改造报告、数据字典及使用说明等相关文档。

（4）信息资源整合的关键技术

信息资源整合的关键技术包括信息分类编码转换模型与改进技术、多源空间数据的标准化与一致性改造技术、统计数据与站点观测数据的连续空间化技术、海量空间数据的压缩传输与快速空间索引技术、海量数据管理和维护技术等。

2. 矿山空间信息资源规划

数字矿山工程是一项复杂工程，涉及矿山企业内部各单位、政府管理部门、矿山供应链上下游单位、客户关系等。为建设和实施数字矿山工程，需要进行规范全面的数字矿山信息资源规划设计，具体包括以下内容：

（1）矿山信息基础设施规划设计：包括网络基础设施、信息安全基础设施。

（2）矿山基础数据库规划设计：包括矿山基础地理信息数据库、人力资源数据库、设备信息数据库、煤矿地质数据库、通风、瓦斯数据库。

（3）数字矿山需求分析和业务模型规划设计：要求以规范化、标准化的方式表达需求分析各阶段和过程的结果，尤其关注需求分析各阶段内容与实现技术的衔接；需求分析应准确把握矿山生产、管理、经营、保障的业务现状，以及相关行业和支持部门的业务现状和发展。全面完整抽象出符合矿山发展和可以得到支持的业务模型，既要考虑矿山的业务现状模型，又要考虑数字矿山环境现代矿山的业务模型。业务模型流程的定义、表达应支持业务流程的重组和柔性、动态。

（4）矿山公共信息平台规划设计：包括数据交换中心、平台系统支撑环境、业务模型系统支持、办公自动化支持、系统接入方式支持和系统扩展、增值应用开发支持、一站式门户网站系统支持、一站式业务系统门户网站下的业务基础支持系统设计、服务系统设计、应用系统设计、个性化服务和定制、智能代理、目录服务、虚拟企业服务和社区服务；业务系统的安全控制和访问设计（含商业秘密和隐私的保护）；业务系统的管理设计。统一的安全控制平台设计——安全控制模式、体系和系统安全控制设计和数据备份、容错、容灾系统设计，系统管理设计。

（5）矿山信息资源标准建设：构建中国数字矿山 cmXML 或 cXMML 数据标准体系。

（6）数字矿山业务系统和管理系统建设：包括集团公司管理系统、通用管理系统、生产管理系统、辅助生产管理系统、矿区社区管理系统、办公自动化系统、客户关系管理、工业控制和生产现场管理系统、会议电视系统、决策支持系统、门户网站系统、接入系统、用户服务系统等。

（7）数字矿山建设工程风险评估和分析：风险管理包含了安全行为的整个范围，包括物理、技术、管理控制和进程，它导致解决安全问题合理的性能价格比。风险管理有三个基本的要素：安全措施的选择、确认和鉴定，对意外事件的计划。从完整性风险、存取风险、获得性风险、体系结构风险和其他相关风险方面，对数字矿山设施层、网络层、平台层、数据管理层、应用层和程序层的风险进行论证分析，提出风险管理的战略和政策、资源配置、风险监控和技术结构。

（8）数字矿山系统集成方案：包括说明支持应用系统的软硬件平台选择、集成方式。主要包括：① 系统平台选择：系统结构、软件及中间件、硬件。② 系统集成：设备集成方案、应用集成方案。

（9）数字矿山投资效益分析：从社会效益和经济效益两方面对数字矿山的建设进行全面的效益分析和评估，特别是可预见效益的投入产出分析。

（10）数字矿山工程建设监理：实施三监理（事前监理、事中监理和事后监理）、三控制（质量控制、投资控制和进度控制）和二管理（合同管理、信息管理）。要求给出监理规划和监理实施细则。

（11）数字矿山质量保证体系：包括总体要求、文件要求、质量手册、文件控制、记录控制等。

5.2.2 矿山信息的管理模式

矿山信息是一个复杂的数据集，包括矿山资源信息、生产信息、安全信息、管理信息、人力资源信息、客户关系信息、供应链信息、仓储信息、市场信息和设备设施信息等。矿山信息数据库是一个海量数据库，是多源、多尺度和多类别的综合数据库。

矿山信息的多源性一方面表现为数据获取手段的多样性，如测量、调查、统计汇总、现有资料数字化、影像数据获取等；另一方面对于不同的数据采集方法和管理系统，数据也具有不同的存储、交换格式。不同的数据获取方式或数据表达方式，其数据格式存在较大的差异，如影像数据和矢量数据、DEM 与图表等。这些问题无疑给多源数据的集成管理与应用带来了技术难度。数据格式、语义描述的不统一使得矿山数据的集成管理和应用变得非常复杂，甚至不可行。直接数据格式转换中的语义丢失和数据版权问题、数据互操作模式的效率、支持软件系统和相适应系统体系架构问题，以及直接数据访问的非交换数据格式不公开等问题，使得这一领域的进展与应用的需求存在较大的差距。

如何在动态、异构组织间实现协同的资源共享以及协同解决某一需求问题？网格技术可为矿山信息资源共享、交换和互操作提供了新的技术平台。网格是构筑在互联网上的一组新兴技术，它将高速互联网、高性能计算机、大型数据库、传感器、远程设备等融为一体，让资源共享和协同问题求解能够在一个动态的、多机构的虚拟结构中进行,为人们提供更多的资源、功能和交互性。

信息网格是要利用现有的网络基础设施、协议规范、Web 和数据库技术,为用户提供一体化的智能信息平台,其目标是创建一种架构在 OS(操作系统)和 Web 之上的基于 Internet 的新一代信息平台和软件基础设施。在这个平台上,信息的处理是分布式、协作和智能化的,用户可以通过单一入口访问所有信息。信息网格追求的最终目标是能够做到按需服务(Service On Demand)和一站式的服务(One Click Is Enough)。信息网格要解决的信息共享不是一般的文件交换与信息浏览,而是要把所有个人与单位连接成一个虚拟的社会组织(Virtual Organization),实现在动态变化环境中有灵活控制的协作式信息资源共享。信息服务网格与 Web 最大的区别是一体化,即用户看到的不是数不清的门类繁多的网站,而是单一的入口和单一系统映象。

基于信息网格技术,可以在矿山现有信息基础设施的基础上进行信息资源整合,构建矿山统一资源集成信息服务平台,进行分布式矿山信息管理、共享与计算,如图 5 – 5。

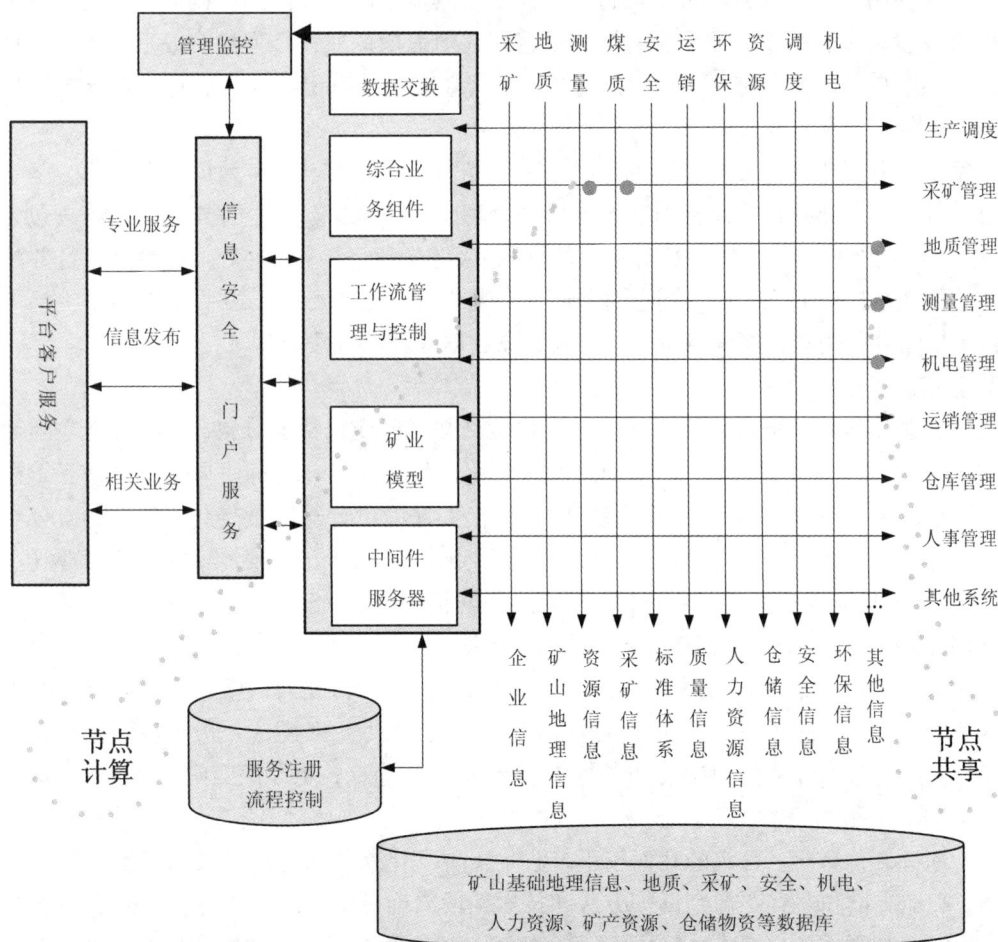

图 5 – 5　矿山统一资源集成信息服务平台

5.2.3 矿山信息的更新方式

矿山信息的更新分为空间信息更新和非空间信息更新两个方面。其中，经营、管理、人力等非空间信息更新属于一般关系型数据更新的技术范畴，可采用通用的关系型数据库管理、维护与更新的模式与方法，不赘述。地测、设计、生产等空间信息更新比较复杂，可采用空间数据库更新的主要技术，如空间目标综合、数字合并、遥感影像更新等手段。

1. 空间目标综合

通过空间目标综合技术建立多尺度空间数据库，同时完成由多源空间数据、大比例尺空间数据自动更新小比例尺空间数据库，是空间数据库更新和整合的主要技术，在矿山空间数据更新方面同样适用。

2. 数字合并

数字合并（Conflation）是将不同的数据源合并为一个新的、最优的数据集的算法过程，新和优表现在空间和属性两个方面。数字合并算法的技术关键是如何自动探测候选的匹配地物特征要素。利用数字合并算法可实现将一组弧段与其他不同精度的弧段匹配，匹配对应关系是一对多或多对多的关系。数字合并同时可将合并前弧段的属性传递给合并后的对象，传递过程并不是简单的属性数据相加，而是通过一种智能算法计算出与合并后对象匹配的属性集的过程，如图 5-6（见附录）所示。

数字合并算法为多源数据整合、分析与应用提供了有效方法，有地图合并计算、基于点的合并计算、基于线的合并计算和基于规则的合并计算等模式。通常的数字合并算法包含三步迭代过程：特征匹配、聚焦区域对象重新排列、定位和解决属性冲突。线性数字合并的算法过程主要为：探测同态对象，同态对象匹配。数据库匹配对数字合并算法提出了更高的要求，目的是综合利用数据库信息资源，提供多源数据匹配的方法模型。

3. 遥感影像更新

利用遥感影像对新旧数据源进行快速变化检测并提取变化特征对象，可以实现空间数据的快速更新。可以通过数据对比、匹配来检测变化区域、特征和目标。典型方法有：①模板匹配法：通过模板与影像场中被模板覆盖区域的相关性度量计算搜索变化区域；②微分纠正法：以全自动方式获取密集同名点对，并作为控制点，由密集同名点对构成密集三角网（小面元），利用小三角面元进行微分纠正，以实现影像的精确配准；③数学形态学方法：将大量复杂的图像处理运算用基本的位移和逻辑运算组合来描述和实现，利用数学形态学实现图像的增强、分割、边缘检测、结构分析、形态分析、骨架化、组分分析等，算法便于进行并行处理和硬件实现，从而提高影像处理的计算效率；④最小二乘影像匹配法：充分利用影像窗口内的信息，灵活地引入各种已知参数和条件进行整体平差计算，使影像匹配可达到 1/10 甚至 1/100 像素的高精度。

对于遥感影像数据，有效的几何校正方法是实现变化检测和特征提取的基础。通过已有地形图、实地丈量和遥感图像判读等方法和技术手段精确标定控制点和检查点的实地和图像位置，并应用 RTK GPS（实时动态卫星定位系统）精确测量控制点和检查点的点位，完成控制点的实地、图像标定和点位测量。图 5-7（见附录）为某区域控制点分布图，图 5-8（见附录）为通过实地量测距离在影像图上精确确定图像控制点位置的测量方法，图 5-9（见附录）为更新后的地形图与影像图叠置对照。

5.3 矿山信息分类与编码

面对海量的矿山信息，如何将它们进行有机的组织和有效的存储，以便数据库管理和检索应用，直接影响到矿山数据库乃至数字矿山的效率和功能。只有将矿山信息按一定的规律进行分类和编码，使其有序地存入计算机，才能对它们进行高效、有序、无错的管理与利用。因此，矿山信息的分类与编码是 MGIS 开发、数字矿山工程建设的基础与首要任务，包括矿山信息的分类、矿山信息的分类编码和矿山信息的空间编码 3 个重要方面。

5.3.1 矿山信息的分类

矿山信息包括空间信息与非空间信息两部分。其中，非空间信息是矿山所有与具体空间位置无关的信息的总称，如财务信息、工资信息、人力信息、经营信息等；而空间信息则是矿山一切与具体空间位置及地理空间分布有关的各种要素的图形信息、属性信息、统计信息以及时空关系的总称，包括地质信息、测量信息、设计数据、生产信息、安全信息等。

矿山信息分类是将具有不同属性或特征的矿山信息区别开来，这是矿山信息分类编码的基础。矿山信息分类方法一般有两种基本类型：即线分类法和面分类法。线分类法是一种层次分类法，将数据逐次分成有层级的类目，类目之间构成并列和隶属关系，形成串、并联结合的树形结构；面分类法是根据分类对象各自的特征，分成互不相关的面，相互之间没有从属关系，不同面之间不互相交叉、重复，且顺序固定。

一般地，矿山空间信息可以分为 3 类：

(1) 矿山基础信息：矿山基础信息是矿山最基本的地理信息，包括各种井上、井下测量控制点、高程点，地面水系、植被、地形、地貌、地物、地名以及某些属性信息等，表现形式有地形图、地貌图、地籍图、测量控制图等。矿山基础信息反映矿山的基本面貌和状态，并作为各种专题信息、综合信息空间定位的背景、框架和载体。矿山基础信息具有空间性、统一性、精确性、基础性和时效性等特点。

(2) 矿山专题信息：矿山专题信息是指与采矿活动直接相关的各类专业信息，如采矿要素的空间分布及其规律，包括地层结构、矿体储量与分布、井巷设施、采掘工作面、机电运输、瓦斯运移、水文动态等，表现形式有地质剖面图、矿体底板等高线图、储量分布图、采矿设计图、采掘工程平面图、机电布置图、通风网络图、水文地质图等。矿山专题信息是矿山基础信息的拓展，矿山基础信息是矿山专题信息公共的空间定位的背景、框架和载体。矿山专题信息具有空间性、统计性、专业性、时效性等特点。

(3) 矿山综合信息：矿山综合信息是在矿山基础信息和矿山专题信息的基础上，针对特殊应用而叠加、复合、提炼生成的综合性矿山信息，包括矿山开采损害、矿区环境影响、矿区土地整治等，表现形式有矿井上下对照图、开采损害分布图、环境影响分布图、土地复垦规划图等。矿山综合信息主要表示矿区某一综合领域的多种要素的空间分布、趋势及其相互作用。矿山综合信息具有空间性、综合性、相关性、时效性等特点，是矿山基础信息、矿山专业信息的延伸和复合。

5.3.2 矿山信息的分类编码

矿山信息的分类编码是以矿山信息分类为基础，将矿山信息分类结果用一种易于被计算机和用户识别的符号体系表示出来，是人们统一数据、交换信息的重要手段。编码的直接产物是代码，即表示特定信息的一个或一组有序排列的符号。代码一般由数字、字符或两者混合构成。在设计时，可以在特定字段用字符或数字表示特定的含义。

数字矿山体系中的图形信息和属性信息均应进行科学、一致的分类编码，进而生成相应的图形分类编码、符号分类编码和属性分类编码，作为矿山数据库建设的基础。

1. 矿山信息的分类与编码原则

矿山信息的分类与分类编码应遵循以下原则：

(1)科学性：应以适合计算机和用户对矿山数据进行处理、管理和应用为目标，矿山信息分类与分类编码要根据矿山信息的具体特征，结合国家、矿业及相关行业标准，进行严格、一致、科学的分类与分类编码；

(2)系统性：应按系统学的原理和方法进行类别的横向与纵向划分，形成系统的、有机的统一整体，各类别及各级子类既反映相互之间的区别，又反映彼此之间的联系；

(3)唯一性：应选择合理的顺序和规律排列分类编码，某一要素的分类编码应在整个系统中是唯一的，同一类要素的分类编码可以相同，但同一要素类中的不同实体的编码必须具有唯一性；

(4)完整性：应使分类体系总体上具有概括性和包容性，能容纳矿山各专业领域现有的和将产生的各种信息，分类既要反映要素的属性特征，又要反映要素间的相互关系；

(5)灵活性：应使分类体系在完整性基础上具有可修改、可更新性，以便在必要时删除或扩充新的类别，并允许用户增加新信息并与原信息无缝结合，而不影响已有的分类和分类编码体系；

(6)稳定性：应以国家、矿业或相关行业的分类与分类编码标准、规范为基础，以各要素的最稳定属性或特征为依据；分类方案及对应的分类编码方案应在较长时间内不发生重大变更，分类代码的数值必须稳定，一旦确定就不再变更；

(7)适用性：应使编码尽量简短且分类与分类编码便于使用，在反应足够信息量的前提下尽可能压缩不必要的码位，使代码的长度尽可能简短且便于记忆；不同的编码方案之间要具有可移植性，分类名称应不发生概念混淆和歧义，以便实际应用。

2. 矿山信息的分类编码技术

本节主要介绍矿山图形信息、矿图符号和对象属性的分类编码技术。

(1)图形信息的分类编码

图形信息分类可采用5级线分类法，其编码由主码和副码组成。

①主码，即分类码：是一种根据矿山信息分类体系设计出来的分类编码，它是直接利用信息分类的结果，用以标识不同类别的信息。

通常，可将矿山图形信息逐层分为5个级类，上级类是下级类的父类，一个上级类划分为若干下级类，同级类之间形成并列关系，不能相互交叉重叠，并对应同一上级父类。主码由数字或字符混合构成，保证不同类别矿山信息的识别码在全矿区内是唯一的。

以煤矿为例，可将矿山信息分为控制点、井巷设施、生产设施、水系及附属设施、交通运输设施、建筑厂矿设施、储量管理、地面地形地貌、勘探工程、地面隐蔽工程、线路和垣栅、地质构造、矿井水文工程和岩移观测站等14个基本类，并对各类进行相应的编码，进而形成一套比较完善的图形分类体系结构。在此基础上，可对八大矿图的所属信息进行归类，提出了一套比较完善的矿图图形信息要素表。表5-1所示为煤矿主要井巷设施的分类编码。

表5-1 煤矿主要井巷设施的分类编码

分类码	级别类名称	分类码	级别类名称
20000	井巷设施	23200	运输巷道
21000	井窑	23210	运输大巷
21100	暗竖井	23220	集中运输大巷
21200	暗斜井	23230	采区运输大巷
21300	报废井筒	23240	采区内中间运输道
21400	生产小窑	23300	上下山
21500	报废小窑	23310	集中上下山
22000	井筒	23320	采区上下山
22100	主井	23400	风道
22200	副井	23410	回风大巷
22300	风井	23420	集中回风巷
22400	竖井	23430	采区回风巷道
22500	斜井	23500	溜煤眼
22600	平硐	23600	石门
23000	巷道	23610	开拓石门
23100	井底车场	23620	采区石门
23110	井底车场空车道	23700	其他巷道
23120	井底车场重车道	23710	采区硐室
23130	井底车场绕道	23720	人行道
		23730	安全出口

②副码，即实体标识码：是在图形分类的基础上，对某一类地物中的实体进行逐个命名识别，如对一个控制点、一个工作面或一条大巷等进行标识。它是在主码的基础上进行补充，用以弥补主码不能按实体进行个体分离的缺陷。通常，副码是在图形输入或数字化过程中由系统自动排序生成，也可以由用户交互式命名(数字或字母)来确定。

（2）符号的分类编码

矿山信息涉及面广，专业制图符号多种多样。传统的手工制图规范(《煤矿地质测量图例》，1989年版)较为系统地介绍了井下测量控制点、地层产状及接触关系、地质勘探、水文地质勘探工程等制图符号。计算机制图方式取代传统的手工制图之后，图形表达方式发生了巨大变化，一方面图形元素更加多样化，另一方面图形元素的线性、颜色、充填方式等丰富多彩。对如此种类繁多的符号进行分类编码同样十分重要。

可采用面向对象思想，应用基于构造函数的对象关系式符号库的设计方法来解决这一问题。首先，将图例符号按组成特征及处理特性分为点状符号、线状符号、面状符号及体状符号4大类；然后，采用对象关系数据库中的记录来存储它们的描述性信息，包括符号系统中共有的数据特征和不随位置变化的属性特征。这就使得自动成图时符号的配置独立于具体的图形符号，通过读取对象关系数据库中图例符号的描述性信息，并辅之以特殊的处理措施，就可以绘制出不同特征的符号，进而满足各种矿图符号组合绘制的需要。

该法的特点是可以交互式地设计图形符号，而无须修改程序。从而大大方便了符号库的维护与更新，并可通过修改符号库中的符号代码，方便地改变各类制图要素的编码方式。

由于符号的特点不同，它随比例尺相应可分为 3 种类别：不依比例尺变化、半依比例尺变化、依比例尺变化。在矿山符号库中要对后两种类型在库中设定一个标识字段表示 1∶200、1∶500、1∶1000、1∶2000 和 1∶5000 等 5 种比例尺类型，并设计不同的记录，但库中符号的分类码要相同。在图形窗中设置特定字段记录比例尺，当超出该符号的目前比例尺显示范围时，则系统自动调用相应比例尺的符号重新刷新图形。

（3）属性的分类编码

矿山属性的分类编码采用面分类法。分类结果是形成各个不同的属性字段，属性字段项的值可以是数值、字符或代码，但必须有一项是容纳实体的 UserID。采用面向对象思想，可用对象关系型数据库来管理属性信息数据库。

矿山对象属性的分类编码是基于图形信息分类的主码解决方案。在分类编码时，要考虑父类与子类之间的关系，使信息充分共享而不产生冗余；另外要选择合适的数据库产品（如 Access，SQL Server，Oracle 等），库结构设计时要在各码段中留有扩充余地，并压缩到最短的字段长。

以巷道为例，其属性分类编码如表 5 - 2 所示。

表 5 - 2　巷道属性分类编码表

分类编码	字段名称	字段类型
000	UserID	Char
23000	巷道名称	Char
23000a	巷道宽度	Float
23000b	截面类型	Char
23000c	截面面积	Double
23000d	巷道用途	Char
23000e	设计坡度	Float
23000f	支护方式	Char
23000g	掘进日期	Date
002	备注	Char

5.3.3　矿山信息的空间编码

矿山信息的空间编码是对矿山实体对象的空间位置的一种反映，具体体现了实体对象空间轮廓的定位信息，是矿山空间数据检索与查询分析的基础。一方面，可通过查找空间码来检索特定空间区域内的矿山实体对象；另一方面，可通过分析矿山实体对象的空间码来判断某矿山实体是否满足当前查询条件；此外，还可以通过比较矿山实体对象的空间码来判断矿山实体的空间关系，如是否相邻、相离或包含。矿山空间编码有基于高斯坐标系的无边界QuaPA编码方式和基于地心坐标系的SDOG编码方式，此处介绍QuaPA编码。

QuaPA（Quadrant label prefixed for Principal code and Auxiliary code）编码方法是一种适合区域边界动态发展和环境动态变化的实体空间编码方法，即含象限前缀的主副码耦合编码方法。QuaPA编码的实质是一种粗定区、精定位与局部标识相结合的空间网格编码方法，即以四叉树或八叉树（分别服务于二维和三维数据组织与空间索引）的象限标识来反映空间实体所在宏观象限区域，以Morton编码为主码来反映空间实体的具体位置，再以传统编码为副码来反映局部区域内空间实体的惟一检索标识，其灵活性和适用性较强。

1. QuaPA 编码过程

第一步：首先按确定的单元尺寸将3D目标域分割成3D空盒，然后由计算机自动计算确定每一空盒的Morton标识码。该标识码即为空盒内所有空间实体的公共主码；

第二步：采用属性数据和图形数据关联ID的传统编码技术（命名法或分配法），由用户对每一空盒内所包含的空间实体逐一命名或分配序列号。所命名或序列号即为相应实体的独立副码。

如果副码是用命名法，则副码是明确的和清晰的，但编码效率较低，尤其是码的后期维护比较复杂；如果副码是用分配法，则编码过程可由计算机自动完成，但空间数据库的查询不太方便。因此，两者各有优缺点，用户可根据需要灵活选择。

2. QuaPA 自动编码步骤

（1）定义3D区域的基准点为$O(x_0, y_0, z_0)$。对于单一矿山，可以定义为该矿主井井底车场的中心点；对于多矿或整个矿区，则可以考虑选择局办公楼的几何中心、旗杆点、某矿主井井口中心点或某一国家控制点。

（2）定义沿X、Y、Z轴的格网分割尺寸D_x、D_y、D_z。结合八叉树原理，D_x、D_y的定义同前，D_z则定义为$2^n m$（$n = 0 \sim 5$）。D_z中n的选择根据沿垂直方向地层结构的复杂性和变异频度进行确定：当变异频度很高时，可选取低值（$n = 0 \sim 1$）；当变异频度不是很高时，可选取中值（$n = 2 \sim 3$）；当变异频度很低时，可选取高值（$n = 4 \sim 5$）。

（3）将研究区域按尺寸（$D_x \times D_y \times D_z$）分割为3D空盒集，如图5-10所示。此时，各空盒的编码规则与基于线形八叉树（LOT）的Morton编码原理一致。

（4）计算任意实体A的主码：

①首先定义实体A的近基点：实体A的近基点$A_0(x, y, z)$为该实体的最小空盒中离基准点最近的角点，特征为：$\mathrm{Min}\left[(x - x_0)^2 + (y - y_0)^2 + (z - z_0)^2\right]$。当存在两个近基点时，任选其中一个。

②然后计算A_0所在空盒的十进制行号I（沿X轴）、列号J（沿Y轴）和层号（沿Z轴）：

$$I = \mathrm{int}\frac{|x - x_0|}{D_x}; \quad J = \mathrm{int}\frac{|y - y_0|}{D_y}; \quad K = \mathrm{int}\frac{|z - z_0|}{D_z} \tag{5-1}$$

③将A_0所在格网的十进制行列层号（I, J, K）转换为二进制行列层号（I', J', K'）。

④获取二进制行列层号（（I', J', K'）中每一位的二进制数P_{it}、P_{jt}、P_{kt}：

$$P_{it} = (I \& 2^{i-1}); \quad P_{jt} = (J \& 2^{i-1}); \quad P_{kt} = (K \& 2^{i-1}) \tag{5-2}$$

式中：&——"与"操作符；

　　　　t——位的序号，$t = 1, 2, \cdots, n$；（也需进行行列位长的补齐）。

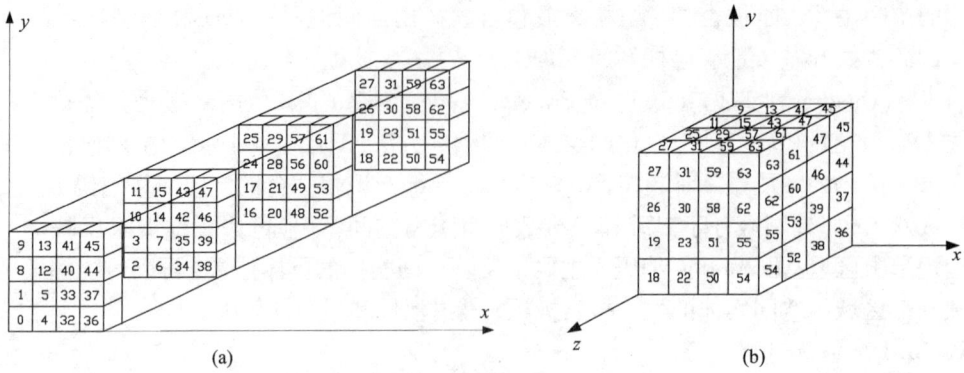

图 5 – 10 空盒分割及空盒编码示例

(a)分层展开；(b)3D 显示

⑤基于二进制行列号(I', J', K')计算实体 A 所在空盒的二进制 Morton 码：

$$I' = (i_n i_{n-1} \cdots i_1)$$
$$J' = (j_n j_{n-1} \cdots j_1)$$
$$K' = (k_n k_{n-1} \cdots k_1)$$
$$MT = i_n j_n k_n \ i_{n-1} j_{n-1} k_{n-1} \cdots\cdots i_1 j_1 k_1 \tag{5-3}$$

⑥加入象限标识，生成实体 A 的主码：按左手系定义分别以二进制(000)、(001)、(010)、(011)、(100)、(101)、(110)和(111)分别作为第 0 象限[$(x-x_0)<0$, $(y-y_0)<0$, $(z-z_0)<0$]，第 1 象限[$(x-x_0)<0$, $(y-y_0)>0$, $(z-z_0)<0$]，第 2 象限[$(x-x_0)<0$, $(y-y_0)<0$, $(z-z_0)>0$]，第 3 象限[$(x-x_0)<0$, $(y-y_0)>0$, $(z-z_0)>0$]，第 4 象限[$(x-x_0)>0$, $(y-y_0)<0$, $(z-z_0)<0$]，第 5 象限[$(x-x_0)>0$, $(y-y_0)>0$, $(z-z_0)<0$]，第 6 象限[$(x-x_0)>0$, $(y-y_0)<0$, $(z-z_0)>0$]和第 7 象限[$(x-x_0)>0$, $(y-y_0)>0$, $(z-z_0)>0$]。根据实体 A 的近基点 A_o 所在的象限位置确定其象限代码，并将该象限代码作为前缀加到实体 A 的 MT 码的首位，即得到实体 A 的主码 ID_1：

$$ID_1 = (象限代码) i_n j_n k_n \ i_{n-1} j_{n-1} k_{n-1} \cdots\cdots i_1 j_1 k_1 \tag{5-4}$$

3. QuaPA 编码实例

设已知某矿山的基点为 $O(543721.73, 20732478.55, -200.0)$，矿山实体 A 的近基点为 $A_0(543440.45, 20733562.185, -522.1)$。定义：$D_x = D_y = 2^6 = 64\ m$，$D_z = 2^4 = 16\ m$，那么：

$$I = \text{Int}(|543440.45 - 543721.73|/64)$$
$$= \text{Int}(|-281.28|/64) = \text{Int}(4.395) = 4$$
$$= (00100)_2$$
$$J = \text{Int}(|20733562.18 - 20732478.55|/64)$$
$$= \text{Int}(|1083.63|/64) = \text{Int}(16.9317) = 16$$
$$= (10000)_2$$
$$K = \text{Int}|-522.1 - (-200)|/16$$
$$= \text{Int}|-322.1|/16 = \text{Int}(20.13125) = 20$$
$$= (10100)_2$$
$$MT = (011000101000000)_2 = (25216)_{10}$$

可知实体 A 属于第 1 象限，故实体的主码为：

$$ID_1 = (001\ 011000101000000)_2$$

该主码占 3 个字节。

基于 QuaPA 编码，按一定的反演算法，就可准确、唯一地反算出该空间实体的大体空间位置，即实体近基点所在的三维空盒。

5.4 矿山空间信息的查询与共享

5.4.1 矿山空间信息的查询模式

空间查询的基础是空间索引。空间索引是指依据空间对象的位置和形状或空间对象之间的某种空间关系按一定的顺序排列的一种辅助性的空间数据结构，其中包含空间对象的概要信息，如对象的标识、外接矩形及指向空间对象实体的指针。实际上，QuaPA 编码、SDOG 编码等就是一种三维空间索引。空间索引介于空间操作算法和空间对象之间，通过对它的筛选作用，大量与特定空间操作无关的空间对象被排除，从而提高空间查询与检索的速度和效率。二维 GIS 中常见的空间索引技术一般是自顶向下、逐级划分，比较有代表性的包括 BSP 树、K-D-B 树、R 树、R+ 树和 CELL 树等。

目前大多数成熟的商品化 GIS 软件的查询功能都可实现对空间实体的查找，如查找空间实体和空间范围（由若干个空间实体组成）以及它们的属性，并显示出该空间对象的属性列表，并进行统计分析。矿山空间查询的基本模式有两种：

（1）基于属性特征查询

利用 SQL(Spatial Query Language)，可以在属性数据库中很方便地实现属性信息的复合条件查询，筛选出满足条件的空间实体的标识值，再到空间数据库中根据标识值检索到该空间实体。

（2）基于空间关系和属性特征的查询（SQL）

空间实体间有着许多空间关系（包括拓扑、顺序、度量等关系），基于 SQL，可以实现基于空间关系和属性特征的联合查询，提高查询的准确度。

5.4.2 矿山信息的共享利用

数字矿山建设中，信息孤岛和数字鸿沟是信息资源共享应用面临的现实问题。信息共享平台是解决矿山信息共享问题的关键。矿山信息共享平台的实现，其核心是构建基于数字矿山统一信息模型 cXMML 或 cmXML 标准体系的矿山数据交换系统。

1. 矿山信息的共享模式

矿山信息共享可以有集成共享、集中与分散相结合、分布式存储与集中共享、分散共享共 4 种基本模式。

（1）集成共享模式

其特点是数据集中存放、集中管理、统一发布。各部门的数据统一提交到信息中心的服务器上，由信息中心对数据进行分类综合后，根据数据的公开程度分别在内外网上统一发布，以下载方式提供给用户。此种模式的关键是网站建设，其优点是数据不分类型，技术实现简单；缺点是共享方式单一，数据更新复杂。

（2）集中与分散相结合共享模式

其特点是共享数据集中存放、专题数据分布式存放，信息共享平台帮助用户查询检索到所需数据并提供下载式服务，用户可以以共享数据库为背景建立自己的专业应用系统。此种信息共享模式的关键技术是分布式数据库技术和数据字典。其优点是：不涉密的共享数据由数据中心数据库统一存储和管理，对于用户发送的请求可直接回复；专题数据由各职能部门的专题数据库负责管理和维护，用户的数据请求由信息中心在各专题数据库中统一查询和检索，检索到的数据由各专题数据库以各种方式返回给用户。缺点是：信息集成度不高，对专题数据，数据中心只能起到"中介"的作用；且由于各专题数据库内容、架构、功能等的不同，信息共享会受到影响。

（3）分布式存储与集中共享模式

其特点是共享数据由数据中心数据库统一存放，专题数据由各职能部门专题数据库负责存放，用户的数据和功能请求发送到数据中心，数据中心根据请求在中心数据库及各专题数据库中组织数据，并处理成用户所需要的结果返回给用户。此种模式的关键技术是分布式数据库技术、数据字典和数据融合技术。其优点是：所有数据均由数据中心统一发布，数据集成度高，便于综合利用，用户不仅可以将共享数据下载建立自己的专业应用系统，而且中心可以根据用户需求在信息共享平台上直接定制自己的功能需求，得到所需结果，以满足大多数公众的信息共享需求。缺点是：对中心服务器端要求高，技术难度大，除具备数据查询检索功能外，还必须具备数据处理、数据融合等功能。

（4）分散共享模式

这是一种基于元数据的信息交换平台，它是将任意格式的数据存储在任意一个分布式数据服务器上，而将其元数据登录到元数据服务器；分布式数据服务器通过 Internet/Intranet 连接，可以随数据量增大、新数据库加入和共享用户的增加而随时扩展；用户可以通过 C/S 或 B/S 分别指定数据，登录元数据，查询元数据及下载所需数据。其优点是信息共享平台通过元数据和网络管理分布在不同部门的不同类型、不同格式的数据，使这些数据可以在不同部门和业务系统之间进行交换和共享利用，简便易行；其缺点是对用户要求较高。

2. 矿山信息共享的标准体系

信息共享，标准先行。标准体系及其推广应用的严重滞后，是当前制约矿山信息共享和数字矿山工程实施的关键之一。在我国信息化建设的"统筹规划、国家主导、统一标准、联合共建、资源共享"的 20 字方针中，标准化与信息共享是核心。

（1）标准化体系的建设原则

"数字矿山"标准体系建设，应充分遵循国家标准 GB/T13016 - 1991《标准体系表编制原则和要求》的有关规定，不仅要注重总的分类合理和结构科学，考虑到"数字矿山"的不断发展和应用对标准的不断更新、扩展和延伸，还应注意与有关的国家标准和国际标准的相互衔接。所以，"数字矿山"标准体系的建设应遵循科学性、全面性、系统性、先进性、预见性和可扩展性原则。

（2）标准体系建设内容

标准化体系由标准化框架、标准体系编制说明和标准体系表 3 部分组成。作为"数字矿山"标准体系构架，包括信息化基础标准、信息网格与计算机基础标准、信息分类与编码标准、信息应用标准和信息安全标准。标准体系编制说明，应说明"数字矿山"标准的构成及其技术与应用依据，指明可引用的国家标准、国际标准或国外先进标准，说明标准的使用范围。

标准体系表，即依据标准体系框架制定标准体系类目表，每个类目表自成一个分体系，每个分体系再进一步细化，形成按分体系编制的标准体系表，作为实施具体标准编写的依据。

（3）标准体系建设策略

"数字矿山"标准体系建设涉及到多个学科，而且需投入大量的人力、物力和资金，某个矿山要建立一个完整的"数字矿山"标准体系是困难的，应采取直接引用国际、国家和行业标准，参考数字矿山建设取得经验的规范标准体系，单独编制无直接引用、也无参考蓝本的标准。

3. 矿山信息共享的政策法规

中国有句古话"没有规矩，不成方圆"。科学、合理的政策法规是实现信息共享的重要因素。概括起来，信息共享政策法规可以分为与信息共享的技术管理有关的政策法规、与信息共享的经济管理有关的政策法规、与信息共享的社会管理有关的政策法规等3类。目前，在信息共享方面存在许多问题，归纳起来主要有：部门所有，互相封锁；缺乏应有的沟通平台；缺乏稳定的高层协调和信息共享机制等。因此，国家需要建立和完善与信息共享协调管理有关的政策、与信息共享计划管理的有关的政策、与信息共享市场培育管理有关的政策和与信息共享安全管理有关的政策等。在此基础上，沿用到数字矿山领域，制定相应的解决矿山信息共享的政策法规。

4. 矿山空间信息共享的技术模式

（1）基于直接访问模式的互操作方法

直接访问是指在一个 GIS 软件中实现对其他软件数据格式的直接访问，用户可以使用单个 GIS 软件存取多种数据格式。直接数据访问不仅避免了繁琐的数据转换，而且在一个 GIS 软件中访问某种软件的数据格式不再要求用户拥有该数据格式的宿主软件，更不需要该软件运行。直接数据访问提供了一种更为经济实用的多源数据共享模式。

（2）基于公共接口访问模式的互操作方法

通过国际标准化组织（如 ISO/TC211）或技术联盟（如 OGC）制定空间数据互操作的接口规范，GIS 软件商开发遵循这一接口规范的空间数据的读写函数，可以实现异构空间数据库的互操作。对于分布式环境下异构空间数据库的互操作而言，空间数据互操作规范可以分为两种方式。

其一，基于 COM 或 CORBA 的 API 函数或 SQL 的接口规范。通过制定统一的接口函数形式及参数，不同的 GIS 软件之间可以直接读取对方的数据。它有两种实现可能，一种是 GIS 软件的数据操纵接口直接采用标准化的接口函数，另一种是某个 GIS 软件已经定义了自己的数据操纵函数接口，为了实现互操作的目的，在自己内部数据操纵函数的基础上，包装一个标准化的接口函数，亦可实现异构数据库互操作的目的。基于 API 函数的接口是二进制的接口，效率高，但安全性差，并且实现困难。

其二，基于 HTPP（Web）XML 的空间数据互操作实现规范。它是关于数据流的规范，与函数接口的形式和软件的组件接口无关。它遵循空间数据共享模型和空间对象的定义规范，即可用 XML 语言描述空间对象的定义及具体表达形式，不同 GIS 软件进行数据共享与操作时，将系统内部的空间数据转换为公共接口描述规范的数据流（数据流的格式为 ASCII 码，如 GML），另一系统读取这一数据流进入主系统并进行显示。

以上两种空间数据互操作方式，基于 API 函数的互操作效率较高，基于 XML 的互操作适应性较广，但是效率可能较低。基于 API 函数的互操作系统往往用于部门级的局域网中，而基于 XML 的互操作系统一般用于跨部门、跨行业、跨地区的互联网中。因此，数字矿山工程建设中，适合采用基于 API 函数的互操作系统进行矿山空间信息共享利用。

5.5 矿山数据挖掘与知识发现

5.5.1 可挖掘的矿山知识与作用

数据挖掘（Data Mining，DM）通常被视为从数据库中发现知识（knowledge discovery in database，KDD）最重要的操作，其目的是把隐含的存储在大型数据库、数据仓库和其他大规模信息存储器中的知识模式自动或方便地提取出来。矿山数据挖掘就是从海量的矿山数据中挖掘、发现对矿山系统内在的、有价值的矿山信息、规律和知识的过程。这些矿山信息、规律和知识可对矿山的安全、生产、经营与管理发挥预测和指导使用。作为数字矿山有机组成部分的矿山数据挖掘技术被称为数字矿山的包装系统，没有先进的矿山数据挖掘技术就无法展示矿山多源数据中蕴含的内在信息和规律，也就称不上真正的数字矿山。

1. 可挖掘的矿山知识

由于矿山资源及其开采的特殊性，矿山数据挖掘所能发现的知识有其显著的特点。通常，可从矿山空间数据库中挖掘出的矿山知识主要包括以下几个方面：

（1）概括知识：概括性知识是通过对矿山数据的微观特性研究，发现其表征的、带有普遍性的、较高层次概念的、中观和宏观的知识，反映的是同类矿山的共同性质，是对数据的概括、精炼和抽象。概括性知识既可以选择矿山作为挖掘对象，发现矿山生产与经营之间的概括性知识；也可以选择特定事件如安全事故（顶板突水、瓦斯突出等）为挖掘对象，发现特定安全事故发生的概括性知识，从而为事故预防提供支持。

（2）关联知识：关联知识反映的是一个事件和其他事件之间依赖或关联的知识。如煤层厚度及底板标高变化等因素都与矿井构造的发育有关，大断层与小断层也有相关性，地下开采与地面塌陷之间的相关性非常显著，采煤设备运转状态与工作面安全状况也密切相关。通过对不同因素之间的关联规则定性和定量的挖掘与描述，即可以使得用某些因素预测另外一些因素成为可能。

（3）序列知识：矿山所处的地理空间是一个三维、动态的区域，矿产资源开发导致资源赋存区几何和物理形态的直接变化，进而引发邻近区域、上覆岩层和地表的变形，时空动态性是矿山信息的一个典型特点。根据空间实体随时间变化的情况，应用矿山数据挖掘技术预测将来的值，发现和利用序列规则，如预测矿产资源储量变化、资源开采动态过程中的地表变形等，都可以采用数据挖掘技术作为支持。

（4）分类知识：分类知识反映的同类事物共同性质的特征型知识和不同事物之间的差异型特征知识。最为典型的分类方法是基于决策树的分类方法，如矿山事故的分析，围岩稳定性分析，矿山地质条件的分类等。在矿山地质评价当中，评价单元内存在内蕴知识，若干单元存在部分一致的分类知识。

（5）异常模式：异常探测是数据挖掘应用于矿山的一个非常重要的方向，特别是对实时矿山生产设备运行状态监测、矿山安全监测信息进行数据挖掘处理，发现异常模式，往往能够对可能影响生产和安全的因子进行提前识别，发现设备运行异常、安全监测指标异常（如瓦斯浓度、顶板压力等），为及时采取有效对策提供支持。

（6）特征规则：是某类或几类空间实体的几何和属性的共同特征。共性的几何特征指某类实体的数量、大小和形态等一般特征，足够多的样本的直方图可以转换为先验概率知识。空间区分规则（Spatial discriminant rules）指两类或几类空间实体之间的不同空间特征规则。其中，空间分布规则是主要的区分规则。

2. 矿山知识的作用

由矿山数据挖掘获得的矿山知识对矿山现代化管理与智能决策有重要意义，其应用价值主要体现在以下几个方面：

（1）有利于矿山生产的优化设计：利用矿山地质勘探、地表地形、开采设计、采矿生产、技术经济等方面的数据建立起矿山空间数据仓库系统，采用矿山数据挖掘中的关联、聚类、概括、预测等技术，可实现地形及现状地质数据转换、采区定界、采掘接替及采煤方式优化，达到矿床三维地质模型、地层、岩性、矿体边界等信息的融合，从而为矿山生产的优化设计提供理论和信息知识上的支持，提高矿山的设计信息化与客观化。

（2）提高矿山信息系统的空间智能分析水平：现有的 MGIS 具有较强的矿山资源数据管理、专题制图、信息查询和空间分析的功能，但缺乏或没有对矿业领域知识表达和获取的方法与机制。将数据挖掘技术与 MGIS 相结合，能够从大量的矿山数据中发现隐含的、更加概括的各种矿业领域的知识规则，比如，对矿床的二维或三维信息进行处理，可挖掘出矿床的分布区分规则、矿体变化演变规则、矿床与围岩、地质构造等其他地理要素的关联规则、矿床的品位或矿体的空间聚类规则等知识。这些知识能为矿山资源管理、矿山开采合理规划、设计以及矿山经营发展辅助决策、矿山生产的高效管理运行等提供有力的科学依据，从而提高矿山资源开发利用中管理和决策的智能化水平。

（3）推动矿山企业信息化向高级阶段进军：只有通过对数据和信息资源进行深层次的开发与利用，分析研究，从中找到那些潜在的、规律的东西，不仅知其然，还要知其所以然，这就是"基于知识"的生产管理与决策。在矿山信息化的高级阶段，数据挖掘技术是其得以实现的核心技术。将所得的知识运用 GIS 技术加以管理和分析，应用于矿山生产经营、安全管理、资源优化配置等，促进矿山经营与管理的信息化和智能化。

5.5.2 矿山数据挖掘模式与方法

1. 矿山数据挖掘模式

矿山数据挖掘主要可以通过以下几种模式实现，不同的挖掘模式有不同的适用条件。

（1）实时数据挖掘：立足于矿山已建立的连续运行的生产设备监测、井下安全指标监测等实时监测系统，对这些实时数据进行挖掘处理，及时诊断和发现其运行规律和模式，是矿山数据挖掘的一种典型模式。

（2）空间数据挖掘：矿山生产中涉及到大量空间数据，资源赋存、开发开采及其引发的生态环境响应、矿产运输与销售等都是典型的空间问题。空间数据挖掘是挖掘和发现矿产资源勘探、开采、利用、销售等阶段与空间位置、空间传输等相关知识的重要手段。

（3）时态数据挖掘：矿山生产是一个动态的过程，各种生产、安全要素和经营管理活动都处在动态过程之中，通过对随时间变化的数据的挖掘，发现和提取有意义的动态规律、演变趋势或其他时态特征，具有重要的意义。

（4）事务数据挖掘：对于大量矿山生产、经营、管理等以关系数据库或事务数据库管理的属性信息，可以采用常规的事务数据挖掘方法挖掘隐含的知识和规则。

（5）知识表达：数据挖掘操作后对所发现的规则进行表达，进而为各种应用提供支持。矿山数据挖掘可采用的知识表达方法包括特征表、谓词逻辑、产生式规则、语义网络、面向对象的表达方法和可视化表达方法等。

2. 矿山数据挖掘方法

矿山数据挖掘可采用的方法主要有统计方法、机器学习方法、神经计算方法和可视化方法。

（1）统计方法

统计方法是从事物的外在数量上的表现去推断该事物可能的规律性。统计方法的基础是概率论和数理统计。常见的统计方法包括回归分析（多元回归、自回归等）、判别分析（贝叶斯判别、费歇尔判别、非参数判别等）、聚类分析（系统聚类、动态聚类等）以及探索性分析（主元分析法、相关分析法等），通常采用 SAS、SPSS 等统计分析软件对待挖掘数据集进行处理，挖掘而发现其中隐含的统计规律。

空间统计学（Spatial Statistics）是基本的空间数据挖掘技术，它依靠有序的模型来描述无序的事件，根据不确定性和有限信息分析、评价和预测空间数据。它主要应用空间自协方差结构、变异函数或与其相关的自协变量或局部变量值的相似程度实现基于不确定性的空间数据挖掘。基于足够多的样本，在统计空间实体的几何特征量的最小值、最大值、中数、众数、方差、均值或直方图的基础上，可以得到空间实体特征的先验概率，进而根据领域知识发现共性的几何知识。

聚类分析（Clustering analysis）主要是根据实体的特征对其进行聚类或分类，按一定的距离或相似测度在大型多维空间数据集中标识出聚类或稠密分布的区域，将数据分成一系列相互区分的组，以期发现数据集的整个空间分布规律和典型模式。与规则归纳不同的是，聚类算法无需背景知识，能够直接从空间数据库中发现有意义的空间聚类结构。聚类算法主要有分割和层次两种。分割算法根据目标到聚类中心的距离迭代聚类；层次算法将数据集分解成树状图子集，直到每个子集只包含一个目标，可用分裂或合并的算法构建。

近年来，一些与统计学有关的机器学习方法包括模糊集、支持向量机、粗糙集等都在数据挖掘领域得到了广泛应用。

（2）机器学习

目前应用较多的机器学习方法主要包括：

①规则归纳：规则反映数据项中某些属性或数据集中某些数据项之间的统计相关性。关联规则是描述数据之间存在关系的规则，形式为"A1 $\wedge$ A2 $\wedge$ …An→B1 $\wedge$ B2 $\wedge$ …Bn"。一般分为两个步骤：a. 求出大数据项集；b. 用大数据项集产生关联规则。决策规则是数据库中总的或部分的数据之间的相关性，是归纳方法的扩充，其条件为归纳的前提，结果为归纳的结论，大致包括关联规则、顺序规则、相似时间序列、If–then 规则等。

②决策树：决策树是利用一系列规则划分而建立树状图，它的每一个非终结节点表示所有考虑的数据项的测试或决策，一个确定分枝的选择取决于测试结果。为了对数据集分类，从根节点开始，根据判定自顶向下，趋向终结点或叶结点。当到达终结节点时，则决策树生成。决策树也可以解释为特定形式的规则集，以规则的层次组织为特征。常用的算法有CART、CHAID、ID3、C4.5、C5.0 等。

③范例推理：范例推理是直接使用过去的经验或解法来求解给定的问题。范例常常是一种已经遇到过并且有解法的具体问题。

（3）神经计算方法

神经计算方法有神经网络、遗传算法等多种形式。

①神经网络：模拟人的神经元功能，经过输入层，隐藏层，输出层等，对数据进行调整、计算，最后得到结果，用于分类和回归。

②遗传算法：基于自然进化理论，模拟基因联合、突变、选择等过程的优化技术。

（4）可视化方法

用图表等方式把数据特征直观地表述出来，如直方图等。可视化技术面对的一个难题是高维数据的可视化，运用许多统计描述的方法。

5.5.3　煤与瓦斯突出预测中的应用

煤与瓦斯突出影响因素较多，如煤岩类型、瓦斯放散初速度、煤的坚固系数、煤层的瓦斯压力、软煤分层厚度、煤层围岩透气性等，但突出的危险性却很难根据这些因素用一个计算公式表达出来。利用数据挖掘技术，将煤与瓦斯突出的影响因素组成一组记录集合，通过对这些记录集合进行数据挖掘，则可以实现煤与瓦斯突出的预测。神经网络技术已广泛应用于煤与瓦斯突出的预测预报知识的获取，并取得了很多的研究成果。

有学者根据芦岭煤矿的相关资料，整理出 36 组数据资料，其中自建井以来发生有记载的瓦斯突出事故 26 次，描述未发生突出、相对稳定的正常资料 10 组。从中任意选取 16 组突出点资料和 5 组未突出点的资料共计 21 组数据，作为训练集。分别采用传统的 BP 模型、改进遗传算法的 BP 神经网络预报模型（IGABP）和基于改进差分进化的神经网络模型（MDEBP）进行数据挖掘与知识发现。

借助煤与瓦斯突出事故树分析模型，确定 BP 网络的输入向量、输出向量如下：

（1）输入向量：为该矿影响和控制突出的 8 个主要因素组，分别为：C_1——瓦斯压力 P，C_2——煤力学强度 f，C_3——煤体破碎性综合特征系数 $K_{破碎}$，C_4——煤的透气性系数 λ，C_5——煤层分叉合并综合特征系数 K_f，C_6——煤厚及煤厚变化综合特征系数 $K_{煤厚}$，C_7——断层复杂程度系数 $K_{断层}$，C_8——层间滑动综合特征系数 $K_{层滑}$。

（2）输出向量：为瓦斯突出危险性特征，按照突出强度的大小将其分为 4 种类型：无突出（Ⅰ型）、突出威胁（Ⅱ型）、一般突出（Ⅲ型）、严重突出（Ⅳ型），其对应的模式矩阵分别为 $Q_Ⅰ(1,0,0,0)$，$Q_Ⅱ(0,1,0,0)$，$Q_Ⅲ(0,0,1,0)$，$Q_Ⅳ(0,0,0,1)$。

（3）网络拓扑：采用 3 层拓扑结构，输入、输出已由训练数据及目标数据的维数所定。为便于后续的模型测试结果的比较，采用神经网络结构为 8 - 20 - 4 和激活函数。

IGABP 模型的参数为：种群的规模 $NP = 60$，终止迭代代数 G_{max} 为 3000，适应度函数 $f(MSE)$，网络训练目标值 1×10^{-4}，变异概率 $P_{min} = 0.2$，适应度拉伸变换的模拟退火法的初始温度 $T_0 = 120°$，进化缓冲迭代数 $\Delta N = 25$。

MDEBP 模型参数为：种群的规模 $NP = 50$，终止迭代代数 NM 为 3000，目标函数 MSE（W），训练目标值 1×10^{-4}，$F_{min} = 0.3$，$CR_{min} = 0.3$，$CR_{max} = 0.9$，重布操作的采用 $N(0,1)$ 标准正态分布。

首先，采用 36 组煤与瓦斯突出数据对模型进行训练和测试，经过 1500 次左右的训练后，网络达到训练目标 0.0001。然后，将训练达到所设定的训练目标后的神经网络，代入芦岭煤矿的 10 组突出数据及 5 组非突出资料共计 15 组检验样本（非训练样本），对网络模型的煤与瓦斯突出预测结果进行检验。结果见表 5 - 3。

表 5 – 3 **BP、IGABP 和 MDEBP 模型反演煤与瓦斯突出预测比较**

模型	预测精度	判别矩阵的平均辨析度	迭代次数(平均)
传统 BP 模型	83%	0.97	145303
IGABP 模型	93%	0.98	1558
MDEBP 模型	93%	0.95	1548

从表 5 – 3 中可以看出，相比于 BP 模型总体预测 87% 的正确率，IGABP 模型和 MDEBP 模型，预测精度一致，总体预测率高达 93%，提高了 6 个百分点。从训练的次数看，由 BP 算法的 145303 次急剧下降为 IGABP 模型的 1558 次和 MDEBP 模型的 1548 次，易见，算法的效率得到进一步的提高。

本章练习

1. 不同参照系下矿山空间信息如何进行归算和统一？
2. 解决矿山信息孤岛、实现信息集成管理与共享的模式与关键技术？
3. 矿山信息空间编码标准和基本步骤？
4. 结合你的专业，分析提出一种矿山数据挖掘技术的应用方向。

第6章 矿山信息集成建模与可视化

6.1 矿山地形的三维建模

6.1.1 概述

数字地形模型(Digital Terrain Model, DTM)是针对地球表面几何形态——地形地貌的一种三维数字建模过程,其建模的结果通常是一个数字高程模型(Digital Elevation Model, DEM)。DTM的原始定义如下:以任意坐标场中选择的大量已知坐标点(x, y, z)对连续地面进行简单的统计表示,或者说,DTM就是地形表面的简单数字表示。DTM在测绘、土建、规划、地质、矿山、农林、军事等领域得到广泛应用。地形三维建模有多种方法,可以区分为物理模拟和数字模拟两大类。数字模拟又分为数学描述和图形描述两类,其中不规则三角网(Triangulated Irregular Network, TIN)、规则格网(Grid)和等高线地形图就是3种典型的图形描述方法,如图6-1所示。

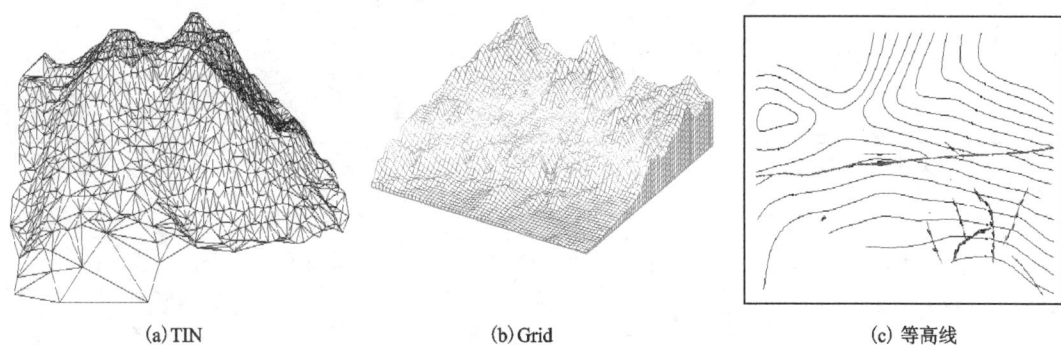

(a)TIN   (b)Grid   (c)等高线

图6-1 矿山地形三维建模

等高线是对离散采样点经内插、光滑等处理后得到的一种表达地面高程与地形特征的抽象方式,是一种传统的地图制图方法。用等高线来表达地形表面的起伏可以追溯到18世纪,因其方便性和直观性,被认为是制图学的一项最重要的发明,一直沿用至今。在等高线地形图上,所有的地形信息都正交地投影在水平面上,用线划或符号来模拟表示缩小后的地物,而地物高度和地形起伏的信息则有选择地用等高线来进行模拟表达。有时,为了可视化的需要,可以在两条相邻等高线之间进行均匀分割,将等高线左右两侧区域内所有点的高程视同该等高线的高程值,进而用同一种灰度或彩色来表示该区域。几种典型的数字地形图形描述方法对比如表6-1所示。其中,TIN和Grid因其直观易用、更新方便,在矿山地形的三维建模中得到应用。

表 6-1 数字地形图形描述方法分类

特 征	基于点	基于等高线	三角形	格网	混合式
数学描述	$Z=a_0$	$Z=a_0$	$Z=a_0+a_1x+a_2y$	$Z=a_0+a_1x+a_2y+a_3xy$	前两者或两者以上的结合
表面性质	平面	平面	一次线性	双线性	
连续性	非连续	非连续	连续	连续	
采样点	任意离散	相对均匀	任意离散	先做均匀内插	
优 点	简便	直观	很好地顾及特征线	数据规则	灵活

6.1.2 矿山地形的不规则三角网建模

2D 平面域内任意离散点集的 TIN 是一种最基本的网络，既适合于规则分布的数据，也适合任意不规则数据；既可通过对 TIN 的内插产生规则格网，也可根据 TIN 建立连续或光滑的内插表面。因而，TIN 是 GIS 数据表达、管理、集成和可视化的一项重要内容，也是地学分析、计算机视觉、表面目标重构、有限元分析、道路 CAD 等领域的一项重要的应用技术。可以通过不同层次的分辨率来描述地形表面，也可以通过插入特征点、特征线、结构线等来精确逼近地表形态。

TIN 的产生方法有多种，根据数据源的不同和产生过程的差异，可以将这些方法分类如表 6-2 所示。本节主要介绍 Delaunay 三角网（D – TIN）、约束 Delaunay 三角网（CD – TIN）和基于等高线构建 D – TIN。关于基于规则格网构建 D – TIN 和基于混合数据构建 D – TIN 的方法可查阅相关文献。

表 6-2 TIN 的产生方法分类

基于离散采样点		基于规则格网			基于等高线	基于混合数据
静态	三角网生长算法	格网分解法		重要点法	等高线的离散点直接生成法	将格网 DEM 分解为 TIN，再插入特征线，构建 D – TIN
	分治算法	单格网	单对角线	地形骨架法		
	凸包算法		双对角线	地形滤波法	加入特征点的 TIN 优化法	
	辐射扫描算法	多格网	单对角线	层次三角网法		
	改进层次算法		双对角线	试探法	以等高线为约束的特征线法	
动态	逐点插入法			迭代贪婪插入法		

1. Delaunay 三角网（D – TIN）

令 $P=\{p_1,p_2,\cdots,p_n\}$ 为平面域（R^2）上的 n 个离散点的集合，有多种方法实现点集 P 的三角剖分。为此，人们提出了多种 2D 三角剖分的优化原则，如最大 – 最小距离原则、圆原则、最大 – 最小内角原则、总边长最小原则、最大 – 最小高原则、Thiessen 原则等。1934 年俄国数学家 Delaunay 证明：必然存在且仅存在一种剖分算法，使得所有三角形的最小内角之和最大。后人将这种三角形称为 Delaunay 三角形，简称 D – TIN。

（1）D – TIN 的基本概念

D－TIN 实质上是一种互相邻接且互不重叠的三角形的集合，其中的每一个三角形的外接圆均不包含其他三角形的顶点。围绕 D－TIN 还有一些重要概念，如形态比、角度特征向量、凸集、插入区域等。

①形态比：指三角形的内切圆半径与外接圆半径之比。TIN 中所有三角形的形态比的平均值称为平均形态比。D－TIN 是其所有 TIN 中平均形态比最大的。

②角度特征向量：将平面离散点集剖分出的所有三角形的角度按由小到大排队，所构成的向量。

③凸集（Convex）：每两点相互可视的平面点集。设 S 为平面上的点集，则：如果 S 中的两点 A、B 可视，则 A、B 之直线连线位于 S 中；如果点 X 为 S 的观察点，则 X 与 S 中的每一点均可视；凸集中每一点均可以是观察点。

④插入区域：外接圆包含待插入点的三角形的集合。

以图 6－2 为例，在一个已有 Delaunay 三角形 Δ123 中插入 4 号点。由于 4 号点位置的不同，根据 4 号点与 Δ123 的关系和 Delaunay 法则，将产生不同的构 TIN 结果。其中图 6－2c 所示为 4 号点位于 Δ123 的外接圆上，两种构 TIN 结果都是有效的。但是，若按"总边长最小原则"，则以短对角线的三角网为最佳选择。

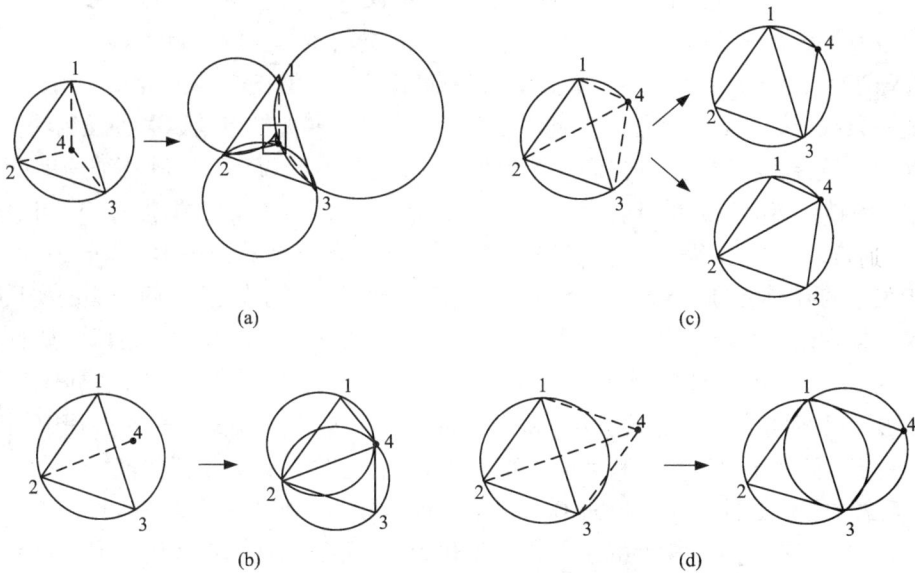

图 6－2　插入点与 D－TIN 之间的可能关系

后来，国外学者 Lawson 根据"最大－最小内角原则"提出了局部优化方法（Local Optimization Procedure，LOP）来建立局部几何形状最优的 TIN，即通过交换凸四边形的对角线来获得等角性更好的 TIN。其应用实例如图 6－3 所示。

（2）D－TIN 构建算法

根据离散点域的数据分布特征和约束条件，三角剖分还可分为约束三角剖分和无约束三角剖分。在无约束域下的 Delaunay 三角剖分称为常规 Delaunay 三角剖分，所形成的 TIN 即为 D－TIN；在约束域下进行的 Delaunay 三角剖分称为约束 Delaunay 三角剖分（Constrained Delaunay Triangulation），所形成的 TIN 称为约束 Delaunay 三角网（CD－TIN）。

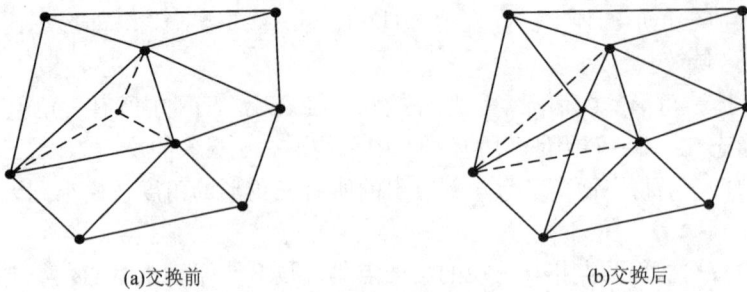

(a)交换前　　　　　　　　　　　　　　(b)交换后

图 6 - 3　LOP 对角线交换示例

根据 D - TIN 的构建过程不同，可分为静态法和动态法两类。其中静态法是指在整个建网过程中，已建好的三角网不会因为新增点参与构网而发生改变，包括三角网生长算法、分治算法、凸包算法、递归生长算法、辐射扫描算法、改进层次算法等；动态法则相反，当有新增点参与构网时，原有三角网被重构以满足 Delaunay 外接圆规则，如逐点插入法。

2. 约束 Delaunay 三角网(CD - TIN)

许多实际情况中，当利用离散点构建 TIN 时，不仅对三角形的形状有要求，而且对离散数据本身也有特殊要求。比如，某些点的连线(跨河大桥、地理边界、断裂线、结构线、河流等)对 TIN 网的局部合理性有决定性影响，某些点(山脊点、山谷点、断层点、河岸、湖岸等)必须连成一条线或一条封闭曲线等。此时，需要考虑将这些离散点给以某种强制约束，使得构建 TIN 网后符合实际情况，并提高 TIN 网的质量。在 2D 情况下，这种特征约束可归纳为两种情况：一种是离散数据带有若干组"有向折线"；另一种是离散数据带有若干组"封闭多边形环"。通常，将上述问题称为基于矢量的有约束条件的离散数据构 TIN。

基于矢量的有约束的 TIN 构建方法有多种，代表性的有"两步法"。两步法的实质是：首先对约束数据集建立非约束 D - TIN(初始三角网)，然后在其中嵌入约束线段并调整初始 D - TIN。根据引入约束条件的过程与方法的差异，"两步法"有许多不同的具体算法，如 Bernal 算法(又称对角线交换循环算法)和 Floriani 算法。前者在初始三角网过程中不区分约束与非约束点，而在调整过程中利用连续的对角线交换法实现约束线段的嵌入，使之满足约束条件；后者的核心是简单多边形的 Delaunay 三角剖分，实现过程是递归执行，其初始三角剖分网中可包含有带约束关系的散点，也可不包含，若是，则在约束线段的嵌入过程中，按散点的点号进行调整；若非，则首先插入散点，然后调整约束关系。

以 Bernal 算法为例，其基本原理是：首先，不考虑约束条件而构建初始 D - TIN；然后检测约束边所经过的所有三角形(其集合称为该约束边的影响域，影响域的每一条三角形边称为对角线)；从约束边的起始点出发，按一定的规则逐步交换对角线，最终使起始点和目标点相连。该算法的关键是从起始点出发，要对遇到的每条对角线做可交换性判断。可交换就交换，不可交换就判断下一条。第一轮交换结束后，从头再来，开始下一轮。直到所有约束边均作为三角形边加入到 TIN 网中。图 6 - 4 为一典型实例，图中虚线 14 为待嵌入的约束线。

由此可见，基于矢量方式的约束 TIN 构建的大量计算是判断初始 Delaunay 三角形的边是否相交。当约束线较长(其上的约束点较多)，而且整个格网的数据量较大时，此过程将很花时间。因此，有人提出另一种方法，即直接考虑约束线上的点来生成 D - TIN，而不是通过对

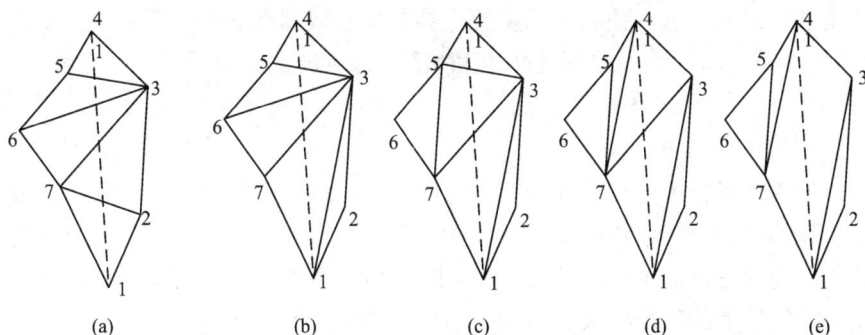

图 6 – 4 对角线交换循环算法实例(虚线 14 为约束线)

(a)开始;(b)边 27 的两个端点 2、7 与起始点 1、对点 3 所构成的 Δ123、Δ173 的面积分别为正和负,则交换 27 为 13;(c)边 73 的两个端点 7、3 与起始点 1、对点 6 所构成的 Δ176、Δ136 的面积均为正,则令 7 为起点;边 36 的两个端点 3、6 与起始点 7、对点 5 所构成的 Δ735、Δ765 的面积分别为正和负,则交换 36 为 57;(d)边 35 的两个端点 3、5 与起始点 1、对点 4 所构成的 Δ134、Δ154 的面积分别为正和负,则交换 35 为 74;(e)边 37 的两个端点 3、7 与起始点 1、对点 4 所构成的 Δ134、Δ174 的面积分别为正和负,则交换 73 为 14,结束

角线交换来不断修正,限于篇幅,不赘述。

3. 基于等高线构建 D – TIN

由于等高线难以直观地表达地形的起伏变化与地形特征,非专业的人员在阅读和利用等高线图时往往存在一定困难。随着计算机应用技术和 GIS 技术的发展,人们已乐于使用 TIN 或格网模式来模拟和表达地面高程特征。在很多情况下,已经不再保留原始采样数据,而只有等高线图或数字化的等高线数据。如何利用等高线数据来构建 TIN,尤其是构建高质量的 TIN,是 GIS 的一项重要任务。从等高线生成 TIN 一般有 3 种方法,即等高线的离散点直接生成法、加入特征点的 TIN 优化法和以等高线为特征约束的特征线法。

(1)等高线的离散点直接生成法

该法是直接将等高线上的点离散化,即按一定间距从等高线上重采样(因此也可称为等高线重采样法),或从 CAD 等软件系统所管理的等高线文件中读取离散点数据,然后基于重采样点(或离散点)构建 D – TIN。由于仅考虑了点而忽略了等高线数据的特殊几何结构,往往会导致很坏的结果,如在谷区、峰区或大拐弯处出现三角形的 3 个顶点均位于同一条等高线上(即所谓的"平三角形"),或者三角形的某一条边穿越了等高线等。而以上情况都是不允许的,因此,这种直接法在实际工作中很少采用。

(2)加入特征点的 TIN 优化法

这种方法实质上是对直接生成法的改进。在等高线离散点构 TIN 的基础上,采用加入特征点的方式来消除"平三角形",并按某种准则通过扫描优化方式来消除穿越等高线等不合理现象。特征点的加入可以是手工加入,但在效率、合理性、完整性等方面存在问题;也可以设计一定的算法,由计算机来自动提取特征点,算法的原理主要是基于原始等高线的拓扑关系。

(3)以等高线为特征约束的特征线法

该法的核心思想是:每一条等高线必须当作特征线或结构线,而且线上不能有三角形生成，即三角形不能跨越等高线。无论是基于等高线图，还是基于数字化的等高线数据，该法均有一个数据预处理的过程。预处理的主要内容包括：数据数字化、离散化，离散数据点分布均匀化，地形特征点（即地面曲率变化点和坡度变化点，如峰点、谷点、鞍点、变坡点等）与特征线（山脊线，山谷线或流水线等）的加入，以及地形突变线（断层、陡坎、悬崖等）与突变区（陷落柱、岩溶柱、孤峰、洼地等）的加入等。

根据是否加入地形特征点与特征线、以及是否加入地形突变线与突变区等，可以将基于等高线构建 TIN 的算法分为有约束和无约束两种基本模式。显然，以等高线为特征约束的特征线法要求所构建的三角形不可跨越等高线，即等高线本身就是约束条件，因此，从本质上说以等高线为特征约束的特征线法属于约束条件下离散点的三角剖分。

6.1.3 矿山地形的规则格网建模

2D 平面域内的 DEM 是一种基本格网，适合于规则分布的数据。如果原始数据本身就是规则格网数据，则只需按建模要求对原格网数据进行简化或内插；若原始数据不是规则格网数据，如离散采样点、等高线，则需要先将不规则数据内插形成规则格网数据。按内插方法不同，Grid 式 DEM 的建模方法可按表 6 – 3 进行分类。本节主要介绍基于离散点和等高线构建格网 DEM 的方法。

表 6 – 3　格网 DEM 的产生方法分类

基于细格网				基于离散采样点			基于等高线	
简单筛选	隔行重采样	内插采样	最近点法	离散点直接内插法	逐点法		等高线离散法	
	隔 n 行重采样		双线性法		局部法	等高线内插法	预定轴向法	
					整体法		最大坡降法	
	沿对角线重采样		局部曲面法	TIN 内插法	平面内插法		等高线构 TIN 法	
					曲面内插法			

1. 基于离散点构建格网 DEM

基于离散点构建格网 DEM 有两种方法，即离散点直接内插法和 TIN 内插法。

离散点直接内插法原理是：根据某种规则，利用已知采样点的高程值内插求出格网点的高程值。根据内插规则的不同，离散点直接内插法又分为逐点内插、局部内插和整体内插 3 种。其中，逐点内插法是对每一格网点均建立一个内插模型，使用格网点周围的若干已知采样点来进行计算，常用内插模型有距离加权平均法和移动拟合法；局部内插法是先将研究区域划分为若干小区域，根据已知采样点对每个小区域分别建立一个内插模型（二次多项式），利用该模型来计算此范围内的所有格网点的高程值；全局法是利用所有采样点建立一个全局内插模型（如趋势面），所有格网点均用该模型进行计算。

对 TIN 进行 Grid 内插的原理是：先根据离散采样点建立一个 D – TIN，然后在此 D – TIN 的基础上内插出所有的格网点高程值。可以有两种内插方法，其一为找出每一格网点所在的三角形，用该三角形进行平面内插；其二为找出每一格网点的所在三角形及其边邻近、角邻近三角形串，并将该三角形串拟合为一个曲面，再用该曲面进行内插。

2. 基于等高线构建格网 DEM

如果原始数据为等高线，则可以选择等高线离散法、等高线内插法来生成格网 DEM。

等高线离散法的原理是：首先按一定规则（如等间距采样）将等高线进行离散，然后用离散点直接内插的方法来构建格网 DEM。与利用等高线构建 TIN 一样，由于没有等高线的自身特点，所构建的格网 DEM 可能会出现一些异常偏离情况。

等高线内插法的原理是：充分照顾等高线自身的线性特征，以等高线为采样约束进行格网点内插。一种方法为轴向法：即通过选择1、2或4条预定轴（可以与格网线重合，也可以是45°夹角），通过考察以待求格网点为中心、沿预定轴方向的相邻两条等高线上的点的情况，进而选择简单平均或距离加权平均的方法计算该格网点的高程值，如图 6-5 所示。另一种方法为最大坡降法：即首先搜索待求格网点的两条相邻等高线上沿最大坡降方向上的两点，进而选择线性内插计算该格网点的高程值。该法的关键为最大坡降点

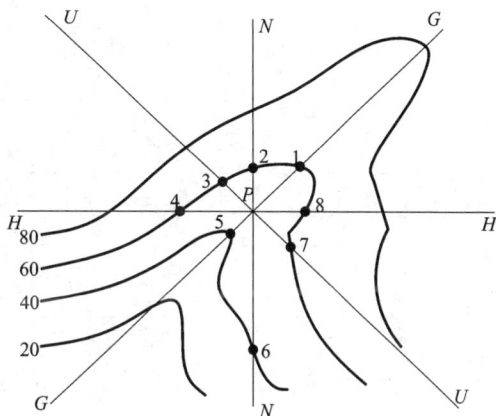

图 6-5　根据等高线内插格网点

的选择，可从4条预定轴与相邻两条等高线的8个交点中选取，也使用4条相邻等高线上的4个点来进行非线性三次多项式内插，这4个点分别为最大坡降方向的上方和下方各2个点。

6.2　矿山地质的三维建模

矿山地质三维建模包括矿床建模和环境地层建模两类，前者仅对矿床本身进行建模，后者要对矿床及其环境地层（如煤层的底板、上覆岩层、乃至表土层）进行整体建模。其中，矿床模型是借助于计算机、地质统计学等技术建立起来的关于矿体的分布、空间形态、构造以及矿山地质属性（如品位、岩性等）的数字化三维矿化模型，它是实现储量计算、计算机辅助采矿设计、计划编制、生产管理以及采矿仿真的基础；环境地层的三维数字模型是矿山开采设计、采动影响分析、矿山安全评价的数字化基础环境。矿山工程是一项不断获取、分析和处理数据的过程，具有工程隐蔽性、地质条件复杂多变性等特点，需要对工程的勘察、设计和施工过程中获取各种各样的数据和信息进行快速处理、可视化建模和分析，以便指导采矿规划、设计与开采活动。

6.2.1　三维地质建模的模型分类

由于地质空间对象分布的不连续性、复杂性及不确定性，适合于规则、连续、相对简单及确定性空间对象的三维空间建模方法并不能够完全适合 3D 地质空间建模。自 20 世纪 60 年代初出现了块段（Block）模型迄今，地质三维建模理论与技术的研究已有 40 余年的历史，由地矿领域提出、或由其他领域提出但适合于地矿领域应用的空间建模方法约 20 余种。可将上述空间模型按单元维数分为面元模型（Facial Model）、体元模型（Volumetric Model）两大类，建模方法则分为单一的三维建模（single 3D modeling）、混合三维建模（compound 3D modeling）和集成三维建模（integral 3D modeling）3 类。据此，可将三维地质空间模型分类如表 6 – 4 所示。

表 6 – 4　三维地质空间模型分类

单一构模				混合构模	集成构模
面元模型		体元模型		混合模型	集成模型
		规则体元	非规则体元		
表面模型 （Surface）	不规则三角网 （TIN）	结构实体几何 （CSG）	四面体格网 （TEN）	TIN + Grid 混合	TIN + CSG 集成
	格网 （Grid）	体素 （Voxel）	金字塔 （Pyramid）	Section + TIN 混合	TIN + Octree 集成 （Hybrid 模型）
边界表示模型（B – Rep）		针体（Needle）	三棱柱（TP）	WireFrame + Block 混合	
线框（Wire Frame）或 相连切片（Linked Slices）		八叉树（Octree）	地质细胞 （Geocellular）	B – Rep + CSG 混合	
断面（Section）		规则块体 （Regular Block）	非规则块体 （Irregular Block）	Octree + TEN 混合	
多层 DEM			实体（Solid）		
			3D Voronoi 图		
			广义三棱柱（GTP）		

注：斜体部分为栅格模型；多层 DEM 当采用 TIN 建模时为矢量模型，若采用 Grid 建模，则为栅格模型；其他为矢量模型或矢栅混合、矢栅集成模型。

6.2.2　基于面元模型的三维地质建模

面元模型有多种实现形式，除了地形建模常采用的等高线模型、表面模型（Grid 模型、TIN 模型）之外，还有线框模型、序列剖面模型和多层 DEM 模型等多种方式。面元模型侧重于地质体的表面表示，如矿体表面、地质层面、断层面、褶曲面等，所模拟的地质体表面可能是封闭的，也可能是非封闭的，视地质体的空间形态而定。在地质建模时，表面模型也称曲面模型，是由若干块小曲面单元（格网或三角形曲面元素）拼接而成，能够满足面面求交、线面消隐、明暗色彩图等可视化需要，但模型的内部属性及模型的内外关系不清楚，不能进行地质统计和空间分析。

1. 线框模型

线框（Wire frame）模型利用约束线来建立一系列解释图形，如线段、曲线、多边形，以表达矿体边界。其实质是把矿体轮廓上两两相邻的采样点或特征点用直线连接起来，形成一系列多边形；然后拼接这些多边形面形成一个多边形格网来模拟矿体外部轮廓。某些系统则以 TIN 来填充线框表面以生成体表面，并避免面定义的模糊性，如英国的 DataMine 采矿软件系统。当采样点或特征点沿环线分布时，所连成的线框模型也称为相连切片（Linked Slices）模型，或连续切片模型，如图 6 – 6（见附录）所示。

线框模型输出的图形是线条图，符合工程图习惯，适合于从任何方向得到三视图、透视图；数据结构简单，数据存储量小，对硬件要求不高，易于掌握，便于修改。但是，由于线框模型只有离散的空间线段，所构图形含义不确切，不能进行物体几何特性（体积、面积等）计算,不便于消除隐藏线,无法表示实体拓扑关系。

2. 序列断面模型

传统地质制图的手工方法是用一系列平面或剖面图模拟矿床的,序列断面(Series Sections)模型的实质正是传统地质制图方法的计算机实现,即通过平面图或剖面图来描述矿床,记录地质信息,如图6-7(见附录)所示。其特点是将三维问题二维化,地质描述方便,使用性强。但是,断面建模难以完整表达三维矿床及其内部结构,往往需要和其他建模方法配合使用。此外,由于采用的是非原始数据而存在误差,其建模精度一般难以满足工程要求。

3. 多层 DEM 模型

多层 DEM(Multi-DEMs)模型原理为:首先基于各地层(尤其是控制性地层或关键地层)的界面点按 DEM 的方法对各个地层进行插值或拟合;然后以断层为约束,根据各地层的属性对多层 DEM 进行交叉划分处理,形成空间中严格按照岩性(或土层性质)进行划分的三维地层模型的骨架结构,如图6-8(a)(见附录)所示;考虑各层的厚度变化,可以得到各地层的上、下层面的 DEM,将上、下层面之间的侧面封闭,即可得到地层体模型,如图6-8(b)(见附录)所示。

6.2.3 基于体元模型的三维地质建模

体元模型是一种基于三维空间的体元分割的真三维实体表达方式,体元的属性可以独立描述和存储,因而可以进行三维空间操作。体元模型可以按体元的表面单元数分为四面体(Tetrahedron)、五面体(Pentrahedron)、六面体(Hexahedron)和多面体(Polyhedron)共4种基本类型。也可以根据体元的规则性分为规则体元和非规则体元两个大类,见表6-5。综合两种分类体系,并对各模型进行数学描述,结果如表6-5所示。

表6-5 三维地质空间建模体元模型的综合分类

面数	规则体元		非规则体元	
	模型名称	数学描述	模型名称	数学描述
4		–	TEN	$Node_i(x_i, y_i, z_i)$
5		–	Pyramid, TP	
6	Voxel	$\Delta x = \Delta y = \Delta z = C$	Geocelluar	$\begin{cases} \Delta x = \Delta y = C \\ \Delta z = V_{ij} \end{cases}$
	Needle	$\Delta x = \Delta y = C;\ \Delta z = V_{ii}$		
	Octree	$\Delta x = \Delta y = \Delta z = 2^n \cdot C$		
	Regular Block - Ⅰ	$\Delta x = C_1;\ \Delta y = C_2;\ \Delta z = C_3$	Irregular Block	$\begin{cases} \Delta x = V_1 \\ \Delta y = V_2 \\ \Delta z = V_3 \end{cases}$
	Regular Block - Ⅱ	$\Delta x = C_1;\ \Delta y = C_2;\ \Delta z = V_k$		
	Regular Block - Ⅲ	$\Delta x = V_i;\ \Delta y = V_i;\ \Delta z = V_k$		
n		–	Solid, OO - Solid	$Node_i(x_i, y_i, z_i)$
			GTP	
			3D Voronoi 图	$Center_i(x_i, y_i, z_i)$

注:i,j,k 分别为体元的行、列、层号;C 为常数;V 为变量;n 为整数变量($n \geqslant 3$);

　　Node 为非规则体元的边界节点;Center 为 3D voronoi 体元的中心点。

1. 规则体元模型

规则体元包括结构实体几何（CSG）、三维体素（Voxel）、针体（Needle）、八叉树（Octree）和规则块体（Regular Block）共 5 种模型，如图 6-9 所示，通常规则体元用于水体、污染和环境问题建模，也可用于地下油矿床建模。

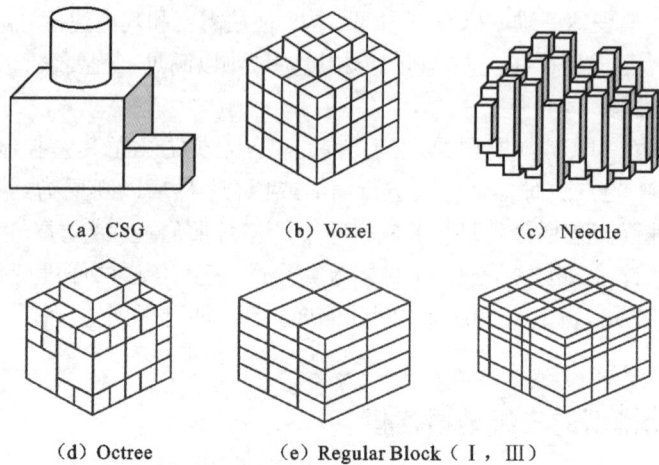

(a) CSG   (b) Voxel   (c) Needle

(d) Octree   (e) Regular Block（Ⅰ，Ⅲ）

图 6-9　规则体元模型

CSG 模型原理是首先预定义好一些形状规则的基本体元，如立方体、圆柱体、球体、圆锥及封闭样条曲面等，这些体元之间可以进行几何变换和正则布尔操作（并、交、差），由这些规则的基本体元通过正则操作来组合成一个物体。CSG 模型描述结构简单的三维物体时十分有效，在 CAD/CAM 领域已形成了产业规模，但对于复杂不规则三维地物尤其是地质体，CSG 模型很不方便，效率大大降低。

Voxel 模型的实质是 2D Grid 模型的三维扩展，即以一组规则尺寸的三维体素来剖分所要模拟的空间。基于 Voxel 的建模法有一个显著优点，就是在编制程序时可以采用隐含的定位技术，以节省存储空间和运算时间。该模型虽然结构简单，操作方便，但表达空间位置的几何精度低，且不适合于表达和分析实体之间的空间关系。当然，通过缩小 Voxel 的尺寸，可以提高建模精度，但空间单元数目及储量将成 3 次方增长。

Needle 模型的原理类似于结晶生长过程，用一组具有相同截面尺寸的不同长度或高度的针状柱体对某一非规则三维空间、三维地物或地质体进行空间分割，用其集合来表达该目标空间、三维地物或地质体。该模型的特点是适合对单一地质体进行三维建模，可以很准确地逼近形体边界。与 Voxel 相比，相当于在 Z 方向对 Voxel 的单元数进行压缩，即根据所模拟的空间对象来决定单元的起始位置与终止位置，因而可以节省单元数，同时减少存储量。

Octree 则是对 Voxel、Needle 模型的进一步改进，即在 X、Y、Z 这 3 个方向同时对 Voxel 单元数目进行压缩。Octree 既可以看成是四叉树方法在三维空间的推广，也可以说是用 Voxel 模型的一种压缩改进。Octree 模型将三维空间区域分成 8 个象限，且在树上的每个节点处存储 8 个数据元素。当某一象限中所有体元的类型相同时（即为均质体），就将该类型值存入相应的节点数据元素中；若非均质，对该象限进行下一次细分，并由该节点中的相应数据元素指向树中的下一个节点；如此，直至细分到每个节点所代表的区域都是均质体为止。

Regular Block 模型是把要建模的空间分割成规则的三维格网，称为 Block，每个块体在计算机中的存储地址与其在自然矿床中的位置相对应，每个块体被视为均质同性体，由克立格法、距离加权平均法或其他方法确定其品位或岩性参数值。编制程序时 Regular Block 模型可采用隐含的定位技术以节省存储空间和运算时间。该模型用于属性渐变的三维空间(如侵染状金属矿体)建模很有效，但对于有边界约束的沉积地层、地质构造和开挖空间的建模，则必须不断降低单元尺寸以求精确表达地质体几何边界，从而引起数据急速膨胀。

2. 非规则体元模型

常用的非规则体元包括四面体网络(TEN)、金字塔(Pyramid，为五面体 Pentrahedron 的特例)、三棱柱(Tri – Prism，TP)、地质细胞(Geocellular)、不规则块体(Irregular Block)、实体(Solid)、3D Voronoi 图和广义三棱柱(Generalized TP，GTP)等 8 种模型，如图 6 – 10 所示。这些非规则体元模型均是有采样约束的、基于地质地层界面和地质构造的三维空间模型。

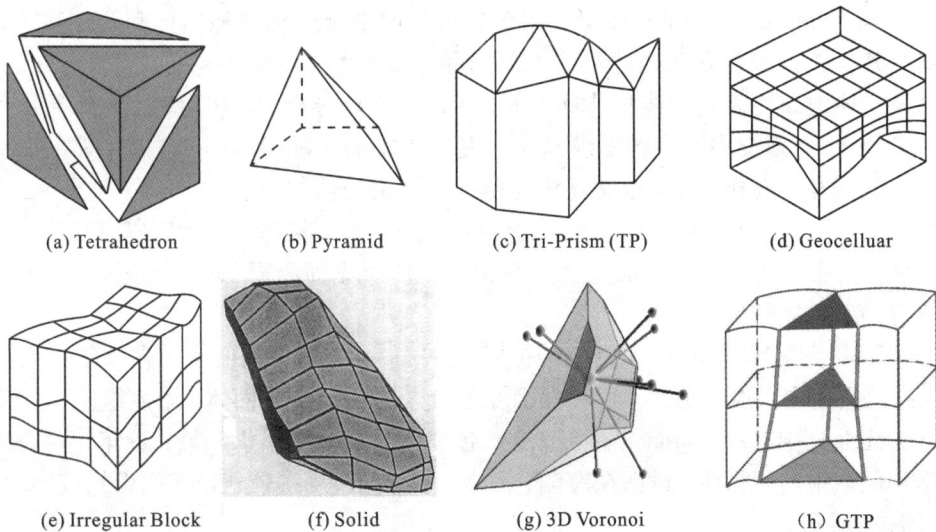

| (a) Tetrahedron | (b) Pyramid | (c) Tri-Prism (TP) | (d) Geocelluar |

| (e) Irregular Block | (f) Solid | (g) 3D Voronoi | （h）GTP |

图 6 – 10　非规则体元模型

TEN 模型是在 3D Delaunay 三角化研究的基础上提出的，是一个基于点的四面体网络(Tetrahedral Network，TEN)的三维矢量数据模型。它以四面体(Tetrahedron)作为最基本的体元，将任意一个三维空间对象剖分成一系列邻接但不交叉的不规则四面体，是不规则三角网(TIN)向三维的扩充。其基本思路是对三维空间中无重复的散乱点集用互不相交的直线将空间散乱点两两连接形成三角面片，再由互不穿越的三角面片构成 TEN。其中四面体都是以空间散乱点为其顶点，且每个四面体内不含有该点集中的任一点。

Pyramid 是五面体(Pentrahedron)的特例(五面体的另一个特例是三棱柱)，即由 4 个三角面片和 1 个四边形封闭形成。Pyramid 模型建模原理类似于 TEN 模型，由于其数据维护和模型更新困难，一般很少采用。

TP 模型是一种较常采用的简单三维地学空间建模技术。由于 TP 模型的 3 条棱边垂直平行，因此要求采样钻孔必须垂直。这在钻孔较浅和地质条件比较简单的情况下是近似成立的，但在实际钻探过程中，由于地质条件的作用和特殊施工要求，钻孔的偏斜是不可避免的。

Geocellular 模型的实质是 Voxel 模型的变种，即在 XY 平面上仍然是标准的 Grid 剖分，而

在 Z 方向则依据数据场类型或地层界面的不规则变化而进行实际划分，从而形成逼近实际地质界面的三维体元空间剖分。因此，Geocelluar 模型的精度得以提高，可以更好地处理地质界面的约束问题。此外，由于 Geocelluar 模型在 X、Y 方向上仍然是规则剖分，故可在一定程度上继承 Voxel 模型中体元隐含定位的特性，有利于数据组织。

Irregular Block 不仅能表示品位或质量的细致变化，而且能较好地模拟地质体的几何边界。Irregular Block 与 Regular Block 的区别在于：后者 X、Y、Z 三个方向上的体元尺度互不相等，但保持常数（如 OBMS 系统）；而前者 X、Y、Z 三个方向上的体元尺度不仅互不相等，且不为常数。Irregular Block 建模法的优势是可以根据地层空间界面的实际变化进行模拟，进而提高空间建模的精度；缺点是数据组织比 Regular Block 模型复杂，基于体元的空间检索与查询不便。

Solid 模型是在表面模型的基础上，增加了面的方向和实体存在于面的哪一侧的信息。即面的正向为物体由内部指向外部的方向，依照右手法则，各线段按逆时针方向排列，大拇指所指方向即为面的正向。Solid 模型采用多边形格网来精确描述地质体和开挖边界，同时采用传统的块体模型来独立地描述形体内部的品位或质量的分布，既可保证边界建模的精度，又可简化体内属性表达和体积计算，适合于矿体结构分析、体积运算、立体显示和经济评价。加拿大 Lynx 系统中提供的三维元件建模（3D Component Modeling）以相邻剖面中同一地质体轮廓线的相应连接，自动或交互式地模拟生成由地质体分表面（Sub-Surface）或开挖边的界面，组合构成三维地质形体，称作元件（Component）。相邻元件相连成组即为一个地质或开挖单元，其实质就是一种 Solid 模型。Solid 模型"所见即所得"，适合描述复杂断层、褶皱和节理等精细地质结构。

3D Voronoi 图是 2D Voronoi 图的三维扩展。3D Voronoi 图模型的实质是基于一组离散采样点，在约束空间内形成一组面-面相邻而互不交叉（重叠）的多面体，用该组多面体完成对目标空间的无缝分割。3D Voronoi 图模型最早起源于计算机图形学领域；近年，人们开始研究其在地学领域中的可行性，试图在海洋、污染、水体及金属矿体建模方面得到应用，如图 6-11（见附录）所示。

GTP 模型建模原理为：用 GTP 的上下底面的三角形集合所组成的 TIN 面来表达不同的地层面，然后利用 GTP 侧面的空间四边形面来描述层面间的空间邻接关系，用 GTP 柱体来表达层与层之间的内部实体。GTP 建模的基本单元如图 6-12 所示，其中黑粗的柱体代表钻孔，三角形代表 TIN 面，由于由上、下不平行的两个 TIN 三角形面和三个侧面空间四边形面（不一定是平面）所组成的空间单元，与 TP 近似，但又不是 TP（TP 的侧面是平面），故称为 GTP。

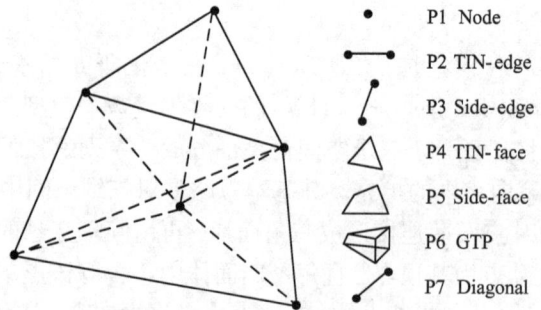

P1 Node
P2 TIN-edge
P3 Side-edge
P4 TIN-face
P5 Side-face
P6 GTP
P7 Diagonal

图 6-12　GTP 单元的组成要素

GTP 建模单元由 6 类基本元素组成：结点（Node, P1）、TIN-边（TIN-edge, P2）、侧边（side-edge, P3）、TIN 面（TIN-face, P4）、侧面（side-face, P5）和 GTP（P6）。此外，为了空间操作方便，在 GTP 建模单元中还引入了对角线（diagonals, P7），其目的是在空间切割与计算

时将一个 GTP 切割为 3 个四面体。因此，一般情况下，一个 GTP 包含：3 个上结点、3 个下结点、3 个上 TIN 边、3 个下 TIN 边、1 个上 TIN 面、1 个下 TIN 面、3 条侧边、3 个侧面和 3 条对角线。

由于钻孔偏斜，侧面的 4 个结点不一定共面。引入对角线的目的，就是为了处理这种情况：对角线将每一侧面分割为两个三角形，并将一个 GTP 单元切割为 3 个四面体，从而便于空间操作和空间分析，包括体积计算、空间剖切、包含查询及地质统计分析等。为了减少数据冗余，对角线数据并不在数据库中存储，只是当需要进行空间操作与空间查询时动态生成。

GTP 模型具有以下特点：

①基于采样数据：直接利用钻孔采样数据，而无须进行空间内插，即可通过钻孔采样数据以 TIN 的形式来模拟和表达地层界面的基本空间形态，可最大限度地保障三维地学建模精度。

②开放式建模：当有新的钻孔数据或通过物探、化探、测量等手段获得新的地层空间信息时，只需局部修改或扩充，无需改变模型整体结构，使得 GTP 的局部细化与动态维护很方便。

③有拓扑描述：以 GTP 为基本的体元建模单元，便于进行三维拓扑描述与表达。

④基于 TIN 的 2.5D 建模为其子集：同一地层 GTP 集合的上下界面为 TIN 结构，因此基于 TIN 的 2.5D 建模可以看成基于 GTP 的 3D 建模的一个子集。

⑤Pyramid、TEN 模型为 GTP 退化：如图 6 – 13 所示，当某一侧边收缩为一个结点时，GTP 退化为 Pyramid；当某一 TIN 收缩为 1 个结点时，GTP 退化为四面体。该特点非常适合处理地层尖灭、分叉、断层切削等复杂情况。

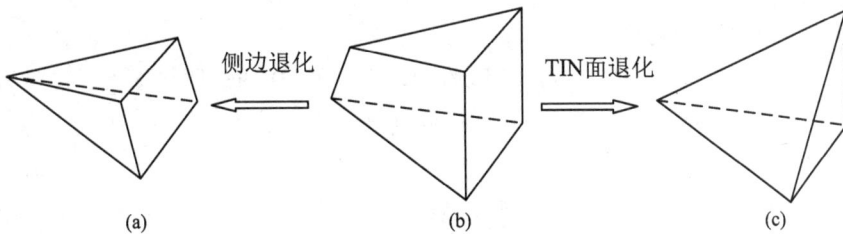

图 6 – 13　GTP 的两种退化模式
（a）Pyramid；（b）GTP；（c）Tetrahedron

基于 GTP 的三维地学构模过程如图 6 – 14 所示。图中，结点代表由钻孔揭露的地层界面点，为初始的 0D 要素；TIN 边和侧边分别为连接沿界面或界面之间结点的 1D 要素；TIN 面和侧面则为由 TIN 边和侧边闭合而成的 2D 要素；TIN 面、侧面封闭形成三维要素 GTP。一组具有相同属性的 GTP 组合在一起（侧面相邻或 TIN 面相邻），生成 1 个地质体如地层、矿体、地质结构等。若干地质体组合起来，即形成研究区域的三维复杂地质模型。

6.2.4　基于混合模型的三维地质建模

基于矢量的面元模型虽然精度较高，但不能解决矿（岩）体品位、岩性等内部非均匀的非几何属性描述问题；体元模型可以存储非几何属性，表面描述精度也较高；栅格数据能进行

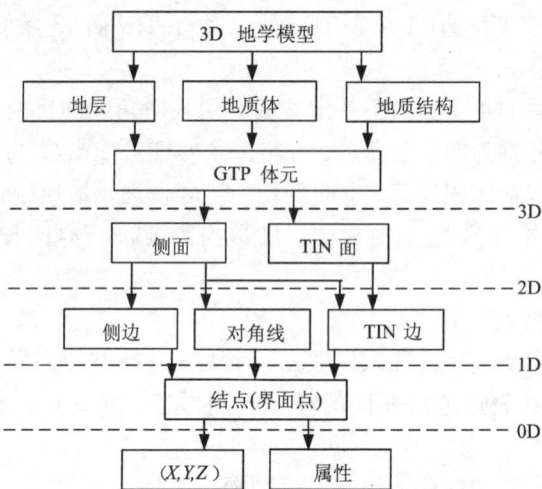

图 6 – 14　基于 GTP 的三维地学构模过程

逐点处理和块操作，具有较强的空间分析和操作能力，但无法满足精度要求。混合三维模型的目的是综合利用两种以上的面元模型或体元模型来对同一地质空间实体进行三维建模，以便综合两种模型的优点，取长补短，更完整地描述矿体形状、更好地表达矿体的空间结构，如用两种面元模型、两种体元模型、一种面元模型加一种体元模型，或者利用面元模型来描述地质体的几何轮廓、用栅格模型来存储地质体的非几何属性，从而使得数据结构具有很强的灵活性和适应性。典型的有断面 – 三角网混合模型（Section + TIN）、线框 – 块体混合模型（Wireframe + Block）和八叉树 – 四面体混合模型（Octree + TEN）。

1. 断面 – 三角网混合模型

断面 – 三角网（Section + TIN）混合模型的原理为：在 2D 的地质剖面上，主要信息是一系列表示不同地层界线的或有特殊意义的地质界线（如断层、矿体或侵入体的边界），每条界线赋予属性值，然后将相邻剖面上属性相同的界线用三角面片（TIN）连接，这样就构成了具有特定属性含义的三维曲面，如图 6 – 15 所示。其建模步骤为：①剖面界线赋值；②2D 剖面编辑；③相邻剖面连接；④三维场景的重建。与 Section 模型一样，由于采用的是非原始数据而

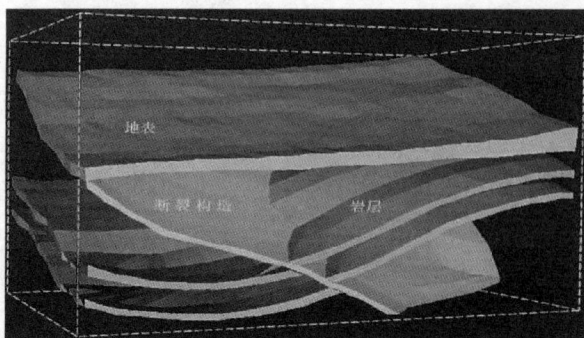

图 6 – 15　断面 – 三角网混合模型应用实例

存在误差，其建模精度一般难以满足工程要求。

2. 线框－块体混合模型

Wire Frame－Block 混合模型进行三维地质空间建模的原理为：以 Wire Frame 模型来表达目标轮廓、地质或开挖边界，以 Block 模型(当该 Block 为规则化、正则化的立体单元时，就成为三维栅格，即 Voxel)来填充其内部。为提高边界区域的模拟精度，可按某种规则对 Block 进行细分，如以 Wire Frame 的三角面与 Block 体的截割角度为准则来确定 Block 的细分次数(每次可沿一个方向或多个方向将尺寸减半)。该模型实用效率不高，即每一次开挖或地质边界的变化都需进一步分割块体，即修改一次模型。

3. 八叉树－四面体混合模型

八叉树模型虽然具有结构简单、算法简单、操作方便等特点，并能够表示地质对象内部属性的空间变化，但随着空间分辨率的提高，八叉树模型的数据量将呈几何级数增加，且八叉树模型始终只是一个近似表示，原始采样数据一般也不保留；而四面体模型则可以保存原始观测数据，具有精确表示目标和表示较为复杂的空间拓扑关系的能力，但其模型较八叉树复杂，不便于详细描述地质对象内部的属性变化。对于一些特殊领域，如地质、海洋、石油、大气等，单一的八叉树或四面体模型均很难满足需要，例如在描述具有断层的地质构造时，断层两边的地质属性往往是不同的，需要精确描述。因此，可以将两者结合起来，建立八叉树－四面体混合模型。

该模型以八叉树作整体描述，以四面体作局部细化描述。八叉树一般采用低分辨率，这样就可以大大减少八叉树的数据量，而对于需要精确描述的部分，如地质对象的边界，以单个八分体为单位，建立局部的四面体模型，图 6－16 是一个简单实例。

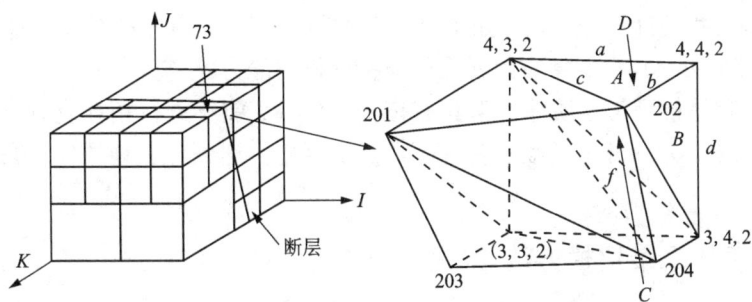

图 6－16　八叉树－四叉树混合模型原理

6.3　井巷工程的三维建模

6.3.1　井巷工程特征与三维建模要求

井巷工程是指在地下进行各种采矿活动所形成的开挖实体，如立井、斜井、井底车场、巷道、硐室等。井巷工程与自然地质体一样都是三维的，在空间上都占有一定的位置与范围，具有一定的形态和属性，并与自然地质对象紧密联系。此外，井巷工程一般都是按照预先设计的要求在地质体中施工形成的，因而其空间特征、属性特征和空间关系特征等方面有独自的特点。

空间特征又称几何特征或定位特征，表示空间对象所处的空间位置与空间分布形态。井巷工程的几何形状一般比较规则，空间位置描述也比较精确。如巷道类似于一个柱体，其空间位置的数据获取和描述方法是先沿纵向测定剖面中心或底顶板的空间坐标，然后每隔一定距离测出柱体横断面特征点的坐标。而地质体的形态通常是不规则的，也难以详细、精确地描述其空间位置。

属性特征表示井巷工程的各种性质特征，如工程体的开掘方式、支护形式、用途，以及开挖前工程体内的地质体特性（岩性、含水性、力学强度）等。工程体的这种属性特征与其掘进的地质体属性密切相关。

空间关系特征表示空间实体之间存在的与空间特性有关的关系，如拓扑关系、度量关系、顺序关系、方向关系等。工程开挖体的空间关系主要是拓扑关系和度量关系，如工程开挖体之间及工程开挖体与围岩地质体之间的相邻、相离、包含关系等。

可见，井巷工程是地下空间域内需要进行几何、属性和拓扑信息统一表达的一类特殊空间实体。井巷工程的真三维建模，必须既能体现工程体的空间、属性与拓扑特征，并考虑它与围岩地质体的联系，以及对工程体进行真三维数值模拟的要求。井巷工程的三维空间建模是一项重要而实用技术，其主要目标要求包括：

（1）能够实现工程体的任意三维显示，既可独立显示工程体的位置与形状，又可与围岩地质体联合显示，以便观察工程体在地质体中的空间分布，即工程体与地质体是一个整体模型；

（2）能够进行工程体内部的虚拟漫游，观察工程体开挖揭露的地质体情况，即工程体模型与地质体模型真实切割；

（3）能够进行相关计算与分析，如工程体开挖量计算、工程开挖对周围地层环境的影响等，即工程体模型必须具有支持有限元数值模拟分析的能力；

（4）要求工程体模型与地质体模型具有拓扑一致性，能够进行拓扑查询，如工程体处于什么地层内，工程体沿上下、前后、左右前进一定距离会遇到什么地质体，掘进头距离透水岩体多远等。

6.3.2 井巷工程三维建模方法

由于井巷工程体形状一般比较规则，可以采用传统的 CSG、Wire Frame 模型，也可以引用管线几何模型，来进行井巷工程建模与可视化表达。

1. CSG 与 Wire Frame 模型方法

CSG 用于井巷工程建模的缺点是开挖体的点、边、面等边界几何元素隐含在 CSG 体素中，不利于空间分析和显示。

Wire Frame 可进行较精细、准确的地下巷道和硐室建模，如图 6-17（见附录）。但 Wire Frame 不能将井巷工程的几何模型与模型属性相关联，且不存储拓扑关系，不能进行相关结构分析、体积计算与剖面切割。根据地质剖面图对隧道三维建模及可视化时，也可对巷道内壁进行真实感纹理处理，如图 6-18（见附录）所示。但是，这种模型只能满足可视化要求，巷道内部表现的不是真实穿越的地层情况，不能进行巷道与围岩的相关分析。

2. 管线几何模型方法

管线几何模型采用管线断面与体面三角剖分拟合的方法重构管线及管件，如图 6-19 所

示。设 S 为垂直于管线中心线的断面，T 为体面剖分三角形，则管线的三维可视化模型可以由一系列断面和体面剖分三角形共同构成，表示为 $\{Si \cup Tj | i, j = 1, 2, \cdots\}$。管线有直管、弯管、变径管、三通、四通等多种类型。直管最简单，其中心线为一条空间线段，直管模型唯一地由起点断面与终点断面确定，中间没有变化，其建模过程可分解为局部坐标系计算、中心线的生成、管线断面数据计算、断面数据构建等过程。弯管的中心线为一条空间折线，可以内插为一条近似连续的曲线，如图 6-20 所示，弯管模型由起点断面、中间断面和终点断面共同构建，弯管线也可视为首尾相连的直管线集合，其建模步骤主要包括弯曲管线中心线插值计算、断面数据计算、弯管模型构建等。变径管线可以看作是一种管径变化的直管，具有两个端口口径和多个变径点，如图 6-21 所示，变径管线三维模型构建主要包括变径点插值计算、断面数据计算和变径管线模型构建。三通、四通管建模的关键是交叉点建模，这也是管线建模的技术难点，要通过局部坐标系计算、交叉点处断面位置确定、交叉点断面处理、交叉点断面构建等复杂过程来实现。

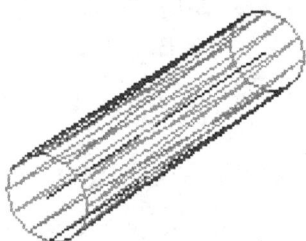

图 6-19　管线体面三角剖分

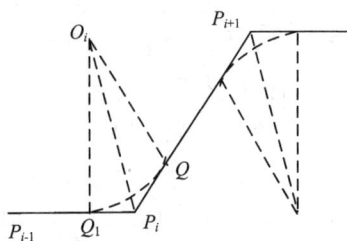

图 6-20　弯管中心线内插拟合

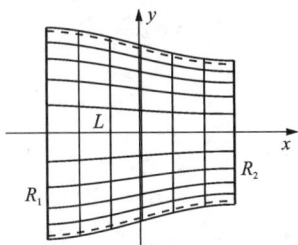

图 6-21　变径管示意图

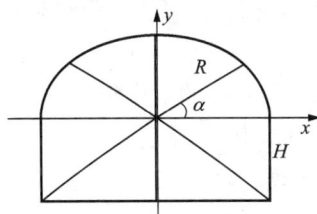

图 6-22　巷道断面图

可将管线模型扩展应用到井巷工程建模，区别仅在于断面类型不同。管线的断面多为圆形，而巷道的断面多为拱形（如图 6-22 所示）。设拱形半径为 R，起拱高度为 H，拱形剖分拟合数为 n，则断面拟合计算公式为：

$$\begin{cases} x_i = R \cdot \cos(\alpha \cdot i) \\ y_i = R \cdot \sin(\alpha \cdot i) \quad (\text{其中 } \alpha = \pi/n) \\ z = 0 \end{cases}$$

依据管线构建三维模型的算法及原理，构建的各类巷道断面，如图 6-23（见附录）所示。

6.4 井巷工程与地质体的集成建模

工程开挖体的建模除应满足自身可视化这一基本功能外,还应与周围岩层和地质体融合成一个整体,一方面支持工程开挖设计与查询分析,另一方面为有限元计算提供空间数据支持。

6.4.1 集成建模的一般方法

迄今为止,国内外学者研究提出了多种地质体与采掘工程的集成建模的方法,包括:

(1)基于四面体的集成建模

首先采用 3D Grid 模型对地层进行建模,然后剖分成非结构化格网 TEN。井孔和隧道则以六角形柱体段进行三维建模,以钻井、隧道等工程体的外围轮廓作为约束条件,将轮廓上关键约束点逐点插入到地层 TEN 中,进而按 3D Delaunay 法则局部细化成 TEN,以保持地层和工程体的几何一致性,如图 6 – 24(见附录)所示。这种建模主要用于有限元模拟,如井孔和隧道周围气体和水流的有限元模拟。其建模过程是静态的,工程体并不与地层真实切割,并且也不存储拓扑关系,不能进行拓扑空间查询与分析。

(2)基于 TP 的集成建模

在地质体 TP 建模的基础上,以 5 个平面围成隧道周边,模拟在地层中进行开挖,并显示开挖后的隧道及其内部地层分布,如图 6 – 25(见附录)所示。这实际上只是隧道的简化表示,没有拓扑关系,只能满足简单可视化要求。

(3)基于不规则 3D Grid 的集成建模

采用不规则 3D Grid(实质为 Irregular block)对开挖体和围岩进行集成建模,并将建模结果输出到有限元进行模拟分析,如图 6 – 26(见附录)所示。3D Grid 模型虽然对有限元前处理有利,但数据存储量大,采样数据需要经空间内插,精度有损失,且实体之间不建立拓扑关系。

(4)基于 Solid 的集成建模

首先,以剖面加中心线的方式完成隧道的几何建模,并采用交互式建模技术以 Solid 模型进行地层建模;然后,进行隧道模型与地层模型的体体求交运算,求出隧道穿越地层的位置及相应位置的岩性。这种建模方式开挖体与地层真实切割,可计算开挖量和进行有限元模拟,但开挖体与地层不存储拓扑关系,无法进行拓扑空间查询。或者,先基于钻孔和测井曲线用 Solid 模型对地层建模,然后用序列 Section 模型对隧道进行初始化并转化为不规则 3D Grid 模型,以便用于三维有限元分析,如图 6 – 27(见附录)所示,缺点是同样没有描述拓扑关系。

(5)基于似直三棱柱的集成建模

将工程开挖体比拟成地层,认为巷道和地层是一个整体,建模时有机结合。将巷道底板看作一个曲面,除底板以外的其他各个面看作另一个曲面。因此,巷道就和地层相对应,由上、下两个曲面组成,如图 6 – 28 所示。然后选取巷道的形状控制点与钻孔点求并集,统一进行似直三棱柱(Analogical Right Tri-Prism, ARTP)剖分。该模型虽然能实现巷道建模与地层建模的静态耦合,相互之间可以进行拓扑查询,但难以进行巷道动态开挖模拟,离工程实用还有较大距离。

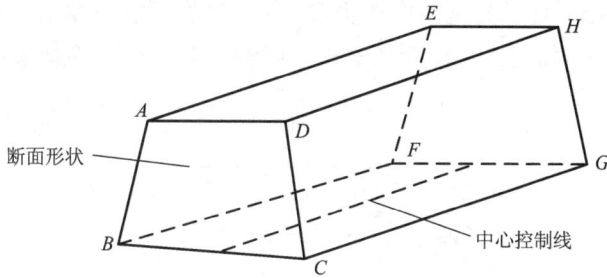

图 6-28　基于 ARTP 的地质体与采掘工程集成建模原理

6.4.2　集成建模的 GTP 方法

工程开挖体的建模不仅要与周围岩层和地质体融合,产生整体可视化效果,而且应保持几何无缝和拓扑一致,即实现地质体与工程开挖体的几何无缝集成和拓扑一致性集成。针对地下工程开挖体的基本特征及其真三维几何无缝集成建模要求,在广义三棱柱(GTP)模型的基础上进行扩展,提出采用工程 GTP(Engineering GTP,E-GTP)模型来构建地下工程开挖体的真三维模型。通过与其围岩地质体的 GTP(Geological GTP,G-GTP)模型的耦合,实现了基于 GTP 的围岩地质体与工程开挖体的一体化真三维几何无缝集成空间建模。该模型将地下三维空间实体抽象为点、线、面、体四类几何对象,通过结点、TIN 边、侧边、TIN 面、侧面和 GTP 体元共 6 个构造元素进行统一表达。

1. E-GTP 建模原理

地质体的 G-GTP 是以真实偏斜钻孔所揭露的地质资料为数据源,沿钻孔方向作为棱边构建 GTP;而 E-GTP 则是对 GTP 模型的一个拓展。它与 G-GTP 的区别在于:

(1)数据来源不同:E-GTP 的数据主要来源于工程测量和设计,是一些精确的约束性控制数据,数据分布比较规范;而 G-GTP 数据来源于真实钻孔,控制数据少且分布不规则;

(2)建模精度不同:E-GTP 表达的工程体比较精细,通常需要厘米级的精度;而 G-GTP 则一般为分米级和米级;

(3)空间尺度不同:E-GTP 3 条棱边距离很有限,一般不超过数 10 m;而 G-GTP 的 3 条棱边相距一般很远,有时可达千米以上;

(4)空间分布不同:E-GTP 的 3 条棱边可以按工程体控制中心线的方向任意与地层相交或平行;而 G-GTP 的 3 条棱边必须沿钻孔方向,且只能与地层相交而不能平行。

E-GTP 和 G-GTP 的共同点在于:

(1)基本几何形状上相似;(2)均由 6 类基本几何元素组成,即点、TIN 边、棱边、TIN 面、侧面和 GTP 体。这为实现工程开挖体与围岩地质体的一体化建模提供了理论与技术保障。

2. E-GTP 建模方法

(1)横断面形状不变的开挖体建模

对横断面形状不变(尺寸可能改变)的工程开挖体,采用 E-GTP 建模方法比较简单。其过程如下:①首先,根据测量和工程体建模需要,每隔一定距离选取一个特征横断面;②根据横断面的形状确定控制中心线点，并沿其周边选取若干形状约束点；③将这些形状约束点两两相连形成工程体横断面的外围轮廓多边形；④多边形顶点与控制中心线点相连形成横断面的三角形簇；⑤最后，将两个横断面的三角形簇的对应顶点相连则形成了构成工程体的 E－GTP 簇。

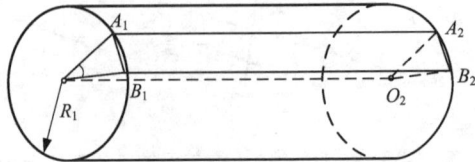

图 6－29　圆形隧道的 E－GTP 建模原理

以图 6－29 所示横断面为圆形的一段隧道为例：O_1、O_2 分别为前后断面的圆心；R_1、R_2 分别为前后断面圆形半径(两者可以不等)。在 O_1 所在断面圆周上等间距取 n 个形状控制点，两两相连后分别与 O_1 连接，则形成 n 个三角形面将断面剖分成 n 个三角形。由于前后断面形状相同，同样可将 O_2 点所在断面剖分成对应的 n 个三角形。两两连接对应三角形的对应顶点，即构成了一个 E－GTP 体。将两个断面上 n 个三角形顶点分别对应相连，则可得到 n 个这样的 E－GTP 体，其外侧平面相连则构成工程体近似表面，即为工程开挖体与地质体切割的平面集合。

工程开挖体横断面的形状除圆形外，还有拱形、矩形和梯形等多种形状。断面走向控制线的测定在实际施工放样中有的沿断面形状中心，有的沿断面顶板、底板和两侧，甚至有的沿顶底板和两侧混合量测，即断面走向控制线点的位置并不确定。对此，首先要根据横断面形状重新确定一致的走向控制线，该线的选取既要有利于横断面三角剖分，又要有利于测量数据向其换算。如图 6－30(a)所示拱形断面，控制中心线点应选在顶面弧段所在圆的圆心，上半部圆弧断面的三角剖分与圆形断面相同，下半部断面则剖分成 3 个三角形；图 6－30(b)所示矩形断面，控制中心线点选在其对角线交点，断面剖分成 4 个三角形；而图 6－30(c)中梯形断面，控制中心线点选在中位线与上下边平分线的交点，断面也剖分为 4 个三角形。这种经过换算后选取一致性控制中心点的好处是：在可视化过程中，当显示比例尺缩小到一定程度，即可用控制中心线来代替隧道、井巷等走向分布较长的工程体，从而加快图形显示，有利于多细节层次(LOD)构模的实现。

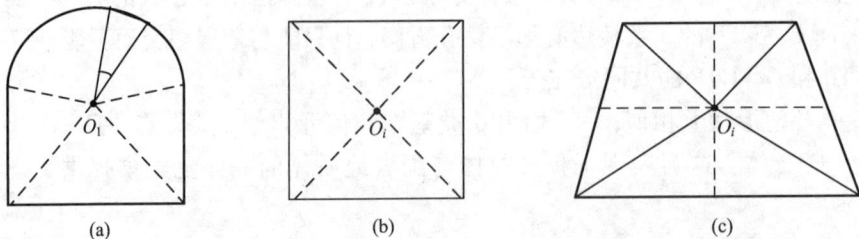

图 6－30　不种形状工程开挖体断面的三角化

（2）横断面形状变化的开挖体建模

实际工程开挖，横断面的形状可能因围岩地质条件约束或支护设计需要而改变，如由圆形断面过渡到拱形、拱形断面过渡到梯形等。此类开挖体建模的关键是段的分割及分段建模。原则是：①要在断面形状发生显著改变处进行分段；②两相邻断面控制中心线要相互连接；③相邻断面的顶底部断面形状控制点要对应连接；④形状控制点的数量由复杂度较高的断面来决定。

以图 6 – 31 所示拱形断面过渡到梯形断面为例说明其建模方法。图中 O_1 和 O_2 分别为拱形和梯形断面控制中心线点，A_1、B_1 为拱形断面底部两个形状控制点，C_1、D_1 和 E_1 分别为拱形断面圆弧两端点和顶点；A_2、B_2、D_2、F_2 为梯形断面 4 个顶点。根据上述建模原则，将 O_1、O_2 相连，A_1、B_1 与 A_2、B_2 对应相连。对拱形断面 C_1、D_1 两点，由于在梯形断面没有对应连接点，而其所在断面复杂度高于梯形断面，因此以 C_1、D_1 两点距离底板的高度相应确定梯形断面的辅助控制点 C_2、D_2，然后对应连接。如此，将 A_1、B_1、C_1、D_1 与 O_1 点相连，A_2、B_2、C_2、D_2 与 O_2 点连接，则将该过渡段的拱形和梯形断面的下部分别剖分成 3 个三角形。对于拱形断面与梯形断面的上部，由于形状不匹配，拱形断面顶点 E_1 在梯形断面上没有对应的连接点，可根据控制点连接以高复杂断面度控制低复杂度断面的原则，由 E_1 点确定梯形断面顶端中心辅助控制点 E_2。同时，为拟合拱形断面上部弧段形状，可在弧段上等间距增加两个辅助控制点 D_1、F_1，分别与梯形断面 D_2、F_2 点相连。显然，下部 3 个 E – GTP 的剖分方式是固定的；上部 4 个 E – GTP 体的剖分虽然是不固定的（可根据精度需要选择剖分精度），但 E_1 与 E_2 两点的连接是不变的。

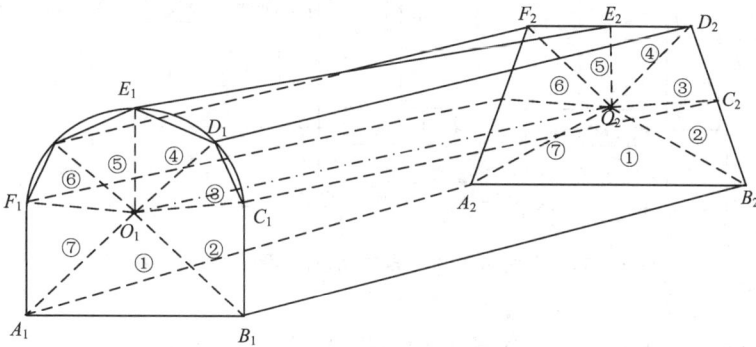

图 6 – 31 　一段断面形状变化的隧道 E – GTP 建模实例

此建模方式可扩展到其他断面过渡方式，如：拱形向矩形断面过渡时，矩形断面可看作梯形断面的特例；圆形向拱形断面过渡时，圆形与拱形的下部建模类似于拱形与梯形的上部建模。

（3）工程体转弯连接处建模

除直线段外，实际的非直线状工程体还存在如图 6 – 32 所示的转弯处的圆弧连接（如隧道、巷道转弯连接处等），图 6 – 32（a）为两个圆弧段的反向连接，图 6 – 32（b）为单个弧段连接。此类工程建模的关键是横断面的划分。可根据圆弧中心和连接处断面的特征，将内外圆弧平均分为 n 段，内外圆弧对应点连线即为工程体划分横断面所在位置，工程体各横断面延伸线交于圆弧中心，如 6 – 32（c）所示。此时，所剖分的 E – GTP 体的两个 TIN 面是不平行的。

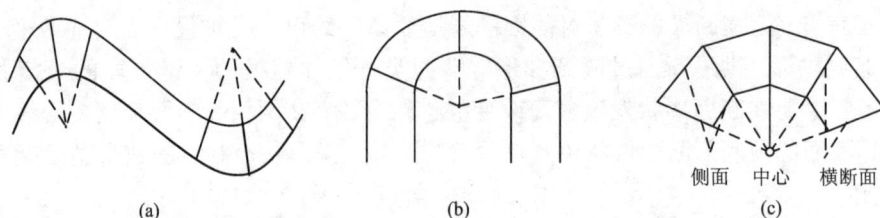

图 6 – 32　工程开挖体转弯连接处断面分割

(a)反向两个圆弧段连接；(b)单个圆弧段连接；(c)圆弧段横断面划分

3. 基于 GTP 集成数据模型

为有效表达三维地学空间对象及其拓扑关系，可采用面向对象思想、从几何学角度将地质三维空间对象抽象为点、线、面和体等 4 种表达地质体和工程开挖体基本实体，并通过构建 G – GTP 与 E – GTP 的 6 类构造元素，即点、TIN 边、棱边、TIN 面、侧面和 G – GTP(E – GTP)体元来表达这 4 类实体。其一体化数据模型如图 6 – 33 所示。

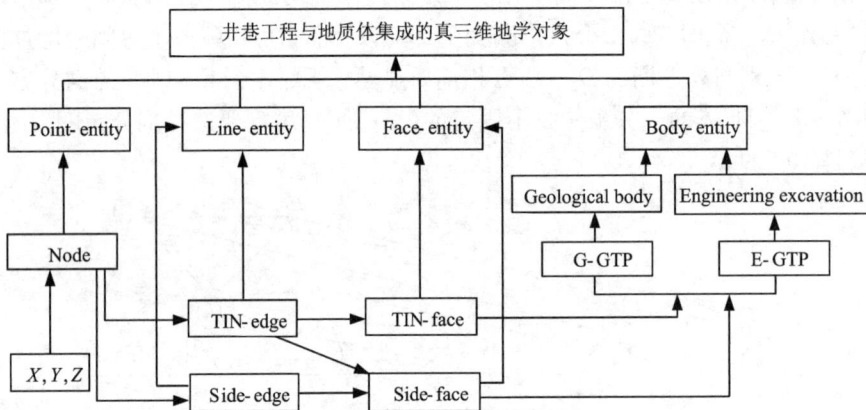

图 6 – 33　面向对象的井巷工程与地质体集成数据模型

点状实体：它是零维(0D)空间对象，如钻孔点、断面形状控制点等。点状实体对应结点元素，有相应的属性编码和属性表，具有空间位置信息，即(X, Y, Z)坐标。

线状实体：它是一维(1D)空间对象，如断裂线、钻孔迹线、轮廓线等，由 G – GTP 或 E – GTP 的一系列 TIN 边与棱边构成。

面状实体：它是二维空间对象，如层理、地层界面、不整合面、工程体横断面等，可用 G – GTP 或 E – GTP 的 TIN 面与侧面来表达，面状实体也有属性编码和属性表。

体状实体：它是三维空间对象，如地层、矿体等地质体以及隧道、井巷等工程开挖体。任意一个地质体或工程开挖体都可剖分成一系列邻接但不交叉的 G – GTP 或 E – GTP 体元的集合。用 G – GTP 和 E – GTP 表达地质体和工程开挖体时，如果不需考虑该实体的内部信息，则可简单地用构成该实体的边界来表达。体状实体作为一个整体带有属性描述信息，它所对应的 G – GTP 或 E – GTP 体也可有自身的属性描述信息。

基于以上原理，即可实现基于 GTP 地质体和工程开挖体集成建模，如图 6 – 34(见附录)所示。

6.5 矿山地上地下集成建模技术

过去的空间信息系统一般以地形、地表建(构)筑物、地下环境为对象分别进行三维建模与可视化研究，很少将地形、地表以上及地表以下空间实体整合起来进行集成建模与表达。而实际上，空间信息系统应为整个地学领域(包括地理、地矿等)服务，是一种对地形、地表以上及地表以下空间实体进行集成描述、建模、分析与管理的可视化信息系统。近年，人们对空间信息系统中空间实体的真 3D 建模与集成表达提出了越来越高的要求，如矿山 GIS、真 3D 城市 GIS、岩土工程 GIS 等。本节针对数字矿山集成建模的需求，介绍三维空间信息系统集成建模的一般方法与代表性进展。

6.5.1 集成建模需求与一般方法

地球系统包括岩石圈、水圈、生物圈、大气圈和电离层，它们之间在空间上有交叉和渗透。传统的 GIS 所涉及的范围主要在岩石圈和大气圈之间，即地球的表面，也就是传统地理学所研究的范畴。而自 20 世纪 70 年代以来，GIS 在气象、地学等涉及全球变化或地下工程领域的应用不断扩展，GIS 所涉及的范围已经向上进入大气层及地球的外层空间(包括电离层)，向下进入地球内部(岩石圈层之内，地表以下 0~10 km)。以数字矿山为例，其空间对象包括上至大气环境、中至山川植被、道路建筑，下至矿坑边坡、井巷工程、煤岩地层等，如图 6-35(见附录)所示。

因此，三维空间实体可区分为地上实体、地下实体，如表 6-6 所示。在三维空间建模过程中，需要对上述地学实体进行三维集成表达和整体数据管理。

表 6-6　三维集成空间实体的分类

地上实体	基础设施	桥梁、通讯线路、输电线塔等
	房屋建筑	工业广场、村庄民房、公寓楼房、会馆厂房、文物古塔等
	独立大树	古树、景观树等
地球表面	地形特征	山脉、丘壑等
	地貌特征	河流湖泊、各类道路、植被耕地等
地下实体	地质体	土层、基岩、矿体、断层、褶曲等
	地下自然空间	暗河、岩溶洞等
	地下人工空间	地下沟、地铁、防空洞、矿山井巷、隧道硐室、军事掩体等

前述章节介绍的各种单一的三维空间数据模型，均不能对地球表面、地表以上及地表以下的三维空间对象进行完整、有效的统一描述与集成建模，难以满足矿山领域的三维建模、空间查询与可视化分析的需求。如 Voxel、Needle、Octree 等体元模型适于描述地下矿体内部品位的空间变化，却不能精确描述矿体的边界以及矿体与断层、围岩之间的空间关系，更不适于描述地球表面和地表以上的空间实体；Wireframe、SerisSection 等面元模型虽然能较准确地描述地下地质体和地下空间的边界轮廓，却不能描述实体内部的属性变化；面向对象的体

元拓扑数据模型虽然优点较多，但程序实现困难，且难以满足实体内部属性变量的空间分析需要。

目前，有些商用软件，借助计算机图形学和可视化技术，在一定程度上实现矿山地上地下的集成可视化效果（见附录图 6-36），但并不是真正的几何无缝与拓扑一致性集成建模。

在现有三维空间模型的基础上，选择若干模型进行合理、有效的集成，是解决问题的可能途径。三维空间数据模型集成过程中，模型不完备、数据裂缝、拓扑描述不完整是关键。因此，必须解决好两项关键技术，即模型集成的纽带和数据转换算法。

（1）模型集成的纽带

模型集成的目的是综合发挥单一模型的优势，协力解决单一模型不能解决的问题。由于各单一模型之间建模方式的不同、数据结构的差异，各模型之间联结的纽带是模型集成的核心。如果该纽带设计合理，则各单一模型就可以有机地、无缝地结合在一起，空间模型的完备性、数据结构的一致性和拓扑描述的完整性等方面都可以得到保障；否则，各模型之间将是几何分裂、空间离散的，所完成的三维空间对象的整体模型也将是几何有缝的，数据结构的一致性和拓扑描述的完整性得不到保证。

（2）数据转换的算法

在集成数据模型中，为充分利用不同空间模型所表达的空间数据，常常需要将一种模型所利用和产生的空间数据直接提供给另一种模型进行空间建模使用，或者将一种模型所表达的数据作为另一种模型进行空间建模的约束条件。因此，需要针对被集成的各单一空间数据模型的建模与数据结构特点，设计一个或多个相应的数据转换算法，某些算法是可逆的，某些则可能不是。

6.5.2　基于 TIN 耦合的地上地下集成建模

由于 GTP 的 TIN 面是三角形，侧面空间四边形可通过辅助几何元素——Diagonal 划分为两个三角形，进而将 GTP 分为 3 个四面体；而三角形又是 OO3D 模型的基本几何要素之一。可见，在几何层面上，GTP 和 OO3D 模型均以三角形作为基本几何元素，这就为两者的无缝集成创造了条件，也为地形表面、地上实体和地下实体的三位一体集成建模提供了可能。

1. 地下建模分析

由于 GTP 建模是基于钻孔数据，即 GTP 的侧棱表达的就是一段钻孔迹线，GTP 的上三角形和下三角形的顶点均为钻孔迹线上的点。GTP 模型的基本构模元素有：GTP、TIN 面、TIN 边、棱边和点，GTP 模型的建模逻辑如图 6-37 所示。

2. 地上地下集成建模原理

地下用 GTP 建模，地层的表面用 TIN 建模，地上实体用 OO3D 模型建模，而建（构）筑物可用三角形进行剖分，其底面座落于 DEM 之上。因此，地上建（构）筑物、地表和地下地层就可以通过 TIN 有机地联系起来，即 TIN 成为地上建（构）筑物与地下地层联系的纽带，三角形这一面状构造元素即为该纽带的构造元素。

因此，基于 TIN 耦合，就可实现了城市地上地下空间的无缝集成建模。图 6-38（见附录）所示为一幢地面建筑通过地表 TIN 与地下岩土层的集成及其基于三角形的空间分解。

地上地下三维空间集成模型有 7 类构造元素，分别为点（Point）、线（Line）、三角形（Triangle）、侧面（Side Face）、法面（Normal Face）、GTP 和简单体（Simple Body），如表 6-7 所示。其中，线又分为地上线（弧）、地下线（边）和地表线（边）3 种类型；三角形又分为地上

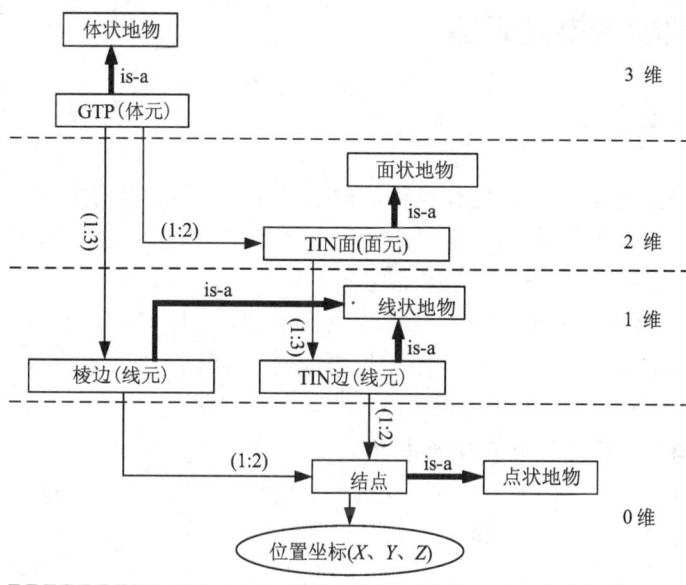

图 6 - 37 GTP 模型的建模逻辑

三角形、地下三角形和地表三角形 3 种类型,地表 TIN 是联系地上实体和地下实体的纽带,是其间拓扑关系描述的关键;法面是建造地上建筑物外表面的基本单元面,若干相互邻接的法面闭合形成简单体。

表 6 - 7 地上地下集成建模的构造元素

	地上空间实体	地下空间实体	地表面
点	√(结点、中间点、插值点)	√(结点、插值点)	√(结点)
线	√(弧段)	√(TIN 边、棱边、对角线)	√(三角形边)
三角形	√(TIN 面)	√(TIN 面)	√(TIN 面)
侧面		√	
法面	√		
GTP		√	
简单体	√		

图 6 - 39(见附录)、图 6 - 40(见附录)所示为基于 TIN 耦合的地上地下集成建模的实际效果图。

6.6 矿山模型的多模式表达

6.6.1 二维视图与三维模型的相互转换

实际工作中，由于技术习惯和工作条件的原因，技术人员仍需使用平面图、剖面图和断面图等二维图纸来表达和传递工程设计思想与设计结果，复杂一点的工程，就得用投影视图、剖视图、局部放大视图等若干视图来完整地表示这个实体。因此，一方面需要将矿山工程前期的二维设计结果与工程验收结果转化为三维模型，增加可视化效果；另一方面需要将三维可视化模型回归到二维视图方式，制作相应的二维技术图纸资料供施工使用。因此，需要实现二维视图与三维模型之间的相互转换。

1. 二维视图与三维模型相互转换原理

目前，矿山设计领域大多基于 AutoCAD 进行二维设计，虽然 AutoCAD 的新版本已提供三维功能，但仍不能满足矿山工程三维设计的需要。针对矿山设计的特点，基于 AutoCAD 二次开发相应的插件，使用该插件可以方便地从二维设计结果中提取三维建模所需的几何元素，并将提取的数据导入三维建模软件，以供建立三维模型。反之，根据三维模型的几何元素，抽出部分二维元素而形成二维视图。二维视图与三维模型相互转换的基本原理如图 6 – 41所示。

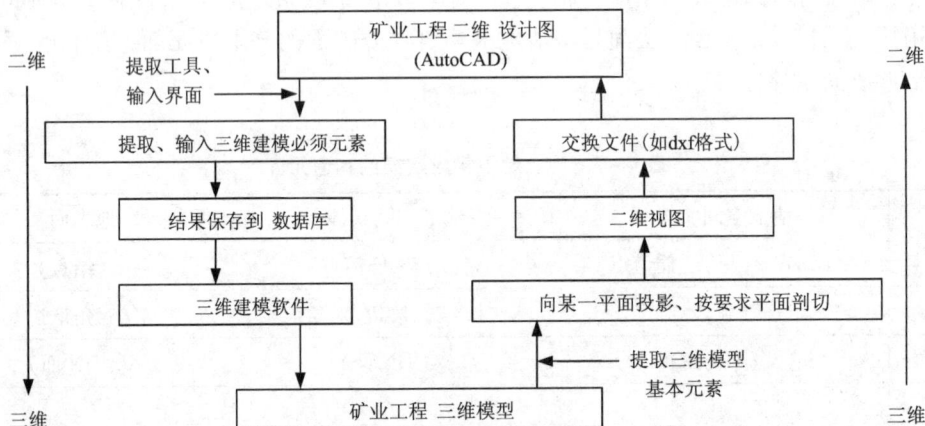

图 6 – 41　二维视图与三维模型相互转换的基本原理

2. 二维视图向三维模型转换的主要步骤

以 AutoCAD 和三维地学建模系统 GeoMo^{3D} 为例，二维视图向三维模型转换的步骤如下：

Step1：矿业工程设计图预处理。调出二维图纸；若是纸制图纸，则需先进行扫描数字化；然后根据需要提取的三维建模的二维几何元素（如井巷工程的中心线），将其放在单独图层上，为三维数据提取做好准备；

Step2：启动三维建模元素提取工具，配合输入界面提出三维建模数据（如特征点的高程、断面几何参数等）；

Step3：按设计好的数据结构，将所提取的数据保存到数据库中；

Step4：启动三维建模软件（如 GeoMo^{3D}），读取 Step3 生成的数据库，利用三维建模软件建立三维模型。

3．三维模型向二维视图转换的主要步骤

相应地，三维模型向二维视图转换的主要步骤为：

Step1：从三维模型中提取空间对象的二维几何元素，如井巷工程中心线坐标、断面尺寸等；

Step2：根据提出的二维几何元素生成二维图；或直接向某一平面投影生成二维图。若要生成某一平面的剖面图，则需对三维模型进行空间剖切操作；

Step3：导出所生成的二维图交换文件（如 dxf）；

Step4：将交换文件输入到 AutoCAD 中绘图，并根据需要绘制图框、图签、图名等，完成三维模型向二维视图的转换。

4．模型转换实例

GeoMo^{3D} 提供了二维与三维模型相互转换的解决方案，三维建模元素提取工具是基于 ObjectARX 开发的。图 6－42（见附录）是某一井巷工程的平面设计图，图 6－43（见附录）利用提取工具提出三维建模所需的几何数据，将提取的几何数据导入到 GeoMo^{3D} 进行三维建模，建立的三维模型如图 6－44（见附录）所示，在所建立的三维模型内进行漫游分析的效果如图 6－45（见附录）。图 6－46（见附录）是井巷工程三维模型向某一平面投影生成的二维平面图，图 6－47（见附录）是将生成的二维平面图交换文件后，导入 AutoCAD 进行制图；图 6－48（见附录）是根据具体要求对三维模型进行剖切生成的二维图；图 6－49（见附录）则是将剖面图生成交换文件后，导入 AutoCAD 生成的效果图。

6.6.2　三维地质模型的多模式转换

1．三维地质模型多模式转换原理

现有的二十余种三维空间建模方法在建模效率、可视化表达、空间分析方面各具优势。建立三维空间模型之后的实际应用中，有必要根据用户的不同应用需求，实现不同模型表达之间相互专换，可以更好地发挥各模型优势。

由于 GTP 在构建模型方面，与其他的三维模型相比，有很大的优势。但建立起地质模型后，对其进行三维可视化操作与空间分析时却有一定局限，而其他三维模型在可视化与空间分析方面有各自的优势。比如：BR 模型在图形的生成和几何特性计算上有优势；3D 体素等模型则可以隐含定位，节省存储空间的运算时间。因此，可以基于 GTP 进行三维建模，之后根据需要将 GTP 模型转化为其他模型。

图 6－50 所示为 GTP 模型向其他模型转换的模式。其中，GTP 模型可以通过增加对角线的方式转化四面体模型；舍弃 GTP 模型中上下层 TIN 之间的对应连接，就可以转化 BR 表示模型；GTP 模型转化边界模型后，如由边界围成的不规则空腔被块体模型（规则块体模型、3D 体素模型、非规则块体模型）和地质细胞模型剖分，又可以进一步转化为相应的地质模型。

2．GTP 模型转换为 B－reps 模型

GTP 模型向 B－reps 模型转化的主要流程为：采用一定的算法搜索出由 GTP 体元组成的实体的边界（TIN 的集合）。GTP 体元的侧面通过 SVID 法剖分成三角形后，整个 GTP 体元就是一个由三角形围成的空间体元。每一个三角形的拓扑关系内都存贮有两个邻接 GTP 的指针，＊m_in_gtp，＊m_out_gtp。

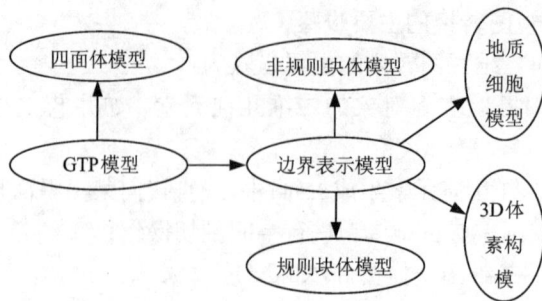

图 6 – 50　GTP 模型向其他模型转换的基本原理

具体原理与算法如下：

Step1：任取一个地层的 GTP 体元，设该层编号为 layerid。

Step2：任取该层一 GTP 体元，设为 gtp。

Step3：遍历 gtp 内的所有三角形，如一个三角形的 m_in_gtp、m_out_gtp 的层不相等或有一者为空，则将该三角形加入到边界表示模型中该层的三角形链表内。

Step4：重复 Step1 – Step3，直到遍历完该地层所有 GTP 体元。

Step5：重复 Step1 – Step4，直到遍历完该模型所有 GTP 体元。

图 6 – 51（见附录）所示分别为由 GTP 模型转化而来的 TEN 模型和 B – reps 模型，其中 B – reps 模型中每一地层为由三角形围成的不规则腔体。

3. GTP 模型转换为 Voxel 模型

GTP 模型向块体模型的转换是通过边界表示模型的中间过渡，实质上就是将边界表示模型围成的边界内部用块体体元进行充填。因此，块体体元是否在边界表示模型内的判断是技术关键。可以应用面积占优法和中心点判断法。

其中，中心点判断法实质就是一个空间点是否在一个封闭的不规则体内的判断。该算法首先根据模型的空间维度信息和三维有限元剖分系数，自动建立模型区域的有限元网格索引，然后分别针对 X, Y, Z 三个坐标轴方向进行轴向扫描，获取三坐标轴方向的坐标区间网格数组，最后通过查询坐标区间网格索引对模型区域的有限元网格进行取舍，得到相应的有限元模型。针对复杂多地层情况，引入了层位控制因子，实现了多地层无缝自动网格剖分。针对大型地下洞室群情况，引入了坐标区间分段控制因子，通过检测相应的网格索引，实现了地下洞室的甄别与自动剖分。为满足更为精细的有限元数值模拟运算和地质统计学变异函数的生成，引入了基于 Octree 结构的子元剖分技术，获取边界有限单元的体积因子，对地质体边界实现精细剖分。该算法通过引入网格索引，大大提高了剖分时间效率，突破了海量数据剖分的时间效率瓶颈；通过优化的大型数据库存储接口算法，可以在微机环境下实现千万级有限元单元的迅速剖分与存储。

图 6 – 52（a）（见附录）所示为复杂地质体整个区域转化为 Voxel 模型的效果图；图 6 – 52（b）（见附录）为复杂地质体部分区域转化 Voxel 模型，这是一种典型的矢栅一体化显示。以上转换与 Voxel 剖分对城市地质灾害、矿山采动损害以及大型、特大型岩土工程稳定性分具有重要的应用价值。

上机实习三：矿山三维建模与可视化分析

1. 实习目的

（1）了解利用剖面数据建立地层、矿体三维模型的基本方法；

（2）了解利用设计数据建立巷道三维模型的基本方法。

2. 实习资料及设备

（1）硬件要求：微机，推荐配置 CPU 3.0G，内存 2G，显存 256M，硬盘 80G 以上；

（2）建模软件：国内外相关矿山软件（各校视自身情况而定）；

（3）数据资料：某矿山的 3 个简单地质剖面、两条交叉巷道的设计图。

3. 实习内容

（1）建模数据组织与预处理；

（2）采用剖面法交互构建地层、矿体三维模型，并进行剖切分析；

（3）采用屏幕交互法构建三维巷道模型；

（4）将地层、矿体模型与巷道模型进行集成可视化。

本章练习

1. 三维地质建模的模型分类及其适用的数据源？

2. 如何将 GTP 法建立的三维地质模型转化为多层 DEM、边界表示和四面体模型？

3. 如何进行井巷工程三维建模？它与管线三维建模有何不同？

4. 你认为矿山地表、地层及地下工程应分别选用何种方法建模，模型之间如何耦合？

第7章　采矿数字化设计与决策优化

数字矿山的一个重要功能是三维数字化采矿设计以及为矿山决策优化。矿山设计和生产中有许多技术决策对整个矿床的开采效益有重大影响，如最终境界的设计、开采顺序与生产能力的确定、边界品位的选择等，必须通过优化才能实现决策科学化和效益最大化。第6章建立的矿山地形模型和地质模型是数字化采矿设计决策优化的数据基础，而本章介绍的地下采矿设计、露天矿境界和生产计划的优化是数字矿山应用价值的重要体现。

7.1　地下采矿数字化设计

地下采矿数字化设计的主要任务是进行各种开拓工程、采准巷道和采区采面的三维实体建模，并通过三维模型显示实现采矿工程设计结果的可视化。

7.1.1　采矿工程实体建模方法

以金属矿山地下采矿数字化设计为例，采矿工程实体建模模型的方法包括：中线加单一断面法、中线加多个断面法、断面延伸法及顶板加底板法。

（1）中线加单一断面法

该方法首先需要确定巷道断面形状和规格，然后根据确定的断面沿巷道底板中线（圆形巷道则沿巷道中线）生成巷道实体。在创建巷道实体时，必须预先设定断面形状和规格。标准的断面形状主要包括：圆形、拱形和矩形等。对于不规则形状的断面，在创建实体时，要首先进行断面形状和规格的设计，如图7-1（见附录）所示。

（2）中线加多个断面法

该方法是将设置好的断面指定在巷道底板中线上，然后沿底板中线在断面之间生成巷道实体（圆形巷道则沿巷道中线）。指定的断面大小和形状可以是不同的，如图7-2（见附录）所示。

（3）断面延伸法

该方法是先设置断面规格、起点坐标以及断面的延伸长度，然后从起点开始，在断面的垂直方向上按设置的延伸长度生成实体巷道模型。竖井、风井等垂直井筒一般采用此法建模。

（4）顶板加底板法

该方法指采用顶板线和底板线的实测数据创建巷道实体，如图7-3（见附录）所示。

7.1.2　巷道实体建模

地下采矿设计中可将所有的开拓工程按照它们的特征分3类进行实体建模：井筒、斜井和平巷，其中竖井、风井和溜井合为井筒类。

1. 井筒的实体建模

与其他两类开拓工程实体的建模相比，井筒建模相对简单，只要确定井口和井底的三维坐标以及断面形状规格，就可以快速建立实体模型，下面以主井为例介绍其建模过程：

(1)确定井筒的井口和井底三维坐标以及断面形状；

(2)根据断面参数绘制井筒断面图。矿山中井筒的断面形状一般都比较规则，主要的形状包括圆形、矩形等；断面参数包括断面的半径(圆形断面)，断面的长宽(矩形断面)；

(3)绘制井筒中线；

(4)通过确定的井筒中线及断面生成实体。图7-4(见附录)所示为生成的主井实体模型。

2. 斜井的实体建模

与井筒一样，斜井建模首先也需要确定井口和井底三维坐标以及断面形状。与井筒不同的是，斜井有一定的坡度，因此，除了要确定井口和井底的三维坐标以及断面形状外还需确定斜井的坡度。图7-5(见附录)所示为生成的斜井实体。

3. 斜坡道的实体建模

斜坡道实体建模相对来说比较复杂，因为斜坡道不在一个固定的平面内，有很多拐角，确定斜坡道中线时比较复杂。因此，斜坡道建模首先要确定斜坡道各拐弯处及其在各中段交点处的三维坐标，然后再确定斜坡道断面图和斜坡道中线，最后通过中线加单一断面方法生成断面实体。图7-6(见附录)为生成的斜坡道实体。

4. 中段巷道实体建模

中段巷道实体建模分设计和实测两种类型。设计的中段巷道采用中线来生成实体，实体创建时可以采用中线加单一断面法，也可以采用中线加多个断面法。

实测的中段巷道采用巷道顶底板实测线来生成实体。对于拱形巷道，首先调整其顶板中心线的位置，使其位于实测位置(一般高于边线)，然后在顶板线与顶板中心线之间形成巷道拱。对于矩形巷道，首先将顶板线和底板线的位置调整到实际的高程位置，然后，分别在顶板线所在的平面上和底板线所在的平面上形成DTM(表面模型)，并对形成的DTM进行剪切，最后在顶板DTM和底板DTM之间形成巷道实体。生成DTM的具体过程如下：

(1)创建巷道底板DTM，如图7-7(见附录)、图7-8(见附录)所示；

(2)DTM剪切，如图7-9(见附录)所示；

(3)用同样的方法生成巷道顶板DTM，并剪切，如图7-10(见附录)所示；

(4)合并底板与顶板DTM，形成巷道实体。如图7-11(见附录)、图7-12(见附录)所示。

7.1.3 采准巷道实体建模

在采准工程设计时，可根据采准巷道中心线及巷道断面规格沿中心线生成实体。对于实测采准巷道，首先对巷道的顶底板线进行调整，然后通过顶板加底板法生成巷道实体。如果采用现成的中段平面CAD图生成巷道实体，则可以通过CAD图的导入、数据转换、高程调整，最后采用中线加单一断面法生成巷道实体。

具体步骤如下：

（1）数据导入

导入 CAD 图形数据，并进行坐标转换。

（2）调整线段

调整线段之前应清理图中的多余和重复点，然后才将巷道中心线上的高程进行调整，使其符合实际位置，即将线段上的点移动到实际位置，如图 7 - 13（见附录）所示。

（3）确定巷道断面形状与规格

所有高程点移到正确位置后，确定巷道断面形状。

（4）生成实体

根据巷道中心线以及确定的巷道断面生成巷道实体。如图 7 - 14（见附录）、图 7 - 15（见附录）所示。

（5）体积报告

进行实体验证后进行体积报告，根据体积报告确定各巷道的掘进工程量。

7.1.4 盘区（采场）设计

地下开采设计中，一般都需要将矿体划分为不同的开采单元，通常的做法是对矿体在水平上划分不同的盘区，然后在盘区里设置分为不同的开采单元，即矿房和矿柱。对于规模比较小的矿体，也可不划分盘区，直接划分采场。盘区与采场的划分方法和过程如下：

（1）画出采矿规划图：根据矿山开采的需要，确定采矿规划，画出采矿规划图（即盘区）、采场划分的 CAD 图，将其转化为 DXF 格式后，导入数字化矿山工程软件，然后进行坐标变换，使其与实际位置相符合，调整后的图如图 7 - 16（见附录）所示。

（2）形成盘区实体模型：按照实测巷道的做法，生成顶、底板 DTM，进行裁减后，将顶、底板 DTM 连接起来，形成一个盘区实体模型，这个实体模型要求超出矿体，如图 7 - 18（见附录）所示。

（3）切割出矿柱矿房：对矿体和盘区实体进行体运算（有的软件叫做线框布尔运算）后，即可切割出盘区内的矿柱、矿房，如图 7 - 18（见附录）所示。

7.1.5 爆破设计

地下采矿设计中，爆破设计是十分重要的组成部分，它可以为爆破施工提供最直接的设计图纸和技术文件。一般来说，地下开采中的爆破设计主要分为巷道工程爆破设计、切割工程爆破设计和矿房、矿柱回采爆破设计。爆破钻孔主要分浅孔、中深孔和深孔三类。

爆破设计中需要的炮孔设计参数包括：钻机类型、爆破范围、作业高度、最小孔底距、炸药种类、装药方法、装药密度、炮孔间距和排距（水平或垂直炮孔）等，炮孔的布置形式主要有水平布孔和扇形布孔两大类型。

1. 切割工程的爆破设计

地下开采中，在形成了采准所需的所有巷道后，就要开始进行形成切割槽的工作，完成采矿爆破所需要的自由面。下面以切割工程爆破设计为例，介绍爆破设计的一般方法。

（1）确定爆破对象：首先确定爆破对象，然后针对具体爆破对象进行设计，本例设计需要爆破出的切割槽位置如图 7 - 19（见附录）所示。

（2）定义爆破参数：切割工程爆破设计和其他爆破设计一样需要定义一些爆破必须的参

数，设计之前需要明确如表 7 - 1 中的所有参数。

表 7 - 1　爆破设计参数表

参数项目名称	参数项	说明	备注
钻孔系数	钻孔直径	孔径大小	数字表示
	底部间距	相当于最小抵抗线	数字表示
放射中心位置	x 偏移	凿岩位置与巷道中心点在 x 方向上偏移量	数字表示
	y 偏移	凿岩位置与巷道中心点在 y 方向上偏移量	数字表示
起始角度范围	起始角度	扇形断面上的起始角度	数字表示
	终止角度	扇形断面上的终止角度	数字表示
装药信息	装药类型	确定不同的装药方式	字母表示
	装药密度	装药的浓密程度	数字表示
装药参数	爆破半径	根据爆破边界确定	数字表示
	堵塞最小长度	炮孔堵塞长度，个别可人工进行调整	数字表示
定义钻机	钻机限制半径	钻机凿岩半径	数字表示

(3)确定凿岩巷道：主要凿岩巷道的设计和实体生成工作在采准设计中都已经完成，在爆破设计中调用凿岩巷道实体和底板中心线来确定凿岩位置和边界。

(4)进行爆破设计：按照数字化矿山工程软件提供的设计步骤，将预先设计好的参数按照提示进行输入，完成单个扇形断面爆破设计。如图 7 - 20(见附录)所示。

(5)钻孔和爆破边界复制：单个扇形断面爆破设计工作完成后，就可以对整个爆破断面的钻孔和爆破边界进行复制。复制的方法有两种：一种是复制单个扇形断面；另一种是输入排间距和炮孔扇面数量进行连续复制，复制后的结果如图 7 - 21(见附录)所示。

地下开采切割工程爆破设计中，多数数字化矿山工程软件均可进行扇形爆破设计，还可进行平行炮孔的爆破设计，很多参数都和扇形炮孔类似。平行炮孔设计还可以应用在巷道掘进中。

2. 采场扇形中深孔的爆破设计

地下开采中，扇形爆破设计在采矿中应用的比较广泛，扇形中深孔爆破是以专用钻凿设备钻孔作为炸药包埋藏空间的爆破方法。其孔径一般为 75 ~ 350 mm，孔深为 8 ~ 20 m，由于扇形中深孔爆破的钻孔和爆破作业是在凿岩巷道中进行，具有机械化程度高，一次爆落矿量大，爆破成本低，生产效率高，工作环境好，采矿作业安全等优点，成为大多数地下矿山采场爆破的主要爆破方法。

数字化矿山工程软件进行采场扇形中深孔爆破设计时，其设计工程和切割工程扇形爆破设计相同，只需根据自己的需要进行参数调整便可以完成采场的中深孔爆破设计。采场扇形爆破设计结果如图 7 - 22(见附录)所示。

在爆破设计模块中，对工程施工有用的主要是设计图纸和技术文档的输出，这里详细介绍一下爆破设计出图和生成爆破设计边界实体。

(1)爆破设计出图：设计工作完成后，进行施工之前，就需要把施工图纸和设计技术文档进行输出，数字化矿山工程软件可以把设计好的爆破断面一个个输出成 CAD 文件，软件的绘图模块一般都提供了这方面的功能。

（2）生成爆破设计边界实体：设计爆破设计中，需要进行爆破量计算，数字化矿山工程软件的一般做法是先生成爆破边界实体，然后把块段计算约束在爆破边界实体中，就可以进行爆破量以及按照品位进行爆破矿石量计算。生成的爆破边界实体如图 7 - 23（见附录）所示。

总之，数字化矿山工程软件提供了地下开采爆破设计模块，设计者可以根据不同的需要进行爆破设计，软件只是提供了一个工具，但是可以使用这一工具做出满足不同要求的爆破设计。

7.2 露天矿最终境界优化

7.2.1 价值模型

在第 6 章中讲述了地质模型，其中一种模型是矿物品位及有关地质特征在矿床中分布情况的规则栅格模型（也称为规则块状模型），可用于储量、品位计算和地质数据的计算机处理和显示。在采矿优化设计中，尤其是露天矿最终境界优化中常常用到价值模型。地质模型中每一块的特征值是其品位和地质特征，价值模型中每一块的特征值则是假设将其采出并处理后能够带来的经济净价值。

块的净价值是根据块中所含可利用矿物的品位、开采与处理中各道工序的成本及产品价格计算的。对于一个以金属为最终产品的采、选、冶联合企业，计算净价值的一般性参数较多。采选冶各工序的管理费用一般要分摊到每吨矿石或每吨岩石。由于许多管理工作覆盖整个矿山企业，共用部分需分摊到每吨矿石和岩石；有的金属（如黄金）需要精冶，精冶一般在企业外部进行，所以只计算精冶厂的收费和粗冶产品运至精冶地点的运输费用。为建立价值模型时使用方便，需要对各项成本进行分析归纳和单位换算，并标明归纳后每项成本的作用对象（矿或岩）。表 7 - 2 是成本参数归纳后的结果。

表 7 - 2　用于建立价值模型的成本归类及作用对象

成本项	岩石块	矿石块
开采成本（元/t）	$aH + b$	$cH + d$
选矿成本：		
选矿（元/t）	X	
运输（元/t）	X	
管理成本：		
元/t 矿石	X	
元/t 岩石	X	X
元/t 金属	X	
精冶成本　元/t 最终产品	X	
销售成本　元/t 最终产品	X	

注：1. 由于每一块的开采成本与深度有关，所以开采成本一般用深度 H 的线性函数表示；
　　2. "X" 表示该项成本的作用对象。

对于岩石块，只有成本没有收入，所以其净价值(NV_w)为负数。

$$NV_w = -T_w C_w \qquad\qquad (7-1)$$

式中：T_w——岩石块重量；

C_w——表7-2中作用于岩石块的所有单位成本之和。

对于矿石块，其净价值为收入与成本之差，一般为正数，简化的计算公式为：

$$NV_o = T_o pgr - T_o C_o \qquad\qquad (7-2)$$

式中：T_o——矿石块的重量；

p、g、r——矿石块中矿物的售价、平均品位和综合回收率；

C_o——表7-2中所有作用于矿石并换算成吨矿成本的单位成本之和。

从以上介绍可以看出，矿床价值模型是地质、成本与市场信息的综合反映。

7.2.2 浮锥法

建立了矿床价值模型，矿床中每一模块的净值变为已知。那么，确定最终露天开采境界就变成一个在满足几何约束（即最大允许帮坡角）条件下找出使总开采价值达到最大的模块集合问题。

1. 二维浮锥法

图7-24(a)是一个二维价值模型的示意图，图中模块为正方形，每一模块中的数值为模块的净价值。除地表的模块外，由于几何约束条件的存在，要开采某一模块，就必须采出以该模块为顶点、以最大允许帮坡角为锥面倾角（锥面与水平面的夹角）的倒锥内的所有模块。

以图7-24(a)中第二行第四列上的模块（记为$B_{2,4}$）为例，如果左右帮最大允许帮坡角均为45°，因模块为正方形，那么$B_{2,4}$的开采只有当$B_{1,3}$、$B_{1,4}$和$B_{1,5}$全被采出后才能实现。因此，在确定是否开采某一模块时，首先要看该块的净价值是否是正值，若该块的净价值为负，那么最好不予开采，因为它的开采会减少境界的总值。但有时为了开采负块下面的正块，不得不将负块开采。另一方面，开采一个正块不一定能使境界的总价值增加，因为以该正块为顶点的倒锥中的负块很可能抵销正块的开采价值。因此，在考察是否开采某一块时，必须将倒锥的顶点置于该块的中心，以锥体的净价值（即落在锥体内包括顶点块在内的所有块的净价值之和）作为依据。这就是浮锥法的基本原理。

以图7-24(a)为初始价值模型，浮锥法的算法步骤如下：

第一步：将位于地表的正模块$B_{1,6}$采出。由于地表模块没有其他模块覆盖，不需使用倒锥。开采$B_{1,6}$后，价值模型变为图7-24(b)；

第二步：将倒锥（图中虚线所示）的顶点从左至右依次置于第二层的正块上，找出落在锥内的模块并计算锥体价值。若锥体价值大于或等于零，则将锥体内的所有模块采出；否则，将倒锥的顶点"浮动"到下一正块。以$B_{2,4}$为顶点的锥体价值为+1，将锥体内的模块采去后，价值模型变为图7-24(c)。以$B_{2,5}$为顶点的锥体只包含$B_{2,5}$一个模块，将其采去后，模型如图7-24(d)所示。

第三步：逐层向下重复第二步，直至所有价值大于（或等于）零的锥体全部被采出。从图7-24(d)可以看出，以$B_{3,3}$为顶点的锥体价值为-1，故不予采出。以$B_{3,4}$为顶点的锥体价值为0，采去后得图7-24(e)。这时以$B_{3,3}$为顶点的锥体价值变为+2，开采后得图7-24(f)。虽然$B_{3,5}$为正块，但其锥体价值为-1，故不予开采。

将浮锥法用于图7-24(a)所示的价值模型得到的最终开采境界由上述过程中所有被采

图 (a)

	1	2	3	4	5	6	7
1	-1	-1	-1	-1	-1	+2	-1
2	-2	-2	-2	+4	+1	-2	-2
3	-3	-3	+5	+3	+2	-3	-3

(a)

图 (b)

	1	2	3	4	5	6	7
1	-1	-1	-1	-1	-1		-1
2	-2	-2	-2	+4	+1	-2	-2
3	-3	-3	+5	+3	+2	-3	-3

(b)

图 (c)

	1	2	3	4	5	6	7
1	-1	-1					-1
2	-2	-2	-2		+1	-2	-2
3	-3	-3	+5	+3	+2	-3	-3

(c)

图 (d)

	1	2	3	4	5	6	7
1	-1	-1					-1
2	-2	-2	-2			-2	-2
3	-3	-3	+5	+3	+2	-3	-3

(d)

图 (e)

	1	2	3	4	5	6	7
1	-1						-1
2	-2	-2				-2	-2
3	-3	-3	+5		+2	-3	-3

(e)

图 (f)

	1	2	3	4	5	6	7
1							-1
2	-2					-2	-2
3	-3	-3			+2	-3	-3

(f)

图 (g)

	1	2	3	4	5	6	7
1	-1	-1	-1	-1	-1	+2	
2		-2	-2	+4	+1		
3			+5	+3			

(g)

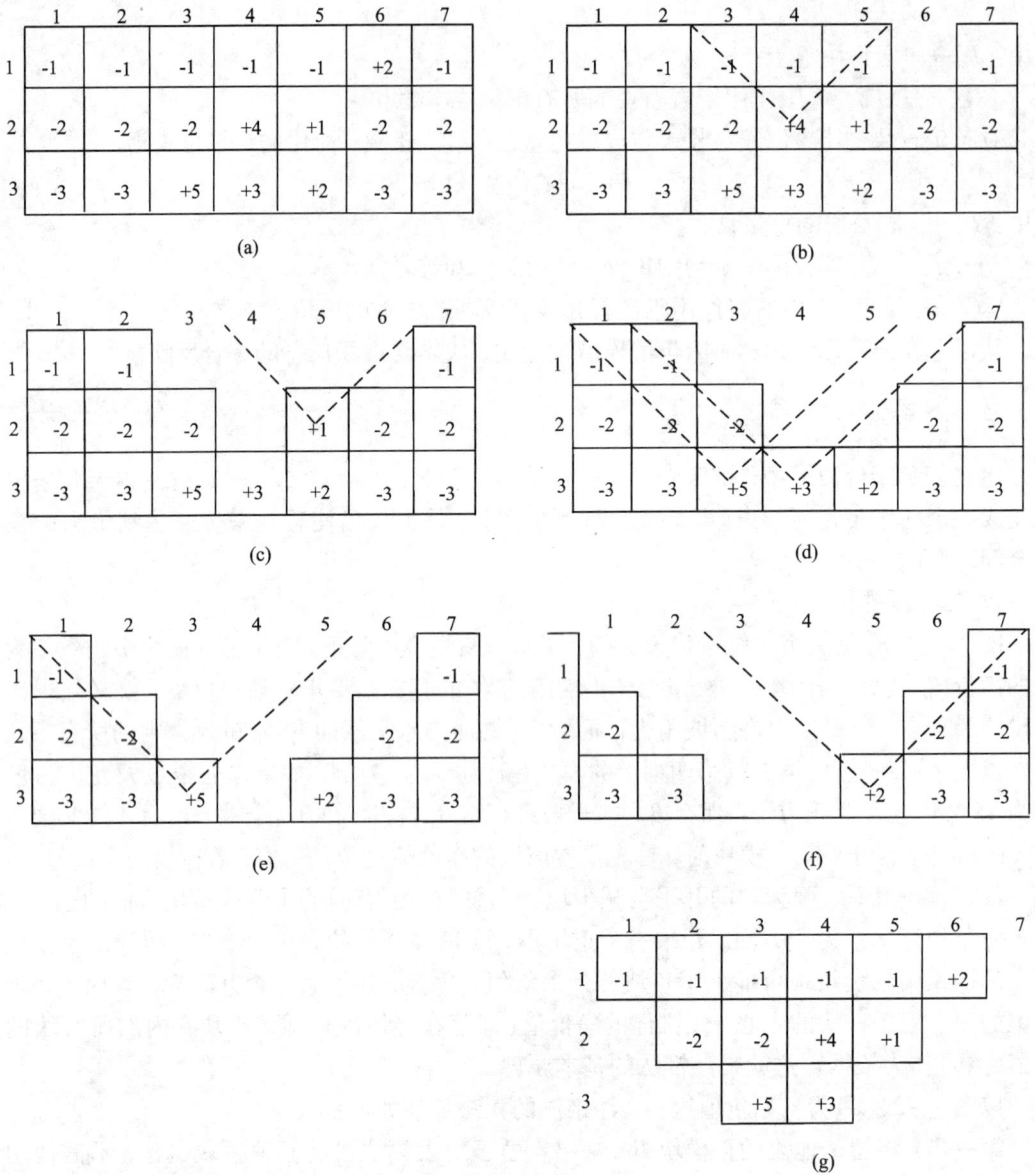

图 7-24　浮锥法境界优化步骤

出的块组成，如图 7-24(g)。若按照此境界进行开采，开采终了的采场现状如图 7-24(f)所示，境界总价值为 +6。若岩石与矿石比重相等，境界平均剥采为 7:5 = 1.4。

虽然在这一简单算例中，应用浮锥法确实得到了总价值为最大的最终开采境界，但该方法是"准优化"算法，在某些情况下不能求出最佳境界，下面举一个反例。

[反例]　遗漏盈利块集合

当倒锥的顶点位于某一正块时，锥体价值若为正数是因为锥中正块的价值足以抵销锥中负块的价值，换言之，负块得以开采是由于正块的"支持"。当位于两个正块的锥体有重叠部分时，单独考察任一锥体时，锥体的价值可能为负；当考察二锥的联合体时，联合体的总价值为正。结果,浮锥法遗漏了本可带来盈利的块的集合。图7-25即为这种情形。根据前面的浮锥法,结论是最终境界只包括$B_{1,2}$一个块,因为以$B_{3,3}$、$B_{3,4}$和$B_{3,5}$为顶点的锥体(图中虚线所示)价值均为负数。当考察三个锥的联合体或三者中任意二者的联合体时,联合体的价值为正数。所以,最佳开采境界应为粗黑线所圈定的块的集合,总开采价值为+6。

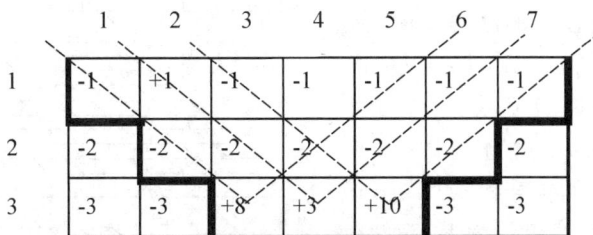

	1	2	3	4	5	6	7
1	-1	+1	-1	-1	-1	-1	-1
2	-2	-2	-2	-2	-2	-2	-2
3	-3	-3	+8	+3	+10	-3	-3

图7-25 浮锥法反例

2. 三维浮锥法

以上对于浮锥法的讨论是在二维空间进行的。在三维空间,浮锥法的基本方法和步骤与在二维空间相同,只是锥体变为三维锥体,确定落于锥体之内的模块更为复杂和费时。图7-26(a)是一个三维倒锥体示意图,将这样一个倒锥体的顶点置于价值模型中的正块时,找出落于其内的所有块在算法上较为困难。一个便于计算机编程、且较为节省计算时间的方法是"预制"一个足够大的"锥壳模板"。

如图7-26(b)所示,三维锥壳在$X-Y$面上的投影被离散化为与价值模型中模块的X、Y方向上尺寸相等的二维网格,网格内的数字表示锥壳在网格中心的X、Y坐标处距离顶点的垂直高度,这一高度不等于锥壳的真实高度,而是与真实高度最接近的台阶高度(台阶高度等于模型中的模块高度)的整数倍。模板的中心点与锥体的顶点相对应,其高度为0;其余点的高度均为正整数。例如,图7-26(b)中第6行第9列网格中的数字"4"表示锥壳在该点距顶点的高度为4个台阶。锥壳模板在编程中可用一个二维数组表示。

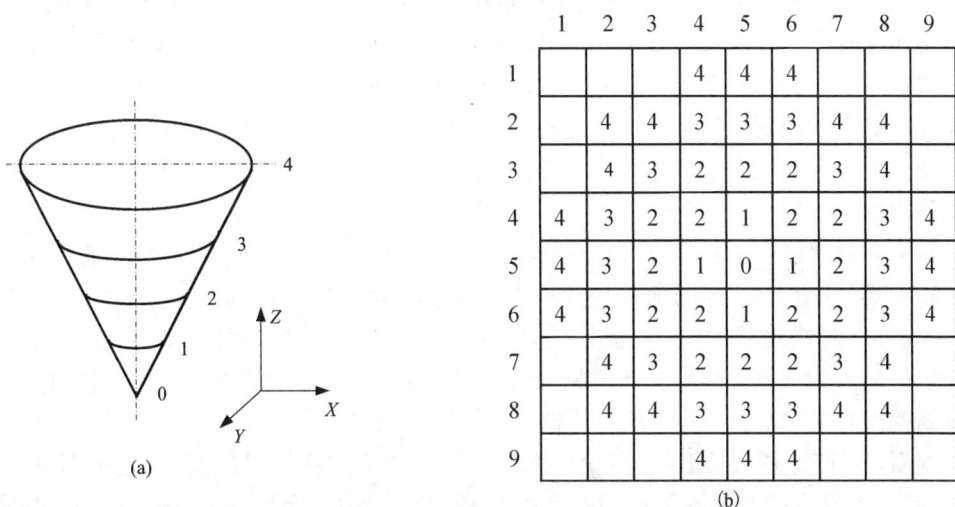

	1	2	3	4	5	6	7	8	9
1				4	4	4			
2		4	4	3	3	3	4	4	
3		4	3	2	2	2	3	4	
4	4	3	2	1	2	2	3	4	
5	4	3	2	1	0	1	2	3	4
6	4	3	2	2	1	2	2	3	4
7		4	3	2	2	2	3	4	
8		4	4	3	3	3	4	4	
9				4	4	4			

(a)   (b)

图7-26 三维倒锥体与锥壳模板

有了预制的锥壳模板，在应用浮锥法时，将模板的中心网格置于模型中的正块 B_o 上，如果 B_o 上方某一模块 B_i 的台阶水平与 B_o 所在水平的高差大于或等于与模块 B_i 的 X、Y 坐标相同的模板网格上的高度值，则模块 B_i 落在以 B_o 为顶点的倒锥体内；否则，落在倒锥体外。例如，在图7-27中，锥顶模块是第 i 水平的一个正块，上一个水平 $i+1$ 上标有 Y 的那一块落于锥体内，因为从图7-26(b)所示的锥壳模板可知，该块所对应模板网格上的高度值为1，而两个水平的高度差也为1；$i+1$ 水平上标有 N 的那一块落于锥体外，因为两水平的高度差1小于这一块所对应的模板上的高度值2。同理，$i+2$ 水平上标有 Y 的那一块落在锥体内，而标有 N 的那块落在锥体外。

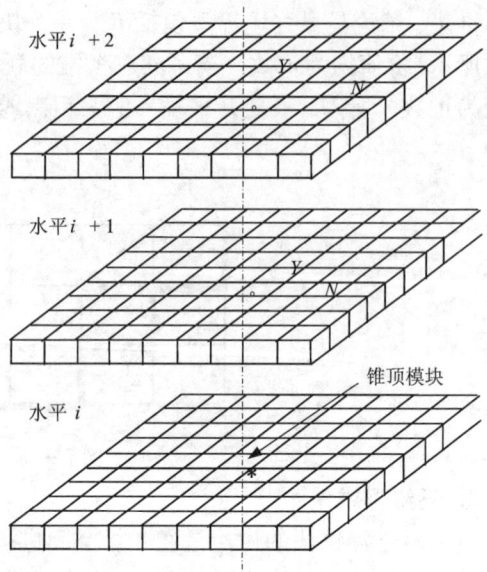

图7-27 锥壳模板应用举例

应用锥壳模板不仅便于计算机编程，而且便于处理在不同方位具有不同帮坡角的情况。因为不论帮坡角如何变化，锥壳在模板某一网格上距顶点的准确垂直高度很容易用三角函数算出，求出准确高度后，将其用最接近的台阶高度的整数倍代替即可。

7.3 露天矿境界与生产计划整体优化

矿物的质量(品位、杂质含量等)在矿床中的分布一般是不均匀的，矿产品的生产成本和价格也随时间变化。因此，开采顺序(每年开采的位置)直接影响各生产年份的现金流，从而对整个矿床开发利用的总净现值(总经济效益)产生重要影响。不同规模(即生产能力)矿山的单位成本不同，一个年产量为800万t的矿山其生产成本与一个年产量为200万t的矿山相比会有较大的差别。对于一个给定矿床，生产能力的确定也决定了开采寿命。生产能力和开采寿命通过其对现金流的作用，对矿山的总效益产生影响。开采顺序、生产能力和开采寿命统称为生产计划。

露天矿设计程序一般是先设计最终境界，而后在境界中按照给定的生产能力安排生产计划，最终境界是生产计划的前提。实质上，最终境界和生产计划之间存在着相互作用的关系：一方面，最终境界的设计，无论是以经济合理剥采比作为设计准则，还是基于价值模型以总价值最大为准则，都需要知道相关的经济、技术参数，而成本与生产计划有关，没有生产计划就没有最终境界，基于预定的技术经济参数设计最终境界相当于假设生产计划已知；另一方面，生产计划又是最终境界的函数，采掘计划需在境界内安排，生产能力也与露天可采储量(即最终境界内储量)有关。因此，最终境界和生产计划是互为前提的，单独对最终境界、开采顺序和生产能力中的一个进行优化，得不到全局最优解。必须对这些重要决策参数实行同时优化，也称为整体优化。

7.3.1 整体优化思路与定理

要实现境界与生产计划的整体优化,同时得到最终境界、开采顺序、生产能力和开采寿命,就不能预先依据给定的技术经济参数设计好境界,而是先确定一系列的候选境界。那么,不进行经济评价的前提下,作为候选境界的标准应该是什么呢?

假如对一个矿床我们考查 3 个候选境界,其大小以采剥总量来衡量,分别为 3000 万 t、5000 万 t 和 7000 万 t。可以想象到,采剥总量为 3000 万 t 的境界在矿床中有无数个:每个的位置不同、形状不同,包含的矿量和矿石品位不同。那么,用其中的哪个作为 3000 万 t 的候选境界呢?既然考虑采出 3000 万 t 矿岩作为最终采剥量的一个选择,自然就会想到:最好是开采所有采剥总量为 3000 万 t 的境界中含有用矿物(如金属)量最大的一个,这样,对于任何成本和价格,其总的经济效益肯定比其他同样采剥总量者要好。同理,采剥总量为 5000 万 t 的候选境界也应该是所有采剥总量为 5000 万 t 的境界中含有用矿物量最大者;采剥总量为 7000 万 t 的候选境界也是如此。

[定义] 如果一个采剥总量为 V 的境界所含有的有用矿物量是所有采剥总量为 V 的境界中的最大者,该境界称为对应于 V 的技术最优境界,用 V^* 表示。

因此,整体优化的第一步是找到一系列对应于不同 V 的技术最优境界作为候选境界。在每一个技术最优境界中,如何从地表采到这一境界(每年采多少、采到什么区域、采多少年),就是技术最优境界中的生产计划问题。

以某一个技术最优境界为例,在该境界内每年都可能依据工作帮坡角采到不同的区段,形成不同的年末采场形态。问题是采哪个区段最好。与上述对境界的讨论类似,在进行经济评价前,每一年可设计一系列的候选开采区段。以第一年为例,假如考查该年可能的采剥总量为 200 万 t、250 万 t 和 300 万 t。对于采剥总量 200 万 t,在该境界内有无数个区段具有 200 万 t 的采剥总量,那么,用哪个作为候选区段呢?既然考虑 200 万 t 的采剥量,自然会想到:最好是开采所有采剥总量为 200 万 t 的区段中含有用矿物量最大者。对 250 万 t 和 300 万 t 也是如此;以后各年也类似。

[定义] 在一个境界内,如果一个采剥量为 P 的以工作帮坡角 β 开采的区段,所含有的有用矿物量是所有采剥量和工作帮坡角相同的区段中的最大者,该区段称为对应于 P 和 β 的技术最优开采体,用 P^* 表示。

图 7-28 所示是一个技术最优境界 V^* 内的 5 个技术最优开采体,前 4 个为 P_1^* 到 P_4^*,最后一个就是最终境界。在一个技术最优境界内做生产计划,每年考虑推进到不同的候选位

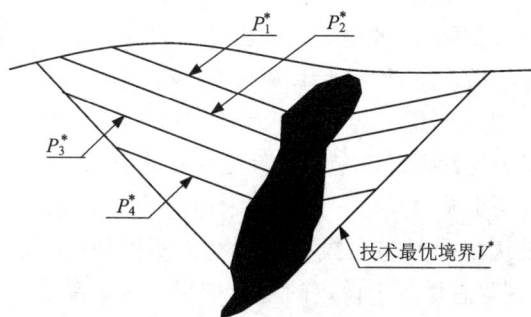

图 7-28 一个技术最优境界及其中的技术最优开采体序列示意图

置，每一位置对应于一个技术最优开采体。例如：第一年可能推进到 P_1^* 或 P_2^*；如果选择了 P_1^*，第二年推进的候选位置可能是 P_2^* 或 P_3^*，如果第一年选择了 P_2^*，第二年推进的候选位置可能是 P_3^* 或 P_4^*；当然，无论用几年采完，最后一年只能推进到技术最优境界 V^*。

这样，在一个技术最优境界内做生产计划（即确定每年的推进位置、采矿和剥岩量、开采寿命）的问题，就转换成了一个"确定每一年推进到哪个技术最优开采体"的问题了。由于开采过程是采场逐年扩大/延深的过程，所以，作为生产计划候选推进位置的技术最优开采体必须是"套嵌"关系，即小的被套嵌在大的里面。

那么，以境界中的技术最优开采体序列作为生产计划的候选推进位置，是否就能保证不遗漏总净现值最大的生产计划方案呢？以下定理给出了肯定的答案。

假设 1：对所开采的矿产品来说，市场具有完全竞争性，即一个矿山生产的矿产品量不会影响该矿产品的市场价格。

假设 2：在矿床范围内，境界的位置对总成本（即开采完最终境界内的矿、岩花费的总投资和采、剥与选矿成本）的影响，相对于境界中总矿岩量对总成本的影响来说很微小，可以忽略不计。

假设 3：所开采的矿产品市场是正常经济时期的相对稳定市场，真实价格上升率（除去通货膨胀的上升率）不高于可比价格条件下的最小可接受的投资收益率，后者是净现值计算中的折现率。

［定理］ 令 $\{P^*\}_N$ 为一个境界 V^* 内的技术最优开采体序列，N 为序列中的开采体数，它含有该境界内可能拥有的全部技术最优开采体。如果 $\{P^*\}_N$ 是完全嵌套序列，那么在满足假设 1、2 和 3 的条件下，在境界 V^* 内使总净现值最大的经济上最优的生产计划必然是 $\{P^*\}_N$ 的一个子序列。（证明略）

定理中 $\{P^*\}_N$ 的"子序列"是指这样一个序列，$\{P^*\}_M$，其中的每一个境界 P_i^*（$i = 1$，2，…，M）都存在于母序列 $\{P^*\}_N$ 中，显然，$M \leqslant N$。该定理说明，一个境界内每年的最佳推进位置必然是该境界内的最优开采体序列中的某一个。

7.3.2 技术最优境界与开采体序列

依据以上思路，境界与生产计划的整体优化首先需要产生一系列技术最优境界，以此作为候选境界。产生多少个境界以及相邻境界之间的矿岩量的增量多大，可以根据矿床的储量规模和要求的分辨率预先确定。例如，一个储量规模为 3000 万 t 的矿床，从地质模型大略估计，至少有 1000 万 t 肯定是可采储量（即在境界内），最多是 3000 万 t 都采出。如果考虑最大的境界平均剥采比为 6，需要考虑的最大的境界的采剥总量为 2.1 亿 t。这样，可以考虑最小和最大的技术最优境界的采剥总量分别为 1000 万 t 和 2.1 亿 t。若以 500 万 t 作为境界大小的增量，需要产生 41 个技术最优境界（1000 万 t、1500 万 t 直到 2.1 亿吨）。

产生技术最优境界序列的数据基础是三维规则块状地质品位模型和地表地形模型，地质品位模型中每一个模块有一个矿物品位。产生技术最优境界序列的基本思路是从最大的境界开始产生。最大的技术最优境界是包含模型中所有矿石模块（品位大于等于边界品位的模块）的境界。从最大境界剔除总量等于设定的境界增量且平均品位最低的模块集，就得到第二个境界。由于剔除的是品位最低（含矿物量最少）的部分，得到的第二个境界肯定是在所有相同大小的境界中含矿物量最大者，即它是一个技术最优境界。然后从第二个境界剔除总量等于设定的境界增量且平均品位最低的模块集, 就得到第三个技术最优境界。依次类推, 直到剩余的量小于或等于设定的最小境界的采剥量。

在剔除过程中必须保持境界的帮坡角不大于给定的最大允许值。因此, 不能按单个模块来考查剔除对象, 必须考查以最大允许帮坡角为锥面与水平面的夹角的锥体。以二维模型为例, 假设最大的技术最优境界如图 7 - 29 所示, 图中每一模块为正方形, 每一模块内上方的数字为模块编号, 下边的数字为该模块的品位。设最大允许帮坡角为 45°。若要剔除模块 1, 就必须把顶点位于模块 1 中心的锥体(虚线所示)

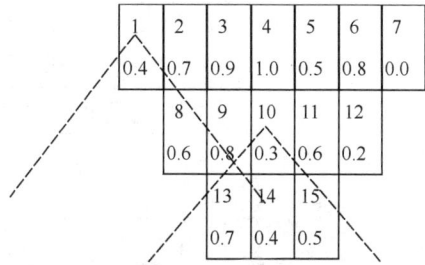

图 7 - 29 锥体及其包含的模块

内的所有模块(模块 1、8、13)剔除, 否则就会形成陡于 45°的帮坡。同理, 若要剔除模块 10, 就必须把顶点位于模块 10 中心的锥体内的所有模块(模块 10、13、14、15)剔除。判断一个模块落在锥体内的准则是: 模块的中心落在锥壳面上或锥壳的下方。

下面就以图 7 - 29 所示的二维小模型作为最大的技术最优境界, 阐述产生技术最优境界序列的算法。

设最大允许帮坡角为 45°, 模块均为正方形。要求得到的技术最优境界序列中相邻两境界之间的增量为 3 个模块, 最小的境界不大于 4 个模块。

首先构造一个锥面与水平面的夹角为 45°的锥体。

从最左边的模块列开始, 其最底层的模块为模块 1。把锥体顶点置于模块 1 的中心, 可以看出, 锥内包含三个模块, 即模块 1、8 和 13, 锥体的平均品位为 $(0.4 + 0.6 + 0.7)/3 = 0.567$。由于锥内的模块数没有超过要求的境界增量, 故将该锥体放入到锥体序列 $\{C\}$ 中, 它是 $\{C\}$ 中的唯一的锥体, 如图 7 - 30 中第 1 行所示。图中, 方块是锥体中所包含的模块, 其下方的数值为锥体的平均品位。

由于第 1 列模块已执行完毕, 算法转入第 2 列, 其最低层模块为模块 8。把锥体顶点置于模块 8 的中心, 锥体包含两个模块, 即模块 8 和 13, 锥体平均品位为 $(0.6 + 0.7)/2 = 0.65$。由于该锥包含的模块数没有超过要求的境界增量且其平均品位大于第一个锥体, 故将该锥放在 $\{C\}$ 中锥 1 之后。这时的 $\{C\}$ 如图 7 - 30 中第 2 行所示。

沿模块列 2 向上移动 1 层, 以模块 2 为顶点的锥体包含 5 个模块, 即模块 2、8、9、13 和 14, 超过了要求的境界增量(3 个模块), 故放弃这一锥体。算法转入第 3 模块列。

第 3 模块列的最低层模块为模块 13, 以该模块为顶点的锥体只包含模块 13, 其平均品位为 0.7。将该锥体放入 $\{C\}$ 中锥 2 之后(因其平均品位大于锥 2), 这时的 $\{C\}$ 如图 7 - 30 中第 3 行所示。

沿第 3 模块列向上移动 1 层, 以模块 9 为顶点的锥体包含 3 个模块, 即模块 9、13 和 14, 其平均品位为 $(0.8 + 0.7 + 0.4)/3 = 0.633$。按其平均品位插入 $\{C\}$ 中头两个锥体之间作为锥 2, 原来的锥 2 和锥 3 分别变为锥 3 和锥 4。这时的 $\{C\}$ 如图 7 - 30 中第 4 行所示。

沿第 3 模块列再向上移动 1 层, 以模块 3 为顶点的锥中包含有 7 个模块, 即模块 3、8、9、10、13、14 和 15, 超过了要求的境界增量, 故放弃之。故算法转入第 4 模块列。这样继续下去, 直到执行完所有 7 个模块列, 得到如图 7 - 30 中第 5 和第 6 行所示的锥体序列 $\{C\}$, 共

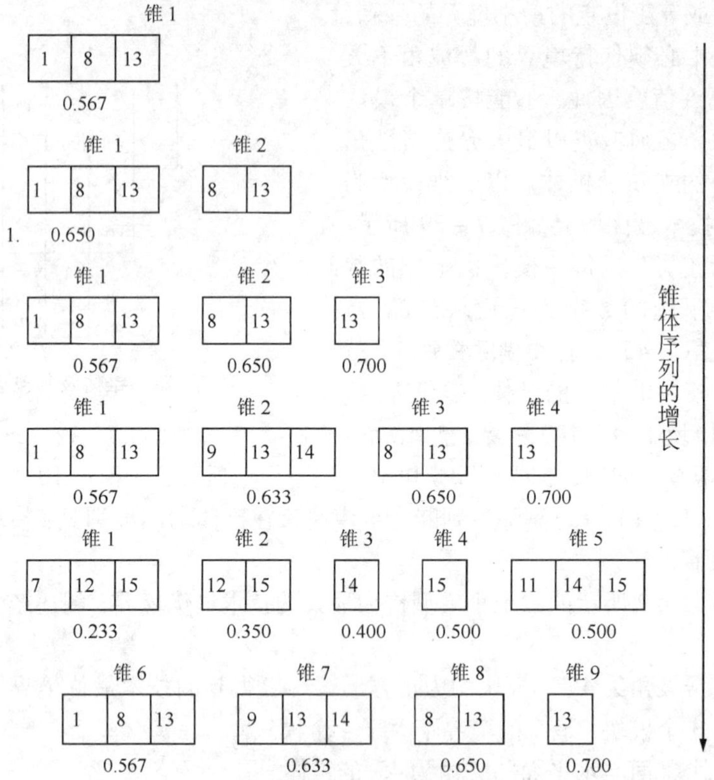
锥1
1 8 13
0.567
锥 1
锥2
1 8 13
8 13
1. 0.650
锥1
锥2
锥3
1 8 13
8 13
13
0.567
0.650
0.700
锥1
锥2
锥3
锥4
1 8 13
9 13 14
8 13
13
0.567
0.633
0.650
0.700
锥1
锥2
锥3
锥4
锥5
7 12 15
12 15
14
15
11 14 15
0.233
0.350
0.400
0.500
0.500
锥6
锥7
锥8
锥9
1 8 13
9 13 14
8 13
13
0.567
0.633
0.650
0.700
锥体序列的增长

图7-30 锥体序列形成过程

含有按平均品位从小到大排序的9个锥体。

在上述过程中形成的最终锥体序列中，第一个锥体(品位最低者)含有3个模块，恰好是所要求的境界增量，所以不需要与后面的锥体联合。从图7-29中将该锥包含的模块7、12和15删除，得到如图7-31(a)所示的技术最优境界。

两个锥体的联合体是二者中不重复模块的集合。如：上图最后形成的9个锥体组成的序列中，锥体1和锥体2的联合体由模块7、12、15组成；该联合体与锥体3的联合体由模块7、12、14、15组成。如果序列中第一个锥体含有的模块数小于所要求的境界增量，就求锥体1和锥体2的联合体，如果此联合体还是小于境界增量，再求它和锥体3的联合体，依次类推，直到找到一个其内的模块数与境界增量最接近的联合体，然后把该联合体中的模块从模型中剔除。

在上述过程中，共产生了9个模块数不超过所要求的境界增量的锥体，并将每个锥体均保存在序列{C}中。实际上，由于目标是找到一个含有3个不重复模块(即境界增量)的锥体的联合体，只需要在{C}中保存平均品位最低的几个锥就可以了。在每个锥体只含有一个模块的极端条件下，保存3个品位最低的锥体，就足以形成一个含有至少3个不重复模块的联合体。因此，在上述过程中，当产生了三个锥体后，每一步只在{C}中保存平均品位最低的三个锥体。这样既节省存储空间，又提高运算速度。一般地，如果所要求的境界增量为N_m个模块，最多只需要在锥体序列{C}中保存N_m个锥体。实践证明，对绝大多数实际矿床，保存$N_m/2$个锥体就足以满足要求。

以图7-31(a)为当前境界,重复以上过程,可以得到一个新的锥体序列。根据以上讨论,新序列{C}中只保存了3个平均品位最低的锥体,如图7-31(b)所示。这一序列中前两个锥体的联合体含有3个不重复模块,即模块10、13和14,恰好等于所要求的境界增量。将这3个模块从图7-31(a)中删除,得到又一个新的技术最优境界,如图7-31(c)。

如此进行,直到当前境界所包含的模块数不超过所要求的最小境界所包含的模块数(本算例为4),就找到了一个技术最优境界序列。本算例,共得到了5个境界,最小者为4个模块,最大者为15个模块。只有一对相邻境界之间的增量为两个模块,其余全为所要求的3个模块。这5个境界从小到大分别如图7-31的(g)、(e)、(c)和(a)以及图7-29所示。

得到了一个增量符合要求的技术最优境界序列后,需要在每一个技术最优境界中产生一个技术最优开采体序列。产生方法与上述技术最优境界序列类似,唯一不同的是锥体的锥面与水平面的夹角不再是境界帮坡角,而是工作帮坡角。

7.3.3 生产计划优化与开采体动态排序

得到了一个技术最优境界序列作为候选境界,并在每一个境界内得到一个技术最优开采体序列后,下一步就是在每一个候选境界内,确定生产计划,即确定在该境界内每年应该开采多少矿岩、推进到什么位置、开采多少年。依据前述定理,一个境界内开采计划的优化问题就变成了一个在其最优开采体序列$\{P^*\}_N$中寻求最优子序列$\{P^*\}_M(M \leq N)$的问题。在技术最优开采体序列$\{P^*\}_N$中寻求最优子序列$\{P^*\}_M$,就是为开采计划的每一年$i(i=1, 2, \cdots, M)$找到一个最佳的技术最优开采体作为该年末形成的采场形态,以使总净现值最大。找到了这样一个最优子序列,子序列中的开采体个数M即为矿山的最佳开采寿命,子序列中的第$i(i=1, 2, \cdots, M)$个开采体就是第i年末的最佳采场推进位置和形态(即开采顺序),第i个和第$i-1$个开采体之间的矿岩量即为第i年的最佳采剥量(即生产能力)。

为叙述方便,假设对一个二维小矿床求得的一个技术最优境界V^*及其内的技术最优开采体序列$\{P^*\}_N$如前面图7-28所示,$\{P^*\}_N$包含5个技术最优开采体(即$N=5$):P_1^*、P_2^*、P_3^*、P_4^*和V^*,第1个P_1^*为最小者,第5个为最大者(即P_5^*=境界V^*)。

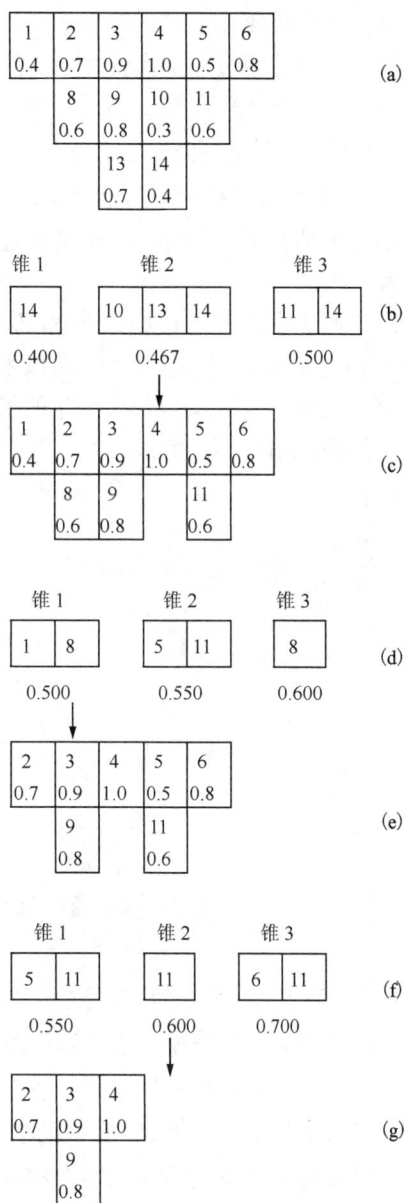

图7-31 境界序列的产生过程

　　为了在 $\{P^*\}_5$ 中寻求最优子序列 $\{P^*\}_M (M \leqslant 5)$，把5个技术最优开采体置于图7-32所示的动态排序网络中。图的横轴表示时间(年)，竖轴表示技术最优开采体，每个开采体为一个圆圈，圆圈的相对大小代表开采体的相对大小。第1年的两个开采体表示第1年末可能开采到 P_1^* 也可能开采到 P_2^*。第2年的三个开采体表示到第2年末可能开采到 P_2^* 也可能开采到 P_3^* 或 P_4^*。但第2年末可能到达哪几个开采体，取决于第1年末到达的开采体：如果第1年末开采到 P_1^*，第2年末可能到达 P_2^*、P_3^* 或 P_4^*；如果第1年末开采到 P_2^*，第2年末可能到达的开采体为 P_3^* 或 P_4^*，不可能到达 P^{*2}，因为这样意味着第2年什么也没采。其他各年也一样。

　　图7-32中每一条箭线表示相邻两年间一个可能的采场状态转移(即上面所说的"到达")。由于采场是逐年扩大的，所以采场状态只能从某一年的一个开采体转移到下一年更大的一个开采体。这就是为什么每年的最小开采体(最下面的那个)随着时间的推移而增大，状态转移箭线都指向右上方。

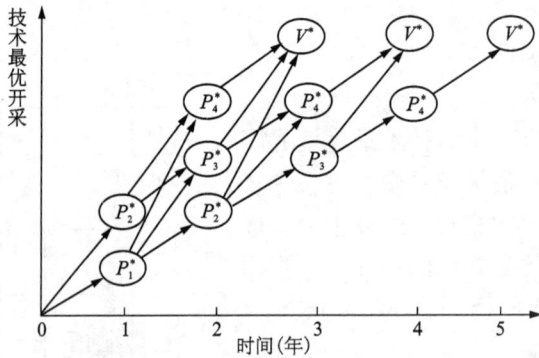

图7-32　生产计划优化的动态排序网络示例

　　图7-32中的每一条从0开始，沿着一定的箭线到达最终境界 V^* 的路径，都是一个可能的生产计划方案，该路径上的开采体组成 $\{P^*\}_5$ 的一个子序列。例如，图中粗黑箭线所示的路径 $0 \to P_2^* \to P_{3*} \to P_4^* \to V^*$ 上的开采体组成的子序列为 $\{P^*\}_4 = \{P_2^*, P_3^*, P_4^*, V^*\}$。假设序列 $\{P^*\}_5$ 中每个开采体 P^{*i} 含有的矿石量为 Q_i^*、废石量为 $W_i^* (i=1, 2, \cdots, 5)$，其中 Q_5^* 和 W_5^* 是最终境界 V^* 含有的矿石量和废石量。那么，路径 $0 \to P_2^* \to P_3^* \to P_4^* \to V^*$ 或子序列 $\{P_2^*, P_3^*, P_4^*, V^*\}$ 所代表的生产计划方案是：

　　1)开采寿命：4年；

　　2)开采顺序是：第1、2、3、4年末采场依次推进到 P_2^*，P_3^*，P_4^*，V^* 位置(图7-36)，第4年末的采场即为最终境界；

　　3)各年采剥量：第1年的采矿量为 T_2^*、剥岩量为 W_2^*，第2年的采矿量为 $T_3^* - T_2^*$、剥岩量为 $W_3^* - W_2^*$，第3年的采矿量为 $T_4^* - T_3^*$、剥岩量为 $W_4^* - W_3^*$，最后一年的采矿量为 $T_5^* - T_4^*$、剥岩量为 $W_5^* - W_4^*$。

　　这样的一个开采方案同时给出了矿床开采寿命、开采顺序和每年的采、剥量三大要素，而且并没有把任何要素假设为已知，或将某个(或某几个)要素作为优化其他要素的前提。因此，这一动态排序模型符合整体优化的要求。那么，总净现值最大的那条路径(即最优子序列)就给出了最佳生产计划方案。下面是求最优子序列的一般方法。

令 V^* 为一个技术最优境界，$\{P^*\}_N$ 为 V^* 的技术最优开采体序列，其中最大的开采体 P_N^* $= V^*$。依上所述，把 $\{P^*\}_N$ 置于如图 7-33 所示的动态排序网络之中。图中每一年的开采体都是从可能最小者一直到最大者（境界 V^*）。显然，头几年就采到最终境界是不合理的，不合理的方案在经济评价中会自动被排除（图中包括不合理的方案是为了不失一般性）。

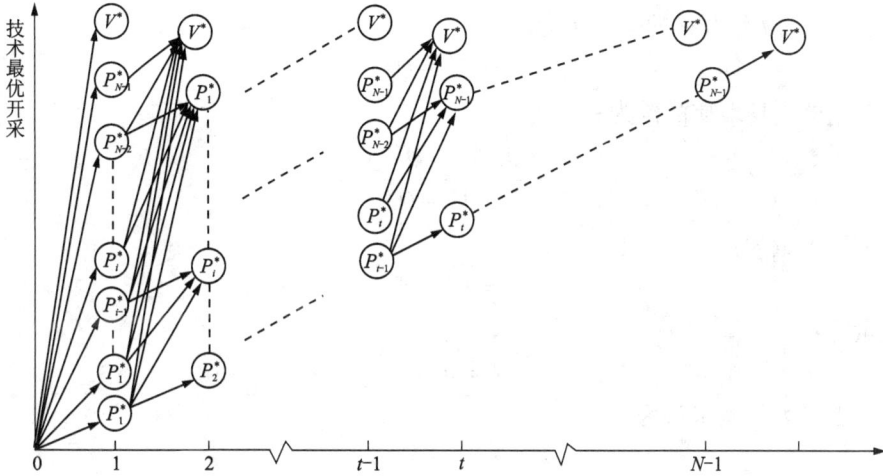

图 7-33 技术最优开采体动态排序的一般模型图示

图 7-33 中的任意一条路径，记为 L，是从 0 点到某年最高位置开采体（即境界 V^*）的一个开采体子序列。路径 L 的时间跨度为 0 到 n 年（$n \leq N$），令 i_t 表示该路径上第 t 年的开采体在序列 $\{P^*\}_N$ 中的序号（$t \leq i_t \leq N$；$t = 1, 2, \cdots, n$；$i_n = N$），也就是说，该路径上第 1 年的开采体为 $P_{i_1}^*$，第 2 年的开采体为 $P_{i_1}^*$，$\cdots$，最后一年 n 的开采体为 $P_{i_1}^*$（$P_{i_1}^*$ = 境界 V^*）。

假设所研究矿山为金属矿，最终产品为精矿。为叙述方便，定义以下符号：

$Q_i^* = \{P^*\}_N$ 中第 i 个开采体 P_i^* 含有的矿石量，$i = 1, 2, \cdots, N$；

$G_i^* = \{P^*\}_N$ 中第 i 个开采体 P_i^* 含有的矿石的平均地质品位，$i = 1, 2, \cdots, N$；

$W_i^* = \{P^*\}_N$ 中第 i 个开采体 P_i^* 含有的废石量，$i = 1, 2, \cdots, N$；

$q_t = $ 某一路径 L 上第 t 年开采的矿石量，$t = 1, 2, \cdots, n$；

$w_t = $ 某一路径 L 上第 t 年剥离的废石量，$t = 1, 2, \cdots, n$；

$T_t = $ 某一路径 L 上第 t 年的采剥量，$t = 1, 2, \cdots, n$；

$c_m(t, T) = $ 单位采矿成本，是时间 t 和生产能力 T 的函数，也可能是常数；

$c_w(t, T) = $ 单位剥岩成本，是时间 t 和生产能力 T 的函数，也可能是常数；

$c_p(t, u) = $ 单位选矿成本，是时间 t 和年入选原矿量 u 的函数，也可能是常数；

$I(T) = $ 基建期各年投资折现到 0 点的现值，是生产能力 T 的函数，也可能是常数；

$P_t = $ 某一路径 L 上第 t 年实现的净利润（净现金流），$t = 1, 2, \cdots, n$；

$NPV_L = $ 从 0 点沿某一条路径 L 到达路径终点（n 年）实现的总净现值；

$d = $ 折现率；

$r_m = $ 矿石回采率；

$r_p = $ 选矿金属回收率；

g_p = 精矿品位;

p_t = 第 t 年的精矿售价,也可能是常数。

设基建投资的现值是路径 L 上最大年剥采量的函数,即基建投资的现值 $= I(T_{max})$,在时间 0 点($t = 0$)的边界条件为:$Q_0^* = 0$,$W_0^* = 0$,$NPV_0 = -I(T_{max})$。

在第 t 年,路径 L 上的开采体为 $P_{i_t}^*$,其中的矿石量为 $Q_{i_t}^*$、废石量为 $W_{i_t}^*$;在前一年($t - 1$),路径 L 上的开采体为 $P_{i_{t-1}}^*$,其中的矿石量为 $Q_{i_{t-1}}^*$、废石量为 $W_{i_{t-1}}^*$。设废石混入率为零。那么,路径 L 上第 t 年开采的矿石量为:

$$q_t = Q_{i_t}^* - Q_{i_{t-1}}^* \qquad (7-3)$$

矿石量 q_t 的平均地质品位为:

$$\bar{g} = \frac{Q_{i_t}^* G_{i_t}^* - Q_{i_{t-1}}^* G_{i_{t-1}}^*}{Q_{i_t}^* - Q_{i_{t-1}}^*} \qquad (7-4)$$

剥离的废石量为:

$$w_t = W_{i_t}^* - W_{i_{t-1}}^* \qquad (7-5)$$

采剥量为:

$$T_t = q_t + w_t \qquad (7-6)$$

路径 L 上最大年剥采量为:

$$T_{max} = \max_{t \in n} \{ q_t + w_t \} \qquad (7-7)$$

选矿厂的入选原矿量为:

$$u_t = q_t I_m^* \qquad (7-8)$$

路径 L 上第 t 年实现的利润为:

$$P_t = \frac{q_t \bar{g} r_m r_p}{g_p} p_t - [q_t c_m(t, T_t) + w_t c_w(t, T_t) + u_t c_p(t, u_t)] \qquad (7-9)$$

从 0 点沿路径 L 到达路径的终点(n 年)实现的总净现值为:

$$NPV_L = \sum_{t=1}^{n} \left(\frac{P_t}{(1 + d)^t} \right) - I(T_{max}) \qquad (7-10)$$

应用上述公式,对全部从 0 点到某年最高位置开采体(即境界 V^*)的路径,计算其总 NPV,总 NPV 最大的路径上的开采体组成了 $\{P^*\}_N$ 中的最佳开采体子序列,也就得到了每年最佳的开采顺序(采场推进位置)、最佳的采矿量和剥岩量(生产能力)与最佳矿山开采寿命。这一算法是"穷尽搜索法"。

7.3.4 境界与生产计划整体优化步骤

上一小节中的生产计划优化模型是在一个技术最优境界内找到最优生产计划。对产生的全部技术最优境界完成生产计划优化后,选择其中总 NPV 最大者,就同时获得了最佳境界和最佳生产计划。因此,境界与生产计划整体优化的步骤归纳如下:

第一步:建立三维规则块状地质品位模型和地表地形模型。

第二步:以境界帮坡角为几何约束,产生具有一定增量的技术最优境界序列,记为 $\{V^*\}_M$,M 是序列中境界个数。

第三步:对 $\{V^*\}_M$ 中的每一个技术最优境界 V_k^*($k = 1, 2, \cdots, M$),以工作帮坡角为几何约束,产生具有一定增量的技术最优开采体序列,记为 $\{P^*\}_{N_k}$,N_k 是序列中开采体个数。

第四步：对每一个技术最优境界 V_k^* 的技术最优开采体序列 $\{P^*\}_{N_k}(k = 1, 2, \cdots, M)$，应用上述生产计划优化模型，得到对应于该境界的最佳生产计划方案，其总净现值为 $NPV(V_k^*)$，共有 M 个。

第五步：在 M 个案中，选择总净现值最大者，其对应的技术最优境界记为 V_b^*，即：

$$NPV(V_b^*) = \max_{k \in M}\{NPV(V_k^*)\}$$

V_b^* 就是最佳开采境界，其对应的生产计划就是最佳生产计划方案。于是，同时得到了最佳境界和最佳生产计划。

为适应实际情况，生产计划优化模型中可以加入一些约束条件。例如：虽然说每年的采、剥量也是需要优化的变量，但根据项目具体情况可以设置最大、最小年采矿量和剥岩量，还可设置最大、最小的生产剥采比。如果在某一路径的经济评价中，某一年的采矿量 q_t 或剥岩量 w_t 或剥采比 w_t/q_t 超出了所设置的最大、最小范围，就认为这条路径不可行，把它放弃。这样，可以预先对所有路径作是否可行的判别，对不可行者不予评价，从而减小计算量。

如果设置的年采矿量和剥岩量的范围比较窄，单位采矿成本、剥岩成本、选矿成本和基建投资在设置的范围内可以认为不随生产能力变化，这样就满足了动态规划的"无后效应"条件，可以用动态规划算法求解每一个技术最优境界的最佳生产计划方案。动态规划算法比穷尽搜索法节省大量的计算时间。动态规划模型及其算法在这里不作介绍。

本章练习

1. 露天矿境界优化的三维浮锥法的原理是什么？相比于二维浮锥法有何优势？
2. 三维采矿设计软件的基本要求有哪些？应采用何种技术实现？
3. 结合第六章内容，论述如何利用三维建模技术实现采矿数字化设计与决策优化？

第8章 矿山数字通信与自动化

8.1 矿山数字通信技术

矿山系统是一个相对复杂的、动态的、开放的大系统。在矿山生产过程中，矿山各部分之间处于互相影响、互相制约的状态中，这种状况不仅表现在生产系统内部存在大量的多源、异质的信息流动，而且表现在矿山系统与外部环境之间，如电力供应、采矿设备、人力供应、矿产品的销售和市场等领域，均存在着各种信息的交换和流动。矿山井下作业环境恶劣、空间狭长、结构复杂、电磁屏蔽性强、噪音大，系统通讯与自动操控困难。选择并建设先进的矿山综合通信网络，使得矿山生产过程中产生的不同信息流（如资源状态、设备状态、人员状态、安全信息等）能及时、快速、准确地传输到地面数据中心与控制调度中心，为系统决策和优化提供实时、快速参考和依据，对于矿山的安全、高效与自动化生产具有非常重要的意义。

8.1.1 概述

目前我国井下矿山企业特别是中小型矿山企业对矿山通信系统建设的重要性还认识不够，这给矿山通信系统建设带来一系列的问题：有的矿山井下通信系统比较落后，有的矿山井下通信系统不完善，有的矿山甚至没有形成通信网络。很多中小型矿山单位只重视有线电话，忽视多手段的综合应用。在矿井通信方面，除宽带网络之外，快速、准确、完整、清晰、实时地采集与传输矿山井下各类环境指标、设备工况、人员信息、作业参数与调度指令，并以多媒体的形式进行地面－井下双向、无线传输，是急需发展和推广应用的数字矿山关键技术之一。

模拟通信传输的是连续信号，又称模拟信号。模拟通信的特点是，信号电压电流取值是连续的时间函数。如电话机发送出的语声信号、摄像管产生的图像信号都是连续信号。一般而言，模拟通信的信道频谱较窄，信道的利用率较高。其缺点是，由于传输信号是连续的，一旦有噪声干扰就会产生噪声积累，而且接收端不易清除这类噪声，也就是说，模拟通信的抗干扰性能差，通信距离受限，不易保密，而且通信设备不易大规模集成，导致模拟通信无法适应飞速发展的现代社会的通信要求。

数字通信传输的是数字信号，又称为离散信号。数字信号只能有有限个离散的取值，它不仅在时间上离散，而且在取值上也是离散的，如电报用的数字和文字。在数字通信系统中，如果原始信号已经是数字信号，则它相当于信源编码的输出；如果原始消息是模拟信号，则需要通过信息源将语声连续消息变成模拟电信号，然后经过信源编码器，把模拟信号转换为数字信号，这种变换通常称为模拟－数字变换，即 A/D 转换。

数字通信与模拟传输系统相比较，有以下显著优点：①具有较强的抗干扰能力。因为数字通信以数字的形式传输信息，信号的电平数是有限的一串脉冲，当信号数码受噪声干扰，尚未使传输脉冲恶化到不能识别前,用整形再生的方法来恢复原脉冲,可明显降低干扰和失真对传输质量的影响;②数字通信不受距离限制,数字信号在传输过程中可以再生,确保长距离通信需要;③通信保密性强,在数字信号中很容易实现加密;④采用大规模集成电路,设备可以小型化、集成化、微型化、重量轻、耗电省、成本也不断下降;⑤有利于建立数字通信网,因为语言信息和非语言信息均可进行数字化,使各种通信业务都纳入一个综合业务数字网 ISDN 中。

当然,数字通信与模拟传输系统相比较,也存在一些缺点:①比模拟传输系统占用更宽的频带(7~8倍),例如模拟语言信号占用频带为 4 kHz,而数字语言信号占用频带为 20~60 kHz;②通信设备比较复杂,技术要求高,维护和维修工作难度较大;③需要配置更多的再生中继器。尽管如此,由于近年来宽频带信道(如光缆)的开发利用,频带压缩技术的发展,大规模集成电路的应用,使上述缺点逐步得到克服,数字通信的优势得到不断彰显。

对于矿山系统而言,矿山专用通信网由矿区以上通信网、矿区通信网和井下通信网组成。

(1)矿区以上通信网:是国家、各省(市、区)矿业管理部门和矿务局之间的通信网。以煤炭专用通信网为例,其矿区以上通信网络组织上包括 3 部分:①以省(市、区)煤炭管理部门为中心连接所属矿务局的数字微波通信网;②以国家煤炭局为中心覆盖各省(市、区)煤炭管理部门和各矿务局的卫星通信网;③以国家煤炭局为中心连接部分矿务局的短波通信网。

(2)矿区通信网:是指矿务局与其所属矿(厂)之间的通信以及矿(厂)的地面通信网。矿区通信网由电话网、传输网、接入网、计算机数据传输网、调度通信网、支撑系统和有限电视网组成。

(3)井下通信网:是指矿山地面调度指挥机构与井下各环节的通信,以及井下各环节之间的通信。它担负着生产调度指挥、监测控制等信息的传送任务,对于保障生产与安全有着重要的作用。井下通信应达到以下基本要求:①矿井调度室与作业点、岗位、以及个人都能无阻塞地通话;②井下有关岗位之间、人员之间能互相通话;③发生事故时,救灾人员能随时与井下指挥点和地面调度室进行无阻塞通话。

8.1.2　井工矿山的数字通信

1. 井工矿山通信系统概况

井工矿山通信由有线通信系统、移动通信系统和各生产环节间的局部通信系统组成,包括:

(1)井下有线通信:各矿井必须建立与矿调度交换机相连的、可靠的井下有线通信系统;

(2)井下移动通信:高产高效矿井应装备井下移动通信系统,有条件的矿井也可装备井下移动通信系统;

(3)井下救灾通信:积极发展和推广已成熟的无线救灾通信设备;

(4)本安型防爆井下通信设备,煤矿井下必须采用本安型防爆话机和本安型防爆移动电话;

(5)井下综台通信:井下通信应逐步向宽带化发展,在通话的基本功能基础上,逐步实现工业电视、遥测、遥控、数据和人员、车辆跟踪以及寻呼等综合业务为一体的井下通信系统。

井工矿山通信系统一般采用的通信设备包括电话、扬声电话、无线电、矿车电话、立井或提升电话，以及应急或救援队通信系统，有些煤矿还采用手持式无线电。目前，国内井工矿山井下通信系统建设存在的主要问题包括：

（1）通信网络布局重视井下长期固定作业地点，忽视相对移动大的动态作业地点。在井下，卷扬机房、变电站、水泵房等长期固定的作业地点一般都有电话，但在安全生产条件相对较差、危险性又较大的采场、掘进头等动态推进的作业场所，由于生产周期短、移动性大，往往忽视通信设施的安装架设。

（2）在通信方向上关注井下向地面的求助联络，忽视地面向井下的指挥联络。许多矿山的井下通信是多部电话串接的，即点对面方式的。从其中任一部电话都可以打到地面，而从地面打往指定的井下某部电话则往往难以实现。所以，许多矿山在地面用电话找在井下某个工作面的工人很困难，更谈不上在地面直接、即时指挥在井下施工作业的工人。

（3）通信关系上只重视井上井下之间的纵向通信，忽视井下各采场、各采面、各掘进头、各天井等生产作业地点之间的横向通信，而这些作业地点又恰恰是事故的多发场所。

随着声、光和无线通信等信息技术的长足发展，目前已有很多新型通信技术可在井工矿山应用。井工矿山通信技术的发展方向是无线数字通信，这种技术能够为矿工提供最灵活和瞬间的通信。发展和推广以井下数字通信为代表的先进的井下通信系统，对矿山安全生产与防灾减灾具有重要意义。

2. 井下有线数字通信

井工矿山的井下有线数字通信包括：

（1）载波电话通信系统：主要用于井下电机车的通信。载波电话在矿井的应用时间较早，为电机车的调度发挥着重要作用。但由于其音质、音量较差，难以大量使用。但对于井型规模不大，经济等条件又有限的矿山，载波电话仍不失为一种投资小、见效快、又能解决问题的有效办法。

（2）扩音电话系统：该系统主要应用在采煤工作面、斜井运输、长距离运输皮带等部位。扩音电话系统为保证工作面的正常生产，皮带的正常运行起到了关键作用。扩音电话的使用将大大提高采煤工作面工人的工作效率，减少事故发生。

3. 井下无线数字通信

井下无线通信系统作为生产调度通信系统的补充，在矿井生产安全等方面起重要作用。作为井下的主要通信手段，井下无线通信系统具有安装快捷，能在较短时间内形成局部移动通信系统的特点，并能与矿井行政、生产通信系统实现组网，可保证生产管理人员、电机车司机、皮带维护工和其他流动人员能够与生产调度室及时取得联系。特别是当井下发生紧急情况时，可为井下提供能及时与地面联系的工具，对抢险的组织非常有帮助。井工矿山的无线数字通信要求有精心设计的支持结构以补偿煤矿井下无线电信号传播环境差的不足，该支持结构称为"漏泄馈电"。

目前，国内外矿山井下无线通信系统采用技术主要有：

（1）漏泄馈电电缆：为使无线电频率传播到井下，必须以漏泄馈电电缆代替标准的地面无线系统，使信号有效地辐射整个矿井。电缆应设计成"漏泄"信号，允许无线电信号从电缆漏泄，也允许信号进入电缆。为补偿信号损失，可安装线路放大器和中继站。这些设备都需要配备备用的蓄电池。漏泄馈电电缆容易受到外部的破坏，但又不能牺牲功能而采用铠装或埋入地下。

（2）以太网技术：以太网是最广泛应用的一种采用特殊数据通信协议（称为 TCP/ IP）的

局域网(LAN)技术,正在被煤矿广泛采用。利用 TCP/ IP (VOIP)实现语音传输是可能的,特别适合用于漏泄馈电电缆。以太网的局域网采用同轴电缆或双绞线特级电路。

(3) WiFi 技术:WiFi 是英文 Wireless Fidelity(无线保真度)的缩写,是采用 IEEE8021.11b. g 协议的无线局域网(WLAN)技术的专用术语。借助矿山 WiFi 网络,矿工可以在井下使用蜂窝电话。但是 Wi-Fi 信号很容易受到其他信号的干扰,从而影响其精度,而且 Wi-Fi 收发器都只能覆盖半径 90 m 以内的区域,长距离的矿井巷道需要安装大量的基站。

(4)中频技术:值得提及的是与中频(300 kHz~3MHz)有关的独有特性。这些频率具有寄生传播的现象。频率是在没有专用电缆的情况下模拟漏泄馈电电缆的特性,但距离变化取决于多种因素。目前,国内外研制出的几种井下无线电通信系统都利用了这种特性。

(5)蓝牙技术:是一种短距离低功耗的无线传输技术,在地下安装适当的蓝牙局域网接入点,通过蓝牙设备收发信息,就可以实现井下无线通信。蓝牙技术主要应用于小范围环境,优点是设备体积小、易于集成在 PDA、PC 以及手机中,其信号传输不受视距的影响,因此很容易推广普及。其不足在于蓝牙器件和设备的价格比较昂贵,而且对于地下复杂的空间环境其稳定性较差,受噪声信号干扰大。

(6)射频识别(RFID)技术:通过射频方式进行非接触式双向通信交换数据,以达到通信、定位和目标识别等目的。RFID 可以在几毫米内读写目标信息,通信速度非常快。RFID 还具有非接触和非视距等优点,电子标签的体积小、造价低。其缺点是作用距离较短,一般最长为几十米;读写器价格比较昂贵,在矿井巷道中大量安装读写器的成本非常高。

(7) ZigBee 技术:是近年来新兴的短距离、低速率的无线网络技术,其性能介于射频识别和蓝牙之间,是一种具有统一技术标准的短距离无线通信技术。ZigBee 系统通过数千个微小的传感器之间相互协调通信来实现定位功能,这些微传感器只需很少能量就可以工作,彼此间以接力的方式通过无线电波传递数据,通信效率非常高。

(8)无线网状网络:它是一种以 WiFi 技术为基础、采用 TCP/ IP 数据协议层的特殊应急技术。目前,其协议层还没有实现标准化,IEEE 刚推出了其适用标准。将无线调制解调器安装在井下工作区的关键地方,每个调制解调器可以接收和传输信号,或起到中继站的作用。这种多跃式网络可设计成冗余和自动配置式,同时还能具有"学习"和"自愈"能力。节点之间没有预先规定的信号通路。任何一个节点出现故障或任何一个信号通路出现闭路(由于功率损失或发生事故,如火灾或顶板冒落)都不会对整个网络产生大的影响。采用这种网络能够大大增强煤矿无线网络的可靠性。

在井下发生灾害事故后依然保持通信系统能有效工作,是未来井下通信系统的追求目标,对于矿山救援救助和抢险指挥具有重要意义。澳大利亚 CSIRO 科学家们研制出了一种能够在应急情况下监测井下矿工位置和健康状况的通信系统——LAMPS-CSIRO-MineCom,可用于搜救作业和环境监控,以提高矿山救护队在应急情况下的反应时间;该系统是由矿工佩戴的一个带应答器的矿灯组成,应答器向无线信标传送矿工 ID、位置和生命健康信号;该系统还要求在整个煤矿安装无线信标网络,信标之间需要电缆连接。南非的 CSIR Miningtek。Miningtek 公司则开发了一种探测被困矿工位置的装置,由专用编码带式矿工示踪标签和搜索装置组成,示踪标签安装在一个金属扣环内,包括发光二极管和蜂鸣器;其样机已在井下进行了成功试验,可穿越岩层探测到相距 30 m 以上被困矿工的位置。

8.1.3 露天矿山的数字通信

与井工矿山数字通信的特殊性与复杂性相比，露天矿山的数字通信技术较为简单。露天矿山的通信网主要由电话网、传输网、接入网、调度通信网、计算机数据传输网、无线移动通信网和矿区专用业务网等7个网络组成。

(1)矿区电话网

矿区电话网是矿区通信网的主体，应尽量增强和扩大电话交换机的功能，使之能承载多项业务网，逐步减少相对独立的业务网。

(2)矿区传输网

矿区中继传输网是矿区通信网的基础设施，是矿区各种通信业务网的共同传送平台。矿区传输网一般以光纤通信为主要传输手段，在特殊地理环境和条件下，可以数字微波通信为主。当距离在4km以内且有通信电缆时，也可以采用HDSL高比特数字用户线作为辅助传输手段。目前，矿区传输网的建设以同步数字系列(SDH)技术为基础，并充分利用现有的准同步数字系列(PDH)传输设备，同时保证同步时钟信号的提取，使其能最大程度地发挥经济效益。

(3)矿区接入网

矿区接入网是矿区通信网的基本结构之一，能支持现有的各种接入，并且提供数字接入和宽带接入。目前，光纤入户是矿区接入网的发展方向。

(4)矿区调度通信网

矿区调度通信网是矿区通信网的重要组成部分，是矿务局、矿领导和调度室对生产、经营活动进行信息采集、处理和实施指挥的手段。矿区调度通信网在矿区通信网中原来是一个相对独立的专用系统，目前也和矿区电话网互通互联，互为备用。

(5)矿区计算机数据传输网

计算机技术已在矿山的各业务领域得到广泛的应用。利用矿区通信网的先进技术。将分散的微机和局域网连成一个广域网，可以达到数据传输和资源共享的目的。

(6)矿区无线移动通信

为了满足调度、露天作业、线路检修、抢救救灾、医疗救护、车载、公安、消防和应急备用等需求，应在矿区内建立一个统一的公用移动通信网，其实现可以是集群通信、无线移动接入网、调频通信、数字微蜂窝通信系统等方式。

(7)矿区专用业务网

矿区专用业务网包括综合业务数字网(ISDN)、窄带综合业务数字网(N-ISDN)、矿区有线电视网和会议电视系统等。其中，综合业务数字网(ISDN)是提供端到端的数字连接的以电话网为基础的通信网，用以支持包括电话及非电话的多种业务。

除了以上7个网络，露天矿山数字通信还有一些其他可用的网络结构，可对包括无线电频率和电力线传输在内的各种媒体提供支持。在露天矿山，利用现有电力线作为电动钻机和挖掘机的数据和控制通道正成为可能；但对于柴油和汽油车辆的控制、监测和定位，则需要使用无线电系统。为满足短期和长期的大部分通信要求，可安装局部区域蜂窝式网络，并允许标准蜂窝式电话覆盖整个矿山现场，以便在全矿山范围内进行音频、视频和数据传输；当它与T1通信链或区域电话服务机构连接时，还可实现全球连接。蜂窝式技术使用受到限制的因素是高成本、低数据速率(采用目前的技术)、频谱管理和分配限制。

此外，移动卫星通信系统的发展可提供另一种方法。该系统建立在蜂窝式或个人通信业务框架的基础上，以提供真正全球通信能力，而且会使矿山的基础设施要求和成本大大下降。如果在工作量和费用最少的情况下可随时采用蜂窝式网络通信技术，则露天采矿系统的通信系统设计将可包含使用这种技术的高级通道。

8.2 矿山自动化

采矿设备的自动化是提高矿山产量、降低生产成本、改善矿山安全与生产条件，以及实现数字矿山和无人采矿的重要手段。随着新的采矿方法和先进采矿设备的不断涌现，采矿已逐渐脱离了传统的低效率、高强度作业模式。随着自动控制技术的发展，自动化作业已渗透到矿山作业的每一个环节，采矿装备在实现无轨化和液压化的基础上，正在向大型化、集成化、智能化方向发展。近年来，一些发达采矿国家如美国、加拿大、澳大利亚、瑞典等国已经在采矿工业自动化领域开展了深入而卓有成效的研究和试验，开发出了大量的矿山自动化技术和设备，并在矿山广为应用。自动化设备和自控系统的应用，大大提高了矿山生产效率，降低了采矿成本，全面改善了作业条件，提高了采矿作业安全性和舒适度。

8.2.1 井工矿山的自动化

近年来，我国井工矿山自动化采矿设备的研制和开发取得了长足进步，在引进、消化和吸收国外机电产品技术的基础上，拥有了许多具有自主知识产权的换代产品。在矿山采、掘、运等机电设备方面，国产的装备已经占了主导地位，完全采用国产装备的高产高效工作面不断涌现。随着新技术、新材料的广泛应用，矿山机电一体化设备的逐步实现并实际应用，国产自动采矿装备的技术含量不断提高，对我国数字矿山工程建设起到了极大的推动作用。

1. 地下矿山的无人工作面

（1）无人采矿

矿山是国家发展的命脉，矿山安全是全国安全生产工作的重中之重。2007年全国煤矿企业共发生伤亡事故2421起、死亡3786人；金属和非金属矿山企业共发生伤亡事故1861起、死亡2188人。改变"安全"和"生产"之间的矛盾局面，根本的解决方法是发展"地下无人采矿"（Hands-off Mining）技术。"地下无人采矿"不仅可以极大地提高生产效率，而且从根本上消灭人员安全事故。实现"地下无人采矿"的关键是要研究适合中国矿山特点的采掘设备自动控制系统和采矿机器人。采掘设备的自动控制系统包括自主定位、自动导航及自动调高系统。

无人采矿的定义是：利用目前最先进的技术如矿山通信、自主定位、数字设计、远程监视和遥测控制系统来自动操纵采矿设备与采矿系统。其中，采矿工艺包括自动凿岩、自动装药与爆破、自动装岩、自动转运、自动卸岩和自动支护等；无人采矿的技术基础是高速地下通信系统和高精度地下定位、定向系统（要求达到毫米级）。

英国是最早从事地下无人采矿实验研究的国家，早在20世纪60年代初就提出了远距离操作长壁采煤的计划，简称为ROLE（remotely operated long wall face）计划。并于1963年在两个矿井进行了试验。但由于当时技术发展水平的限制而未能取得成功，但这毕竟是人类首次进行无人采煤工作的探索，因而具有重要意义。实际上也正是在这项工作的基础上，在20世纪 80 年代初提出一种遥控采煤系统，即由地面控制井下的"矿工"机器人进行工作。

实现无人采矿是当前国际采矿界研究的热点。20 世纪 80 年代开始，美国和澳大利亚在采煤工作面采用了计算机、大功率电牵引采煤机、电液控制的液压支架和具有软启动功能刮板输送机，实现了工作面三机（采煤机、液压支架和刮板输送机）的自动化及井下环境安全信息实时监测。20 世纪 90 年代开始，加拿大、芬兰、瑞典分别制定了矿山自动化方案，20 世纪 90 年代初，加拿大国际镍公司（INCO）开始研究遥控采矿技术；1992 年，芬兰采矿工业宣布智能采矿技术方案；瑞典制定向矿山自动化进军的"Grountecknik 2000 战略计划"。

无人采矿包括工作面、掘进面、运输系统、供电系统、通信系统等生产作用子系统的无人作业和无人值守，其中无人工作面是无人采矿的重要内容。不同国家、不同时期以及不同地质条件下，无人工作面有其自身的特征和内涵。国外主要研究金属矿山和露天采矿的无人工作面。

（2）无人工作面

早期，国内学者为解决薄煤层的自动开采问题，对无人工作面采煤技术下的定义是：工人不出现在回采工作面内，而是在回采工作面以外的地点操作和控制机电设备，完成工作面内的破煤、装煤、运煤、支护和处理采空区等各项工序。现代无人工作面的定义是建立在高度发展的科学技术和特殊应用背景之上，有其自身特征。

针对中国矿井地质条件的复杂性，以综合利用煤炭资源和科学采矿为原则，提出现代无人工作面的定义为：在工作面安全专家系统的保护下，通过有线或无线方式远程控制关键生产设备，监测其工况，利用割煤设备（刨煤机或采煤机）的自主定位与自动导航技术、煤岩自动识别技术、液压支架电液控制技术、刮板输送机自动推移技术、工作面自动监控监测技术、井下高速双向通信技术和计算机集中控制技术等，自动完成割煤、移架、移刮板输送机、放煤和顶板支护等生产流程，并动态优化作业程序，实现工作面生产过程自动化、采煤工艺智能化、工作面管理信息化以及操作的无人化，仅当设备出现故障时，维修人员才会到达工作面，从而确保高产、高效和安全生产。

（3）中国无人采矿与无人工作面

由于地质条件的复杂以及多种因素的影响，中国无人采矿技术发展相对落后。近 10 年来，国内多个科研单位相继开展了采矿机器人（MR）、矿山地理信息系统（MGIS）、三维地学模拟（3DGM）、矿山虚拟现实（MVR）、矿山 GPS 定位等方面、露天矿卡车调度的技术开发与应用研究，在煤矿中的应用取得了一定的成效。

在无人采矿设备引进应用和创新开发方面，2000 年 9 月，煤炭科学研究总院北京开采所与北京煤机厂、德国 DBT 公司等厂家合作，为铁法煤业集团小青煤矿装备了国内第一个薄煤层自动化无人工作面；2004 年 7 月，山东新汶矿业集团公司从国外引进螺旋钻机采煤新工艺，工人在工作面以外的地点操作机电设备，可完成破煤、装煤、运煤等各工序，实现了无人工作面；2005 年 5 月，大同煤矿集团从德国 DBT 公司引进了一套自动化刨煤机，实现了国内首个薄煤层刨煤机综采无人工作面；2007 年 3 月，中国首个具有自主知识产权的自动化、信息化采煤工作面在山东兖矿集团东滩煤矿正式投产，标志着中国煤炭行业高产、高效矿井建设进入新阶段。

此外，高产高效开采技术的迅速发展、综采自动化工作面安全高效综合配套技术的发展，以及大功率电牵引采煤机、液压支架和刮板输送机自动控制和工况检测与故障诊断技术的实现，均使采煤工作面的自动化程度迅速提高。在地质采矿与工程技术条件较好的矿区如神华神东矿区，其采煤工作面基本实现了少人甚至无人开采。

（4）无人工作面系统组成

无人工作面是一个复杂的系统工程，它是不同领域的技术交叉和综合，要实现无人工作面需要投入大量的人力、物力和财力。就目前采煤工作面开采技术现状来看，它包括很多子系统，按功能流和数据流可将其分解为 7 个子系统：三机自动控制系统、三机工况检测与诊断系统、工作面灾害自动预测预报系统、"采煤–环境"安全专家系统、采煤工艺智能系统、采矿模拟系统和决策仿真系统。

①三机自动控制系统

三机主要指采煤工作面的采煤机、液压支架和刮板输送机，实现三机自动控制是实现无人工作面的基础。采煤机是无人工作面设备的核心部件，实现无人工作面的关键技术就是研究适合中国煤层条件的采煤机自动控制系统。采煤机的自动控制系统包括自主定位、自动导航系统及自动调高系统，采煤机高速、精确自主定位导航技术是实现采煤机自动控制系统的关键。液压支架电液控制系统是目前最先进的支架控制方式，集机械、液压、电子、计算机和通信网络等技术于一身，可实现拉架、推溜、打护帮板、收护帮板、架间喷雾等随机联动自动化，以及自动控制液压支架动作，实现支架本架控制、邻架控制、隔架控制、运行状态和工作面矿压监测的远程控制等。新型智能化刮板输送机在各种性能方面取得了很大的发展，代表了当今世界刮板输送机的最高水平，实现了自动推移控制，同时向大型化、智能化、高可靠性及元部件标准化方向发展。

②三机工况自动检测与故障诊断系统

为给工作面三机安全运行提供可靠保障，采煤机智能化检测技术需要达到较高水平。大柳塔矿、东滩矿和寺河矿等煤矿引进的 DBT、久益等公司的新型电牵引采煤机具有建立在微处理机基础上的智能监控、监测和保护系统，在采煤机上安装有电压、电流、绝缘、牵引力、方向、位置、流量、压力、温度、湿度、速度、摇臂倾角及机身倾斜等传感器，可以检测采煤机的 169 个参数，实现了交互式人机对话、远近控制、无线电随机遥控、数据采集存储及传输、工况监测及状态显示、故障诊断及预警等多种功能。刮板输送机的故障诊断和工况监测技术可以连续监测输送机各种部件的运行状态，进行故障诊断和报警，同时为解决刮板输送机的启动问题、功率平衡问题、过载保护和悬链问题。国内外有关公司研制出了各种可控驱动装置和自动调链装置，采用 CST 可控驱动装置、ACTS 自动调链装置及工况监测系统，使其向智能化自动化方向发展，从而实现了功率大、事故率小、效率高和安全运行。由于液压支架 90% 以上的故障是液压系统泄漏，目前，中国液压系统泄漏故障自动检测及其诊断技术发展比较成熟。

③工作面灾害自动预测预报系统

工作面灾害自动预测预报系统包括众多方面的内容，如通过各种传感器对井下煤层厚度及其变化、顶底板岩层组合及其空间分布、地质构造（断层、褶曲）、矿井水文地质及瓦斯地质条件、煤层中的地质异常体（岩浆岩侵入体、岩溶陷落柱和煤层冲刷）、煤层夹矸、地应力、地温、工作面顶板状态等诱灾影响因素和关键参数进行监测；将监测信息传送至控制中心，配合以矿山三维地层环境信息系统进行监测数据处理、分析和可视化表达，不仅可提高灾害监测预警技术水平，还可有效避免和预防因地质条件的复杂性和无序变化造成的井下工作面异常事故，保护井下各种传感器和精密设备安全。综采工作面的综合检测系统的发展为工作面灾害自动预测预报系统奠定了基础，数字防爆横波地震仪、数字防爆坑道无线电波透视仪、数字防爆直流电法仪、防爆瑞利波仪、钻孔防爆直流电法仪、钻孔防爆测斜仪、便携式智能化地震仪、地质雷达和煤与瓦斯突出自动定位仪等矿井物探仪器为探测采煤工作面前方地质构造提供了条件。

④"采煤－环境"专家系统

该系统为无人工作面提供安全系统保障，保证无人工作面的高产、高效和可靠性。它能判断机电设备和周围环境的状态，快速采集各种数据并进行分析、诊断以及预测，从而保证设备能自动工作在最优的状况下。顾及无人工作面可靠性系统的影响因素如环境因素和机械设备因素，"采煤－环境"专家系统包括环境系统和机械系统。其中，环境系统包括静态和动态因素，井下温度、顶板淋水、顶板松软、底板松软、断层、瓦斯、煤层厚度、倾角等是静态地质因素，但在采煤过程中随机出现，具有动态特征；顶板状态随着采煤速度、采高以及支架状态的变化而动态变化，而顶板的初次来压、周期来压以及工作面前方应力分布又具有一定的规律，具有静态特征。机械系统可靠性的影响因素主要包括三机自动化配套和采煤工艺系统可靠性，三机配套不仅包括几何尺寸配套、性能配套、生产能力配套和寿命配套，还有自动化程度的配套；采煤工艺系统基本为一串联系统，其中每一个工艺环节发生故障都将造成采煤机的停止采煤，工作面设备和环境系统的相互交叉形成了"三机－围岩"系统。

⑤采煤工艺智能化系统

综采高产高效工作面自动化程度的不断提高，使得工作面生产过程基本实现了自动化操作。自动化生产系统中，主要设备为采煤机、液压支架和刮板输送机，三种设备是相互独立，依照一定的原则分开控制的，目前基本上实现了自动化。随着内置式多功能微处理机、智能控制采煤机和综采工作面自动综合监测系统的发展，通过增加采煤机动态控制与故障处理能力，可根据地质条件的变化及时改变煤机的运行状态参数(截割速度、滚筒位置、破碎机位置等)，使无人工作面采煤工艺智能化实现成为可能。例如当顶板不好时，支架受力状态发生变化，采煤工艺智能化系统将会自动调整移架的方式、移架速度、采煤机割煤速度和截深等工艺参数；刮板输送机过载时，采煤机将会改变割煤速度、深度来调整生产能力；放煤口可根据放煤方式、放煤布局以及放煤时间自动控制放煤总量。通过采煤工艺智能化系统，是无人工作面整体系统工作在最佳状态，保证无人工作面和谐、安全、可靠的生产。

⑥无人工作面采矿模拟系统

利用虚拟现实技术可以创造出一个三维的采矿现实环境，模拟采矿作业过程以及工艺设备的运行，操作人员可以与该系统进行人机交互，在任意时刻穿越任何空间进入系统模拟的任何区域。该系统能应能识别各类矿山实体、输入和处理各种矿山信息、控制物体运动、模拟采矿规律、确定采矿空间状态。其主要技术要求是：要创造一个与现实开采情况极为接近的三维环境，通过计算机显示采矿作业情况，获得生产系统运行状况平面图、立体图，以及不同的设备动态显示图和设备运行具体参数，包括设备运行的时间、产量、设备间的距离等动态信息；通过对不同型号设备、不同开采参数下的生产系统进行动态模拟，达到优化和评价生产系统的目的。

⑦决策仿真系统

决策仿真系统应是一个智能型的多层次结构，可通过系统的中心控制件将基础地测信息系统、设备信息数据库、各种控制与监测系统、应用软件系统以及模型系统有机地结合起来，完成开采工艺与设备的优化决策。同时，可根据操作人员参与活动所产生动态、直观的反应和操作，使计算机的模拟、设计、优化和决策过程具有一定的逻辑思维、直观形象思维甚至创造思维能力，能随时根据工作面生产状况信息的改变做出迅速反应，寻找最佳解决办法。

（5）无人工作面关键技术

根据无人工作面的系统组成与技术要求，分析提出全面实现无人工作面的关键技术和支撑条件主要有：采煤机自主定位与自动导航技术、采煤机自动调高技术、煤岩自动识别技术、液压支架电液控制技术、刮板输送机自动推移技术、三机工况检测和故障诊断技术、井下高速双向通信技术、组件式矿山软件与模型技术、分布式数据库技术以及井下多传感器技术。

基于无人工作面的概念、特征、系统模型及技术体系的分析，在中国矿山当前技术条件下，要实现符合中国国情的无人工作面，尚需在以下方面进行集成创新和关键突破。

①煤岩界面自动识别与自动调高技术

目前已有20余种煤岩分界传感机理和系统，诸如记忆程序控制系统、振动频谱传感系统、天然γ射线、测力截齿、同位素、噪声、红外线、紫外线、超声波、无线电波、雷达探测等，由于井下煤层和围岩条件十分复杂，依然难以准确、可靠地判断煤岩分界，上述系统均未能成功地应用于生产实际。因此，研制出工作可靠、有一定分辨率的煤岩分界识别传感器，是实现采煤机滚筒自动调高的关键。近年来总的发展趋势是将具有一定分辨率的煤岩传感器结合计算机控制，组成煤岩分界传感装置及煤岩分界识别系统，尤其是研制大功率自动化采煤机时，应优先考虑采用这类组合形式。记忆智能程控煤岩分界识别及控制系统是目前国外机型采用最多的技术，实际中应用最多；雷达探测技术也是最有应用前景的技术。

②采煤机自主定位系统

无人工作面的技术基础是高速地下通信系统和高精度地下定位、定向系统。目前中国这方面的研究尚处于空白，中国研制成功的首台采矿机器人（MR）也未很好地解决地下定位问题；与GIS技术相结合的无人采矿定位技术更是在国内外处于空白阶段。研究具有自主定位系统的采煤机是实现无人工作面突破的关键所在，包括采煤机动力学模型、移动目标的位置与速度精确计算方法、航位推算系统的误差补偿模型、航位推算系统环境适应性、矿井电子地图导航数据库的建立与地图匹配算法等。此外，为实现完整的井下无人工作面采矿生产，还需要以下几个方面的支撑和配合：

a. 在矿井通信方面，如何快速、准确、完整、清晰、实时地采集与传输井下各类环境指标、设备工况、作业参数和调度指令等数据，并进行井上－井下双向传输，尤其是实现井上到井下的信息反馈，是有待改进的技术问题。

b. 在工艺智能化方面，需要实现采矿设备整体与整个作业流程中的自动控制、协调、适应、保护、调整和修复，甚至再生，研究和设计无人工作面的新的作业过程及其作业模式。

c. 工作面灾害智能预测预报系统、"采煤－环境"安全专家分析系统、无人采矿的模拟与决策系统的仿真、三机自动控制系统以及工况检测与诊断技术，均以各类应用软件与相关模型为工具，必须针对特定矿山条件、采矿工艺和应用需求，研究建立相应的模型，开发多品种、多型号、多功能的组件式软件。

d. 无人智能化采煤工作面多种信息的采集需要大量传感器，多传感器的配合使用、快速准确的信息采集以及多传感器融合处理技术等都需要进一步的研究。

2. 地下矿山的自动运输系统

地下矿山的自动运输主要由两部分组成，即带式输送机、自动运输汽车系统和自动提升系统。带式输送机负责将开采面、掘进头开采下来的破碎矿石从工作面运到井底车场；自动运输汽车系统是对带式输送机的补充，负责将大块度的原矿运到破碎站；自动提升系统负责将破碎矿石从井底车场接驳提升到地面。

(1)带式输送机

带式输送机具有长距离连续输送、输送量大、运行可靠、效率高和易于实现自动化等特点，已成为目前我国煤矿井下原煤输送系统的主要运输设备。随着我国高产高效矿井的不断涌现，对煤炭输送的要求也越来越高，带式输送机向长运距、高带速、大运量、大功率的方向发展，并已成为国内带式输送机的研究和开发的重点。

近年来，国外带式输送机的技术特点和发展趋势主要表现在以下几个方面：

① 向大型化和高速化方向发展：发达国家带式输送机的最高带速已达 8 m/s，带宽可达 2 m，单机长度可达 16 km，单机驱动功率可达 11000 kW，运量高达 4500 t/h，带强可达 ST7300。

② 不断完善驱动技术：利用液粘传动理论研制的液粘可控启动装置可以控制输送机的启动速度和加速度；变频调速驱动装置可以直接控制输送扭矩，可适用于单机和多机驱动，具有较高的传动效率。这些驱动系统同时可以通过载荷量的在线检测控制加载，实现多个驱动装置保持速度同步和功率平衡。

③ 采用多点驱动技术：多点驱动技术的关键是各驱动点的功率分配、功率平衡和启动延迟技术。国外设计出装机总功率达 11000 kW 的输送机即得益于这些关键难题的解决。该技术的应用，使带式输送机的单机输送长度在理论上不受限制。需要指出的是，由于我国尚未完全掌握这方面技术，目前带式输送机上的中间驱动点不能布置过多，一般为 3 点驱动，这样就限制了输送机的单机长度和运量。

④ 实现在线监测和实时监控：国外的在线检测和实时监控功能有输送机运行速度、运行功率、输送带撕带、载荷分布和加载量控制、火灾监测等。这些检测和监控功能可提高输送机运行的稳定性，减少或避免事故发生。

⑤ 开展动态分析研究：研究输送机的动力学性能对了解输送机的工作状态，完善输送机的设计理论，有着十分重要的意义。根据动态分析的结果确定输送机的启、制动方案（速度和加速度曲线），各驱动点和张紧点布置及功率分配方案，可大幅降低输送带的设计强度和输送机启、制动时对电网和设备的冲击，延长设备的使用寿命，降低运行成本。

⑥ 加强对主要元部件的研究：除了驱动装置外，国外对元部件的研究集中在张紧装置、高速托辊、高效清扫装置、高强度输送带方面。如张紧装置可实现张力自动调控，张紧行程大，解决了长运距输送机的张紧要求。

我国在带式输送机驱动装置的研究方面也做了许多工作，并先后研制出调速型液力耦合器和液粘调速等软启动装置，实现了启动加速度可控，基本解决了原有刚性启动方式造成输送机启动时的冲击等问题，能够适应大型带式输送机的驱动要求。但是，与国外先进技术相比，我国带式输送机无论是在设计还是在制造方面，都存在着一定的差距。例如，目前我国的固定型和可伸缩带式输送机的带速一般不超过 4 m/s，单机长度小于 5 km，输送量小于 3000 t/h，带强最高为 ST4000。我国的带式输送机研发过程中，将在实现在线检测和实时监控、动态性能分析、主要元部件、经济性与可靠性、以及特殊机型等方面加强。

表8-1 国内外矿山主要带式传送机性能比较

	最高带速 /(m/s)	最大带宽 /m	单机长度 /km	单机驱动功率 /kW	运量 t/h	带强
发达国家带式输送机	8	2	16	11000	4500	ST7300
焦煤集团西山官地煤矿带式输送机	3.5	1.2	5.4	630	900	<ST4000
神东大柳塔矿可伸缩带式输送机	4.0	1.6	6	500	4000	<ST4000
晋煤集团赵庄矿大型主斜井带式输送机	5.6	1.6	1.58	1850	2500	<ST4000

（2）自动运输汽车系统

矿山自动运输汽车系统主要用于非煤矿山井下运输矿石到破碎站。由于带式输送机基本上不能运输未经破碎的原矿，因此，自动运输汽车可以达到提高运输能力和运输效率。自动运输汽车与连续装载机相结合，按照自动方式运输大量矿石，可大幅提高运输效率。

20世纪90年代，加拿大INCO公司研发了一种无人驾驶的矿山自动运输汽车，用于小斯托比矿山运输原矿，日运矿石能力达3000 t。这种自动运输汽车的载重量为70 t，用架线系统供电，以计算机控制系统控制汽车。这种自动运输汽车由一中心承载部分组成，为了侧卸需要，设有卸载门。在车体的两端各有一个平台用于安装转向架和动力装置。外转向架用于驱动两端，而内转向架则用于制动。整个车体可利用安装在转向架内侧的双向动作油缸升起和降低。可利用架空线提供动力、控制转向和通信。用架空线系统向自动运输汽车提供三相575 V电力。此架空线系统由悬挂在152.4 mm(6英寸)工字梁上的4条平行导线组成。这些导线也可用作与自动运输汽车通信的介质或用作接地检测系统。动力系统在自动运输汽车的每一端分为两个独立的单元，每个单元各有1台575 V、147 kW(200马力)的电动机，用以驱动主泵，主泵用于驱动4台38.8 kW(50马力)的外侧轮马达，4个内侧轮组封装有多圆盘液压制动器。

（3）自动提升系统

矿井提升系统担负着矿石、毛石(矸石)的提升以及人员、物料的运输，是矿山生产经营的关键环节，按矿山开拓方式分为竖井提升和斜井提升两种模式。

竖井提升是指通过安装在竖井井口、井筒和井底的设备、装置进行的矿井提升运输工作，竖井提升系统使用的主要设备和装置有提升机、井架、天轮、钢丝绳、连接装置、提升容器、井筒导向装置、井口和井底的承接装置、阻车器、安全门以及信号装置等。按照提升机的不同，竖井提升分为竖井单绳缠绕式提升、双筒双绳缠绕式提升和多绳摩擦式提升。按照提升容器的不同，竖井提升又可分为罐笼提升、箕斗提升和吊桶提升。竖井开凿和延伸期间一般采用吊桶提升；井筒断面大、提升量多、提升水平少的大型矿井一般采用双罐笼提升；井筒断面小、提升水平多的矿井一般采用单罐笼带平衡锤提升；井口断面小、提升量少的矿井一般采用单罐笼提升。

斜井提升一般采用带式传送系统。

8.2.2 露天矿山的自动化

露天矿山自动开采最重要的环节是实现露天采矿设备的集成化状态监控、定位和自动控制。在矿山的每台被监控的采掘和运输设备之间实现完美的双向通信，建立完全的实时监控、定位和信息管理和设备控制系统，是实现露天矿山采掘运一体化和自动化生产的首要条件。与井下矿山自动化开采系统的特殊性与复杂性相比，露天矿山自动化开采系统较为简单。

一般地，露天矿山自动化开采系统由以下部分组成：

（1）机载监测、控制和（卫星）定位系统；

（2）具有预先计划能力的生产控制系统；

（3）综合、实时更新的数据库系统，可供操作、生产、维护或管理人员随时存取；

（4）开放式结构的矿山模拟系统和矿山 GIS；

（5）基于信息反馈控制的矿山综合规划系统；

（6）足够响应度和带宽并便于扩容升级的双向移动通信网路。

在上述系统中，采矿设备的定位技术是关键。露天矿山运行的每台车辆均需要以精确的定位数据实现路由计划、导向和避免碰撞，GPS 技术能使露天矿的车辆实现遥控和自动化作业。GPS 提供的精确定位数据能够在炮孔定位时为钻机导向、控制和测量电铲的坡度（高程）。若要得到高精度的厘米级定位，还需配置差分 GPS（DGPS），如图 8 - 1。

图 8 - 1   基于 DGPS 的露天矿山采挖与运载卡车

若要得到实时定位数据，DGPS 系统应包含一个基站或参照站、数据通信链路和装在采矿设备上或者测量背包中的车载（移动式）接收器。由基站产生的厘米级精度的差分校正值的有效作用距离是 15 ~ 20 km 左右，与无线电台的类型和现场地形有关。根据基站的位置和现场的露天矿坑形状，一套装置就能覆盖整个开采区域。当某个区域的地形阻碍从基站发射的差分广播信号时，需要应用中继器，这部分内容在本书 3.1.4 小节有介绍。

如表 8 - 2 所示，GPS 技术在露天矿中的应用大体上可分成 3 种：①测量应用；②车辆和固定设备的定位，包括钻机、电铲、汽车、辅助车辆和加工处理设备；③设备导航和控制，包括生产钻机和自动车辆导航时的实时定位。

表 8 – 2　GPS 技术在露天矿山自动采矿中的应用

设备	应　用	效　益	GPS　要　求
地面测量	①取代和补充目前以激光为基础的测量系统;②用于矿量计算,公路和台阶轮廓及境界测量、开采测量等	①减少人力需要;②适于各种天气和大多数的露天矿坑结构;③全天候作业	①高精度,实时测量,三维精度为±5 cm;②便携、耐用、重量轻、易于操作的系统;③数据便于与现有的采矿计划软件系统接口;④与移动设备上的系统相兼容
钻机	①精确的三维定位,不需测量进行孔位设计;②支持自动功能基础平台的开发	①改进破碎效果,减少爆破费用;②校正钻机深度;③标定更平整的台阶,减少超钻及欠钻,减少测量需求	①实时、高精度数据,三维精度为±20 cm;②显示倾斜、起伏、行驶方向以及定位信息;③在司机室内动态显示矿图及其三维位置
电铲	①在设计准则范围内维持坡度(高程);②将每挖斗物料的位置与爆堆的可挖掘性联系起来以改进爆破设计与控制;③将每挖斗物料的位置与物料类型联系起来以便混矿与堆贮	①改进矿坑地面轮廓;②减少贫化;③改进设备进度计划、调度与物流跟踪;④改进矿石品位控制;⑤实现品位与吨位的协同	①三维精度为,每 15 min 或更多一些时间校正一次;②在司机屏幕上显示高程和当前位置坐标;③在平面矿图上动态显示矿石品位边界和电铲的铲斗位置
汽车	①露天矿中实时定位;②避免碰撞;③自动作业	①改进设备作业进度计划、调度与物料的跟踪;②全天候作业	①超过 1 m 的实时精度;②位置数据不必显示给司机

8.3　采矿机器人

　　机器人技术作为 20 世纪人类最伟大的发明之一,自 20 世纪 60 年代初问世以来,经历50 余年的发展已取得长足的进步。1987 年,国际标准化组织对工业机器人进行了定义:工业机器人是一种具有自动控制操作和移动功能,能完成各种作业的可编程操作机。我国科学家对机器人的定义为:机器人是一种自动化的机器,所不同的是这种机器具备一些与人或生物相似的智能能力,如感知能力、规划能力、动作能力和协同能力,是一种具有高度灵活性的自动化机器。

　　在研究和开发机器人的过程中,人们逐步认识到机器人技术的本质是感知、决策、行动和交互技术的结合。随着人们对机器人技术智能化本质认识的加深,机器人技术开始源源不断地向人类活动的各个领域渗透。结合这些领域的应用特点,人们研制了各式各样的具有感知、决策、行动和交互能力的特种机器人和各种智能机器,如装配机器人、焊接机器人、喷漆机器人、爬壁机器人、移动机器人、微机人、水下机器人、核工业机器人、医疗机器人、军用机器人、空中空间机器人、娱乐机器人、危险作业机器人(如消防、防爆、高压带电作业)等。对不同任务和特殊环境的适应性,也是机器人与一般自动化装备的重要区别。这些机器人从外观上已远远脱离了最初仿人型机器人和工业机器人所具有的形状,更加符合各种不同应用领域的特殊要求,其功能和智能程度也大大增强,从而为机器人技术开辟出更加广阔的发展空间。

　　关于机器人如何分类,国际上没有制定统一的标准,有的按负载重量,有的按控制方式,有的按自由度，有的按结构，有的按应用领域。我国的机器人专家从应用环境出发，将机器人分为两类，即工业机器人和特种机器人。国际上的机器人学者则从应用环境出发将机器人分为两类：即制造环境下的工业机器人和非制造环境下的服务与仿人型机器人，这和我国的分类是一致的。采矿机器人（Mine Robot）属于非制造环境下的特种机器人，也可称机器人化的采矿机器。采矿机器人技术是提升矿山工程机械化、自动化水平的重要手段，是代替人类从事有毒、有害及危险环境下采矿工作的重要工具。

8.3.1 地下采矿机器人

1. 地下采矿机器人的发展

采矿业是一种劳动条件相当恶劣的生产行业，其主要表现为振动、粉尘、煤尘、瓦斯、冒顶等不安全因素。这些不安全因素极大地威胁井下工人的安全。因此，采矿业迫切要求开发各种不同用途的机器人以取代人类从事的各种有毒、有害及危险环境下的工作。此外，采掘工艺一般比较复杂，这种复杂工作很难用一般的自动化机械完成，采用带有一定智能并且具有相当灵活度的机器人是目前最理想的方法。

国际上，地下采矿机器人的研究与应用始于 20 世纪 80 年代，比较活跃的国家有美国、日本、前苏联、德国等。早期地下采矿机器人研究与应用的特点是局部使用机器人化的设备，如可编程钻凿炮孔（Robofor）、顶板锚杆安装机（Robolt）、混凝土喷射机（Stabilator）等。随着井下通信、地下定位、自动控制等关键技术的发展，地下采矿机器人得到较快发展，如加拿大国际镍公司（INCO）在 Falconbridge 有限公司、加拿大采矿自动化与机器人研究中心（CCARM）、加拿大资源研究中心（CRS）以及 PRECARN 协会的支持和配合下，于 1991 年开展了矿山自动化项目（MAP）的研发工作。该项目进展迅速，1994 年即实现了地面遥控钻凿深孔；1995 年第一台自动钻凿机（Datasolo）在 INCO 公司的斯托比（Stobie）矿应用。我国的采矿机器人研发与应用起步较晚，20 世纪 90 年代中期才开始。

总之，采矿机器人在矿山的应用还处于初级阶段。相信，随着人工智能、传感器技术、计算机技术、通信技术等机器人关键技术的发展，采矿机器人在未来实现无人采矿和遥控采矿方面必将发挥关键作用。目前，采矿机器人还需要从全矿山自动化的角度来发展和提升，要突破过去关于单种机器人的单兵作战的概念，从整体矿山与全作业流程的自动控制、协调、适应、保护、调整、修复甚至再生的角度出发，采用分布式协同、智能决策等技术实现多种、多个机器人编班协同工作，真正实现整个生产、管理过程的自动化。在机器人作业指挥方面，采矿机器人要与矿山监测监控系统的闭环运行相结合，利用矿山监测监控系统的信息来指导机器人的运行和操作。例如，出现瓦斯超标，能立刻自动停止采掘机器人的工作；要与矿山数据仓库尤其是矿山地质空间数据库相集成，充分利用高精度的矿山空间数据来设计、规范、调整和指挥采矿机器人的动作；要发展矿山地下快速定位与自动导航技术，实现采矿机器人的自主移动和操作。

2. 地下采矿机器人的类型

根据井下作业的特殊条件和特点，目前主要有以下 5 类采矿机器人处于研发过程中，或已在矿山自动化中的应用发挥重要作用。

（1）特殊煤层采掘机器人

目前，我国煤矿一般都用综合机械化采煤机采煤，但对于薄煤层这类特殊情况，运用综采设备就很不方便，有时甚至是不可能的。如果用人去采，作业条件又十分艰苦和危险。但如果舍弃不采,将造成资源的极大浪费。因此,采用通过采掘设备加装智能控制单元构成的遥控机器人进行特殊煤层的采掘,是最佳的方法。这种采掘机器人可以通过在现有的采掘设备上加装合适的光源和视觉、听觉、振动等传感器,经处理单元人工智能化处理,来进行自主采掘作业,包括使用高速转机,电动机和其他采爆器械等进行采矿作业。

（2）凿岩机器人

巷道掘进是现代矿山大规模基础设施建设中的一项难度大、耗资耗时多、劳动条件差但又十分关键、十分重要的施工作业。巷道开挖一般采用掘进法和钻爆法。前者采用庞大复杂的掘进机,用类似机械切削的方法一次将整个隧道断面成型,特点是掘进速度快、安全,但价格非常昂贵;后者施工则比较灵活,断面适应性好,设备费用相对低廉。

凿岩设备是钻爆法施工中的主要设备之一,早期的液压凿岩设备完全由人工操作,操作人员熟练程度的差异往往会导致严重的"超挖"或"欠挖",对工程的成本和工期都会产生不利影响。为了提高巷道开挖水平,几乎在液压凿岩台车实用化的同时,国外许多厂商都将智能控制单元引入新型液压凿岩设备中。随后,推出了具有机器人特征的半自动计算机辅助凿岩台车和全自动凿岩台车,也就是凿岩机器人。这种机器人可以利用传感器来确定巷道的上缘,自动瞄准巷道裂缝,然后把钻头按规定的间隔布置好,钻孔过程用微机控制,随时根据岩石硬度调整钻头的转速和力的大小以及钻孔的形状,从而大大提高生产率,人只要在安全的地方监视整个作业过程就行了。

（3）井下喷浆机器人

喷浆支护是国内近几十年来大力推广应用的一种喷射混凝土的巷道支护新工艺,与传统的木材、钢梁支护方法相比,喷浆支护不仅节省大量木材和钢材,而且具有施工速度快、支护效果好等优点。但井下喷浆作业是一项很繁重并且危害人体健康的作业,主要由人操作机械装置来完成,其缺陷很多,如人工喷浆时,回弹造成的飞沙走石使工人不敢抬头睁眼,致使无法保持喷枪与受喷面垂直,也无法使喷枪口与受喷面保持最佳距离。这样,不仅混凝土的回弹率高（30%~50%）,浪费材料,而且混凝土结构疏密不一,不能保证喷层的质量。另外对大断面隧道,人工喷浆需要搭脚手架,影响施工进度,且费工费料。

采用喷浆机器人不仅可以提高喷涂质量,也可以将人从恶劣和繁重的作业环境中解放出来。采用机器人进行喷浆的主要优点在于:①由于喷枪始终保持与受喷面垂直,并能在允许的范围内保持最佳喷射距离,因而能显著减少回弹;②机器人能保证在事先安排好的喷浆轨迹和喷浆姿态下进行喷浆作业,克服了机械式喷浆由于操作者来不及反应等原因造成的原材料的浪费和作业效率低等重要缺陷;③基本上一个人就可以完成喷浆作业,并且质量比人工喷要好得多。

山东省机器人工程技术研究中心研制的机器人均有大臂俯仰、小臂摆动、枪杆转动、喷枪姿态调整、喷枪自身旋转、整机行走6个自由度,有"自动轨迹控制"和"遥控主从"两种工作方式,可用于一切需要喷浆的工程中,如矿井喷锚支护、水电站涵洞、铁路公路隧道、地铁的喷浆等。与国外同类产品相比,该项技术性能和使用效果均有明显优势,2001年"喷浆机器人"获山东省科技进步一等奖,2002年喷浆机器人获国家科技进步二等奖,实现了从依赖进口到国产喷浆机器人产业化的跨越,开拓了我国地下工程机器人的新领域。

（4）瓦斯、地压巡检机器人

瓦斯和冲击地压是煤矿井下作业中的两个不安全因素,一旦发生突然事故,是相当危险和严重的。但瓦斯和冲击地压在形成突发事故之前,都会表现出种种迹象,如岩石破裂等。

采用带有专用新型传感器的移动式巡检机器人，可连续监视整个采场的采矿状态，便于及早发现事故突发的先兆，采取相应的预防措施。

（5）抢险救灾机器人

煤矿救灾机器人可以采用自主避障和遥控引导相结合的行走控制方式，能够深入事故矿井探测前方的火灾温度、瓦斯浓度、灾害场景、呼救声讯、受困人员等灾情信息，并实时回传数据和图像，为救灾指挥人员提供重要的灾害现场信息。同时，搜救机器人上还可携带急救药品、食物、生命维持液和简易自救工具，以协助被困人员实施自救和逃生。

8.3.2　海底采矿机器人

海洋占地球表面积的71%，随着地球陆地矿产资源枯竭等问题的日益加剧，开发海洋矿产资源日益引起人们的关注。海洋矿产包括含锰、铜、钴、镍、金、银等十几种矿物，已探明储量多达15000亿 t 的锰结核赋存于水深4000～6000 m 的深海底表面，表现为直径为0.5～25 cm 的黑色矿物块群，是目前海底矿产资源开发的一个热点。已知的赋存海域广泛分布于从东太平洋的夏威夷群岛到北美大陆之间的深海底以及印度洋等海域。深海矿产资源的综合开发利用，开辟新的矿产资源基地是保证国家经济长期可持续发展，弥补陆地资源不足和解决能源短缺的重要途径。

1. 海底采矿机器车的技术发展

在人类开发海底矿产资源的进程中，集机械学、密水技术、声学传感技术、机器人技术、水下精确导航与定位技术和人工智能等诸多学科于一体的深海底采矿机器车扮演了重要的角色。深海底采矿机器车作为深海底智能采矿机器人的先行者，其研究开始于20世纪70年代，到目前为止，已经产生了一些概念样机和试验产品。深海底采矿机器车的发展，推动了深海底采矿机器人的发展，也促进了水下机器人技术、水下图像处理、声学传感技术、水下精确定位与导航技术的发展。

目前，深海底采矿机器车主要用来采集赋存于水下1000～6000 m 海底表面的多金属结核矿物。深海底采矿机器人携带采集头将矿物收集起来，经过分选和破碎处理后，以高压水泵通过软管和硬管将矿浆输送到海面船的中间舱。该类海底作业机器人，均携带水力或机械工作头、动力站、电子设备、软管或电缆柔性体等装备，遥控行走于海底，进行海底作业。如图8－2所示，深海底采矿机器车作为深海底多金属结核采集系统的重要组成部分，其主要任务为收集海底的多金属结核，经破碎后泵送至扬矿软管，再由软管泵和6000 m 硬管输送泵泵送至海面采矿船。

深海底采矿机器车的研究起始于20世纪70年代。历经近40年的研究，人类积累了一些深海底采矿车的开发经验。目前，具代表性的深海采矿车主要有：

（1）美国OMCO研制的采矿机器车：采用液压驱动和阿基米德螺旋行走机构，集矿方式为转轮和链带机械集矿。1978年在夏威夷以南海域进行了试验，并成功收集了海底多金属结核；

（2）德国锡根大学研制的采矿机器车：20世纪70年代开始研究，采用液压驱动和渐开线履齿橡胶履带行走机构，集矿方式为高压水射流集矿。其改进型于1999年7月在印度的浅海试验成功。

（3）法国梭型潜水遥控车：1980年前后开始研制，这种采矿车靠自身重量与竖直方向成一定角度下行，压仓物贮存在结核仓内，当采矿车快到达海底时，释放一部分压舱物以便采矿车徐徐降落。该采矿车采用阿基米德螺旋推进器在海底行走，一边排出压舱物，一边采集等效重量的结核，以保持采矿车在海底的浮力。

（4）中国自行式特种合金履带车：20世纪90年代中叶，由我国自行设计，与法国Cebynetic公司合作研制了自行式特种合金履带车。该采矿车采用尖三角齿特种合金履带板，提高了集矿机在深海稀软底环境下的可靠性和可行驶性；集矿方式为全水力，增加了控制密水箱和相关传感器，提高了集矿机的可操作性。2001年在云南抚仙湖进行了试验，从130 m深的湖底采集并回收了模拟结核900 kg。

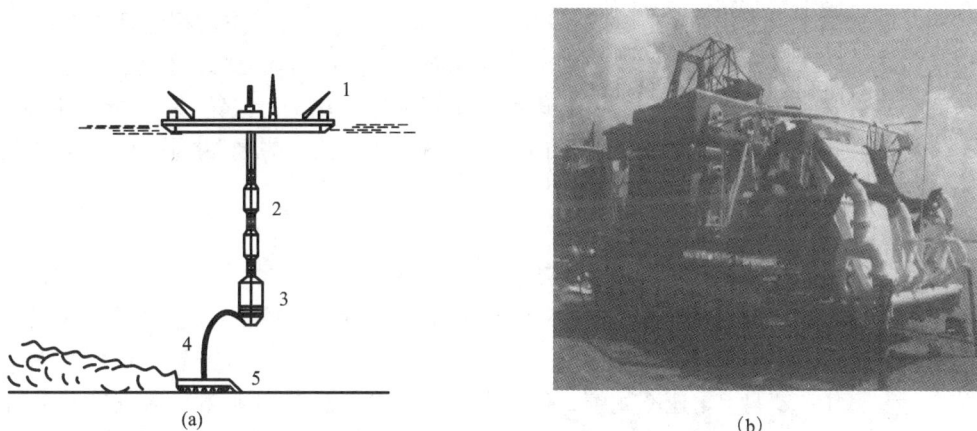

(a)　　　　　　　　　　　　　　　　　　(b)

图8-2　深海底采矿机器车

（a）采集系统示意图；（b）深海集矿车

1—深海采矿船；2—6000 m扬矿管道；3—中间舱；4—输送软管；5—深海底采矿机器人

在2008年底举行的2008中国机器人大赛中，哈尔滨工程大学大二本科生研制的水下采矿机器人（如图8-3所示）包揽了机器人水底采矿冠、亚军。在决赛中，两台水下采矿机器人分别以捞起40多块和30多块矿石的绝对优势赢得冠、亚军。该机器人由控制系统、采集系统、监视器、履带等多个部分组成，采取有线控制，可深入水下30 m行驶，完成采样、提

(a)水下采矿机器人外观照片　　　　　　(b)模拟水下采矿作业

图8-3　哈尔滨工程大学本科生研制的水下采矿机器人

取标本等工作。据悉，该采矿机器人因为运动性能稳定，将作为"清洗机器人"进一步研发，用于水池的清洗工作。

2. 海底采矿机器车关键技术

影响深海底采矿机器车工作性能的因素有多金属结核收集系统和智能机器人系统两方面。目前，多金属结核收集系统主要有以高压水射流作为采集方式的水力集矿系统和采用机械传送的机械集矿系统两种方式，已比较成熟。

深海底采矿机器车的工作环境极为恶劣。6000 m海底存在600个大气压高压、1℃~4℃低温、不均匀的海流作用、无自然光以及流塑状海底沉积物等。在此种极限环境下，采矿机器车的控制和导航实现十分困难。对于完全自主采矿机器车，其工作过程包括深海底特殊未知环境的行走、环境认知、自主路径规划和自主采矿。这些行为必须以传感器为基础，采集海底空间信息，形成对外界的统一描述，借助人工智能的方法进行决策，从而形成智能行为。目前，深海底采矿机器车只达到"避开简单障碍"和初步的"路径规划"水平，但其自主能力仍处在不断发展之中。

(1)深海底定位技术

采矿机器人的水下自定位是深海采矿机器人的一项重要的基本功能。由于深海底一片漆黑，而且电磁波在水中的衰减很快，通常用于陆地的GPS定位系统不能用来对海底机器车进行精确定位。因此，必须采用其他方法，如长基线水声定位系统、多普勒测速仪、罗盘和角速度陀螺等。其中，罗盘、角速率陀螺、多普勒测速仪等传感器用来测量深海采矿机器人的航向、角速率和水平面的速度；长基线水声定位系统由导航处理器、换能器基阵组成，长基线基阵安装在母船上，换能器基阵由一个发射器和多个接收器组成，水声发射器发出声询问信号，安装于采矿机器人上的声信标收到询问信号后经过一个固定的时间延迟，返回应答信号，根据采矿机器人应答信标发出的声信号到达长基线接收基阵的各接收换能器的相位差，即可计算出采矿机器人相对母船的位置坐标。在利用时延(或时延差)测量的水声定位系统中，一般是将目标点到各接收点的传播时延(或时延差)与声速相乘来计算目标点与各接收点间的距离(或距离差)，然后根据距离(或距离差)计算目标坐标。

现有的深海定位系统多采用基于声学定位的长基线、短基线及超短基线技术，其中定位精度最好的长基线定位系统也只能达到米级精度，一般只有10 m级。此外，采矿车在"稀软"的海底行走过程中打滑严重，不均匀的行走状态难以测量；采矿时会掀起大量的海底沉积物，这将使得采矿车周围的环境受到严重扰动，使水下摄像机等基于光学感知的传感器性能受到严重影响；机器车作业时发出的强烈噪声，亦对基于声学原理的图像声纳成像和声学定位系统的测量形成严重干扰。中南大学采用自适应卡尔曼滤波算法，融合长基线水声定位系统得到的位置测量值和多普勒测速仪等传感器的测量值，综合得到定位推算值，较好地克服了单传感器系统测量的单一和局限性，以及由声学定位系统的数据延迟所带来的对位置测量的不良影响。此外，研究以惯性导航为主的深海底自动导航和定位技术，也是解决深海底采矿车定位与正常工作的关键技术之一。

(2)行走控制与路径规划

深海底采矿车必须携带采集机构、动力装置、破碎机、软管、电子仓和浮力材料等行走于海底，要求能耐60 MPa的高压，并按开采路线行走。由于深海底质稀软、深海环境未知、地形复杂、泵矿软管扰动严重，履带式采矿机器人的液压比例控制系统存在较强的时变和非线性。如何保证采矿机器车在海底的安全、按预定轨迹精确行走以及高效的采矿效率，使深海采矿机器人行走控制成为一个迫切需要解决的课题。中南大学针对采矿机器人工作环境的多变性特点和采矿机器人履带液压系统的各参数的时变性、非线性、纯滞后的特点，提出了履带液压系统的模糊控制策略，给出了常规模糊控制器的改进方法，仿真实验表明：在线自学习模糊并积控制方法具有较常规方法更好的控制效果，控制策略具有自学习、自适应能力。此外，中南大学还采用具自调整功能的模糊算法，可对深海底履带集矿机器人的左、右履带的速度进行控制；并基于目标中点的避障算法，仿真实现了采矿机器人主动避开不同大小障碍物。

为了提高采矿效率，要求采矿机器人能恒速、高精度跟踪规划的行走路径。一般的路径规划问题主要是寻求从起始点到目标点的最优或近似最优的无碰撞路径。但是深海底采矿机器车的路径规划具有"遍历"的特点。规划器的目标是在既定区域内实现机器车对工作区域的最大覆盖和最小重复率。深海底采矿机器车的遍历路径规划方法可分为基于环境地图、无环境模型和基于行为的规划方法三类：①基于环境地图的规划方法：机器人根据当前的地图信息规划路径，沿路径前进一段时间后，利用这段时间收集到的环境信息更新地图；然后，利用更新过的全局地图重新规划和调整路径；该循环持续下去，直到到达目标为止；②无环境模型的规划方法，即随机工作方式和随机 + 局部遍历规划的方式，目前我国研制的深海底采矿机器车即采用该种规划方式；③基于行为的规划方法，该方法模仿了动物进化的自下而上的原理，尝试用一个简单的智能体来建立一个复杂的系统，它把导航问题分解为许多相对独立的行为单元，如跟踪、避障、回退、目标制导等。

自治水下机器人(Autonomous Underwater Vehicles，AUVs)是指本身不带脐带电缆而自带能源，依靠自身的自治能力来完成使命的一类水下机器人。2001 年，中国科学院沈阳自动化研究所利用 AUVs 技术具有爬坡、避障、摄像、照相和微地貌测量等功能，利用 AUV 进行湖底测试，探测了湖底的地形地貌、铺撒结核的分布与覆盖率，并对采矿机器车的行走轨迹和压陷深度、采集效果等进行了试验调查，为海底采矿场所的水文和矿产资源状况的前期调查以及对采矿机器车行走轨迹和采矿效果的后期调查提供了技术经营和参考。

本章练习

1. 简述无人工作面的系统构成及关键技术。

2. 矿山环境中数字通讯技术在网络架构、通讯设备和系统安全性上的特点是什么？

3. 简述无人工作面的整体框架和关键技术，如何将你所学专业知识应用到矿山无人工作面技术框架中去？

4. 结合第二、三、四章的教学内容，如何将机器人技术应用到矿区资源环境信息、矿山空间信息、矿山生产与安全信息获取中去？

第9章　采矿模拟、仿真与虚拟现实

9.1　矿山工程模拟

9.1.1　矿井通风模拟

1. 概述

矿井中风流的引进、分布、汇集和排出是通过许多纵横交错、彼此连通的井巷网进行的，风流通过的井巷所构成的网路，称为通风网络。用图论的方法对通风网络进行抽象描述，把通风网络变成一个由点、线及其属性组成的系统，就是通风网络图。矿井的自然分风往往不能满足生产的需要，一般都需要对风流进行人为的调节和控制，才能满足实际的需要，而且该调节工作非常复杂多变。

数字计算技术用于矿井通风网络分析始于 20 世纪 50 年代初。20 世纪 60 年代后期开发出了计算包含多风机和自然通风的立体矿井通风网络程序，该软件表明用于解决矿井通风基本参数的应用程序走向一个成熟阶段。之后，世界上很多通风研究人员开发出了大量用于更加复杂的矿井通风系统分析的软件。这些网络分析程序使用的语言各异，有 Fortran，Visual Basic 和 Visual C++ 等。最常用的迭代方法是 Hardy-Cross 迭代法。

这些程序可以处理多节点、多风机的复杂通风系统，有些还考虑了自然风压的影响。主要输入数据有：摩擦风阻；断面尺寸(高度和宽度)；巷道长度；局部阻力。矿井通风软件有如下功能：确定矿井通风系统的最优布局；评判矿井通风网络中风流稳定性和矿井通风网络调节；分析和估计矿井通风网络参数，如阻力、风量、温度、湿度、主局扇参数、粉尘、爆破炮烟、柴油机排放废气浓度等；对通风系统进行实时控制，制定未来通风计划；用计算机数值模拟矿井火灾的发生、发展过程，解算火灾时期矿井通风系统的风流状态，从而对火灾的救灾、避灾进行决策。

2. 矿井复杂通风网络解算

由串联、并联、角联和更复杂的联接方式所组成的通风网路，统称为复杂通风网路。当通风网络超过两个网孔时，采用解析方法解算网络中风量等参数就出现了困难，当通风网络越复杂时，解析方法几乎无法实施，此时需要采用数值解算方法，而数值解算需要计算机编程协助完成。解算复杂通风网路的方法很多，本节介绍一种应用较广泛的计算方法，该方法是在每一闭合回路中首先假定一个近似风量值，然后根据回路的风压平衡原理，用逼近法求算风量误差值。通过逐次计算，使风量误差逐渐减小，达到所要求的精度，从而求得真实风量。学习本节的内容将为矿井通风网络分析和系统设计等奠定基础。

任何复杂的通风网路均由 N 条巷道、J 个节点和 M 个回路所构成。由网络图论知它们之间存在如下关系：

$$M = N - J + 1 \qquad (9-1)$$

矿井通风网络中风量的自然分配遵守风量平衡定律、风压平衡定律、矿井空气流动定律等。在网络分析中，由于风流的流动方向是靠计算机自动识别的，因此有关定律必须赋予方向性参数。

(1) 风量平衡定律

在通风网络中，当风流为不可压缩流时，流入任一节点的风量等于流出的风量，即：

$$\sum_{i=1}^{A_1} a_{ki} Q_i = 0 \quad (k = 1, 2, \cdots, A_2) \tag{9-2}$$

式中：a_{ki}——节点流向函数；

Q_i——经过第 i 条支路的风量值，m^2/s。

$$a_{ki} = \begin{cases} 0, & \text{当支路 } i \text{ 与 } k \text{ 节点不相连时；} \\ 1, & \text{当支路 } i \text{ 的风流流入节点 } k \text{ 时；} \\ -1, & \text{当支路 } i \text{ 的风流流出节点 } k \text{ 时；} \end{cases}$$

A_1——网络中一个节点分支风道总条数；

A_2——网络节点的总数。

(2) 风路风压平衡定律

在通风网络中，对任一闭合回路，各种能量的代数和等于零，即：

$$\sum_{i=1}^{MB} h_i - H_f \pm N_{vp} = 0 \tag{9-3}$$

或：

$$\sum_{i=1}^{MB} R_i Q_i \mid Q_i \mid = H_f \pm N_{vp} \tag{9-4}$$

式中：h_i——闭合网孔中某一支路的风压值，Pa；

R_i——闭合网孔中某一支路的风阻值，Ns^2/m；

Q_i——闭合网孔中某一支路的风量值，m^3/s；

H_f——闭合回路中通风机的风压值，当作用方向逆时针时，取正号，顺时针方向时取负号，Pa；

N_{vp}——闭合回路中自然风压值，Pa；

MB——闭合网孔中所包含最大支路数。

在考虑方向函数时，则式(9-4)可写成：

$$\sum_{i=1}^{MB} b_{ki} R_i Q_i \mid Q_i \mid = \sum_{i=1}^{MB} b_{ki} H_{fi} + b_{ki} N_{vpi} \tag{9-5}$$

式中：$b_{ki} = \begin{cases} 1, & \text{当第 } i \text{ 条支路属于第 } k \text{ 个网孔，且风流流向为顺时针方向时；} \\ -1, & \text{当第 } i \text{ 条支路属于第 } k \text{ 个网孔，且风流流向为逆时针方向时；} \\ 0, & \text{当第 } i \text{ 条支路不属于第 } k \text{ 个网孔；} \end{cases}$

H_{fi}——回路 k 中支路 i 的风机压力值，Pa；

N_{vpi}——回路 k 中支路 i 的自然压力值，Pa。

在无通风机及自然风压作用的网孔中，回路风压平衡定律可简化为：

$$\sum_{i=1}^{MB} h_i = 0 \tag{9-6}$$

或：

$$\sum_{i=1}^{MB} b_{ki} \mid h_i \mid = 0 \quad (k = 1, 2, \cdots, M) \tag{9-7}$$

式中：M——网络中的独立网孔数。

(3)矿井空气流动定律

在完全紊流状态下，空气在任一巷道中流动时的能量消耗为：

$$h_i = R_i \cdot Q_i^2 \tag{9-8}$$

式中：h_i——第 i 条支路所耗的风压，Pa；

R_i——第 i 条支路所具有的风阻，Ns^2/m；

Q_i——经过第 i 条支路的风量值，m^3/s。

3. 网络解算迭代技术

(1)迭代技术

通风网络的解算，以往常采用分析法、图解法、通风模拟法，近年来，由于电子计算机的迅速发展，电算法的使用已趋普遍，利用计算机进行解算主要依据 Hardy – Cross 迭代法。它最早是用于水分配系统，后来，作了相应的修改，提高了稳定性和迭代的效率，才用于矿井通风网络。

采用 Hardy – Cross 迭代法求解通风网络的实质是：根据网络中个分支风道的初拟风量，近似的求出各回路风量的增量 ΔQ_k，并作为校正值，分别对回路中各分支的风量进行校正。迭代计算反复进行，直到校正值 ΔQ_k 满足预先给定的精度为止。为提高迭代的收敛速度，计算时对 Hardy – Cross 迭代法施加 Gausscide 技巧。

网孔中无风机和自然风压作用时，各回路风量增量值 ΔQ_k 可由式(9-9)计算：

$$\Delta Q_k = - \frac{\displaystyle\sum_{i=1}^{b} R_i \times Q_{ai}^2}{\displaystyle\sum_{i=1}^{b} 2R_i \times Q_{ai}} \tag{9-9}$$

有自然风压机分机作用时，各回路风量修正值可用下式计算：

$$\Delta Q_k = \frac{\displaystyle\sum_{i=1}^{b} (R_i \times Q_{ai} \mid Q_{ai} \mid - H_{fk} \pm N_{vpk})}{\displaystyle\sum_{i=1}^{b} (2R_i \times \mid Q_{ai} \mid - a_k)} \tag{9-10}$$

式中：$k = 1, 2, \cdots, M$，M——独立网孔数；

a_k——风机特征曲线斜率 dHf/dQ。

(2)Hardy-Cross 迭代法解算过程

①初拟网络各分支风道的风量，给出通风机所造成的风压和自然风压值，给出各支路的风流方向；

②确定网络中的独立网孔数，独立网孔的个数为 M，利用公式求算网孔风量增量值；

③利用 ΔQ_k 对每个网孔中的各分支风道进行风量校正，即 $Q_{ki} = Q_{ki} \pm \Delta Q_k$；

④判别$\mid \Delta Q_k \mid < = E (k = 1, 2, \cdots, M; E)$ 为精度要求，常在 $0.1 \sim 0.001$ 间选取；

⑤当$\mid \Delta Q_k \mid < = E$ 不成立，则重复(3)、(4)步进行计算，否则结束计算。

(3)网孔选择

用于矿井通风网络解算中的网孔选择方法有多种，这些方法都满足如下 3 个条件：可以生成$(b-j+1)$独立网孔;网孔适当分布,包含所有的分支;高风阻分支只在网孔中出现一次。这些条件可以确保网络分析的快速收敛和计算结果的可靠性。

在使用 Hardy – Cross 迭代法时,独立网孔选择的恰当与否,将直接影响迭代的收敛速度。

迄今,许多研究和设计单位开发了许多功能各异的矿井通风网络计算机分析软件,也有一些成为商业软件。由于 Hardy – Cross 方法具有算法简单,容易学习掌握和易在微机上实现等优点,许多矿井通风网络分析软件都按照该算法编写。

9.1.2 矿山灾害模拟

1.矿山灾害模拟一般过程

由于矿山灾害种类不同,模拟采用的软件也不同。模拟过程包括几何模型建立、网格划分、物理模型建立、边界条件确定、模型离散化、解算、结果处理等步骤,如图9-1所示。

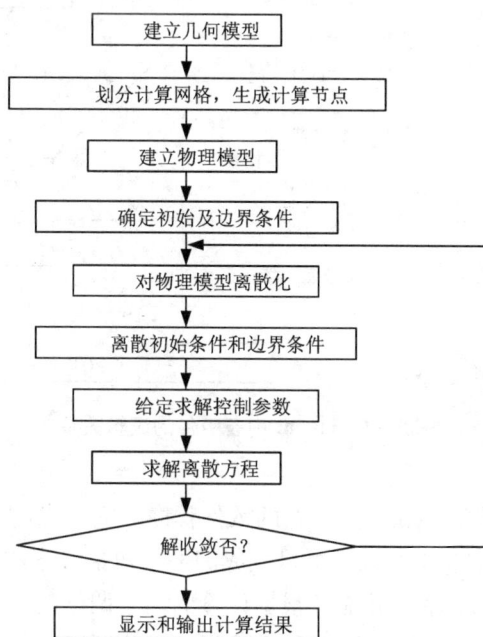

```
        建立几何模型
            ↓
   划分计算网格,生成计算节点
            ↓
        建立物理模型
            ↓
       确定初始及边界条件
            ↓
       对物理模型离散化
            ↓
      离散初始条件和边界条件
            ↓
       给定求解控制参数
            ↓
        求解离散方程
            ↓
         解收敛否?
            ↓
       显示和输出计算结果
```

图9-1 矿山灾害模拟过程

几何建模是模拟过程的开始,现场的几何结构通过建立二维或三维模型来表示。矿山灾害的模拟采用数值法进行解算,因此需要对几何模型进行网格化。按照矿山灾害的实际情况确定物理模型和边界条件,通过迭代方式进行解算,并使用图形方式来表达模拟计算结果。

2.典型矿山灾害模拟

(1)瓦斯火灾模拟

瓦斯突出后在空气中进行扩散,当其浓度处在爆炸极限范围内时,极有可能造成火灾、爆炸灾害事故。因此瓦斯突出后了解和掌握其在空气中和巷道中的扩散情况,对评价瓦斯危险状态、预测发生危险的可能性有重要意义。

瓦斯的扩散和火灾情况可以通过 Fluent 软件来模拟。Fluent 是目前功能最全面、适用性最广的计算流体动力学(CFD)软件之一。Fluent 程序软件包由以下几个部分组成：

① GAMBIT—用于建立几何模型和划分网格；

② Fluent—用于进行流体模拟计算；

③ prePDF—用于模拟 PDF 燃烧过程的组件；

④ TGrid—用于从现有的边界网格生成体网格；

⑤ Filter(Translator)—转换其他程序生成的网格，用于 Fluent 计算。

图 9 - 2 为 Fluent 中各组件的逻辑关系。利用 Fluent 进行模拟计算时，首先要利用 GAMBIT 所研究区域的构建几何形状、定义边界类型和生成网格，并将网格文件按照 Fluent 求解器计算的格式进行输出；之后启动 Fluent，读取所输出的文件并设置边界条件对目标区域进行求解计算；最后对计算结果进行后处理。

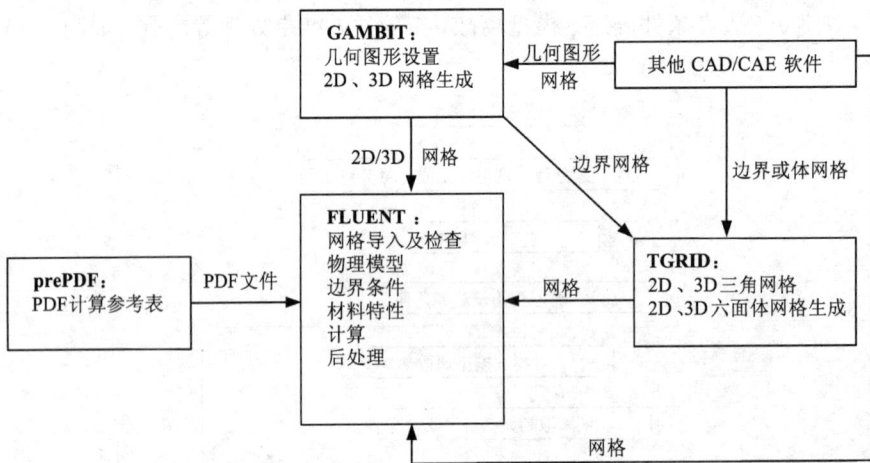

图 9 - 2 Fluent 中各组件的逻辑关系

Fluent 是用于计算流体流动和传热问题的软件程序。它提供的非结构网格生成程序对相对复杂的几何结构网格生成非常有效。可以生成的网格包括二维的三角形和四边形网格；三维的四面体和六面体及混合网格，并能够根据计算的结果调整网格。由于网格自适应和调整只是在需要加密的流动区域里实施，而非整个流场，因此可以节约计算时间。图 9 - 3(见附录)为瓦斯扩散并发生火灾时的温度场模拟，图 9 - 4(见附录)为瓦斯火灾区氧气浓度分布模拟。

此外，Fluent 还可以用于对巷道内的流场、矿山工作场所的粉尘浓度进行模拟。模拟粉尘浓度时主要以气固两相流的欧拉 - 拉格朗日离散相模型和湍流等模型为基础，需要在 Fluent 中加入颗粒相来进行模拟。

(2)灾变时风网模拟

矿山开采过程中，通风网络不仅用以供应人员呼吸氧气，而且还可排除炮烟与矿尘，对矿山的安全生产起着重要的作用。由于井下巷道的复杂性，使得通风网络的计算和调整十分困难。当火灾、爆炸灾害发生时，由于火风压的作用，通风网络会发生混乱，烟气、炮烟、毒气会改变既有路线，沿着巷道在通风网络中向压力低的方向流动，造成大面积污染和人员伤害。加强灾害时的风流模拟，可以掌握灾害时风流的特性和变化规律，对灾害时控制事故的发展极其重要。

灾变时通风网络模拟的软件有很多，如 Ventsim、VnetPC、Minefire、CLIMSIM 等。其中 Ventsim 是最易使用的软件，它不仅可以支持多达 20000 元素的网络、250 个不同类型的风扇、1000 个不同水平的支路，而且可以通过简单地点击鼠标而便捷地建立三维网络模型，允许三维模型实时旋转和展示，显示模拟灾变时烟雾和其他污染物在矿井中的状态，可以通过 ASCII 或 DXF 格式方便地和其他软件交换模型数据，另外还能够对风机压力和固定风路压力进行自定义建模。Ventsim 是一个地下矿井通风网络解算和灾变时危险状态的仿真软件，旨在通过一些模型来模拟气流以及许多其他类型的通风数据。图 9-5（见附录）为使用 Ventsim 对矿山通风网络进行的模拟界面。

（3）地质灾害模拟

地质灾害包括地质稳定性灾害和岩石破碎与失稳灾害等。地质稳定性灾害主要以露天矿山的边坡稳定性、地下矿山的冒顶、坍塌、片帮、岩爆、煤爆为主。露天矿山的边坡稳定性采用有限元软件来进行模拟计算，如 ADINA、Ansys、Flac、RFPA 等。

其中，Ansys 是一个在矿山领域应用较广的软件，该软件主要包括 3 个部分：前处理模块，分析计算模块和后处理模块，其中，前处理模块提供了一个强大的实体建模及网格划分工具，用户可以方便地构造有限元模型；分析计算模块包括结构分析（可进行线性分析、非线性分析和高度非线性分析）、流体动力学分析、电磁场分析、声场分析、压电分析以及多物理场的耦合分析，可模拟多种物理介质的相互作用，具有灵敏度分析及优化分析能力；后处理模块可将计算结果以彩色等值线显示、梯度显示、矢量显示、粒子流迹显示、立体切片显示、透明及半透明显示（可看到结构内部）等图形方式显示出来，也可将计算结果以图表、曲线形式显示或输出。该软件提供了 100 种以上的单元类型，用来模拟工程中的各种结构和材料。图 9-6（见附录）为 Ansys 对某露天矿边坡稳定性的模拟范例。

此外，岩石破碎与失稳灾害可以使用 RFPA 软件（包括 RFPA^{2D}、RFPA^{3D}）来模拟。RFPA 采用基于有限元应力分析和统计损伤理论的材料破裂过程分析方法，是一种能够模拟材料渐进破裂至失稳全过程的数值试验工具。它不仅考虑了材料性质的非均性，而且通过非均匀性来模拟非线性行为，通过连续介质力学方法来模拟非连续介质力学问题。

9.2 采矿工程仿真

计算机软、硬件技术的快速发展赋予了计算机用生动、逼真的视觉形象操作数据的能力。目前，我国矿山生产事故频发、效率低下等不良问题突出，必须依靠现有的计算机软、硬件技术对采矿场景、采矿行为、矿山过程等进行仿真模拟，在数字环境中对矿山的采矿设计、采掘空间、安全状况、物流系统等进行仿真预测与对比检验。在这种背景下，采矿工程仿真应运而生。

9.2.1 采掘空间三维仿真

采掘空间三维仿真包括地质体三维建模、巷道采场三维建模和采矿行为动态建模 3 个部分，其前二项内容在本书前面有关章节已介绍。而采矿行为动态建模包括两个方面：即采掘工程建模与采矿运动建模。前者侧重于采掘空间的三维仿真及其"动态"开挖模拟，后者侧重于采矿过程中围岩与矿体的运动建模。目前，采掘空间三维仿真主要有两种方法：即采掘空间与地层环境单独建模和采掘空间与地层环境集成建模。

（1）采掘空间与地层环境单独建模

采掘空间及其地层环境分别采用不同的建模方法单独建模，之后，通过引入、求交、剖分、插入等空间操作方法，实现采掘开挖的仿真建模与可视化。目前该类采掘开挖建模方法主要有：①按多层数字高程模型方法，通过插值拟合和交叉划分处理，形成按岩性要素划分的三维地层模型的骨架结构，并对井巷、采场等采掘空间结构分别建立相应的模型，引入到地层模型中，完成三维空间的完整描述，如图 9-7（见附录）所示；②采用改进的三棱柱集合表达地质体模型，并借鉴 OpenGL 的功能用一个长方体来模拟采掘空间，用长方体的六个面来切割三棱柱，通过辅助线、面与三棱柱体元的求交算法实现地质体的虚拟开挖与可视化操作；③采用 3D Grid 模型对地层建模结果进行空间剖分，进而形成结构化的格网四面体（TEN）模型，以采掘空间的外围轮廓作为约束条件，将轮廓上的关键约束点逐点插入到地层TEN 中，并按 3D Delaunay 法则局部细化 TEN，以保持地层和采掘空间的几何一致性；④基于钻孔剖面图建立三维地质模型，采用 Wire Frame 模型建立采掘空间三维模型，通过采掘空间断面与地质模型求交，获得采掘空间道内的地质属性，然后通过纹理贴图对采掘空间内壁进行真实感处理。

（2）采掘空间与地层环境集成建模

采用体体求交或 TEN 单纯形剖分技术实现采掘空间与地层环境的集成建模，并对采掘空间及其地层环境进行集成可视化。目前该类采掘开挖建模方法主要有：①采用多层 DEM模型完成三维地层建模后，采用体体求交的方式将采掘空间引入到地层模型中，模型之间的求交拼接应保证体元之间的连续性和协调性；②基于单纯形剖分，地层模型由 TIN 最终统一到 TEN，同时采用约束 TEN 构建隧道、矿坑等采掘空间模型，通过采掘空间模型与地层模型的求交切割实现两者的无缝集成；③采用交互式建模技术以 GTP 模型进行地层建模，以中心线加剖面的方式完成隧道、矿坑等采掘空间的几何建模，如图 9-8（见附录）所示。然后进行采掘空间模型与地层环境模型的体体求交运算，求出采掘工程穿越地层的位置并获得相应位置的岩性，如图 9-9（见附录）所示。

9.2.2 放矿过程仿真

计算机放矿仿真实际上就是在计算机上做放矿实验。随机模拟是目前应用最为成熟的计算机仿真方法之一，它可以对包括复杂边界条件在内的各种放矿条件及放矿方案进行模拟，不仅能给出各个阶段的放矿结果，而且能展示崩落矿岩移动的全过程，完整地给出崩落矿岩移动规律的三项基本内容即矿石放出体、矿石残留体、崩落矿岩界面移动和混杂过程。计算机仿真放矿可利用随机模拟来研究放矿指标与分段回采数目的关系，也可以利用随机模拟来研究结构参数对矿石回收指标的影响，包括矿体厚度与矿石回收率关系、矿体倾角与矿石回收率的关系、分段高度与矿石回收率关系、进路间距与矿石回收率关系、放矿步距与矿石回收率关系等。计算机随机放矿仿真一般基于空位递补的随机过程原理，结果的离散性较大。

1. 崩落法放矿仿真系统（SLS）简介

以东北大学采矿工程研究所开发的崩落法放矿计算机仿真系统（SLS）为例，该系统综合运用图形算法、.NET 和数据处理等技术，可视化、智能化程度高，可用于分析研究解决任何边界条件下与放矿损失贫化有关的问题，为放矿问题研究提供了科学的方法和手段。SLS 仿真系统的数学模型有九块递补模型、六块递补模型、四块递补模型等多种形式，其中九块递补模型最为简洁而灵活。九块模拟模型的实质是把岩矿散体分成正方形模块，用模块之间矿岩放出导致的从下向上的随机递补运动，来模拟崩落矿石的运动过程。模块之间的递补是通过"空位"向相反方向的随机传递来实现的，具体地说：每从漏口放出一个模块，就在漏口产生一个"空位"，该"空位"由其上面的相邻九块模块按给定的概率随机递补，在递补模块下移之后，其原来的位置又变为"空位"，依此类推，来模拟散体的运动过程。

SLS 仿真系统主要参数有：①矿体自然条件参数，包括矿块长度、矿块高度、矿块厚度（进路个数、分段个数、步距个数）、上盘倾角、下盘倾角、地质品位、混入岩石品位、矿石体重、岩石体重和方案数；②放矿方案参数，包括分段高度、进路间距、进路布置形式、步距、模块尺寸、进路规格、进路布置方式、下部围岩厚度、当次放出量、停止放矿条件、放矿左右边界角和概率赋值设置等。

SLS 系统的开发实现主要通过 6 大类的定义：即主窗体类（Form1.cs）、两个对话框类（dialog.cs，nextdialog.cs）、子窗体（运行窗体）类（childCS.cs）、调整模型概率类（gl_change.cs）、绘制放出体类（cartoon.cs）和数据处理类（data.cs），其中：

（1）主窗体类（Form1.cs）：是模拟程序运行的第一个窗体，该窗体是多文档应用程序的父窗体，它对运行窗体、数据处理窗体、绘制放出体窗体进行统一管理。

（2）对话框类（dialog.cs，nextdialog.cs）：主要用于数据的录入，运行效果如图 9-10 所示。

图 9-10　矿体自然情况的数据录入窗口 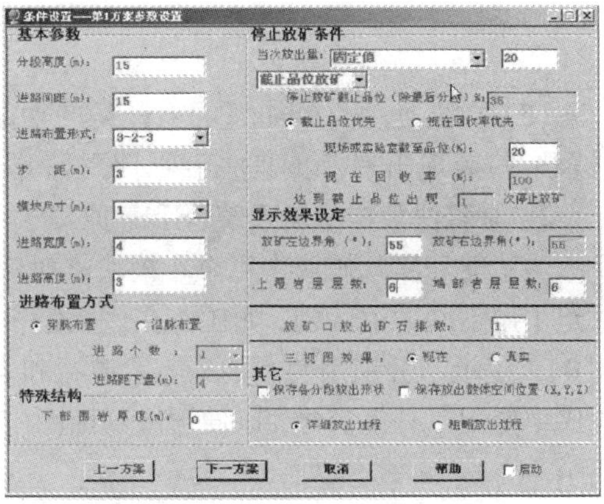　　　　图 9-11　放矿方案参数数据录入窗口

（3）运行窗口类（child.cs）：该类功能是通过录入的数据，在窗体上绘出多分段、多进路、多步距的矿岩堆体（3 个剖面），当运行模拟时，可以很直观的看到模块的移动情况，包括放出漏斗形态、矿石残留形态，放出矿石量等，在模拟进行中和结束时，程序会把模拟的数据写入指定数据库中。这些数据经过处理，就可以了解各方案的不同指标，选出最优方案。该类是非常复杂的，它涉及到很多技术和编程技巧，具体的设计思路是：从数据库中读出相关数据，利用动态数组实例化一个二维数组，该数组的行数等于方案数，即每个方案对应数组中一行，每一行中的各列存放相应方案的各参数，参数录入窗口见图 9-11。接着，从第一方案到第 N 方案进行循环，进行哪个方案，就从数组中把相应方案的各参数读出赋给相应变量。

（4）调整模型概率类（gl_change.cs）：该类的功能主要是根据情况来改变模块的移动概

率，移动概率分布问题应是随机模拟仿真的灵魂。模拟的逼真度取决于概率分布的选择：选择恰当，则模拟逼真程度接近于实际情况；选择不恰当，则模拟失真。因此，移动概率分布的选择要根据矿山具体情况而定。调整模型概率对话框如图 9 - 12 所示。

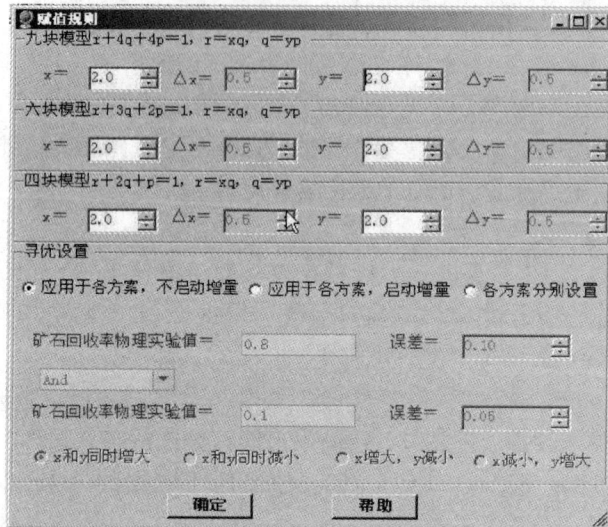

图 9 - 12　调整概率模型对话框

（5）数据处理类（data. cs）：该类的功能是把不同方案的模拟结果用列表形式和柱状图（线状图）表现出来，以便进行统计分析和决策参考。

2. 崩落法放矿仿真系统（SLS）原理

为了能和实际矿块中每个小模块有对应关系，也要用到三维动态数组，矿石、岩石在该数组中用不同的值区别，如矿石在该数组相应位置上用 2、3 表示，岩石在该数组相应位置上用 0、1 表示。分别用两个数来表示矿石和岩石，是为了能显示矿石或岩石内的移动情况。在程序中使用了分割窗体，以便形成剖面图（三视图），初始化后的各视图如图 9 - 13（见附录）所示。

当点击运行按钮时，将启动线程，运行子程序。程序将按步距、进路、分段进行模拟，一直到模拟完所有方案为止。模块从漏口一个一个地被放出，每放出一个模块，先检查它是矿石还是岩石（根据数组中的对应数值来确定），是矿石就在矿石变量中加 1；是岩石就在岩石变量中加 1，其他变量也要作相应操作。这个模块的原来位置就形成了空位，要完成一个模块的放出，就需要这个空位向上传递，一直传到岩石层为止。

在空位传递过程中有两种情况：一种是未受采场边界条件影响正常流动；另一种是受采场边界条件影响，崩落矿岩移动产生变异。

第一种情况下的矿岩移动模型如图 9 - 14（a）所示。递补下移模块所形成空位的上层九块的下移概论由随机数确定。每层每次的移动可以认为是独立随机事件，亦即与前后次的移动无关。所以 9 块中的下移模块可以用蒙德卡罗法确定，即根据各方块具有的移动概率值无序地确定各方块所处的概率区域。然后根据概率值落在那个概率区域（见表 9 - 1）来确定哪一模块发生递补。

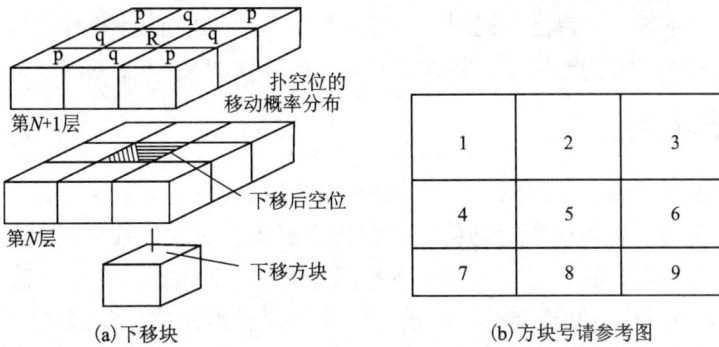

(a)下移块   (b)方块号请参考图

图9-14 不受边界条件影响的方块移动模型

表9-1 各方块下落概率区域值

方块号	方块的移动概率	方块下移概率区域值
1	p	$(0,p]$
2	q	$(p,p+q]$
3	p	$(p+q,2p+q]$
4	q	$(2p+q,2p+2q]$
5	R	$(2p+2q,2p+2q+R]$
6	q	$(2p+2q+R,2p+3q+R]$
7	p	$(2p+3q+R,3p+3q+R)$
8	q	$(3p+3q+R,3p+4q+R)$
9	p	$(3p+4q+R,1)$

    第二种情况下，方块移动可能遇到的采场边界有两种：图9-15(a)为移动方块处于直壁边界；图9-15(b)为移动方块处于两个直壁直角连接处。这种情况下的模块处理方法与第

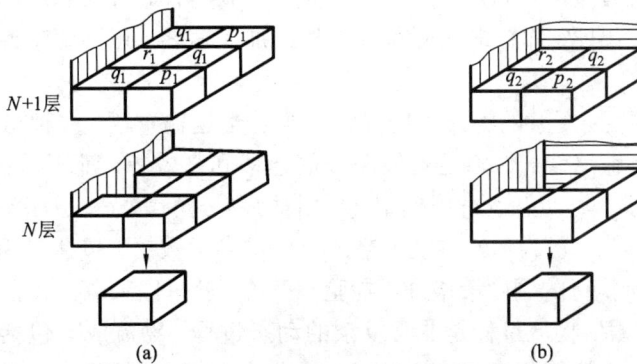

(a)   (b)

图9-15 遇到的采场边界时矿岩方块移动模型

(a)移动方块处于直壁边界；(b)移动方块处于两个直壁直角连接处

一种情况相同,不再赘述。

经过输入已知条件、初始化三视图、调整模型概率后,运行窗体即可进行放矿仿真模拟,模拟效果如图9-16(见附录)所示,形成的三维放出体如图9-17(见附录)所示。

9.2.3 矿山物流仿真

物流是指将物质由供应者向需求者作物理性移动的过程,一般由运输、保管、搬运、包装以及与之相伴随的信息传递等活动构成。现代物流概念是现代管理制度、管理组织、管理技术和管理方法在物流中的运用。具体包括物流专业化、管理系统化、运输合理化、仓储自动化、包装服务标准化、装卸机械化、配送一体化和信息网络化。从经济学的角度来说,物流就是解决时间和空间上的障碍;从管理学的角度来说,物流又是对产品供应链进行管理和控制。所以物流就是以最高效率和最大成本效益,以满足顾客需要为目的,从商品的生产地点到消费地点,对原材料、在制品、最终成品及其相关信息的流动与贮存,进行设计、实施和控制的过程。

由于物流对象不同,物流目的不同,物流范围、范畴不同,形成了不同的物流类型。其中包括社会物流和企业物流。企业物流是从企业角度研究与之相关的物流活动,是具体的、微观的物流活动的典型领域,而矿山物流系统属于企业物流(Internal Logistics)。

矿山系统的主要生产工艺系统是采矿、选矿/加工、运输这几大环节,在工序衔接处一般均设有贮矿设施,组成了整个矿山物流系统。矿山生产活动中,与采矿、选矿/加工、运输有关的人员、设备、原材料等的流动,可视为矿山物流系统中的辅助作业。

1.矿山物流仿真作用

矿山大多是资本和能源密集型生产企业,开展矿山物流系统模拟与仿真,可以实现系统资源优化配置、生产计划合理制定,并促进矿山安全生产和提高经济效益,从而实现矿山的可持续发展。一般地,物流系统仿真技术的作用主要体现在几个方面:

(1)物流系统规划与设计:在没有实际系统的情况下,把系统规划转换成仿真模型,通过改变各种参数来运行模型,进而评价规划方案的优劣并修改方案。这可以在系统建成之前,对不合理的设计和投资进行修正,避免了资金、人力和时间的浪费,使设计者对规划与方案的实际效果更加胸有成竹。

(2)仓储规模与库存管理:为确保物料及时准确的供应,需要在工厂、车间设置物料仓库,在生产工序间设置缓冲物料库,以此来协调生产节奏。通过对物料库存状态的仿真,可以动态地模拟入库、出库、库存的实际状况。根据加工需要,正确地掌握入库、出库的时机和数量。

(3)物料运输调度:复杂的物流系统经常包含若干运输车辆、多种运输路线。合理地调度运输工具、规划运输路线、保障运输线路段的通畅和高效等,都不是一件轻而易举的事。通过建立运输系统模型,动态运行该模型,再用动画将运行状态、道路堵塞情况、物料供应情况等生动地呈现出来,可为运输调度策略选择提供参考数据,包括车辆的运行时间、利用率等。调度人员对所执行的调度策略进行检验和评价,就可以采取比较合理的调度策略。

(4)物流成本估算:物流过程是非常复杂的动态过程,物流成本包括运输成本、库存成本、装卸成本。成本的核算与所花费的时间直接有关,物流系统仿真是对物流整个过程的模拟。因此,可以通过仿真,统计物流时间的花费,进而计算物流的成本。这种计算物流成本的方法,比用其他数学方法计算更简单、更直观;同时,还可建立起成本和物流系统规划、成本与物料库存控制、成本与物料运输调度策略之间的联系。从而，用成本核算结果(或称经济指标)来评价物流系统的各种策略和方案，保证系统的经济性。实际仿真中，物流成本的估算可以与物流系统其他统计性能同时得到。

系统仿真在物流系统的作用除以上四个方面外，还可以用来对物流系统进行可靠性分析等。

2. 矿山物流仿真步骤

矿山物流仿真的步骤如图9-18所示。它给出了一般情况下物流系统典型、完整的仿真步骤及各步骤间的关系。对于一些简单的、特殊的或复杂的物流系统仿真，也可根据情况相应简化、减少或增加仿真过程的步骤。事实上，仿真过程也不是一个严格的优顺序的过程，它不一定按图中的顺序进行，可能在任一步骤中，根据仿真试验情况而转向任一其他步骤。

为方便理解，对物流仿真过程中的相关步骤加以说明。

(1)问题的描述：对物流系统作深入细致的了解，并与相关科技工作人员反复交换认识，通过反馈使研究者对系统的认识不断深化，使描述的系统与实际相符合。

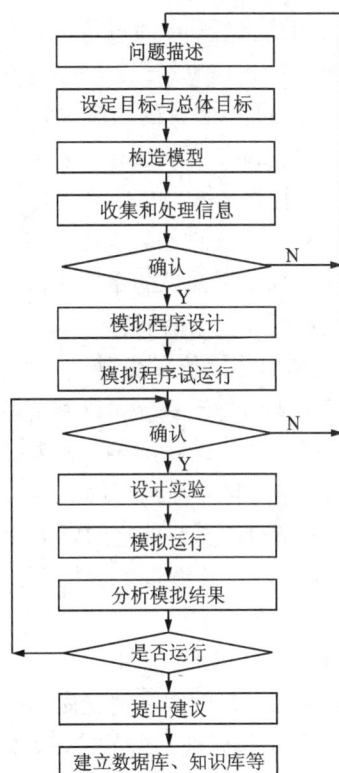

图9-18　物流仿真的一般步骤

(2)设定目标与总体方案：系统仿真的目标是从物流网络整体出发，对多个可行方案进行计算机仿真，根据输出指标进行比选，寻求物流网络各指标间的合理匹配关系，以优化物流规划方案。根据这一目标，构造总体研究方案。

(3)建立仿真模型：在建立仿真模型前，做好系统的实体、属性、活动、模型变量、系统特征、模型指标、模型的输入输出等分析，以及仿真模型方法选定分析，通过以上分析确定各组成要素以及表征这些要素的状态变量和参数之间的数学逻辑关系，进而构造出仿真模型。

(4)收集和处理信息：建模和采集信息是相互联系的，信息采集的类型取决于研究的目标。信息的正确性直接影响仿真结果的正确性，正确地收集和整理信息成为系统仿真的重要组成部分，包括估计输入参数、获得模型中随机变量的概率分布等。

(5)确定模型参数："确认"是对仿真模型及输入参数对真实系统描述的准确程度进行认可，它应贯穿于整个仿真研究中，并应根据决策者的要求，对模型作相应修改，使之更符合实际。

(6)仿真模型的程序设计：通过这一步将仿真分析的思路转化成计算机语言编制的程序。

(7)仿真模型的试运行：通过试运行仿真程序来验证程序的正确性，可以构造一些易于为人知道的结果的数据，进行模型的试运行，以确定仿真模型的正确性。

(8)确认模型正确：根据仿真模型试运行的结果，确认模型的正确性，通过对实际系统的行为和仿真过程两者间差异的比较，加深对系统的理解，从而改进模型。

(9)设计实验：进行多方案仿真时，为了以较少的运行次数获得较优的仿真结果，需要对仿真方案进行选择，考虑仿真的初始运行条件、运行时间及重复次数等。

（10）仿真运行：通过仿真运行，输出仿真指标，以获得方案比选的信息。

（11）分析仿真结果：经多方案仿真后，把输出的指标用恰当的方式进行综合，据此进行方案排序，推荐较优的物流规划方案供决策者参考。

（12）向决策者提出建议：在分析模型结果的基础上，提出对决策者有价值的参考建议，并以文字报告形式向决策者提出建议。

（13）建立文件的数据库、知识库：这是物流系统仿真过程中的重要阶段，也是进一步为智能化仿真积累知识的重要手段。在物流网络计算机仿真的基础上，使本系统更加完善，以便能处理更加复杂的问题。

3. 矿山物流仿真实例

露天矿山物流系统属典型离散事件系统，以某铝土矿为例，介绍矿山物流仿真的过程。

某铝土矿，是我国罕见的特大型岩溶堆积型铝土矿，在 1750 km² 范围内分布有 5 大矿区，总储量 2 亿多吨经济价值巨大。因矿石二氧化硅的含量较低，适合先进的纯拜耳法工艺冶炼，但其对矿石铝硅比的要求较高，须长期保持均衡稳定，针对矿区矿石铝硅比相差悬殊、矿体大小不一、连续性差等特点，需对该铝土矿物流系统进行统一规划。

仿真模拟方案

（1）模型假设及说明

根据铝土矿的实际情况做出如下假设：

☆ 因矿石已破碎，无需爆破即可直接铲装，故不专门设置铲车装载时间；

☆ 宏观规划中已经规划开采顺序，故假设每个采矿场都有足够的铲车数目；

☆ 假设卡车预先配备给某特定采矿场，但需要时可在全矿区调度；

☆ 卡车设置加减速度以弥补铲车装载时间，并假设卡车匀速行驶；

☆ 每个洗矿堆厂都有一个配矿堆场，忽略它们之间的距离；

☆ 所有配矿堆场均为氧化铝厂提供同档次 Al/Si 值的矿石，Al/Si 值为研究重点。

（2）宏观规划

宏观规划是在线性优化的基础上，建立露天矿运输和厂址规划网络模型，确定开采顺序及开采量，从宏观上充分利用低品位矿提高服务年限，并保证总运输量及成本最小。根据铝土矿的实际情况，从宏观规划和微观动态调度两个层次上进行研究，尽可能地优化物流系统。

（3）问题分析

洗矿厂址的位置关系到各个采场采出的矿石运往洗矿厂的运输量成本，同时，洗矿厂的个数也直接影响到投资成本。根据矿产分布和地理位置情况，利用 0-1 规划模型求解能使运输量最小和洗矿厂个数最少的方案。配矿堆场与洗矿堆场距离很近，但由于冶炼厂对矿石的品位有严格的限制，要求从各个配矿堆场运出的矿石品位要达到要求，同时还要实现各个配矿堆场到冶炼厂运输成本最小的目标。因此，要从考虑洗矿厂址和配矿方案两方面进行考虑，才能从宏观上实现投资成本最小和提高服务年限。该模型转变为多目标线性规划模型，运用运筹学软件优化求解。

（4）宏观方案

本方案不建新洗矿厂，充分利用原 9、10 区两个洗矿厂，厂址规划及运输网络如图 9-19 所示。9 区洗矿厂生产规模为 60×10^4 t/a，10 区洗矿厂生产规模为 30×10^4 t/a，具体如表 9-2。

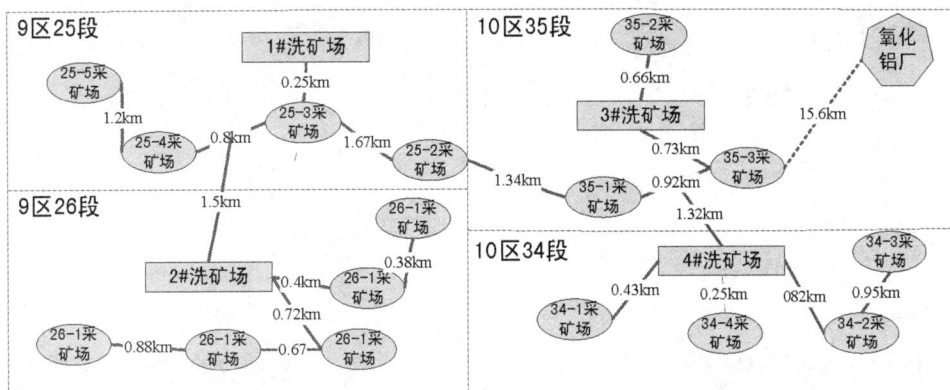

图9-19　铝土矿厂址规划及运输网络图

表9-2　各矿区规划数据表

矿区	开采含泥矿量(t)	平均运距(km)	可供合格矿量(t)	服务年限(年)
9区	1342.70×10^4	4.56	544.87×10^4	9.08
10区	787.21×10^4	4.18	341.31×10^4	11.38

进度计划共安排了9.85年，其中前8年可达年均Al_2O_3含量大于55%，铝硅比大于13。共开采含泥铝土矿量2089.89×10^4t，合格铝土矿量886.19×10^4t，其中，9区：586.19×10^4t，10区：300×10^4t。9区服务9.77年，10区服务10年。因此，可为延长服务年限：九区为6.74年，10区为9.85年，加权平均为7.78年。

（5）微观动态调度

微观动态调度以品位域限调度和车辆被动调度为优化准则，并设置卡车利用率、生产设备利用率及铝硅比方差3项指标，实时动态调度以提高卡车利用率和保证供矿品位的稳定性。

（6）概念模型

该铝土矿微观动态调度由3部分组成：运输车辆、洗矿场与采场、调度中心。调度中心连接运输车辆和采矿场，其职能为：某矿区多个采矿场为一个洗矿场提供矿石，洗矿场在特定时期内向氧化铝厂提供一定铝硅比（A/S）矿石，当洗矿场暂存矿石的铝硅比（CAS）超过某一阈值时，对铝硅比或含矿率低（高）的采矿场运输任务序列进行优先级设置，并向调度中心发出车辆派出请求；车辆接到调度任务时按任务序列优先级进行运输，实现品位域限调度，如图9-20所示。采矿场按优先开采顺序请求调度中心分派运输车辆，调度中心对现有车辆重新分配任务，如果分派不合理造成运输车辆任务量不同，则对空闲车辆进行动态任务分派实现车辆被动调度，如图9-21所示。

（7）数学模型

利用宏观规划设计的数值建立品位域限调度数学模型和车辆被动调度数学模型。其中，品位域限调度数学模型主要对洗矿场暂存矿石的铝硅比（CAS）进行控制，具体如下：

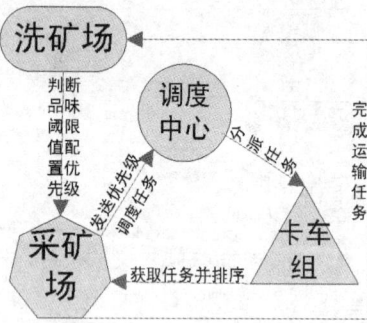

图 9-20　品位域限调度示意图

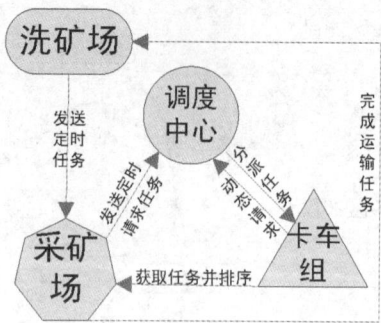

图 9-21　车辆被动调度示意图

$$\begin{cases} CAS = \dfrac{\displaystyle\sum_{i=1}^{i=n} m_i \times AS_i - \sum_{j=1}^{j=k} m_j \times AS_j}{\displaystyle\sum_{i=1}^{i=n} m_i - \sum_{j=1}^{j=k} m_j} \\ a_1 \leqslant CAS \leqslant a_2 \end{cases}$$

$m_i(m_j)$ —— 每车次输入／输出矿石量；

$AS_i(AS_j)$ —— 每车次输入／输出矿石铝硅比；

n,k —— 表示运输次数（输入／输出）；

$a_1(a_2)$ —— 矿石品位域上／下限；

车辆被动调度数学模型主要是限制采矿场时间区间段中矿石运输总量，具体如下：

$$\begin{cases} \displaystyle\sum_{q=1}^{q=k}\sum_{p=1}^{p=n} m_{qp} = M \\ \displaystyle\sum_{q=1}^{q=k}\sum_{p=1}^{p=n} t_{qp} = t \end{cases}$$

M —— 某采矿场计划开采量；k —— 时间区间段数；m_{qp} —— 每车次装运量；n —— 总运输次数，q —— 某时间区间段，p —— 运输车次。

t 为某采矿场计划服务年限，t_{qp} 为每次运输时间。

9.3　矿山灾害虚拟现实

　　矿山灾害是指在矿山生产中由于自然因素或人为活动引发的可能导致生产中断、财产损失，甚至人员伤亡的不期望事件。矿山灾害主要包括矿震、矿尘、火灾、地面沉陷、地裂缝、矿井冒顶、突水、底鼓、煤层自燃、瓦斯爆炸和煤与瓦斯突出等诸多种类。

　　矿山灾害发生后，不仅需要查清其发生的原因，还要对其发生的机理、过程进行研究，并了解可能采取的防范措施对灾害后果的影响，以便对以后的灾害提前制定应急预案。由于矿山灾害事故发生过程的复杂性和时间的短暂性，使灾害前的预测、灾害中的应急控制，以及灾害后的致因分析研究都十分困难。与其他学科不同，灾害事故是不可重复、也不允许重复的，无法通过真实的物理实验来再现其过程，因此灾害模拟与虚拟现实技术应用而生。

　　矿山灾害模拟是一种在矿山灾害过程物理模型的基础上，以电子计算机为手段，通过数值计算和图像显示方法，在计算机上展示灾害发生过程，以便对灾害问题进行研究的方法。而矿山灾害虚拟现实则是利用计算机、多媒体、图形图像学、人工智能、传感器等技术，通过建立矿山三维的几何模型，以物理模型为基础，在虚拟的多媒体环境中虚拟再现矿山灾害事故发生、发展过程的手段。模拟在单个计算机上就可完成，而虚拟现实需要借助于复杂的人机输入、输出与显示平台，其沉浸感更强，是模拟仿真技术的最高境界。

9.3.1 采矿过程中的灾害

采矿过程中的典型灾害包括矿压灾害、透水灾害、矿山火灾、矿山瓦斯和矿尘灾害等。

1. 矿压灾害

矿压灾害是由于开采过程破坏了岩体原始应力场的平衡状态,在采掘空间周围引起应力重新分布,致使岩体内应力由不平衡到平衡的变化,引起岩石产生变形、移动或破坏,引发坍塌、冒顶、片帮等灾害。随着开采深度的增加,岩体应力的不平衡性越加突出,发生矿压灾害的可能性也越大。引起矿压灾害的主要因素有原生和人为两大因素。原生因素有岩体性质、岩体节理、层理、裂隙和断层形式及其分布状态、岩体赋存条件、原岩应力和地下水等;人为因素有采矿方法、空区大小形状及其分布状态、空区自身相互关系及其与矿山开采过程的相互关系、爆破沉积载荷和时间因素等。在诸多因素中,采空区是灾害性矿压活动的主控因素。

预防矿压灾害主要从两方面入手:一方面是加强矿压的监测,即采用经纬仪、水准仪、位移计、应变计、声发射仪等仪器来进行变形位移量测和压力(应力)变化量测;二方面是支护加固技术,即采用喷射混凝土、锚杆、金属杆等设施对巷道和岩层内部进行支护,采用金属拱架、液压支架、砖石拱等方法对围岩外部进行支衬。

2. 透水灾害

透水灾害是指矿井在建设和生产过程中,地面水和地下水通过裂隙、断层、塌陷区等各种通道涌入矿井,当矿井涌水超过正常排水能力时,就造成矿井透水灾害。

导致矿山透水灾害的水源有地表水和地下水两类。据统计,在矿山水灾事故中,大约15%水源来自于地表水,85%来自于地下水。工作面"出汗"、顶板淋水加大、空气变冷、发生雾气、挂红、水叫、底板涌水等现象均为透水的前兆,应立即发出警报,撤出现场人员。透水时除加固工作面、堵住出水点,撤往高中段外,还应开动所有设备加强排水。

3. 矿山火灾

发生在矿山而威胁到井下安全生产,造成损失的非控制性燃烧均称为矿山火灾。根据引燃源的不同,矿山火灾可分为外因火灾和内因火灾两大类。外因火灾是指由于外来热源,如明火、爆破、瓦斯煤尘爆炸、机械摩擦、电路短路等原因造成的火灾,其特点是发生突然、来势凶猛,如不能及时发现,往往可能酿成恶性事故。内因火灾是指煤(岩)层或含硫矿场在一定的条件和环境下,自身发生物理化学变化积聚热量导致着火而形成的火灾,其特点是发生过程比较长,而且有预兆,易于早期发现,但很难找到火源中心的准确位置,扑灭此类火灾比较困难。

矿山火灾控制除了考虑可燃物、助燃物、火源3要素外,还要从开采方法、通风管理、采空区密闭充填、黄泥注浆、阻火剂等方面进行预防和控制。

4. 矿山瓦斯灾害

矿山瓦斯灾害指随着煤矿开采深度的增加,由于地应力作用而使煤层中瓦斯瞬间释放而造成的一种地质灾害。煤矿开采深度越深,瓦斯瞬间释放的能量也会越大。瓦斯突然释放主要发生在煤层平巷掘进、上山掘进和石门揭煤部位。瓦斯是易燃性气体,因此极易发生爆炸灾害事故,造成大量的人员伤亡。

瓦斯的预防主要从瓦斯排放和加强通风的角度来进行,采取"先抽后采、监测监控、以风定产"的方针来组织生产。

5. 矿尘灾害

矿山粉尘是矿井在建设和生产过程中所产生的各种岩矿微粒的总称。矿山生产的主要环节如采矿、掘进、运输、提升等作业工序都不同程度地产生粉尘。采掘机械化和开采强度、采矿方法、作业地点的通风状况、地质构造及煤层赋存条件都是影响粉尘产生的因素。现场工作时，矿山粉尘不仅引起设备磨损，而且易被职工吸入肺部，形成尘肺危害。粉尘粒度越小、游离二氧化硅越高，对人造成的危害也越大。

矿山防尘技术包括风、水、密、净和护5个方面，并以风、水为主。风指通风除尘；水是指湿式作业；密是指密闭抽尘；净是净化风流；护是采取个体防护措施。

9.3.2 矿山灾害虚拟现实

1. 虚拟现实平台

虚拟现实由硬件平台和软件系统组成。虚拟现实的硬件结构如图9-22所示，主要由图形工作站、立体显示系统和立体眼镜等输出设备和三维球、数据手套、位置跟踪器等输入设备构成。

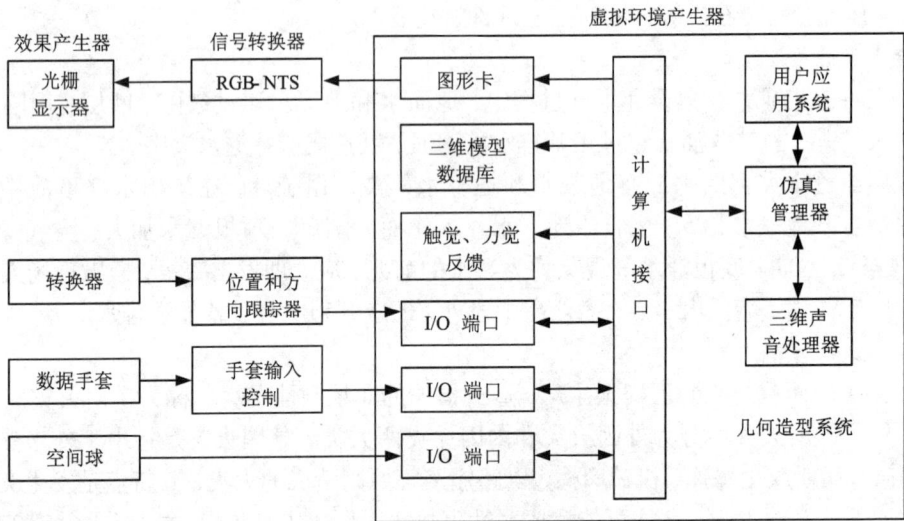

图9-22 VR系统的体系结构

虚拟现实的软件除了基本的操作系统外，还包括专门用于立体显示的专业软件。针对矿山灾害，GOCAD是最常用的软件之一，它具有强大的三维地质建模功能，在地质工程、地球物理勘探、矿业开发、石油工程、水利工程、地质灾害、矿山灾害中有广泛的应用。它既可以进行表面建模，又可以进行实体建模；既可以设计空间几何对象，也可以表现空间属性分布。GOCAD具有从地震解释与反演、速度建模、构造建模、油藏建模到数值模拟、优化设计、灾害风险评价的一系列功能，而且具有复杂构造如逆断层、相交断层、盐丘等的处理能力。利用"离散平滑插值DSI"技术，可以根据少量信息进行空间插值，推断出整个三维空间，确保三维建模的快速、简捷、准确。它集成了众多地质统计方法和先进的随机建模技术，还可以智能地更新模型数据，具有超强的三维可视化功能和虚拟现实能力。

2. 矿山典型灾害虚拟现实

矿山灾害虚拟现实是基于多媒体虚拟环境,以虚拟的三维立体方式展示了矿山灾害过程及危险状态。首先,使用虚拟现实技术可以把矿山的内部地质结构清楚的展示出来,图9-23(见附录)为某金属矿矿体、岩体、巷道以及微震数据的虚拟现实,实际监测的微震等级大小以球的大小来表示,该虚拟立体场景可以旋转,以便用户从不同的视觉角度获得有用信息。

之后,使用虚拟现实技术可以把矿山灾害的危险程度三维展示出来。图9-24(见附录)为某金属矿矿体和开采巷道危险度的虚拟现实,矿山在开采过程中由于岩石应力、矿压等危险因素在巷道部位产生的危险程度以不同颜色来表示,红色区域是最危险的,为安全工作的重点;绿色区域是较安全的。在虚拟现实平台中,整个场景以立体的效果出现,深度维给用户展示了真实的空间关系信息,为矿山灾害预防决策提供帮助。

此外,还可以对采矿三维模拟与数值计算的结果进行虚拟现实表达,为矿山开采和决策优化提供直观的帮助,如图9-25(见附录)所示为某地下矿应力场的模拟计算结果的虚拟现实,各截面上的应力以不同颜色来表示。

9.4 国内外采矿软件与应用

9.4.1 国外采矿模拟软件

1. 采矿模拟软件简介

国外矿业软件的开发和应用始于20世纪70年代,经过近40年的发展,今天的采矿软件已经形成了相当的规模。从历届"国际计算机在矿业中的应用学术会议"(APCOM)的资料来看,以矿床模拟为代表的矿业软件发展迅速,西方采矿大国相继推出了用于地质资料处理、矿床建模、采矿设计、计划编制、测绘图形处理等方面的矿用商品化软件,如Datamine、Surpac、Micromine、Mintec、Lynx、MinCom、Vulcan、MineMap等,装备了许多矿山。特别是澳大利亚、北美、南非的一些矿山,取得了很好的应用效果和经济效益。今天,采矿工业可以购买的软硬件系统的数量和品种很多,这些软件主要功能类似,但由于大多数软件是在相应的矿山公司专用软件基础上发展起来的,其侧重点有所不同,有些侧重于地质建模,有些侧重露天开采或地下采矿等。

英国矿山计算有限公司(Mineral Industries Computing Ltd.,简称MICL)开发的Datamine采矿软件系统,包括地质信息处理、矿床模型构造、采矿设计、矿山调度与计划等模块。其最大特点是屏幕上的作图功能强,可以将露天或地下矿山设计所需要的各种图形,包括钻孔及岩芯分布、矿体及主要开拓巷道位置或露天矿坑等,以三维和彩色的形式在计算机屏幕上显示出来。该软件的核心是一个包含许多CAD特点的交互式作图平台,能够方便地显示并调整钻孔、矿床模型、地表模型等。其应用主要在地质勘探数据处理、露天或地下矿设计、矿山调度以及生产计划编排等4个方面。

澳大利亚Surpac国际软件公司(Surpac Software International,简称SSI)开发的Surpac软件是一套三维交互式图形软件系统,具有地表测量数据处理、地质勘探数据分析和采矿设计等功能。其应用领域主要包括勘探和地质模型、资源评估、露天和地下采矿设计、生产计划和开采进度计划编制以及尾矿和复垦设计等。经过20多年的发展,该公司已成为全球最大的矿业软件公司之一。目前，在全球 90 多个国家和地区拥有 4000 多个用户，在我国亦有包括金川集团有限公司、首钢矿业公司在内的 30 多个授权用户。

澳大利亚 MAPTEK 公司是一家专业计算机软件公司，矿业软件开发是其主要业务领域。由计算机人员、采矿人员历时 3 年多开发的 Vulcan 软件，将地质、矿床模型、采矿设计及进度计划编制融为一体，可以利用地质统计学方法处理原始数据并预测品位变化，可以进行露天或地下采矿设计和生产进度安排，既可用于项目的可行性研究，也可用于矿山生产的日常管理。

加拿大的 Lynx 公司开发的 MinCAD 系统，具有三维地质统计、三维实体模型和集成 CAD 系统，能用于露天和地下开采。其露天开采系统可在屏幕上显示不同水平的矿石块段矩阵、地质结构信息和各个块段的开采收益值，用户可以在屏幕上通过人机对话来设计不同边界品位和边坡角条件下的露天矿开采境界，并做出生产进度计划。其地下矿开采系统则构造了混合模型，在二维或三维矿体视图上，可以设计地下巷道和采场，显示各种开采方案的三维效果。

MicroLYNX 是加拿大 Kirkham Geosystems Ltd. 公司的一个专门面向地质采矿用户的软件系统。在微机平台上用来帮助地质学家和工程技术人员进行矿山开发、矿藏评价和采矿规划。MicroLYNX 被设计成为微机版、工作站版，为用户提供较灵活的选择方案，以满足不同地质采矿的应用需要。MicroLYNX 的典型用户包括地质工程师、采矿工程师、矿山测绘人员和高级规划人员，系统的功能主要有：钻孔数据存储与管理、矿藏品位与质量分析、矿山开发与规划制图、坑道与地下测绘、地质模型分析与建立、矿藏储量统计与分析、地质推估与统计分析、开采设计方案制定、矿体可开采性分析等。

此外，还有澳大利亚 Micromine、Gemcom、MinCom、MineMap 等公司开发的矿业软件系统，具有地质统计、矿体造型和采矿设计等功能，在很多国家的矿山中得到广泛的推广和应用。

20 世纪 90 年代后期，原煤炭部曾邀请多家国际著名的矿业软件公司到中国矿业大学（北京）进行软件演示和现场测试，试图通过测评选择优秀软件进行整体引进；但最终因这些软件均价格昂贵（动辄 5 万美金以上），未能实施引进。1998 年 12 月，江西铜业股份有限公司邀请了 4 家国际著名的矿业软件公司——英国的 Datamine、美国的 Mintec、澳大利亚的 Surpac 和 Gemcom 到德兴铜矿进行软件演示和现场测试，并分别对各软件的功能特点及适用范围进行了评述，测试结果如表 9 - 3 所示。测试表明，这些软件在数据库管理、地质模型、地质统计分析、储量评估、境界优化、矿山设计与开采计划优化、现场控制等方面都表现出了较高的水平，且都能很好地运行于 Windows95/NT 操作平台；此外，对于新建矿山而言，除了 Mintec 和 Datamine 之外，其他两家都需要辅以另外的软件模块才能很好地工作。

综合来看，国外矿业软件一般都具有如下特点：①采用模块式的程序结构；②采用通用性强的数据库结构；③具有强有力的作图功能；④其程序设计顾及用户特点；⑤微机与工作站兼顾；⑥注重售后服务。

表9-3 国外主要矿业软件功能测试结果

功能项目	Surpac	Mintec	Datamine	Gemcom
钻孔数据管理	有,且能容错	有,且能容错	有,且能容错	有,且能容错
地形数据处理	有,能纠错	有,能纠错	有,能纠错	有,能纠错
储量计算	剖面法,普通克里金,指示克里金,距离平方反比	剖面法,普通克里金,指示克里金,泛克里金、距离平方反比	剖面法,普通克里金,指示克里金,距离平方反比	剖面法,普通克里金,指示克里金,距离平方反比
矿块尺寸	等尺寸	等尺寸	不等尺寸	等尺寸
露天境界优化	借用 Whittle 4D	有	有	借用 Whittle 4D
境界公路设计	有	有	有	有
长期规划	借用 Whittle 4D	有	有	借用 Whittle 4D
短期规划	有	有	有	有
品位控制	有	有	有	有
排土设计	有	有	有	有
操作系统	Wind95/NT 和 Uni7	Wind95/NT 和 Uni7	Win95/NT 和 Uni7	Wind95/NT

2. 采矿模拟软件应用

自20世纪80年代中期开始,我国一些设计单位、高校院所开始引进国外的采矿软件进行消化、吸收。例如:中国矿业大学(北京)曾于2000年引进 MicroLYNX 的微机版和工作站版软件,进行学习和分析;北京有色冶金设计研究总院曾先后引进美国、加拿大、澳大利亚等公司的矿床模拟软件系统,并在多家矿山进行推广和应用,主要是用地质统计学方法来分析地质勘探资料,建立空间的品位模型、岩性模型、地形模型,并辅助输出各种平、剖面方块图,为矿床开采设计提供依据。后来,北京有色冶金设计研究总院又与德兴铜矿合作,进行"德兴铜矿大型露天矿采矿技术攻关",主要内容包括露天矿采掘进度计划计算机辅助编制、用多圆锥法确定优化的露天开采境界、应用地质统计学方法建立矿床模型、应用动态规划原理编制优化露天采掘进度计划等。此外,国内一些软件公司近年纷纷介入采矿模拟软件的开发,取得了一定效果。

随着计算机技术日新月异的发展以及计算机系统自身在速度与能力上的迅速提高,计算机技术在采矿工业中的应用具有令人振奋的发展前景,许多过去无法解决或难以解决的采矿工程问题有望得以解决。采矿工程中遇到的问题通常都具有随机性、模糊性和不确定性等特点。解决这一类工程问题最好的办法就是运用人工智能理论与方法(包括专家系统和人工神经网络)。采矿工业对人工智能的研究正处于起步阶段,尚处在开拓与发展之中,主要原因一是缺乏对人工智能技术的了解和理解;二是把采矿工程问题抽象出来用人工智能技术来解决还有一定的困难;三是缺乏合适的人工智能软、硬件环境。但是,这些问题终将是暂时的,随着人工智能技术的不断发展及在采矿工程中的深入运用,许多当前看来无法解决或难以解决的问题将有望得到解决。

9.4.2 国外矿山仿真软件

1. 仿真软件简介

结合采矿 3D 建模与分析模型的需要,国际上陆续开了一些矿山仿真软件系统,如澳大利亚 Earthworks 公司开发的 InTouch,美国 Fifth Dimension Technologies 公司的 VRCoal,英国诺丁汉大学 AIMS 研究中心开发的房柱式开采系统 VR – MINE、露天矿单斗卡车作业模拟系统等。

美国犹他州 Flexsim 公司开发的面向对象建模的通用仿真软件 Flexsim 在图形建模环境中集成了 C++IDE 和编译器,具有良好的开放性和交互性,便于实现各类矿山仿真,如矿山物流、卡车调度等。Flexsim 由 OpenGL 驱动 3D 动画,采用虚拟现实技术使三维模型逼近现实世界;数据能与 DDE、Excel、ODBC 和 Windows Sockets 等连接,输出仿真数据,运用第三方软件(如 ExpertFit,OptQuest 和 Visio),可分析物流系统的运作成本及可能出现的瓶颈、风险等问题。Flexsim 已应用在运输、仓储配送、制造业等不同行业,可以考察各种假设的场景,但在矿山物流方面的应用尚在起步阶段,今后前景广阔。

这里结合铝土矿物流仿真,简单介绍 Flexsim 的数据处理与仿真模型方面的情况。

(1)数据处理

Flexsim 利用自带的 ExpertFit 数据处理软件,可对每车矿石量、每车铝硅比、卡车故障率、设备故障率、洗矿处理时间等参数的概率分布进行分析。ExpertFit 具有能自动为数据集找到最佳概率分布函数的功能,并且给出实际情况仿真模型和某种概率分布的符合程度,运用 K – S 检验和 A – D 检验进行拟合优度检验。

以每车铝硅比的概率分布为例,对某铝土矿某采矿场每车铝硅比进行取样,从图中绿色柱状图不易观察出每车铝硅比与常见的概率分布类似,从 26 种常见的概率分布中找到最适合的前 3 种概率分布函数(如图 9 – 26 所示),其符合程度如图 9 – 27 所示。选择符合程度最高的 Log – Laplace 作为每车铝硅比的概率分布函数,并进行 K – S 检验和 A – D 检验,均未被拒绝,说明仿真模型中每车铝硅比适合 Log – Laplace 概率分布,用同样的方法确定其他参数的概率分布函数。

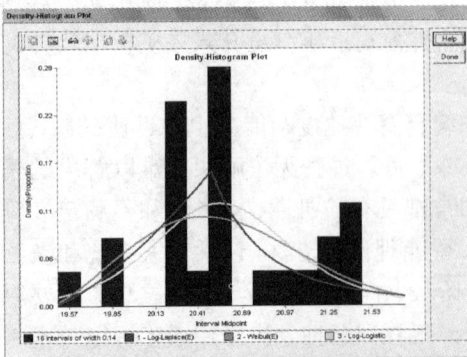

图 9 – 26　每车铝硅比最适概率函数图

图 9 – 27　最适概率函数符合程度

(2)物流仿真模型

以 9.2.3 节的铝土矿物流仿真为例,确定铝土矿物流系统规划方案和系统参数后,结合露天矿周边环境等特点，建立系统的三维仿真模型。该仿真模型主要由固定实体、临时实体和任务执行器3部分组成：固定实体主要指采矿场、洗矿场和氧化铝厂，负责生成、处理和吸收临时实体，也可写入程序对系统执行特殊操作；将卡车和铲车视为任务执行器，执行矿石的搬运工作。开始仿真时，产生的 Items 仿真实际系统中的矿石，并赋予一定的属性，如铝硅比、含矿率、矿石质量、运输成本等。其他实体还具有仿真周边环境、道路或图表显示数据及状态等功能，所有实体均可加入C++程序来实现特殊操作或数据统计功能。

2. 铝土矿物流仿真实验

（1）仿真试验

仿真目的主要是为了降低运输成本、保证生产连续稳定。因此，设置了卡车利用率、设备利用率、铝硅比方差3项指标，暂不考虑含矿率方差。其中以铝硅比方差（响应变量）为重点研究对象，在对系统调研分析之后，得知以下三者为可疑影响因子：洗矿场暂存量（定量因子A）、调度车辆数量（定量因子B）、调度方式（定性因子C）。因此，在物流系统方案设计时需确定这3个因子的取值，本模型采用正交设计法进行仿真试验，找出最佳方案和主要影响因子。

（2）仿真结果分析

Flexsim 可以记录仿真过程中实体数据和状态的改变等相关信息，如运行成本、动态铝硅比值、设备状态及利用率、动态采矿量等。数据能与 DDE、Excel、ODBC 和 Windows Sockets 等连接，更好地了解系统运行情况，实际生产也可以参考输出数据进行调度安排。以输出某采矿场时间段上开采量数据为例，与仿真前计划开采量比较，结果如图9-28所示。

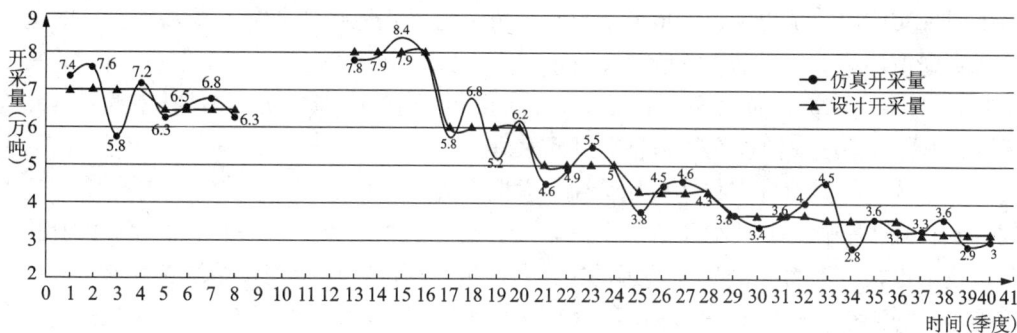

图9-28 开采量计划与仿真结果比较图

根据宏观规划中的开采顺序安排，图中空缺时间段表示此阶段不进行开采活动。由图可知，计划开采量比较粗略，只能作为宏观规划；而仿真输出开采量反映了系统的动态变化过程，比较真实地反映了采矿场的实际开采情况和配矿动态需求量，能够指导实际生产计划。

由正交试验可知：洗矿场暂存量对保持铝硅比的稳定性有很大影响，故输出其数据进行敏感度分析，以便确定两者的关系。此处采用单因子变动分析，设置调度车辆数量为25辆，采用 First Available 调度方式，得到如图9-29所示的曲线。

由图可知：暂存量对铝硅比标准偏差（DAS）有很大影响，当暂存量较小时，DAS波动很大。由于暂存量较小、配矿能力有限，铝硅比不能满足要求，导致氧化铝厂不能连续运转，卡车和生产设备利用率较低，经常处于等待状态，系统出现瓶颈现象，增加了运输成本，造成了生产的不稳定。当暂存量超过5000t后，DAS的变化已经不太明显，可基本满足氧化铝厂连续生产的要求，卡车和生产设备利用率较高，生产流程运行顺畅。因此，暂存量的确定可以根据洗矿场场地大小、维护管理措施、资金周转等实际情况综合确定。

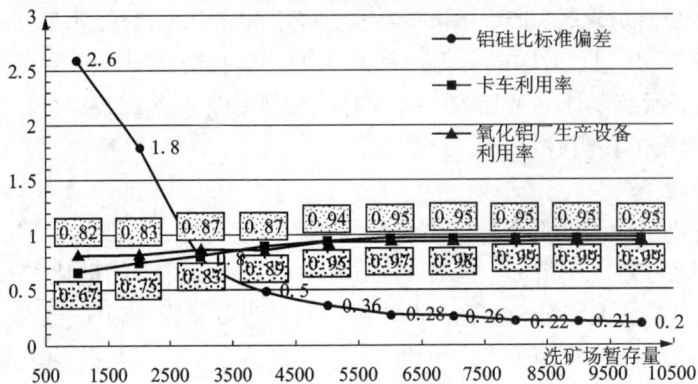

图 9 – 29　与洗矿场暂存量三指标对比图

9.4.3　国外矿山虚拟现实软件

1. 矿山虚拟现实软件简介

早期的虚拟现实硬件是图形仿真器，虚拟现实的概念于 20 世纪 60 年代被提出，到 80 年代逐步兴起，90 年代有产品问世。1992 年，世界上第一个虚拟现实开发工具问世；1993 年，众多虚拟现实应用系统出现；1996 年，NPS 公司使用惯性传感器和全方位踏车将人的运动姿态集成到虚拟环境中。目前，虚拟现实技术应用十分广泛，涉足航天、军事、通信、医疗、教育、娱乐、图形、建筑和商业等各个领域。专家预测，随着计算机软、硬件技术的发展和价格的下降，预计本世纪虚拟现实技术将会进入家庭。

以医疗领域的虚拟现实技术应用为例，虚拟现实技术可用于解剖教学、复杂手术过程的规划，在手术过程中提供操作和信息上的辅助，预测手术结果等。另外，在远程医疗中，虚拟现实技术也很有潜力。例如在偏远的山区，通过远程医疗虚拟现实系统，患者不进城也能够接受名医的治疗。医生对病人模型进行手术，他的动作通过卫星传送到远处的手术机器人；手术的实际图像通过机器人上的摄像机传回到医生的头盔立体显示器，并将其和虚拟病人模型进行叠加，为医生提供有用的信息。

在航天领域，虚拟现实技术也非常重要。为了在太空失重环境中进行精确的操作，需要对宇航员进行长时间的失重仿真训练和飞机操控训练，如图 9 – 30（见附录）所示。

训练中，宇航员坐在一个模拟的具有"载人操纵飞行器"功能并带有传感装置的椅子上。椅子上有用于在虚拟空间中作直线运动的位移控制器，以及用于绕宇航员重心调节宇航员朝向的旋转控制器。宇航员头戴立体头盔显示器，用于显示望远镜、航天飞机和太空的模型，并用数据手套作为和系统进行交互的手段。训练时宇航员在望远镜周围就可以进行操作，并且通过虚拟手接触操纵杆来抓住需要更换的"模块更换仪"。抓住模块更换仪后，宇航员就可以利用座椅的控制器在太空中飞行。

国外运用虚拟现实技术试图建立起虚拟矿山系统（Virtual Mine System，简称 VMS），其研发工作如火如荼，并取得了一些重要进展。国外代表性的 VMS 主要有：

（1）英国诺丁汉大学 AIMS 研究中心开发的 SAFE – VR 系统，该系统允许在个人计算机上做危险作业点的工艺模拟和设备操作等培训。

（2）美国科罗拉矿业学院开发的井下房柱式开采系统 VR – MINE，以及美国 Fifth Dimension Technologies 公司的 VRCoal，可以按三维的方式从各个方位随时观察开采系统中各个设备的运转情况及整个系统的运行状况。

（3）美国宾西法尼亚大学开发出虚拟现实矿工培训系统，该系统允许用户在虚拟工作面上检查工作面的故障隐患，如顶板支护是否合理，查看工作面设备是否正确放置，应该采取哪些措施；可以通过变换或移动"顶板"位置，使用户"飞起来"察看管路是否正确悬挂、工作场地的设备是否正确放置；在顶板支护及警戒高压电缆等方面对矿工进行安全意识教育等，培训矿工的安全意识。

（4）德国 DMT 大学开发的矿井决策模拟系统 STMBERG，是采矿专业学生的训练软件，该软件包括地质、采矿、通风、机械、管理等内容，可以在 VR 环境中提供地质、开采设计、工作面状况、工人、市场等方面的简化条件，学生可以进行管理和决策。

（5）南非采矿与冶金学院利用虚拟现实技术开发的基于 PC 机的危险识别训练模拟器，可训练矿工对井下危险环境进行识别的能力。

（6）澳大利亚联邦科学与工业研究组织（Commonwealth Scientific & Industrial Research Organization，简称 CSIRO）的采矿与地质分部基于微机和 VRML、Java 以及互联网技术开发的"CSIRO Virtual Mine"系统，分别在澳大利亚 Appin – Tower 地下矿和 Trap Gully 露天矿获得了成功的应用。

2. 矿山虚拟现实软件应用

总体而言，国内外目前的 VMS 还比较简单，但发展前景广阔。如图 9 – 31（见附录）所示，将来的 VMS 应具有以下功能特点：

（1）辅助矿山生产环境风险评价：计算机绘图和虚拟现实技术的发展与应用，为矿山生产风险评价提供了一种崭新的、更为有效的手段。应用计算机生成某一个采矿工程作业的虚拟环境，可以交互式地从任何视点进行观测，并自动进行任何生产环境的风险分析。系统考虑虚拟环境中每一台设备及危险地带的风险区及其动态变化，为用户提供一种强有力的环境风险分析方法。

（2）对矿山工作人员进行技术培训：虚拟现实创造出的矿山生产环境具有逼真、交互作用的特点。应用虚拟现实技术制作出的软件，可以模拟采矿作业过程及空间环境，非常适合培训矿工或用于矿山安全监督。

（3）进行矿山系统可视化设计：传统的矿山设计工程技术人员使用二维信息，如平面图、等高线图等进行采矿设计，需要在大脑中想象出三维模型，常常使某些重要的信息被疏漏或根本无法考虑。而基于虚拟现实技术的矿山工程设计可以使工程技术人员"所想即所见"，从根本上避免了设计盲区。矿山设计虚拟现实系统可以生成开拓、运输、供电、通风、压风和排水等主要生产系统的三维模型，并且这些模型可以与设计人员实现自然交互，对于不合理的设计，可及时修正并马上在虚拟环境再现出来，从而实现了动态的三维可视化交互设计。

（4）辅助采矿工艺设计与优化：虚拟现实系统通过桌面虚拟现实软件能够生成一系列虚拟作业场景，如模拟露天矿挖掘机装载、车辆运行及卸载过程等，工程技术人员可以"亲临现场"操纵挖掘机、调整车辆运行速度、装载机装载速度及卸载的循环次数等参数，以确定最优作业工序。

（5）辅助矿山爆破设计与工程优化：无论是在井工开采还是露天开采生产环节中，矿山的爆破作业均占有很大比重。利用虚拟现实系统模拟矿山的水文及岩石或表土等地质条件以及爆破作业过程，工程技术人员可以将自己的设计方案在虚拟现实系统中预演，并将所得的结果同预期的结果比较，从而确定最佳的炮眼布置方式、最佳的装药量以及其他的作业参数，由此既优化了作业参数又有效地避免了不必要的爆破事故发生。

（6）辅助矿山管理与控制决策：虚拟现实系统在矿山管理方面的应用侧重于生产调度、环保、安全及设备管理等方面。实现这些方面的功能，主要利用虚拟现实系统实时监控和生成动态场景，并具备自然交互能力，所需要的数据可由相应的数据库提供，并由局域网实时传输。虚拟现实生成的场景可在控制室演播，决策者可实时对当前的生产进度、规划等进行评估、控制与决策。

（7）服务未来矿业工程：社会的不断进步消耗着大量的资源，未来采矿业的发展必然走向地球的深部（数千米以上）、海洋甚至月球、太空，开采环境越来越复杂、危险。虚拟现实技术的固有特性可以为上述条件下的作业过程进行先期的和指导性的研究。对于深部开采，通过地质勘探获取相应的水文、矿压及地温等地质条件数据，利用虚拟现实技术建立虚拟的采矿环境，工程技术人员在此环境中进行交互式设计，以确定特殊采矿方法、巷道支护方式、通风方式并确定相应的开采参数。对于海洋及太空的采矿环境，通过收集海洋及太空的地理环境信息，建立可靠的通讯控制系统及制造出适用的采矿工具（机器人）和相应的遥控，同样利用虚拟技术进行研究。

9.4.4 国内采矿软件概况

相对于国外采矿软件而言，国内同类产品发展比较缓慢，总体水平还较低，尚未形成特别优势的软件产品与数字矿山软件体系。近年，在数字地测、矿山三维建模、虚拟开采设计、矿山灾害等方面，不少大专院校、科研机构、矿山企业均从特定需求和特定应用目标出发，开发了一些采矿软件。这些采矿软件，有些还处在实验室测试阶段，有些已在相应矿山得到试验应用，有些则已进入商品化应用阶段。

据不完全统计，我国各类矿山软件已不少于 50 种。这些软件可按应用领域分为 4 类：

（1）煤矿领域，如中国矿业大学的采矿 CAD，中国矿业大学（北京）的矿山 GIS（TT-MGIS[2002]）、村庄保护煤柱自动圈定软件系统（VCPD V1.0），北京大学与龙软集团的龙软 GIS，煤炭科学研究总院西安分院的地质测量信息系统（MSGIS），煤炭科学研究总院开发的矿区资源与环境信息系统（MREIS），山东蓝光软件系列等。其中，龙软 GIS 具有较强的地测空间数据处理、分析、建模、可视化与制图能力，在全国煤矿领域应用面较宽。

（2）冶金矿山领域，如中南大学开发的 DIMINE 软件、采矿 CAD，东北大学开发的地学空间三维基础平台 Geos3D、MineStar 软件，马鞍山矿山设计研究院开发的矿床模型计算程序，山东金软科技公司开发的 Goldsoft、东澳达公司开发的 3DMine 等。其中，DIMINE 软件提供了一套较完整的数字矿山解决方案，可应用于地质勘探资料分析、地质体三维建模、资源评价与储量计算、露天和地下采矿优化设计、通风网络解算、开采计划编制、矿山的局部与整体的快速建模等工作。

（3）石油领域，如北京华油吉澳科技开发有限责任公司投资开发的 GEOTOOLS 3.0 系统，是面向石油地质专家和油藏工程师专业应用软件系统。

（4）地质领域，如中国矿业大学（北京）与东北大学联合开发的三维地学建模基础平台

（GeoMo³ᴰ），具有真三维地质建模、井巷工程精细建模、地上地下集成建模、开采开挖设计、地下空间容量与质量综合评估、地上下联动漫游等功能；北京理正软件设计研究院研制开发的 LeadingGIS 较好地实现了工程地质体的三维可视化。此外，中国地质大学武汉中地信息工程有限公司基础 GIS 平台（MAPGIS）、中国地质大学武汉坤迪科技有限公司的三维地学信息软件平台（GeoView）、北京超图的 SuperMAP 等也都具有相应的三维可视化模块。

本章练习

1. 典型矿山灾害有哪些？如何进行模拟和仿真？

2. 根据本章介绍的几种矿山仿真系统，总结概括出矿山仿真系统建立的一般步骤。

3. 结合第二、三、四章的教学内容，论述如何将矿区资源环境信息、矿山空间信息、矿山生产与安全信息用于矿山仿真系统中？

4. 学习一种矿山仿真软件的基本操作和使用方法，总结学习心得。

第 10 章 数字矿山的典型系统与应用

10.1 国产数字矿山典型系统

近年各类国产矿山软件及软硬件系统产品众多，不便一一介绍。本节结合本教材的前述章节有关内容，仅选择其中的若干典型应用系统进行介绍。

10.1.1 采矿 CAD 设计系统

采矿设计是矿山技术生产与管理的重要环节。在建和生产矿井的任何一项工程，都必须精心设计，充分考虑安全、技术和经济上的可行性。每一项工程，特别是水平和采区的开发，首先要进行方案设计，确定最优方案后，才能进行施工图设计。

中国矿业大学开发了采矿 CAD 设计系统，包括采矿设计、地质测量、采掘接替与计划、三维矿图软件、通风网络解算、数字矿井及电子矿图系统等子系统。各子系统的功能模块有：

1. 采矿设计子系统：(1)巷道断面设计；(2)平、斜面交岔点设计；(3)采区上部车场设计；(4)采区中部车场设计；(5)采区下部车场设计；(6)巷道平面图绘制；(7)采区煤仓设计；(8)工业广场及各类保护煤柱绘制；(9)采区变电所绘制；(10)普掘炮眼布置；(11)采煤循环图表绘制；(12)掘进循环图表绘制。

2. 地质测量：(1)坐标转换；(2)正交方格网绘制；(3)非正交方格网绘制；(4)采矿线型绘制；(5)采矿图元绘制；(6)巷道自动绘制；(7)采煤面月度填图；(8)钻孔自动生成；(9)储量计算；(10)柱状图绘制；(11)测量数据转换；(14)铁路线绘制；(15)图元与巷道平行操作；(16)文本与巷道平行操作。

3. 采掘接替与计划：(1)采掘接替；(2)采掘月、季、年计划编制。

4. 三维矿图软件：(1)在二维 CAD 矿图基础上生成真三维矿图；(2)在二维 CAD 矿图基础上生成伪三维矿图。

5. 通风网络解算：矿井通风网络解算。

6. 数字矿井及电子矿图系统：(1)数字矿井或电子矿图系统；(2)矿井生产系统动态演示。

以上共 6 类 35 个(项)软件模块，详情可参阅网站：www.ckrjyszkj.com。

本节主要介绍其中 4 个子系统的特点与使用方法。

1. 钻孔点位绘制系统

钻孔绘制系统可以根据实际生产中的实测数据来绘制钻孔。实际生产中钻孔的数量较多，该软件系统可以一次将所有钻孔绘制出来。钻孔、钻孔名称、地面标高、见煤标高、煤厚等颜色可以根据用户实际情况进行选择的，图纸比例有 1:500、1:1000、1:2000、1:5000 等，也可以根据用户的实际情况选择图纸比例。在实际绘图之前先要把事先测量好的数据按照格式要求依次输入到 Excel 表格，并把 Excel 表保存为".csv"格式(逗号格式)。图 10 – 1 所示为 Excel 表格操作图，图 10 – 2 所示为钻孔点位绘制效果图。

图 10 – 1　Excel 图表截图

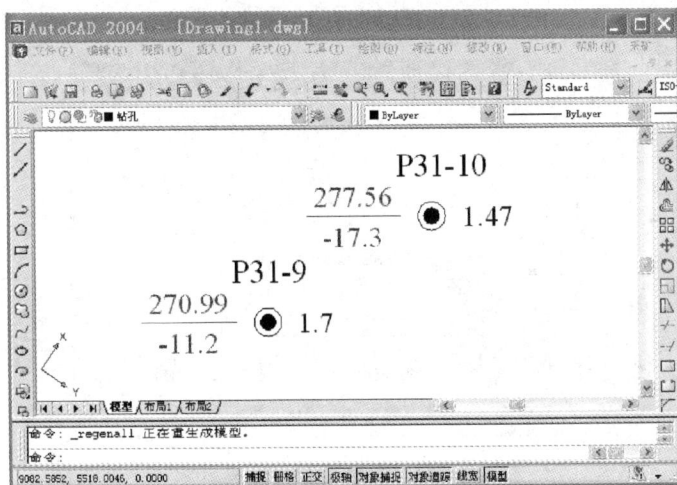

图 10 – 2　钻孔点位绘制效果图

2. 储量计算系统

储量计算是经常性的矿山技术工作。传统的煤矿储量计算的过程是：首先确定要计算的储量块的储量等级、块段标号、煤层倾角、煤层厚度、容重等，然后用求积仪求储量块的面积，再根据面积、倾角、厚度和容量计算储量，计算后将结果标注在储量图上。用储量计算软件计算储量的过程与此相似。

根据习惯，计算结果和块段的参数如倾角和容量等放在储量标记块中。储量标记块一般画成圆形和椭圆形。椭圆形的大小根据插入储量标记块 X 的比例和 Y 的比例来确定：当比例为 1 时，长半轴(或短半轴)为两个单位。例如，插入储量标记块 X 的比例为 4、Y 的比例为 2 时，长半轴(与世界坐标系的 X 轴平行)为 8 个单位，短半轴(与世界坐标系的 Y 轴平行)为 4 个单位。建议储量标记块画成圆形，即 X 和 Y 按同样的比例。默认值两个比例都是 5。插入文字的高度可以根据比例进行适当的调整，储量圈线是否擦除是指在圈定面积时是否擦除圈定面积的线，可以根据实际需要进行选择。

在使用储量计算软件之前，要确定好需要计算的块段的等级、块段标号、倾角、厚度和容重等参数，并按图 10 – 3 所示的格式填入 Excel 表，把 Excel 表保存为". csv"格式；图 10 – 4 所示为储量计算运行界面。

图 10 – 3　储量参数在 Excel 表中的格式

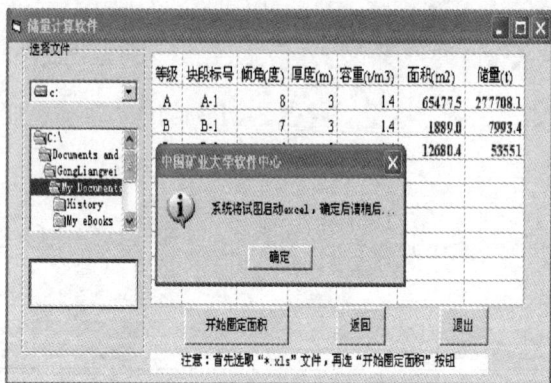

图 10 – 4　储量计算运行界面

3. 平/斜面交叉点绘制系统

交叉点掘进是矿山施工的难点和矿山安全薄弱环节。因此，每个生产矿井在交叉点施工之前，都要进行严格的设计。交叉点设计分为平面交叉点设计和斜面交叉点设计。其中，平面交岔点分为 8 类，分别为：单轨单开单侧分岔交岔点、单轨单开双侧分岔交岔点、双轨单开分岔单轨交岔点、双轨单开分岔双轨交岔点、单轨对称道岔分岔交岔点、双轨对称道岔分岔交岔点、双轨无道岔对称分岔交岔点和双轨无道岔单侧分岔交岔点；斜面交岔点分为 4 类，分别为：单道起坡一次回转、单道起坡二次回转、双道起坡一次回转和双道起坡二次回转。

平面交岔点绘制界面如图 10 – 5 所示，其中大墙高指的是巷道交岔点最宽处的的墙高，小墙高指的是巷道交岔点起始点墙高，即分岔前的巷道墙高。斜面交岔点绘制界面如图 10 – 6 所示，斜面交岔点的参数有一部分和平面交岔点的参数相同。绘制设计图形时，还需要加入工程量、坡度闭合计算及文字说明等内容。

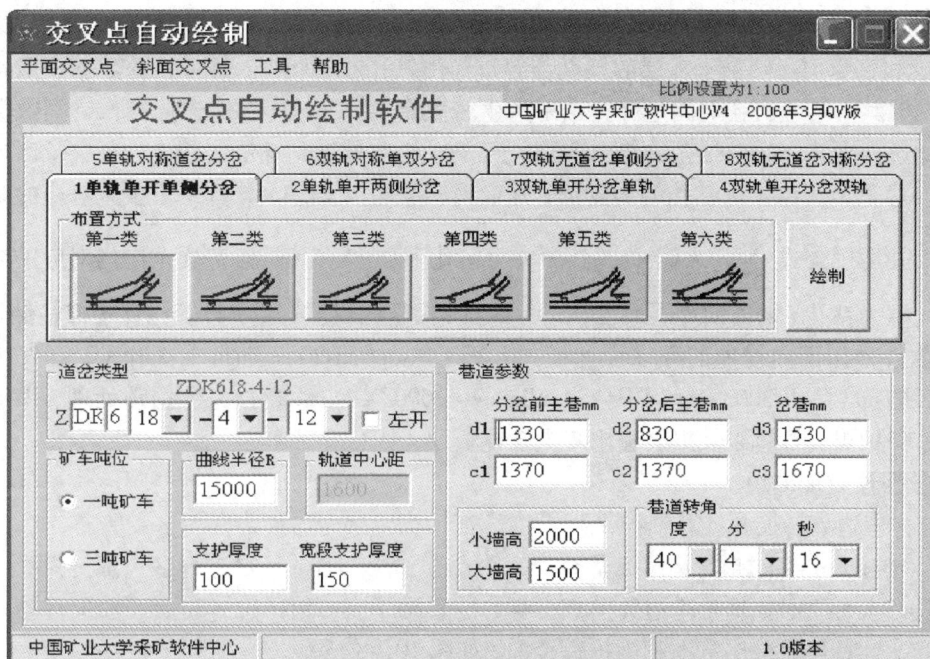

图 10 – 5　平面交叉点绘制界面

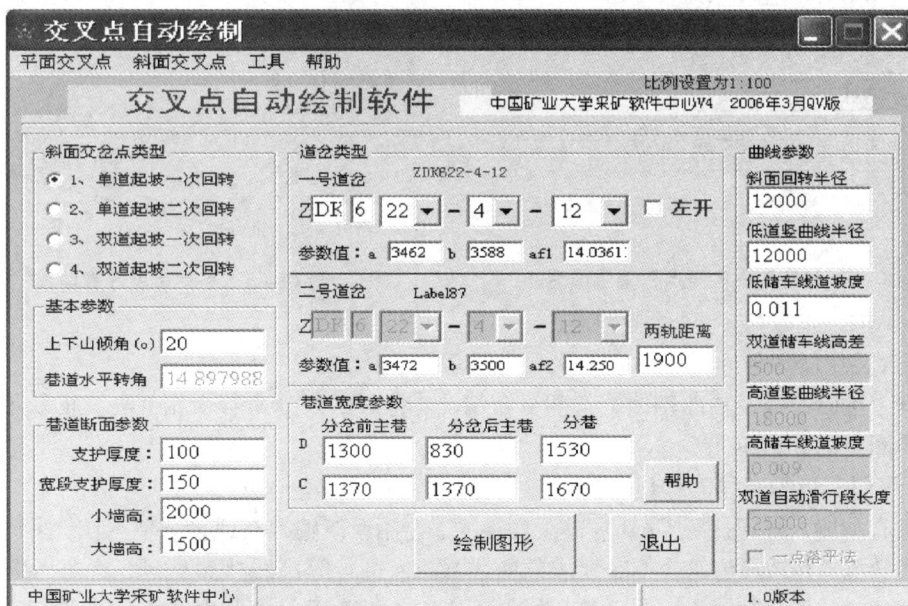

图 10 – 6　斜面交岔点绘制界面

10.1.2　村庄保护煤柱快速更新系统

煤矿村庄保护煤柱范围的动态更新是煤矿生产的一项重要任务,直接关系到生产接替安排、采掘布置和村庄安全。中国矿业大学(北京)3S 与沉陷工程研究所和东北大学测绘遥感与数字矿山研究所联合开发了村庄保护煤柱自动圈定软件系统(VCPD V1.0),并在邯郸矿业集团有限公司及其所属各矿实际应用。传统保护煤柱储量是通过计算煤层底板面积乘以煤层平均厚度和容重而得。由于煤层的厚度与容重经由钻孔数据获得,每个钻孔数据一般都不相同,直接取其平均值将会对储量计算结果产生较大影响。VCPD软件根据GIS空间数据处理原理,通过分别建立每个钻孔的势力范围(子区),然后投影到煤层底板上,每个子区内煤层的厚度与容重取为该子区钻孔的揭露值;并依据煤层底板DEM,计算每个子区对应的煤层底板面积;并运用公式 $\sum_{i=1}^{n} S_i \times h_i \times \rho_i$(其中 n 为钻孔个数,S_i 为钻孔 i 势力范围内对应的煤层底板面积,h_i 为钻孔 i 揭露的煤层厚度,ρ_i 为钻孔 i 揭露的煤层容重)计算出保护煤柱储量。

该软件采用面向对象的程序设计模式,基于AutoCAD2007进行二次开发,开发工具为Microsoft Visual C++2005,运行平台为Windows 2000/XP。系统分为数据预处理、煤层三维可视化、保护煤柱计算以及报表输出4大功能模块。

1. 数据预处理模块

(1)村庄边界转换并计算围护带

输入村庄边界多边形,并检查是否为一个凸多边形,若非,则进行多边形分解,形成若干凸多边形。然后,根据村庄边界角点坐标、松散层厚度(如图10-7)、松散层移动角和围护带宽度,计算出松散层范围和围护带范围,如图10-8所示。

角点名	松散层厚度
村庄角点_A	40
村庄角点_B	20
村庄角点_C	30
村庄角点_D	50
村庄角点_E	55
▶ 村庄角点_F	70

图10-7 村庄边界各角点松散层厚度

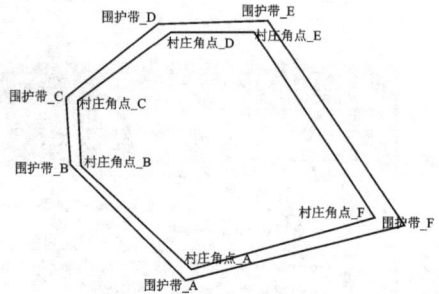

图10-8 受护边界计算结果

(2)煤层块段划分

根据采区断裂线及褶曲轴线的空间分布情况,将采区划分为若干相互独立的块段,作为保护煤柱圈定的基本单元。

(3)煤层底板等高线三维化

从已有的输入煤层底板CAD等高线图层中,选用单线输入法或多线输入法,采集煤层底板等高线数据,并转换为符合GIS要求的曲线数据;进行等高线接边处理,将每条等高线自动连接到相应块段的边界上,消除等高线的不完整性;赋予每条线以相应的高程信息,进行三维化。

(4)钻孔信息、煤层信息、围护带信息输入

将采区钻孔信息、煤层信息、围护带信息输入到数据库文件。钻孔数据包括钻孔编号、坐标、煤层厚度等。

2. 煤层可视化模块

其主要功能有:煤层底板DEM生成、煤层中性面计算、煤层底板三维漫游显示。当采区

有多个可采煤层时，可根据煤层之间的近似平行关系，通过空间偏移计算，自动实现按某一煤层底板信息推估出剩余煤层底板的保护煤柱，并分别计算出所有煤层底板的保护煤柱。其计算结果如图 10－9（见附录）所示。三维浏览实现通过鼠标对煤层底板进行三维旋转、缩放、平移，方便用户从不同角度观察煤层底板，如图 10－10（见附录）所示。

3. 保护煤柱计算模块

其主要功能有：各块段中性面和方差计算、各块段保护煤柱范围计算、由每个块段保护区域联合生成整个煤层底板保护煤柱。VCPD 软件是基于块段来计算保护煤柱，在提高保护煤柱精度的同时，能有效地将非储煤区域（如断裂错断区）剔出，实现贮量计算的精度提高，如图 10－11（见附录）所示，其中红线为手工计算的煤柱边界线。

4. 报表输出模块

其主要功能有：煤层煤段中性面信息报表生成、煤层各角点高度报表生成、各角点垂线方向值报表生产、保护边界坐标值报表生成和储量信息报表生成，如图 10－12 所示。

	A	B	C	D	E	F	G	H	I
1					储量信息				
2									
3	层名	保护区域平面积	保护区域面积	煤层底板保护区域平面	煤层底板保护区域面积	煤层厚度	煤层容重	煤层保护区域体积	煤层保护区域储量
4	2#煤层 1	1894697.74	1929834.04	460372.07	485949.44	1.45	1.67	704626.68	1176726.56
5	2#煤层 2	1997795.04	2075674.17	1211401.53	1303328.62	1.45	1.67	1889826.5	3156010.25
6	2#煤层			1671773.6	1789278.05	1.45	1.67	2594453.18	4332736.81
7	总共			1671773.6	1789278.05	1.45	1.67	2594453.18	4332736.81
8									

图 10－12　保护煤柱储量报表

10.1.3　煤矿安全监测监控一体化系统

煤矿企业利用各种监控设备、监测数据与安全信息，开发形成了煤矿安全监测监控一体化系统。目前我国煤矿中使用的各类监测监控系统多达十几种。图 10－13 为典型的煤矿安全监测监控一体化系统组成图。该系统由安全调度指挥实时显示子系统、综合调度信息子系统、安全监控子系统、工业电视子系统、办公自动化子系统、计算机局域网络子系统等组成，形成集矿山安全、工况监测及生产调度信息的采集与实时传输处理，图像/图形显示，图形和数据存储管理及输出，图像、图形、动画、文字报表、声音、视频等信息于一体的综合调度指挥多媒体计算机协同工作系统，达到了局矿联网。

1. 系统基本功能

（1）环境安全监测：通过安装在生产现场的瓦斯、温度、风速等传感器，可将各监测点瓦斯、温度、风速、负压等实时地显示在调度室或有关领导及科室办公室微机屏幕上，且具有超限报警与提示功能。比如，瓦斯浓度的超限报警、瓦斯探头在井下具体位置的动态显示、瓦斯值在生产调度动态图形上的显示等。该子系统主要包括：矿井安全实时监测、通风瓦斯管理、采掘跟踪、隐患监查等功能模块。

（2）矿山工况监测：系统可实时采集生产工况信息，并提供实时信息显示，如主井提升钩数、翻笼开停次数、皮带违章运行、皮带空运转等。实时采集的数据保存于数据库中，可做进一步的统计分析，防止因违章操作造成皮带积煤、空运转等故障；及时显示提升设备的实时工作状况并统计提升钩数。

（3）矿井供电管理：进行高峰用电期内井下大型设备供电管理，保证矿山正常生产所需

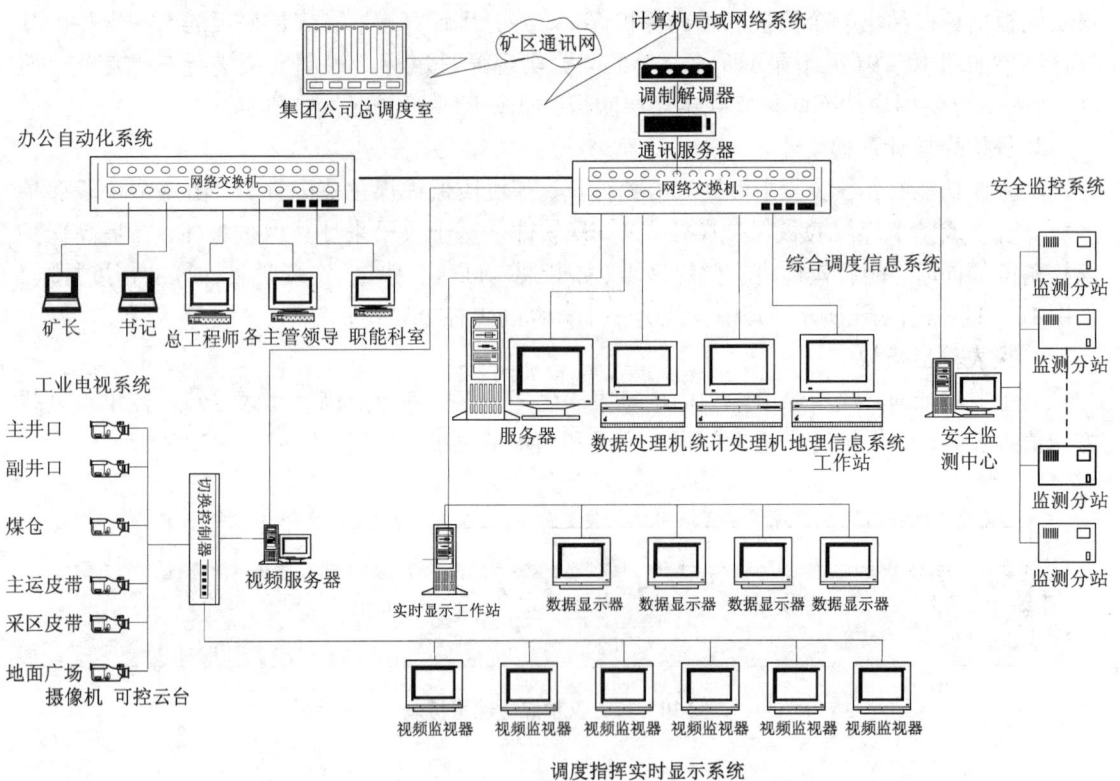

图 10-13　煤矿安全监测监控一体化系统基本组成图

的电力；提供用于供电线路的检修、维护所必需的井上、井下供电系统图，以及各主要变电所开关的实时工作状况，便于及时排除故障，保证矿井的安全生产。

（4）矿山调度指挥：通过 GIS、工程数据库、虚拟现实技术等，提供井上、井下各种安全生产动静态平面图及三维图形，局、矿调度室及系统网络终端可随时调阅这些图形，以便对井上井下安全状况进行分层显示、分析、查询、评价、统计计算及管理决策。图 10-14（见附录）为基于 ComGIS 的煤矿安全生产调度指挥信息系统的有关界面。利用该系统，可及时监察发现和制止超层越界、井下误贯通、误入空采区、无序"三下"采煤等行为，控制由此引起的瓦斯爆炸和透水事故。当某一测点报警时，可将该测点安装场所的综合监测信息（如瓦斯、风量、设备工况、生产单位名称及人数等）立即显示出来。安全生产管理人员可以根据报警地点的综合监测信息和该区域生产、地质、工程信息进行处理决策。

（5）生产调度报表：可提供安全生产等几十种报表，这些报表既可以打印输出，也可以存储统计、分析，利用网络终端调用查阅。

（6）人员定位考勤：在一些大型煤矿，装配了煤矿井下人员定位考勤管理系统。该系统主要采用远距离无线射频识别技术和远程通讯技术，仅需在已有煤矿安全监测监控系统中增加相应的人员定位分站、动态目标识别器、人员标识卡、人员跟踪定位处理软件，就可实现对矿井入井人员的实时监测、跟踪定位，考勤统计、报表查询等功能。采用长距无源只读型射频感应设备，卡内存储唯一码作为每个矿工的身份标识，并为其考勤的信息载体。将标识卡安装在下井职工身上（如矿帽、矿灯、胸卡、腰卡内）。当矿工经过考勤基站附近时，基站获得标识卡的信号，读取数据并可以显示在特定的显示屏上。该系统可实时跟踪到特定人员的当前井下位置，当天上班途经的地点和时间，在各位置的滞留时间，并可对其运行轨迹在巷道分布图上进行形象直观的回放，可以核查相关领导是否进行了跟班作业，监督特殊工种，对于井下特定位置财物遗失和损坏可以圈定相关责任人，为事故抢险提供科学依据，同时，也可利用系统的日常考勤管理功能，对全矿井人员进行考勤管理。

（7）工业电视监视：实现井上、井下重要生产环节及主要生产设备的工业电视图像监视，其电视图像信息可通过网络实时传输到调度室及有关办公室的微机屏幕上。由于联网后工业电视的视频信息可以被接受并数字化，可在显示屏上将原有的影像信息进行编辑和开窗显示并存档，因此可将进出某采区的下井人员自动进行采样存档，一旦发生事故，可以快速检索在事故现场的井下人员，为紧急救援提供帮助；另外，事故发生前后一段时间内现场情况可以被自动录制下来，其存储的图像可以放大、编辑并进行数字化处理，供事故分析和研究，以尽快找出事故发生的确切原因，避免今后类似事故发生，减少人员伤亡和巨额经济损失。

2. 空间信息技术的应用

GIS、虚拟现实等空间信息技术在煤矿安全监测监控中的成功应用，给煤矿安全监测监控分析与表示带来的重大变革，主要体现在：（1）可准确传递瓦斯等超标位置及危险发生的地点；（2）使原来各自独立的瓦斯监测系统、环境监测系统、工业电视系统及其他地质测量、生产管理等信息系统连为一体，实现了系统的集成；（3）实现了煤矿安全的实时远程监测监控，可按安全指标超限的严重情况，分别实现移动监控台、集团公司和煤矿安全监察部门的同步实时跟踪。

目前，我国绝大多数原国有重点煤矿，以及部分乡镇煤矿中的高瓦斯矿井，均安装了安全生产监测监控系统，使煤矿安全生产状况得到显著改善，产生了很好的社会经济效益。比如，黑龙江省七台河矿业精煤集团建成了辐射全公司9大矿的基于数据、音频、视频于一体的煤矿信息化网络系统，初步实现了安全监控、生产、经营、综合业务信息化管理功能，在远程的网络终端上可以随时查询各矿瓦斯、通风的实时数据，以及矿井巷道的风流、风速、风量实时数据，可以查询瓦斯综合报表、瓦斯变化趋势分析曲线、井下传感器动态示意图、地质图、煤田巷道分布三维立体图，并可举行电视电话会议系统、多媒体会议，见图10-15（见附录）。

山西晋城市建成了由158个高瓦斯煤矿、30多个乡镇、6个县（市、区）、一个直属上市公司和市局构成的煤矿安全广域网络（WebGIS）动态实时多级监管系统，将全市煤矿地质、测量、采掘、生产、运输、通风、机电等环节建立数据库，直接在计算机屏幕上进行工程设计、计算、检测、生产跟踪、调度管理和信息查询，利用矿井监控系统和先进的光纤联络方式，实现了全市煤矿远程瓦斯监测分析、越界开采监督、瓦斯隐患查询、通风状态查询和安全调度管理，系统自投入使用以来，事故起数、死亡人数和直接经济损失分别下降10.5%、64.6%和51.4%。

山西省91个县共有各类生产煤矿3823个，其中高瓦斯矿井902个，分布于66个县、区。在现有信息网的基础上，山西省利用各地、各煤矿现有监测监控设备，进行改造、联网，形成了省、市、县、矿4级安全信息平台和相应的传输通道，集隐患警告、事故报警、安全监管、安全调度、行业管理、经济运行、信息发布、视频会议、安全知识培训等功能为一体，实现了煤矿安全生产数字化监测监控。该系统以Internet技术为基础，采用了WebGIS技术、以B/S模式构建。系统由Web地图应用服务器、数据库服务器、远程数据采集处理服务器、煤矿瓦斯监测监控系统、局域网浏览器客户端、远程浏览器客户端等组成。煤矿瓦斯及图形等数据经统一格式预处理，上传至远程数据采集服务器，数据库服务器完成基础图形与数据准备及存储，地图应用服务器完成 WebGIS 网站应用功能，供局网或远程网用户浏览，图 10 -16 为煤矿瓦斯数据的实时远程查阅界面之一。

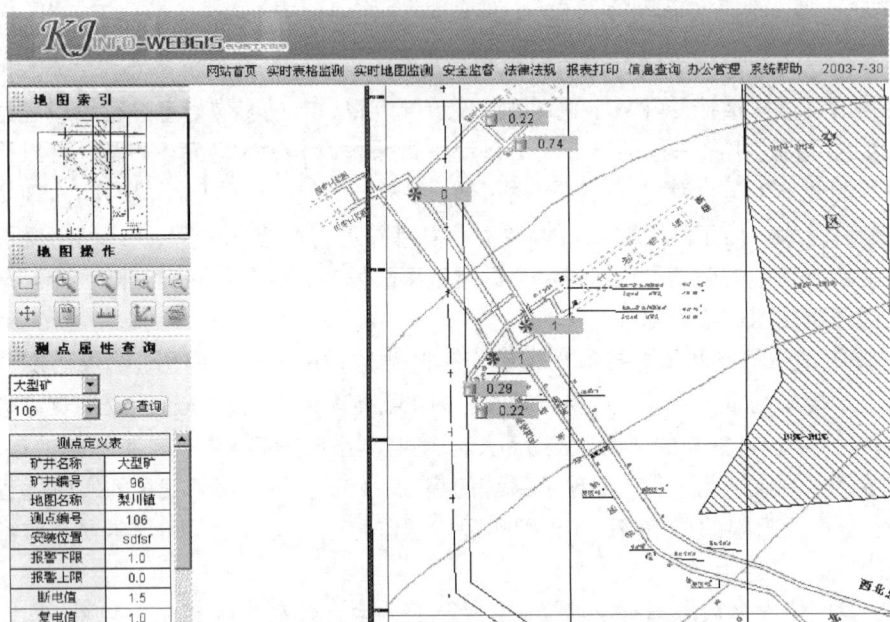

图 10 - 16　山西省煤矿瓦斯数据的实时远程查阅界面

10.1.4　金属露天矿开采规划与设计优化系统

东北大学开发了金属露天矿开采规划与设计优化软件系统——SmartMiner。这是一个针对我国金属露天矿生产实际开发的多功能综合系统，其功能覆盖了金属露天矿日常生产中的地测(如爆区炮孔验收、台阶验收、设计点和地质点测量等)和计划(穿孔计划、采剥计划)中的所有工作，以及钻探取样处理、地形和地质品位模型建立和动态优化设计。SmartMiner 已在本钢集团矿业公司全面推广应用。SmartMiner 中的动态优化设计模块就是基于 7.3 小节讲述的露天矿境界与生产计划整体优化模型而开发的。本节以某露天铁矿的实际数据为例展示其应用。

1. 探矿数据处理

某铁矿的地质勘探工作于 20 世纪 70 年代初完成，钻孔间距 100 ~ 150 m，绝大部分钻孔取样长度为 3 m。首先，通过 SmartMiner 将《矿床地质勘探总结报告》中的钻孔取样品位数据录入到探矿钻孔数据库，钻孔平面分布如图 10 - 17 所示。图 10 - 18(见附录)是钻孔 ZK14 的柱状图，图中标有孔口标高(214.40)、分段测斜的分段界线标高(如 179.40)、取样全铁品位(紧挨钻孔的数字)。然后，用 SmartMiner 对取样进行组合样品处理，即根据该矿的台阶高度和台阶水平，把样品组合成垂直方向长度等于台阶高度的"组合样品"。台阶高度为 12 m。

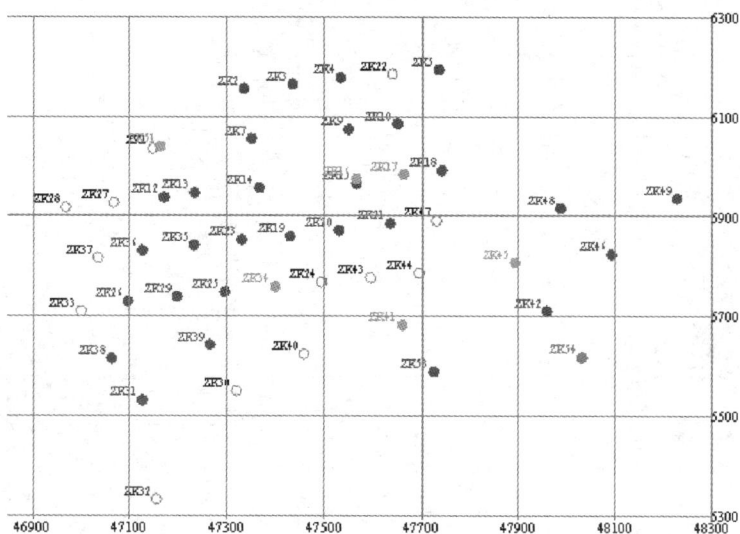

图 10 – 17 探矿钻孔分布图

2. 地形模型与品位模型

地形模型是把矿区范围的平面离散为规则网格，每个网格中心对应一个标高。SmartMiner 可以从 3 类数据来建立地形模型：即地形等高线、探矿钻孔的孔口标高、全站仪或 GPS 测点数据。SmartMiner 可以依据地形栅格模型来建立三维实体模型，也可以把栅格模型转换为等高线。图 10 – 19 是矿区地形的三维透视实体模型。

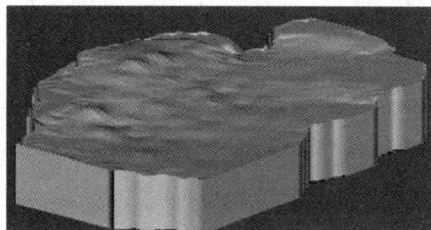

图 10 – 19 地表地形三维透视实体模型

地质品位模型是把矿区三维体划分为三维模块，模块在水平面的边长为 25 m，垂直方向高等于台阶高度(12 m)。对每一模块进行估值，得到其全铁品位，估值的输入数据是组合样品的全铁品位。

3. 开采境界优化

应用 7.3.2 节的技术最优境界产生算法，以 45°境界帮坡角得到矿石增量为 200 万 t 左右的境界 13 个。其中，最小的含矿石量 511 万 t、废石量 334 万 t；最大的含矿石量 2834 万 t、废石量 13026 万 t。应用同一算法，以 15°的工作帮坡角在各技术最优境界中产生技术最优开采体序列，使用的矿石量增量为 10 万 t。

应用 7.3.3 节的生产计划动态优化算法，对每一个技术最优境界进行生产计划优化。技术经济参数为：采矿成本为 20 元/t，剥岩成本为 15 元/t，选矿成本为 50 元/t(原矿)，矿石回采率为 95%，选矿金属回收率为 85%，精矿品位为 65%，精矿售价为 400 元/t，年折现率为 12%。约束条件：年矿石开采能力最低为 60 万 t、最高为 140 万 t，最大剥采比为 6。在生产能力约束范围，认为各项单位成本是常数。优化的结果是以技术最优境界序列中第 11 个境界作为最终境界，其等高线图如图 10 – 20 所示；最优生产计划开采寿命 17 年半，总净现值 6.25 亿元。

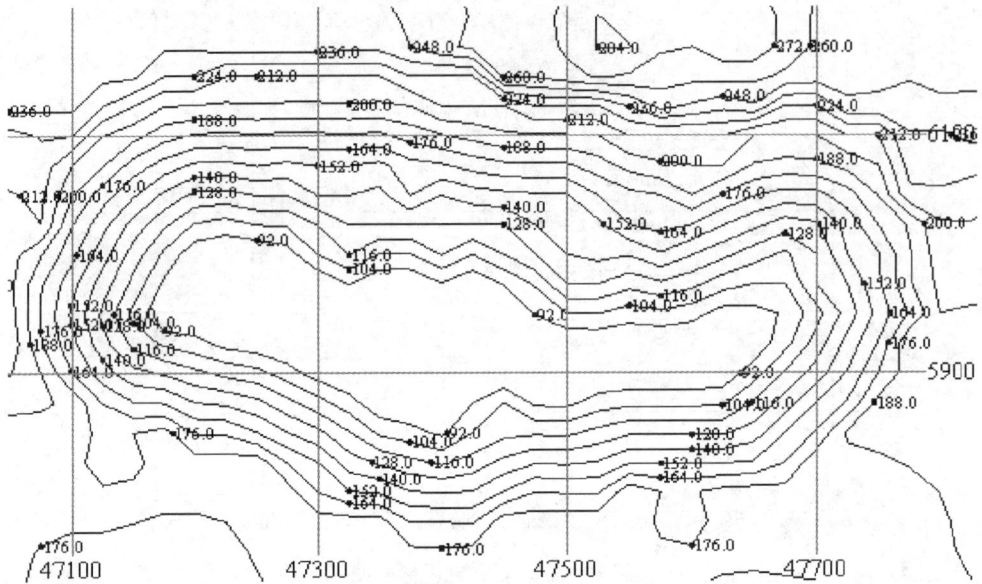

图 10 - 20 最优境界等高线图

10.1.5 露天矿山采运一体化系统

露天矿卡车自动化调度系统是采矿系统工程技术与计算机技术、通信技术、电子技术、自动控制技术、卫星定位技术、优化理论等相结合的产物。20 世纪 70 年代末期，美国 Cyprus Pima 铜矿使用模拟调度盘的方法调度汽车，这种方法简单易行，系统投入使用后，生产效率明显提高。进入 20 世纪 80 年代，美国 Tyrone 露天铜矿率先成功地安装了卡车自动化调度系统，提高产量 11%。露天矿卡车自动化调度系统的发展紧跟时代技术前进的步伐，大致经历了计算机辅助调度系统、有线计算机调度系统、数字通讯调度系统、路标定位式调度系统、全球卫星定位式调度系统等几个发展阶段，到目前为止，国外已有 200 多个露天矿使用或正在安装卡车自动化调度系统，经使用证明提高生产效率 6% ~ 32%，应用效果显著。生产厂家主要有美国的 Modular 公司和加拿大的 Wenco 公司，其中发展最成熟，应用最普遍的是 Modular 公司的 Dispatch 系统，该系统前期采用路标定位方式，进入 20 世纪 90 年代中后期，开始采用全球卫星定位方式。

国内第一套成功应用的卡车自动化调度系统，是由煤炭科学研究总院抚顺分院联合中国运载火箭研究院开发的科通达(COTOD, China Open - pit Truck Optimized Dispatch)系统，该系统于 1997 年底在华能伊敏露天矿投入运行，经统计提高生产效率 8%。国内引进的第一套卡车调度系统，是江西德兴铜矿于 1998 年全套引进的美国 Modular 公司的 Dispatch 调度系统，1999 年初投入运行，经统计提高生产效率 9.3%。

1. 系统组成

露天矿卡车自动化调度系统由移动车载终端、通讯差分系统、调度中心系统三部分组成。

(1)移动车载终端：由主机、显控终端、卫星定位天线、通讯天线、外部传感器等组成。

终端供电取自设备电瓶,没有电瓶的设备专门配有 UPS 电源,以采集设备断电信息传递给调度中心。移动车载终端组成如图 10 - 21 所示。移动车载终端的主要功能有二:一是采集设备的位置、状态等信息并发送给调度中心;二是接收调度中心发送的指令信息并提示给司机。

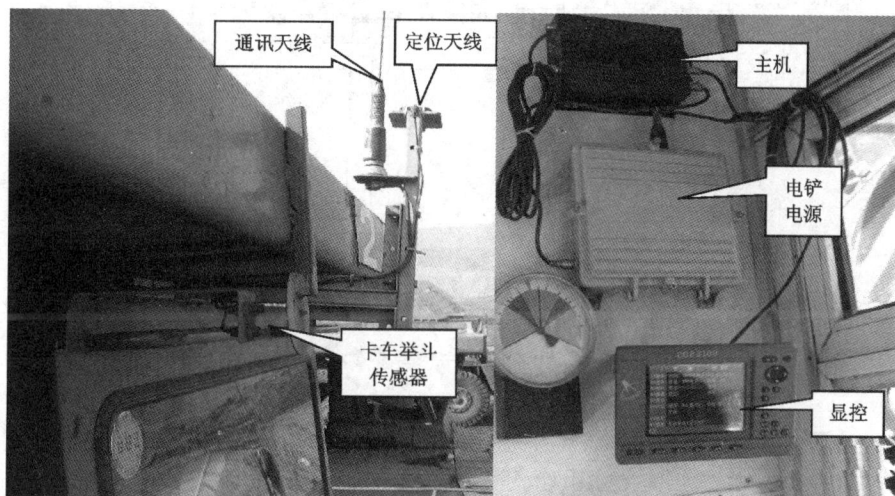

图 10 - 21　露天矿卡车调度系统移动车载终端组成部件安装图

(2)通讯差分系统:主要功能有二:一是实现调度中心与移动车载终端的通讯联系,二是通过 GPS 差分数据解算以提高定位精度。通讯方式可以有多种方案:利用中国移动 GPRS 和中国联通 CDMA 的公网,采用自建的无线高速数传网,采用 IE8022. 11 协议的无线宽带网等。考虑到系统的实时可靠性、维护方便性等,大部分露天矿通常采用无线高速数传网,通常传输速率为 9600 bps。差分技术可以采用前向差分和后向差分两种方案,为了移动车载终端精确显示运行轨迹,通常采用前向差分技术。

(3)调度中心系统:用以实现设备运行实时动态跟踪显示、优化调度指令产生与发送、生产计划制作与调整、查询统计与报表制作、设备运行回放等功能。其特点是信息量大、处理复杂,既有大规模的实时优化算法,又有大量的后台数据处理,还有复杂的图形显示界面及人机交互界面等。国外同类系统大都采用中小型机处理。国内多选用微机网方案,即由网络服务器、实时运行终端、后台服务终端、显示终端、打印机、不间断电源等组成的计算机网络系统。

(4)系统工作方式:调度中心根据需要,以轮询或竞争方式采集每台车载终端的信息。移动车载终端接收 GPS 信息并实时解算自己的坐标位置。当车载终端收到对其轮询指令后,将自己的车号、位置、状态等信息发向调度中心;当设备需要向调度中心报告情况时(如设备故障等),终端竞争向调度中心发送这些信息,同时报告自己的位置、状态等。调度中心实时分析接收到的每台设备的位置、状态信息,并将结果以二维或三维图形方式显示出来。同时根据需要自动产生调度指令发送给车载终端,车载终端收到命令后在显示并进行相应的语音提示,指导司机正确运行。通过本系统与管理信息系统连接,可以将显示和查询统计应用范围扩展到露天矿领导以及相关管理部门。有关领导和管理人员在自己的办公室即可随时了解露天矿的生产动态，并将相应决策信息实时传递给本系统，提高矿山决策质量。露天矿卡车调度系统信息流程如图 10 – 22 所示。

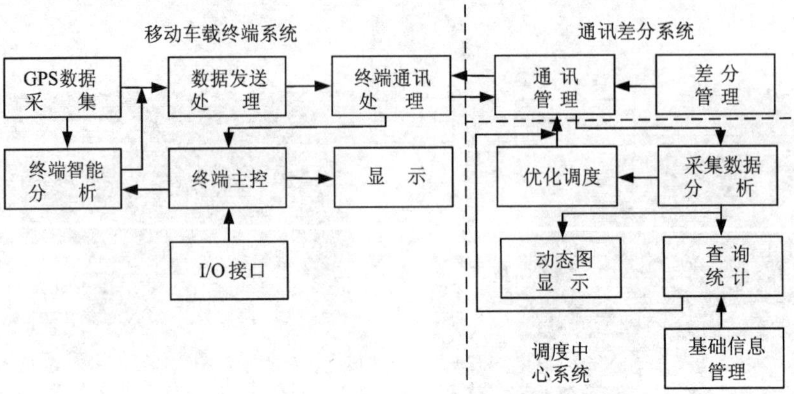

图 10 – 22　露天矿卡车调度系统信息流程图

2. 系统主要功能

该系统的主要功能就是通过对电铲、卡车、推土机等信息的采集，实现对设备位置及工作状态的实时跟踪、显示，优化调度卡车运行，及时准确地查询统计当前生产情况，起到优化车队运行、准确执行生产计划等作用。以此达到提高采矿产量、节省费用、取得较高经济效益的目的。

（1）设备跟踪与实时显示：系统自动优化采集设备的位置、状态等信息并以二维图或三维图方式显示出来，使调度员实时掌握现场设备运行情况。

（2）班作业计划制作与动态调整：根据产量计划、设备出动计划、矿石质量计划等，辅助调度员优化合理地做出当班的作业计划，提供合理的货流分配方案、卡车调配方案、路径使用方案等，并可根据生产的变化（如电铲、破碎站、卡车等故障）实现动态调整。

（3）优化调度：优化调度主要实现以下几部分功能：①优化行车路径：根据道路网数据库自动生成最佳行车路径；②车流规划：根据班计划及生产进行情况随时对工作的车铲等设备进行合理配置，在设备比例失衡时，为调度员决定关停部分设备提出建议；③自动调度：正常情况下系统根据设备配置结果自动合理地处理全部卡车调度，而不需人工干预或操作；④人工调度：调度员利用系统，可随时将指定卡车调往任何位置及用途或随时进行固定配车、固定配铲等调度。⑤卡车重新调配：在电铲、破碎站、排卸点等故障或关闭时，系统自动将调往这些地点的途中卡车全部调走；在这些点故障解除或恢复使用时，自动向这些地点派车。

（4）交接班及班中餐处理：根据作业时间要求，自动安排设备上下班、班中餐及其他规定的司机休息等。

（5）自动计量：自动记录每台卡车的装车地点、卸车地点及运行路线，从而可自动计算出各装载点产量、各排卸点产量、各卡车产量及运行吨公里等，避免人工计量产生的误差，并为承包计酬提供依据。

（6）司机评价：通过对设备跟踪记录的统计分析，对司机工作业绩给予评价，并可根据计酬方案实现自动计酬，提高管理司机的工作质量和水平。

(7)故障报告：在设备出现事故或故障时，可按故障分类向调度中心报告、示警，调度中心和维修部知道哪台设备何时何地发生了什么故障，以便维修部及时组织维修。

(8)设备维修：通过对设备运行时间、里程的统计，结合检修保养规程，对设备检修保养提出建议。通过对发动机、轮胎等大型配件的投入使用、故障、维修、保养等历史过程的详细记录和对其运行过程的实时跟踪，结合设备运行时间、运行里程、产量的统计，为单车成本核算提供依据，为选择最佳购货厂家提供依据。

(9)超速报警：车载终端通过 GPS 自动采集设备运行速度，当运行超速时，车载终端将向司机报警并向调度中心报告超速次数，对安全行驶起到促进作用。

(10)自动导航：当卡车到达装卸点等目标点时给司机以提示，指导司机准确作业。

(11)加油管理：根据矿山生产管理要求，结合卡车运行吨公里数统计及加油站卡车排队情况，辅助调度员安排卡车加油或给申请加油的卡车提示加油站加油情况信息；并提供加油输入功能，形成加油数据库，可进行加油统计及吨公里油耗分析等。并预留自动加油量信息采集接口。

(12)班中查询：可随时对当班的设备、装卸点等的运行状态、时间、产量等进行组合式查询。

(13)系统数据库建立与查询统计处理：根据矿山要求建立详细准确的系统数据库（通常分为基础数据库、实时运行数据库、汇总数据库、专用数据库等 4 种），在此基础上进行相关统计图表的制作及统计处理，包括提供"报表生成器"的工具，以方便调度人员制作具有个性化的报表，满足露天矿使用需要。

(14)运行回放：可对任意时间间隔内的全部设备或部分设备进行生产过程运行回放显示，可人为控制回放速度，对于分析矿山生产过程、优化矿山生产计划、挖掘生产潜力、追查事故原因、统计查询历史数据等起到重要作用。

(15)质量管理：根据矿石质量管理要求，协助质量管理员进行质量管理，配合调度员制作质量管理方案及配车比例方案，可实现矿石质量的实时精确控制和批量控制。精确控制保证混矿后的质量在任何时间内都在规定的品位内，而批量控制实现某生产指标完成时的质量指标达到品位要求。

(16)图形管理：输入矿山采剥工程平面图和运输道路图，形成图形库和道路网库。图形库包括：采剥工程位置信息、地形地质信息，并在此基础上建立三维图形库；道路网库包括：工程点信息、路段信息、路径信息等。

(17)基础信息管理：包括设备档案、司机档案、调度人员档案、值班人员档案等。

(18)与其他系统的连接功能：调度系统应与其他系统相联系，如选矿管理、维修管理、采矿设计、材料管理、油料管理、成本核算等系统，以便它们之间能进行信息交换。

3.系统应用情况

华能伊敏露天矿地处祖国的东北边陲，所在地区属大陆型亚寒带气候，冬季温度低达 -40℃。年生产能力 1500 万 t，平均剥采比为 1.8 m^3/t，采剥设备有 4 m^3、12 m^3、20 m^3 等 3 种类型电铲，运输设备有 34t(排灰)、77t、85t、108t、172t 等 5 种类型卡车，排土方式分为内排、外排两种，同时承担为伊敏电厂排灰的任务。伊敏露天矿的卡车自动化调度系统于 1997 年底投入使用。系统投入运行后测试表明，该系统能够结合露天矿月、日采剥生产计划，合理地确定每班出动的卡车、电铲的数量，当电铲的能力大于卡车的能力或卡车的能力大于电铲的能力时，能合理地确定出出动的卡车、电铲的数量，从而避免了出动设备的浪费；使得车流分配合理，减少了卡车在装载点、加油站、卸载点的待车时间；避免了电铲发生故障时，卡车空去电铲装车的事情发生；有效地提高了设备的利用率，从而提高了露天矿的生产能力。该系统的应用，不仅提高了劳动效率，减少计量人员近 30 人，而且提高生产能力 8%。若按露天矿年生产能力 1500 万 t 计算，在不增加设备的情况下，可提高产量 120 万 t；如不增加产量，可减少采运设备 85t 卡车 7~9 台、4 m³ 电铲 2~3 台。

10.1.6　地下矿采掘计划编制系统

编制地下矿山采掘计划是矿山生产与经营管理中重要的决策任务。决策是否科学合理，对矿产资源的综合利用、企业的经济效益和企业能否持续均衡地进行生产等有重大影响。好的采掘计划，能在正确的时间、地点开采出效益最佳的矿石(数量和质量)。在市场激烈竞争的环境下，一种有效的采掘计划编制工具，对矿山获得成功是非常必要的。地下矿山的采掘计划是一个复杂的生产系统，采掘计划编制十分复杂性。开采计划编制的主要流程包括：基础数据准备、生成任务、流程优化与确定任务作业顺序、生产计划报表与可视化表达及动态更新与调整等。

1. 基础数据准备

地下矿山采掘计划编制需要准备的数据有很多，主要包括三维块段地质模型、掘进设计线、巷道固定断面形状、采场轮廓、不规则断面工程、设备台效、生产工序等。

(1) 三维块段模型：三维块段模型是指地质体建模中所形成的矿石品位分布模型，该模型是生产计划编制的基础，计划编制时有关品位的信息将作为属性加载到每一个任务中，从而达到信息查询的目的。

(2) 设计线：设计断面按固定横断面、轮廓线(不规则形状类型)、复杂实体(采场)进行分类，均用线来表示的。固定横断面类型的设计线为测线，设计中分别为每条设计线指定横断面来形成实体。轮廓线类型的设计线为一闭合线，设计中通过指定投影方式来形成实体。采场是由两个或多个闭合线所夹的空间，所以它的设计线每组必需是两条或两条以上的闭合线。

(3) 对象属性：对象属性分为可视与不可视两种类型。可视类型用线型、颜色与符号表示；不可视类型是指设计中与任务相关的特征，如填充类型、区域、岩石类型等。可采用手工与自动两种方法把特征应用于任务中。同时，要将工程进尺、面积、矿量、体积、密度、重量因子、品位因子、所采重量、所采体积、空体积、各种金属以及需派生的各种工艺(如支护与充填)参数，以及矿岩密度、设备台效、线分段长度、采场分层高度以及采矿方法等入库。

有了这些基础数据，就可以定义各种设计线，并把属性自动应用到这些线上，从而定义不同开挖类型以自动实现一系列的采矿设计过程。

2. 形成生产任务

对设计进行分段，形成生产任务，同时根据基础数据计算各分段任务的工程量，并为各分段任务添加各种属性与性质。生成帮线与点是生产计划中的非常重要的一步。在设计定义时，就为开采布置指定了很多规则与尺寸，并把它们与实际设计线联系起来了。在生成帮线与点处，将根据设计定义中建立的规则由设计来创建三维任务点。查询块段模型需要实体，而点是用来在不同实体目标之间建立计划连接的。换句话说，帮线是用来生成数据块的，而点为计划提供了这些块之间连接的一种方法。

对于固定断面类型，根据设计定义中指定的分段长度把每一个描述类型分成段，并在每一小段的中心生成一个任务点与帮线,任务点是用来存储分段上所有信息的,包括长度、体积、吨位与品位,而帮线是用来实体数据块的。如图10-23(见附录)所示。

对于轮廓线类型,首先要为其生成中心线;然后根据所指定的分段长度来对轮廓进行分段,分段线是垂直中心线的,所以在此之前应确保中心线是否合适;最后阶段将会在每一个轮廓分段的中心生成一个任务点,同时对每一个轮廓任务指定了起点、中点与结束点。

在复杂实体准备时,先检查复杂实体设计文件,并把设计线分成两线与多线复杂实体。其原因是两条线组成的复杂实体没有内部序列连接,采场是完全处于两轮廓线之间。分开后将会为两线复杂实体生成任务点。多线采场间生成必要的中心连接,包括复杂实体(采场)任务点及其连接。任务点将产生于每一个采场线的中心,而中心连接则产生于任务点之间,如图10-24(见附录)所示。

可以在计划中产生新的任务,即派生任务。派生任务一般是指那些难以设计的任务(如充填或爆破)。生成派生任务有两个步骤:生成派生任务定义与生成派生任务的帮线与点。通常,通过定义一个派生任务属性与基本任务属性之间的数值关系以及空间关系,并对派生任务其他的属性进行设定,然后便能在基本任务的基础上生成派生任务。如此,便有了所有任务的帮线与任务点,同时会产生一个虚拟评估数据报表,其中有各种空间位置参数,分段名称以及其他各种定义好了的属性与性质。

3. 流程与作业顺序优化

根据任务的工程量与设备台效,确定各任务的作业时间,然后根据计划技术经济指标目标,由工程的衔接关系及设备资源等约束条件,优化并确定作业顺序,包括任务排序、实体生成和优化作业顺序共3部分。

(1)任务排序:对已有的待排序的所有任务点(尽管它们含有虚拟值),按它们之间的依赖性进行排序。排序可以自动生成或手工排序。步骤为:①设置自动依赖性定义中的基本搜索参数;②产生自动依赖性规则;③通过生成自动依赖性定义与手工依赖性检查的反复过程来细化排序;④同时使用自动与手工排序选项完成采矿设计排序。

(2)实体生成:对于固定断面类型,根据前面生成的帮线与横断面,沿着帮线生成一系列垂直于横断面的外壳,其间距由分段长度来决定。然后把帮线上所有的点与横断面相连从而形成一系列的三角网,点与三角网便形成了实体线框模型。如图10-25(见附录)所示。同样,可用连接轮廓实体模型的方法来连接复杂实体类型,如图10-26(见附录)所示。(3)优化作业顺序:采用的优化方法有线性规划法、动态规划法、有向图法、启发式法以及系统工程的排队论。线性规划(LP)的适用条件是:矿山采掘计划追求的优化目标及与此有关的各种约束条件,应该是或接近是线性关系,通过求解LP模型,可较满意地得到某一计划目标的最优值。就编制矿山采掘计划而言,与主要影响因素有关的实际问题都可以表达为线性关系,或通过一定的转化变成线性约束。

4. 生产计划报表与可视化表达

为了分析、应用和决策方便,最后要将优化结果输出为各种数据报表、生成生产调度甘特图,以及形成开采计划的生产过程动画。

(1)数据报表:数据报表主要有设计统计表、虚拟评估数据报表、地质数据评估报表、品位与开采吨位统计表等形式。同时,可由每一个任务的属性,通过一定的操作来生成各种所需的报表。另外,报表的格式可以是Excel、网页等。

(2)生产调度甘特图:甘特图可清晰显示生产任务的时序安排。时序安排引擎会计算出任务起始与结束日期,并把相关的甘特棒在甘特图表中显示出来,如图10-27所示。

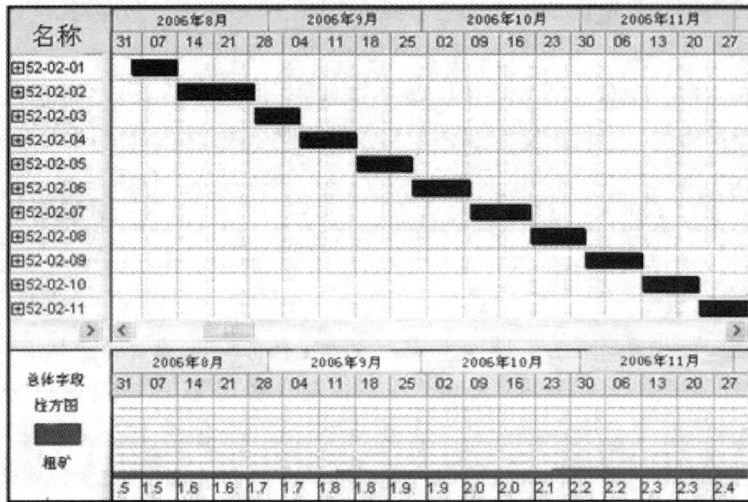

图10-27 生产调度甘特图

(3)开采计划过程动画:在计划编制完成以后,使用已存在的实体模型颜色或由推进计划日期自定义的颜色,即可创建可视化的开采计划过程动画,如图10-28(见附录)所示。

5.动态更新与调整

根据实际生产情况以及市场动态变化,需要对各种基础数据进行不断更新,从而对生产计划进行动态调整。选择要调整的对象,一般为设计文件以及生成的实体对象文件,然后导入新的数据并把它转化为三维实体模型,再把它与原来的文件合并。

当其他对象,如资源、设备以及计划技术经济指标等有变化时,应对各任务之间的排序及其依赖性进行调整,从而达到相应的要求。此外,随着生产的进行,有些工程按计划完成,而有些则没能跟上计划,需要对生产调度数据进行更新,一般有3种方式:①把所有更新日期之前的所有工作设置未完成;②重新计划没有完成的部分,其开始于更新日期之后;③延伸到日期。

10.2 中国数字矿山建设典型范例

10.2.1 神华集团神东公司综合信息化

1.神华集团概况

神华集团有限责任公司(以下简称神华集团),是于1995年10月经国务院批准,按照《公司法》组建的国有独资公司,是以煤炭生产、销售,电力、热力生产和供应,煤制油及煤化工,相关铁路、港口等运输服务为主营业务的新型、综合性大型能源企业之一。神华集团是全国最具竞争力的综合性能源企业,实施多元化的发展战略,矿、路、电、港一体化开发,产、运、销一条龙经营,拥有54个累计生产能力为2亿t的煤矿,全长为1369 km、运转能力为1.28亿吨公里的铁路专用线,1608万 kW 装机容量的电厂,煤制油和煤化工项目正在加快建设。截至 2006 年底,神华集团在册员工 150447 人,资产总额 2464 亿元。

神华集团以不断提高煤炭资源回收率、提高资源综合利用率、推进节能降耗为主要目标,努力将集团构建成以煤为基础,以电力、煤制油和煤化工为主导,以延伸产业链条、综合利用废弃资源为补充的矿、路、电、港、油、化一体化循环式生产,产业循环式组合的大循环经济体系,如图 10 - 29、图 10 - 30 所示,推动了企业可持续健康发展。神华集团开创了中国煤炭行业新纪元,成为全球最大的煤炭销售商,获得中国工业企业最高荣誉"中国工业大奖"。煤炭生产能力、单产单进等指标创世界纪录,已逐步建成具有国际竞争力的大型能源企业。

(a)神华集团的地下采煤工作面　　　　(b)神华集团的地面煤场作业

图 10 - 29　神华集团的采选生产作业场景

(a)神华集团的煤炭外运码头　　　　(b)神华集团的煤制油现场

图 10 - 30　神华集团煤炭外运与煤制油作业场景

神华集团认真落实科学发展观,积极推进本质安全型、质量效益型、科技创新型、资源节约型、和谐发展型的"五型企业"建设,强化管理、加快创新,经济效益稳健攀升,安全生产保持先进水平。集团坚持"以人为本",以安全生产为基本要求,以"四坚持、四强化"为基石,以培育安全文化为载体,以风险预控管理为手段,从项目的开发论证、设计、建设到生产、经营管理的各个环节,都将安全放在首位,追求人、机、物、环境和管理的统一,实现安全发展。

2006 年全集团公司煤炭生产百万吨,死亡率为 0.064,继续保持安全生产先进水平。35 个子(分)公司有 29 个消灭了死亡事故,有 40 个矿 51 个井实现安全生产。所属海勃湾矿业

公司连续 3 年实现安全生产；神东煤炭分公司（以下简称神东公司）原煤百万吨死亡率为
0.026；神宁公司也克服困难，强化管理，安全生产取得历史最好成绩。2008 年上半年，神华集
团公司的商品煤产量和销售量分别达到到 90.0 百万 t 和 115.1 百万 t，同比分别增加 13.4 百万 t
和 17.3 百万 t，同比分别增长 17.5% 和 17.7%；煤炭出口销售量达到 10.6 百万 t，公司继续保
持国内最大煤炭出口商的地位。公司安全生产继续保持国内国际领先水平，原煤生产百万吨死
亡率为 0，同期全国煤矿原煤生产百万吨死亡率为 1.057，国有重点煤矿为 0.272。

2. 矿山综合信息化建设效果

在矿山信息化和数字矿山建设方面，神华集团积极推行 ERP 建设，打破了过去的部门利
益格局，实现了业务扁平化。如今，企业的信息化已经达到 L3 级水平，并获得"中国企业信
息化 500 强"等荣誉。

神东公司完成了 IT 战略规划，开发应用了生产作业管理系统，对采区接续、设备配套、
生产组织进行动态管理，实现了煤矿生产管理信息化。神东公司大力推进设备点检系统的应
用，降低了设备万吨故障停机时间；煤矿井下全部使用了瓦斯监测监控系统、井下人员定位
跟踪系统，为安全生产提供了保障。集团和股份公司两总部的 OA 办公自动化系统成功上
线，各铁路公司、黄骅港务公司、天津煤码头等单位实现了电子办公，进一步提高了工作效
率。神东公司在挖潜空间减小、搬家倒面次数逐年增多的条件下，坚持均衡生产，统筹生产
布局，优化生产接续，原煤产量连续 7 年实现千万吨增长，达到 11468 万 t，为全集团生产任
务的完成发挥了主力军作用。原煤生产人员效率达到 124 t/工，回采工效 603 t/工。3 个综采
队、6 个矿年产量超过千万 t。创造了公司原煤月产 1022 万 t、综采队月产 107 万 t 等 72 项生
产新纪录，补连塔矿成为世界上第一个两千万吨的井工矿。

哈拉沟煤矿是神东公司所属的一座特大型现代化煤矿，是全国首座百人千万吨矿井。哈
拉沟煤矿位于陕西与内蒙古交界处，于 2004 年 12 月 9 日竣工投产。哈拉沟煤矿积极推进信
息化建设，将信息化广泛运用到人、财、物、产、供、销等各领域，全力打造本质安全型、质
量效益型、科技创新型、资源节约型、和谐发展型企业。哈拉沟煤矿充分发挥了信息技术和
新采矿模式的整体效应，依托信息化管理提升了公司的管理水平，既实现了高产高效，又实
现了均衡、连续生产。全年煤炭产量已突破 1200 万 t，2005 年全员工效为 199 t/工，2006 年
全员工效达到 199t/工。主要经济技术指标与国内外相比，已大幅超越，达到国内领先，超过
国际先进水平。

表 10 - 1　神东哈拉沟煤矿主要经济技术指标与国内外的比较

主要经济技术指标	神东哈拉沟煤矿	中国国有煤矿平均	美国
百万吨死亡率	0.016	控制指标为 1.0	0.03
全员工效	199	3.7	41.7
吨煤生产成本/元	2.5	25	
工资成本占生产成本的比例	3%	20%	

由表 10 - 1 可见，神东哈拉沟煤矿的全员工效是美国的 4.77 倍，是国有重点煤矿的
53.7 倍；神东吨煤劳动成本仅为 2.5 元/t，仅占成本的 3%，是全国矿山平均的 10%。据统
计，该矿综采万 t 煤停机时间仅为 4 分钟，为国内同类技术指标最低；综采工作面"三机（刮

板运输机、转载机、破碎机)"实现"零"断链,为神东公司首创。

10.2.2　山东枣庄煤矿监测监控集成系统

山东枣庄柴里煤矿位于山东省滕州市西岗镇境内,南接微山湖、西靠京杭大运河、北依五岳泰山和孔子故乡曲阜、东临京福高速公路、104 国道和京沪铁路。柴里矿是我国第一对厚含水冲击层下开采厚煤层的试验型矿井。1964 年建成投产,经过 1968 年、1976 年、1986年三次改扩建,年设计生产能力由 30 万 t 提高到 280 万 t,是一个较典型的老矿井。目前,在册职工 1.1 万人。

面对老矿挖潜与持续发展问题,柴里矿领导十分重视信息化改造和数字矿山工程建设,积极开展产、学、研结合。该矿大规模信息化工作始于 2000 年。借助计算机软硬件、网络等技术手段,将企业的安全生产与经营管理流程实现数字化,形成了贯穿矿山规划、生产、安全以及经营管理的综合一体化信息系统,使企业资源配置更为合理,提升了企业的管理水平。在数字矿山建设过程中十分重视信息技术人才的引进和培养,建立了人才培养机制,目前已引进了 80 多名计算机专业大中专毕业生。并且从技术队伍建设入手,提高干部职工队伍素质,深入开展了计算机普及培训学习活动。

该矿的数字矿山建设从无到有、从小到大,不断完善。从基础设施建设入手,提高现代化管理水平,相继建成了现代化生产调度中心、井下生产监测系统、井下气体监测系统、视频监控系统、生产调度指挥以及计算机信息网络,如图 10 - 31 所示。建设了以千兆核心交换机为主体,主干线覆盖到全矿各个重要生产、办公部门的计算机信息网络,并相继投入使用了多个信息子系统;基层区队均已配备微机,构建了全矿信息网络综合教育平台,以及矿内部的协作办公平台。实现了生产集中监测,以及物资、运销的信息化管理。

图 10 - 31　柴里矿监控信息集成系统矿井生产总览

在井下生产监测系统建设方面,建成了 KJ90 瓦斯通风监测系统、KJ95 矿井设备监测系统、KJ216 矿压监测系统和工业电视监视系统。在安全隐患防控体系建设方面,建成了人体节律生物查询系统、井下人员定位系统、安全信息系统和高标准井口信息站,人员定位系统具备人员考勤、跟踪定位、报警寻呼和紧急协助救险功能。

通过监测监控系统的集成建设(见附录图 10 - 32),以及监测数据的实时传输、存储、管理与可视化显示(见附录图 10 - 33),建立了矿井实时数据库系统,实现了实时数据的整合及其与生产执行系统有机联系。矿井实时数据库支持下的矿井安全生产执行系统充分融合了相关信息、实现了数据的智能分析、实现了桌面办公与移动办公的无缝集成,极大地方便了管理层的指挥与决策。

通过数字矿山工程建设,柴里矿安全生产取得显著成效,安全管理工作持续稳定。截至到 2007 年 1 月 13 日,连续安全生产 1335 天,一通三防连续 9 年不发火、不封面。

10.2.3 福建紫金矿业集团数字矿山建设

1. 紫金矿业集团概况

福建紫金矿业集团股份有限公司是一家以黄金及基本金属矿产资源勘查和开发为主的高技术效益型特大国际矿业集团。其前身为福建省上杭县矿产公司,当时公司职工仅 76 人,总资产 351.7 万元。1992 年介入紫金山的开发,1998 年和 2000 年先后完成了有限责任公司和股份公司的改造,并由此开始了奇迹般的发展之旅。

十几年的风雨历程,十几年的艰苦创业,紫金人创造了一个又一个奇迹,快步走向全国乃至全球,其经济效益实现了爆发式的增长。截至 2008 年 6 月 30 日,公司拥有总资产 255.99 亿元人民币,上半年实现销售收入 82.12 亿元,净利润 17.42 亿元。公司的规模也由最初的县办矿产公司发展成为大型矿业集团,近百家控股公司分布在全国 20 多个省区和海外 7 个国家,成为中国控制金属矿产资源最多的企业、中国最大的黄金生产企业、中国第 3 大矿产铜生产企业、中国 6 大锌生产企业之一。2008 年 3 月,集团公司的核心企业——紫金山金铜矿凭借其国内黄金单体矿山保有可利用储量最大、采选规模最大、产量最大、矿石入选品位最低、单位矿石处理成本最低、经济效益最好六大优势,被中国黄金协会评为"中国第一大金矿"。

该公司面貌日新月异,"紫金现象"和"紫金速度"的出现,均在很大程度上得益于公司追求卓越的理念、开拓创新的精神和数字矿山建设。紫金矿业集团建设了一个内容丰富/功能强大/特色鲜明的协同办公系统,其网页主界面如图 10 - 34 所示。

2. 矿山地质信息系统建设

紫金矿业集团作为一个集矿产资源勘查、金铜等有色金属矿开采和金铜等有色金属冶炼三者结合为一体的特大型矿山企业,无论是露天开采还是井工开采,其生产对象、过程和产品,都是围绕着矿山地质体(矿床、矿体和矿石)进行的(如图 10 - 35);因此,矿山地质体的状况与市场、人和资金等同为矿山企业发展的决定因素之一。企业决策切实认识到矿山企业信息化的核心是"数字矿山"建设,而数字矿山建设的核心是矿山地质信息系统建设。

矿山地质信息系统的数据既来自矿产资源普查、勘探阶段,也来自矿山开发过程中的采掘地测和补充勘探。这些数据有显著的多源、多类、多量、多维、多尺度、多时态和多主题特征,是随着地质勘查、开发与生产工作的进行而逐渐积累的,经常被不同目的、不同阶段、不同部门的用户共同使用。因此,需要研制一种结构合理、信息齐备的分布式点源主题数据库。

紫金矿业集团从 21 世纪初开始立专项与中国地质大学合作,基于地矿点源信息系统的设计思路和研发成果,开发了一个较完整的矿产资源勘查与开发信息系统。该系统的开发,始终把支持集团高层领导决策的目标与支持矿山日常生产管理及中长远矿山开采规划的目标结合起来,使之成为矿山数据采集点上功能强大的工作站和矿业集团公司管理系统中信息齐备的信息网络结点,从而为实现矿山管理和规划工作信息化打下了坚实基础。为适应当前

图 10 - 34　紫金矿业集团协同办公系统主页

图 10 - 35　紫金山金铜矿区露天采场全景

Internet 迅速普及的形势，满足集团公司专业人员、各级领导和广大公众通过 Internet 获取或查询矿山信息的需要，该系统还提供基于 C/S 模式的企业日常管理与决策需要，如勘探资料、矿山开发现状、矿山中长期开采设计等详尽成果的查询，基于 WebGIS 的矿区地形图漫游查询和矿山信息的三维显示等功能。

该软件系统以矿山主题式数据库为核心，由矿区综合信息管理子系统、矿山地质图件辅助编绘子系统、矿山三维可视化子系统、储量三维可视化计算和表达子系统、矿山开采方案辅助编制子系统和矿山网络应用子系统构成，采用各种规范的数据分析和处理技术进行矿山勘探资料和矿山开采资料的管理和处理，并基于 WebGIS 进行空间数据和属性数据发布，其逻辑结构与工作流程如图 10 - 36 所示。

通过数年建设和应用，充分改造传统的矿产资源勘查开发工作主流程，实现了全程计算

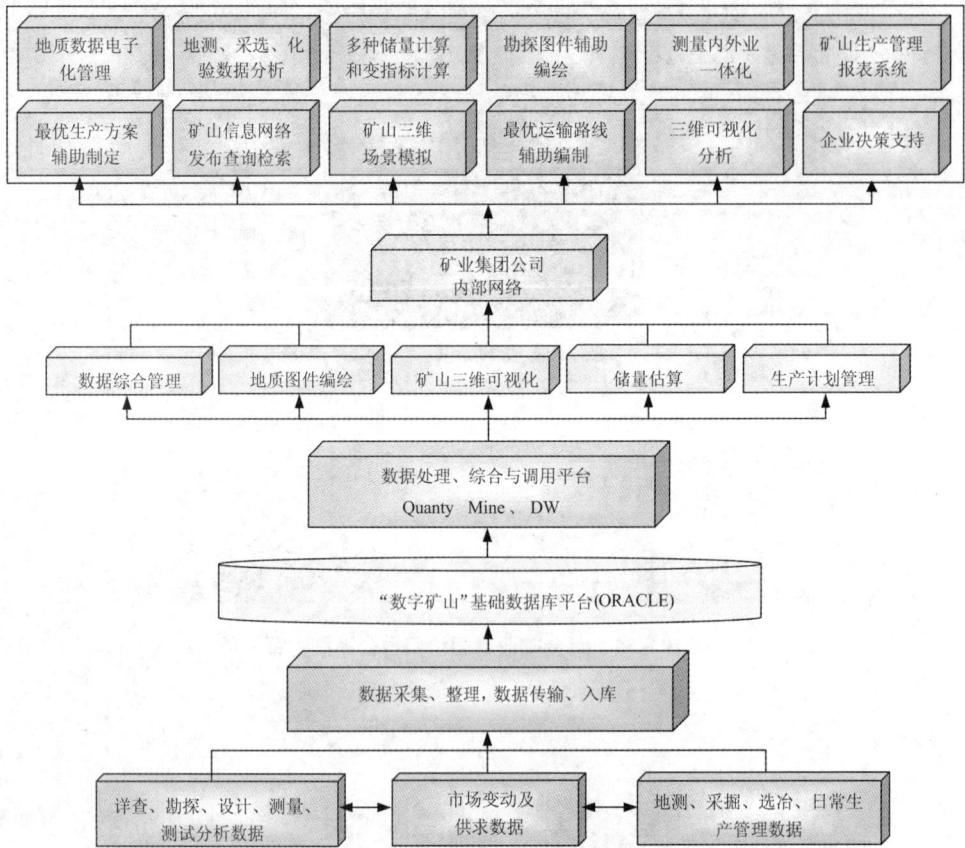

图 10 - 36   紫金集团矿产资源勘查与开发信息系统逻辑结构与工作流程

机辅助化，数据在各道工序间流转顺畅、充分共享。具体包括：（1）建立了以主题式矿山点源数据库（包括空间和属性数据库）为基础的共用数据平台，有效地避免了系统内的数据冗余；（2）利用信息系统对矿山生产主流程进行充分改造，实现了从野外数据采集到室内综合整理和编图，再从成果保存、管理、使用到资源评价、预测、设计、开采的全程计算机辅助化；（3）在矿山企业信息系统中实现了"多 S"技术集成、数据集成、网络集成和应用集成，各部分相互衔接、数据流转顺畅、充分共享。图 10 - 37（见附录）、图 10 - 38（见附录）所示分别为该系统在紫金山金铜矿日常生产与管理中的应用效果。

10.2.4   云南大红山铜矿数字矿山建设

1. 矿山概况

大红山铜矿位于云南省玉溪市新平县戛洒镇境内，至楚雄 180 km，至昆明 330 km。大红山铜矿首采区位于大红山矿区东段的曼岗河河西至 A210 线地段，矿区位于杨子准地台、康滇地轴、滇中中台坳三组构造线的交汇地带，处于偏东西向构造带内，属区域性近东西向的底巴都背斜的南翼西端。近东西向褶皱与断裂成矿区的基本构造格局。次级的后期的北西、北东向断裂较为发育，因而矿区构造较为复杂。根据各生产中段的开拓、采切工程揭露，采区断层构造数十条。

2．地质建模

地质建模与采矿设计使用中南大学开发的 DIMINE 软件。数据源包括地形地质图、勘探线剖面图、岩性文件、地质报告及附表图纸、探矿工程原始编录资料及样品取样分析成果表格资料。数据组织过程如下：

（1）地形数据：本次使用的地形数据为 AutoCAD DXF 格式的文件，可以直接导入到 DIMINE 软件中，在软件中运用相应的功能键对等高线进行赋值，然后生成相应的 DTM 模型。

（2）工程孔口文件：钻孔工程定位数据文件的最少数据项有钻孔名称、北坐标、东坐标、高程、最终孔深、所属勘探线。

（3）探槽及坑道工程：其定位文件最少数据项有工程编号、北坐标、东坐标、相对高程。

（4）工程测斜（表）文件：其定位文件的最少数据项有钻孔名称、孔深、方位角、倾角。

（5）工程岩性（表）文件：工程岩性文件的最少数据项有工程编号、取样段起点距孔口的距离、取样段终点距孔口的距离、岩性类型。

（6）样品文件：样品文件的最少数据项有钻孔名称、取样长度、字段从始、各元素品位、所属勘探线。

大红山铜矿三维地质建模的基本流程如图 10 - 39 所示。实际工作内容包括数据库建立与操作、数据校验与可视化检查、创建三维轮廓线（如图 10 - 40 所示）、交互式创建矿体模型（如图 10 - 41（见附录）所示），以及样品组合、样品数据基本统计分析、变异性分析、交叉验证、创建块段模型、储量计算等。

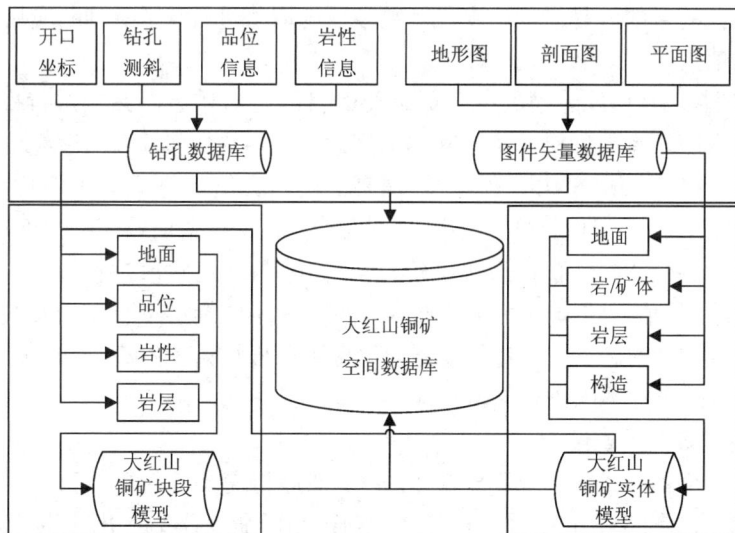

图 10 - 39 大红山铜矿三维建模流程图

（1）样品组合：根据地质统计学原理，对变量进行估值时，为确保得到各参数的无偏估计量，所有的样品数据应该落在相同的承载上。但是，钻孔实际取样长度长短不一，需要对钻孔按一定的样品长度进行组合。DIMINE 软件中样品组合有两种方法，按钻孔组合和按台阶组合。组合样长度的确定要考虑多种因素，如原始样本长度、原始样本容量的大小、块段建模时单元块的尺寸等。组合过程中为了降低样品组合过程中可能导致的品位平均化程度，可取组合样长度为平均原始样品长度，最小组合样长为原始样品的75%。

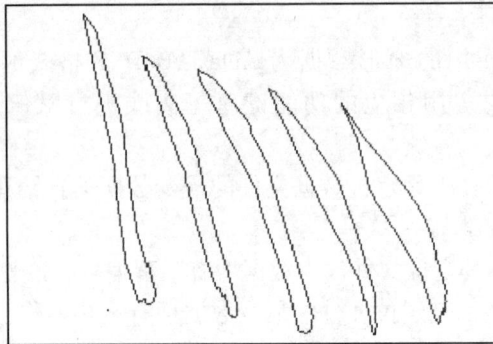

图10-40　矿体轮廓线

(2)样品数据基本统计分析：产生组合样品点后，要统计样品的值与空间分布情况。

(3)变异性分析：变异函数分析的目的是确定各参数在空间上的相关性、结构性。根据经验，对于金属矿床，一般按走向、倾向、厚度3个方向进行变异函数的分析。首先要设置试验变异函数，然后进行理论变异函数拟合。拟合时需对主轴方向、次轴方向、短轴方向进行参数设置。

(4)交叉验证：理论变异函数参数取值的正误对品位估值结果的准确性具有非常大的影响。进行交叉验证的目的就是对理论变异函数参数的取值进行检验，判断应用这些参数进行品位估值时的估值效果。

(5)创建块段模型：块段建模的一个更重要的目的是对矿床的品位进行推估，以实现矿床储量的计算及管理。首先针对矿床的基本模型建立空白块段模型，然后应用地质统计学对空白块段模型进行赋值；DIMINE提供了"距离幂次反比法"和"克里格法"两种估值方法。估值后的模型在"三维设计"窗口打开，使用"三维配色"命令根据块段模型的Cu字段配色，可直观地看到块段的品位分布。估值后块段模型如图10-42(见附录)所示。

(6)储量计算：估值后的模型可以按照不同的边际品位标准进行矿石量统计分析，计算出各个不同品位、标高的矿石量。计算模型内储量可以根据设置的高程和品位信息生成储量报告，并根据估值的半径不同进行储量分级。

3. 井巷工程建模与采矿设计

将各类中段平面图导入到DIMINE软件系统，然后将需要的轮廓线留下，"隐藏"其他不需要的层。采用"井巷工程"工具栏上的"生成连通巷道"命令，或采用"测量"工具栏上的"双线巷道生成实体巷道"命令就可以建立巷道模型，如图10-43(见附录)所示。根据生成的井下三维采矿模型，及铜矿矿体的产状(走向、倾向和倾角)及勘探线方向等规划依据及原则，在DIMINE软件的三维环境下可以对整个矿床进行采矿规划和井下三维采矿设计。盘区划分如图10-44(见附录)所示，采切工程布置如图10-45(见附录)所示，爆破设计如图10-46(见附录)所示。

4. 井下综合通信系统

大红山通讯主干单模光纤是大红山铜矿数字矿山的主要建设部分，其网络拓扑结构如图

10－47所示。其中，井下4台交换机上连接的复合光纤(蓝色)表明了该交换机所服务的区域。大红山通讯系统实现了视频监控、语音通讯、人员考勤系统的整合，促进了矿山的安全生产，以下对其中端传输、无线视频监控、语音通讯、定位考勤等子系统进行简要介绍。

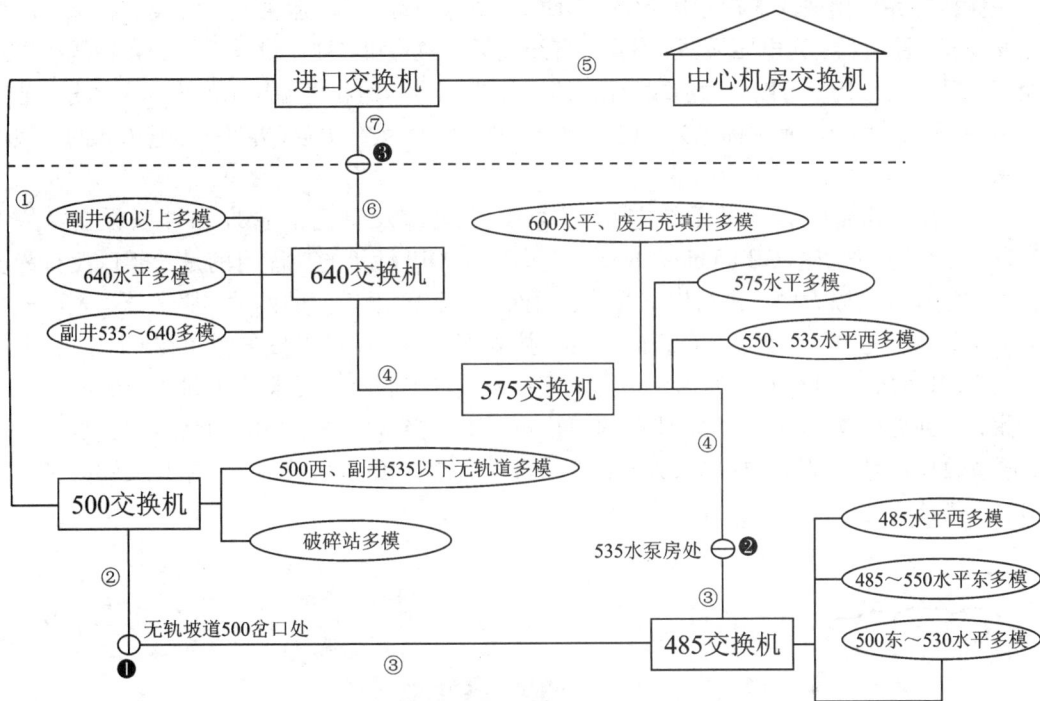

图10－47 数字矿山系统光纤网络拓扑结构

(红线为12芯单模光纤；蓝线为4芯多模光纤；①~⑦为单模光纤；❶~❸为需熔接的单模光纤物理断点)

(1)中端传输部分：主要完成TCP/UDP信号的传递、无线网络覆盖功能。中端传输部分由AP、传输交换机、光电转换器、独立供电电源、各种传输线缆及连接器构成，如图10－48所示。其主要完成功能有：提供有线及无线的网络覆盖，对终端移动站的数据进行收集，完成终端与地面服务器之间的信息交流。

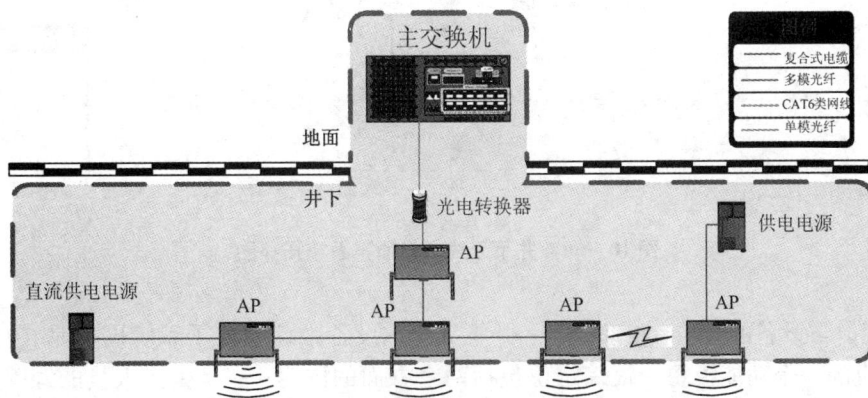

图10－48 中端传输部分

（2）无线视频监视部分：在需要监视的场所安放一个或若干个摄像机拍摄监控现场，然后将采集到的视频信号通过传输网络（线缆、无线、光纤等），传到指定的监控中心进行显示，实现远程监视，大多数情况下，监控中心还通过存储设备，将媒体存储到存储介质上。无线视频监控系统由嵌入式视频服务器、DHCP（动态地址分配）服务器、背投电视墙、监控PC、交换机、路由器、光电转换器、基站、有线及无线摄像机、独立供电系统和各种线缆等硬件组成。从系统结构上可以分为前端数据采集、中端信号传输和终端显示处理3大部分，分别如图10-49（见附录）所示中标号为①的点划线方框、标号为②的虚线方框、标号为③的实线方框所示。

（3）语音通讯部分：该子系统包括无线 IP 手机以及专用的管理和外联设备，基于802.11B 无线协议实现 VOIP（Voice Over IP）。无线 VOIP 话机的功能目的是希望以拨打传统电话的方法在无线以太网上进行电话交谈，而网络上不增添任何的网关、服务器、多点控制单元之类设备。这样，在无线 VOIP 话机自动接入网络后，就可以拨号呼叫在同一网络上的另一台 VOIP 话机并进行双向通话。根据语音系统设计的目标、要求及达到的功能进行模块化约束，得到无线 VOIP 话机必须拥有的模块有：用户接口电路、WiFi 网络接口电路、存储器、语音数据信号处理器和核心微处理器5大部分，如图10-50所示。其中最关键的是两个部分：一是核心处理器；二是 WiFi 模块。

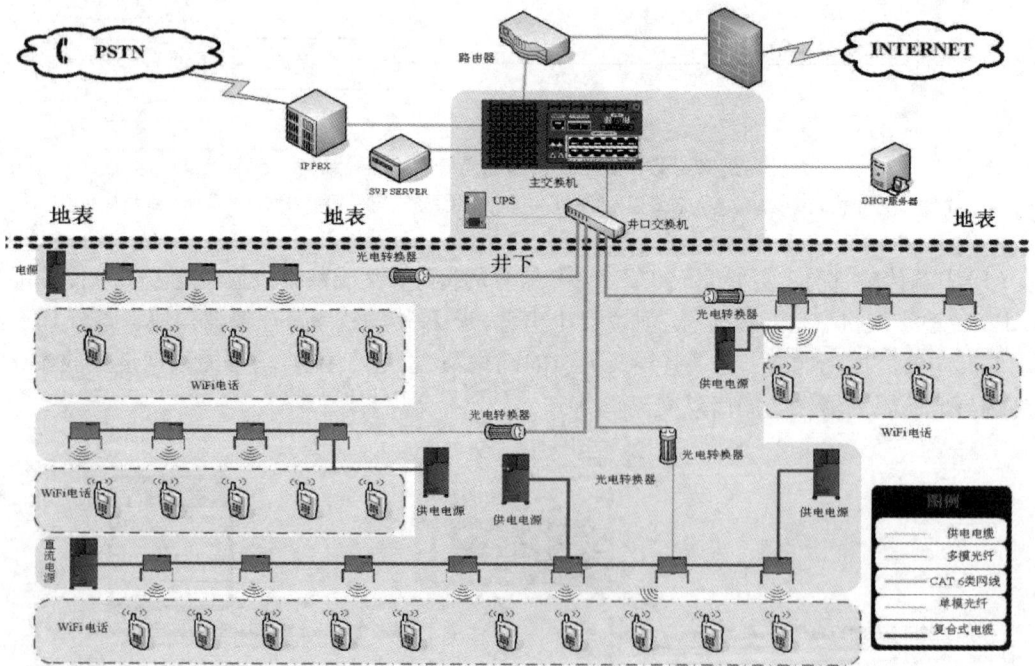

图10-50　井下无线语音通讯系统拓扑图

（4）人员与设备的定位、跟踪部分：井下人员、设备跟踪定位子系统同样是在综合系统基础上建设的一个功能模块。跟踪定位包括两个方面的内容：一是生产人员的跟踪和定位，实现地面控制中心对井下人员的实时通信和位置监测；二是生产设备的跟踪和定位，通过传感设备实现对井下重要设备进行实时监测和故障预报。该矿无线定位考勤系统硬件由定位标签、信号传输系统、定位服务器组成。定位标签负责采集自身地理位置信息；传输系统负责收集标签信息并由网络互联传送到服务器；服务器负责对标签信息的汇总以及标签信息的运算处理，并最终给出标签所处的位置。系统结构及系统操作界面如图 10-51（见附录）所示。

大红山铜矿井下三网合一综合通讯系统的成功应用，对矿山企业产生了很多积极的影响，提高了企业科学管理水平，促进了井下安全生产作业，并在同行业起到了良好的示范作用。

本章练习

1. 结合你的专业选择一种数字矿山典型系统进行功能分析，谈谈你的新认识和新目标。

2. 如何将你所学知识和掌握的技能用于数字矿山系统设计、研发、业务化运行和日常管理工作中去？

3. 作为未来的采矿工程师和矿业科技工作者，你认为未来 5~10 年数字矿山技术的发展方向有哪些，你将如何参与中国数字矿山科研开发与工程实践？

参考文献

［1］Binaghi E. , Madella P. , Montesano M. G, et al. Fuzzy contextual classification of multi-source remote sensing images［J］. IEEE Transactions on Geo-science and Remote Sensing, 1997, 35(2): 326 – 340.

［2］Chen J. H, Gu D. S. The Optimization Principle of Combined Surface and Underground Mining and Its Applications［J］. Journal of Central South University of Technology, 2003, 10(3).

［3］Dowd P. A, Onur A. H. Open-pit optimization-part1: optimal open-pit design［J］. Transactions of the institution of mining and metallurgy, London, 1993, 102: 95 – 104.

［4］G. R 贝登(周叔良译). 国际镍公司未来 25 年的机器人采矿［J］. 国外金属矿山, 1996(10).

［5］Gibbs B. L. 计算机在采矿工业的应用［J］. Mining Engineering, 1994(3).

［6］Houlding S. W. 3D Geoscience Modeling: Computer Techniques for Geological Characterization［M］. Springer-Verlag, 1994.

［7］Koenigsberg E. The optimum contours of an open pit mine: An application of dynamic programming［C］. Proc. 17th International APCOM Symposium, 1982, 274 – 287.

［8］Koskiniemi B. C. Hand methods in: Open pit mine planning and design［M］. Crawford and Hustlid ed. , SEM-AIME, 1979.

［9］Krige D. G. A Statistical Approach to some basic mine valuation problems on the Witwatersland［J］. Journal of the Chemical and Metallurgical Mining Society of South Africa, 1951, 52(6): 119 – 39.

［10］Matheron G. Principles of Geostatistics［M］. Economic Geology, 1963, 58.

［11］Miller C. , Laflamme R. A. The digital terrain model—theory and applications［J］. Photogrammetric Engineering, 1958(24): 433 – 442.

［12］Tad S. G, Chen J, Li J. Graph algorithms in a mining CAD system［C］. 13th Mine Planning and Equipment Selection, Poland, 2004, 563 – 568.

［13］Victor J. D. Delaunay triangulation in TIN creation: An overview and a linear-time algorithm［J］. Int. J. GIS, 1993. 7(6): 501 – 524.

［14］Wang Q, Sevim H. Alternative to parameterization in fining a series of maximum-metal pits for production planning［J］. Mining Engineering (USA), Feb. , 1995, 178 – 182.

［15］Wang Q, Sevim H. Open pit production planning through pit-generation and pit-sequencing［J］. Transactions of the Socirty of Mining, Metallurgy and Exploration, Inc. , USA, vol. 294, 1994, 1968 – 1974.

［16］Wang Y. J,Li G. Dispatch and command information system for Coal mining safety production and development ［J］. International journal of Science & Research, 2006, 6(1).

［17］Wright E. A. The use of dynamic programming for open pit mine design: some practical implications［J］. Mining Science and Technology, 1987(6): 97 – 104.

［18］Yoshiro H, Kunikatsu T. Multiple mobile robot navigation using the indoor global positioning system (iGPS) ［C］. Proceedings of the 2001 IEEE/RS J, International Conference on Intellgent Robots and Systems, Mani, Hawaii, USA, 2001, 1005 – 1010.

［19］Zhao Y, Kim Y. C. A new graph theory algorithm for optimal pit design［J］. SME Transactions, 1991(290): 1832 – 1838.

［20］艾建文,吴立新,殷作如, 等. 基于 WebMGIS 的矿山安全实时监测集成系统及其应用［J］. 地理与地理

信息科学, 2004, 20(2).

[21] 蔡柏林. 钻孔地球物理勘探[M]. 北京：地质出版社, 1986.

[22] 车德福, 吴立新, 陈学习, 等. 基于 GTP 修正的 R3DGM 建模与可视化方法[J]. 煤炭学报, 2006, 31(5).

[23] 陈峰, 桂卫华, 王随平, 等. 深海底采矿机器车的研究现状[J]. 矿山机械, 2005, 33(9).

[24] 陈峰, 王随平, 韩晓英. 深海集矿机器人的自修正专家模糊控制[J]. 中南大学学报(自然科学版), 2005, 36(6).

[25] 陈爱武, 孙立新, 张记龙, 等. 基于 ZigBee 的井下安全监控系统无线漫游网络[J]. 测试技术学报, 2008, 22(3).

[26] 陈建宏, 邓顺华, 王李管. 应用地质统计学进行矿石储量定量分级[J]. 中南工业大学学报(自然科学版)1996, 27(2).

[27] 陈建宏, 古德生, 罗周全. 矿床模型辅助建模工具及其开发. 中南大学学报(自然科学版), 2002, 33(5).

[28] 陈建宏, 周智勇, 古德生. 基于钻孔数据的勘探线剖面图自动生成方法[J]. 中南大学学报(自然科学版), 2005, 3(4).

[29] 陈建宏, 周智勇, 古德生. 矿山工程界线的光滑方法与自动追踪算法研究[J]. 湖南科技大学学报(自然科学版), 2004(4).

[30] 陈建宏. 可视化集成采矿 CAD 系统[D]. 长沙：中南大学, 2002.

[31] 陈庆新, 彭树兵, 魏化明. 综采工作面矿压监测方法与应用[J]. 煤炭技术, 2008, 27(8).

[32] 陈述彭, 赵英时. 遥感地学分析[M]. 北京：测绘出版社, 1990.

[33] 陈炎光, 王玉浚. 中国煤矿开拓系统图集[M]. 徐州：中国矿业大学出版社, 1992.

[34] 戴塔根, 龚铃兰, 张起钻. 应用地球化学[M]. 长沙：中南大学出版社, 2005.

[35] 单娜琳, 程志平, 刘云桢. 工程地震勘探[M]. 北京：冶金工业出版社, 2006.

[36] 董维武. 国外矿山通信系统(TTE)研究现状[J]. 矿业工程, 2007, 33(2)：74 – 76.

[37] 方海秋. 厂址选择中的物流分析[J]. 化工矿物与加工, 2000(8).

[38] 方新秋, 何杰, 郭敏江, 等. 煤矿无人工作面开采技术研究[J]. 科技导报, 2008, 26(9).

[39] 冯耕中. 现代物流规划理论与实践[M]. 北京：清华大学出版社, 2005.

[40] 冯文灏. 近景摄影测量[M]. 武汉：武汉大学出版社, 2003.

[41] 高井祥, 肖本林, 付培义, 等. 数字测图原理与方法[M]. 徐州：中国矿业大学出版社, 2001.

[42] 高尚青, 邬剑明, 李兴伟, 等. 矿用智能化钻孔测温仪的开发与研制[J]. 太原理工大学学报, 2005, 36(4).

[43] 龚健雅. 空间信息资源共享与互操作技术[J]. 国土资源信息化, 2003(5).

[44] 古德生, 陈建宏. 矿山空间数据的处理方法及其应用[J]. 中南工业大学学报(自然科学版), 1999, 36(5).

[45] 郭达志, 张瑜. 矿区资源环境信息系统的基本内容和关键技术[J]. 煤炭学报, 1996(6).

[46] 郭俊义. 地球物理学基础[M]. 北京：测绘出版社, 2001.

[47] 郭文兵, 邓喀中, 邹友峰. 概率积分法预计参数选取的神经网络模型[J]. 中国矿业大学学报, 2004, 33(3).

[48] 国家煤炭局. 煤炭专用通信网发展技术政策[J]. 通信世界, 1999(1).

[49] 韩庆珏, 刘少军, 金燕. 海底采矿移动机器人的避障研究[J]. 机电工程技术, 2006, 35(1).

[50] 郝海森, 吴立新. 基于强约束 Delaunay – TIN 的三维地学模拟与可视化[J]. 地理与地理信息科学, 2003, 19(2).

[51] 何敬德, 华元钦. 国内外煤矿采掘运装备技术现状、发展对策和思考[J]. 煤矿机电, 2003(5).

[52] 何敬德. 我国煤矿采、掘、运装备的研制现状和发展对策[J]. 煤炭科学技术, 2007, 35(2).

［53］何秀凤. 变形监测新方法及其应用［M］. 北京：科学出版社，2007.

［54］侯恩科，吴立新，李建民，等. 三维地学模拟与数值模拟的耦合方法研究［J］. 煤炭学报，2002，27(4).

［55］胡元，方新秋. 光纤陀螺在煤矿设备中的应用［J］. 煤矿机械，2006，27(12).

［56］胡金星，吴立新，齐安文，等. 矿业信息的分类编码研究［J］. 矿山测量，1999(4).

［57］贾晓琳，吴立新，王彦兵. 二维 Delaunay 三角网局部更新：点插入与点删除［J］. 地理与地理信息科学，2004，20(5).

［58］姜寿山，杨海成，候增选. 用空间形状优化标准完成散乱数据的三角剖分［J］. 计算机辅助设计与图形学学报，1995，7(4).

［59］蒋敬业，程建萍，祁士华，等. 应用地球化学［M］. 武汉：中国地质大学出版社，2006.

［60］寇国柱. 煤矿安全生产监控系统在应用中存在的问题及对策［J］. 山西能源与节能，2008(1).

［61］郎艳萍. 浅谈井下采掘一线设备工况监测［J］. 同煤科技，2007(4).

［62］李春民，王云海，张兴凯. 矿山安全监测预警与综合管理信息系统［J］. 辽宁工程技术大学学报，2007，26(5).

［63］李德仁，王树良，李德毅. 空间数据挖掘理论与应用［M］. 北京：科学出版社，2006.

［64］李德仁，周月清，金为铣. 摄影测量与遥感概论［M］. 北京：测绘出版社，2001.

［65］李东晓，黎彦学. 机器人与全矿山自动化［J］. 工矿自动化，2007(5).

［66］李梅，董平，毛善君，等. 地质矿山三维建模技术研究［J］. 煤炭科学技术，2005，33(4).

［67］李清泉，李德仁. 三维空间数据模型集成的概念框架研究［J］. 测绘学报，1998，27(4).

［68］李庆谋. 多维分形克里格方法［J］. 地球科学进展，2005，20(2).

［69］李天文. 现代测量学［M］. 北京：科学出版社，2007.

［70］李一平，燕奎臣. 自治水下机器人在深海采矿系统湖试中的应用［J］. 海洋工程，2006，24(2).

［71］李正文，贺振华. 勘查技术工程学［M］. 北京：地质出版社，2003.

［72］李志林，朱. 数字高程模型［M］. 武汉：武汉大学出版社，2003.

［73］李舟波. 钻井地球物理勘探［M］. 北京：地质出版社，2006.

［74］林在康，李希海. 采矿工程专业毕业设计手册［M］. 徐州：中国矿业大学出版社，2008.

［75］林在康，邱福新. 采矿软件技术基础［M］. 徐州：中国矿业大学出版社，2006.

［76］林在康，左秀峰，涂兴子. 矿业信息及计算机应用［M］. 徐州：中国矿业大学出版社，2002.

［77］刘春富. KJF2000 短信报警系统的设计及应用［J］. 煤矿安全，2005，36(9).

［78］刘基余. GPS 卫星导航定位原理与方法［M］. 北京：科学出版社，2006.

［79］刘建中，牛红兵，李志刚. KJ95 型煤矿安全监控系统在司马煤矿的应用［J］. 煤，2007.

［80］刘久艳，郭立稳. KJG2000 监测监控系统的应用研究［J］. 中国矿业，2005，14(9).

［81］刘善军，吴立新. 岩石受力的红外辐射效应［M］. 北京：冶金工业出版社，2005.

［82］刘天放，李志聃. 矿井地球物理勘探［M］. 北京：煤炭工业出版社，1992.

［83］刘西青. 论国内煤矿瓦斯监测监控系统现状与发展［J］. 山西焦煤科技，2006(3).

［84］刘小生，孙群. 矿山安全预警专家系统知识库的研究［J］. 矿业安全与环保，2008，35(3).

［85］刘耀林，何建华. 土地信息学［M］. 北京：科学出版社，2007.

［86］刘志坚，刘然，徐梓铭. 煤矿安全生产监控系统的发展方向与选型分析［J］. 矿冶，2008，17(1).

［87］楼性满. 遥感找矿预测方法. 北京：地质出版社，1994.

［88］罗庆生，韩宝玲. 一种基于超声波与红外线探测技术的测距定位系统［J］. 计算机测量与控制，2005，13(4).

［89］宁津生，陈俊勇，李德仁，等. 测绘学概论［M］. 武汉：武汉大学出版社，2008.

［90］佩克.J，格雷.J，李咏虹. 露天矿自动化的基础：全面开采系统(一)［J］. 国外金属矿山，1996(7).

［91］彭扬，伍蓓. 物流系统优化与仿真［M］. 北京：中国物资出版社，2007.

[92] 朴化荣. 电磁测深法原理[M]. 北京：地质出版社，1990.

[93] 齐二石，赵道致. 物流工程[M]. 北京：中国科学技术出版社，2004.

[94] 萨贤春，姜在炳，李必慧，等. 地测信息系统及其应用[J]. 煤田地质与勘探，1999，27(6).

[95] 史文中，吴立新，李清泉，等. 三维空间信息系统模型与算法[M]. 北京：电子工业出版社，2007.

[96] 史忠植. 知识发现[M]. 北京：清华大学出版社，2002.

[97] 孙豁然，冯慎明，蒋国夫，等. 论采矿CAD开发方法及环境与工具选择[J]. 中国矿业，1996(2).

[98] 孙思友. KJ95安全监控系统在鲍店煤矿的应用[J]. 工矿自动化，2003(4).

[99] 陶莉，方海秋. 矿山物流系统中若干问题的讨论[J]. 化工矿物与加工，2007(3).

[100] 田钢，刘箐华，曾绍发. 环境地球物理教程[M]. 北京：地质出版社，2005.

[101] 田雪，聂独. 基于Geotools开发的GIS平台智能报装系统设计与实现[J]. 江西电力，2006，30(2).

[102] 王磊，何伟. 煤矿采区三维地震勘探技术的回顾与展望[J]. 勘察科学技术，2003(6).

[103] 王红卫. 建模与仿真[M]. 北京：科学出版社，2002.

[104] 王华玉，于喜东. MapGIS在数字矿山中的应用[J]. 煤炭科技，2001(2).

[105] 王家耀. 开发空间信息资源，实现空间信息共享[C]. 中国数字城市发展战略论坛，苏州，2005.

[106] 王李管，邓顺华，陈建宏. 矿床模型与开采辅助设计软件系统研制[J]. 中南工业大学学报(自然科学版)，1994(5).

[107] 王李管，曾庆田，贾明涛. 数字矿山整体实施方案及其关键技术[J]. 采矿技术，2006，6(3).

[108] 王立磊，王李管. 依托DIMINE软件实现中国矿山的数字化[J]. 现代矿业，2009(3).

[109] 王青，史维详. 采矿学[M]. 北京：冶金工业出版社，2001.

[110] 王青，王智静. 露天开采整体优化——理论、模型与算法[M]. 北京：冶金工业出版社，2000.

[111] 王玉浚. 采矿系统优化与模拟[M]. 徐州：中国矿业大学出版社，1989.

[112] 魏炜，王随平. 深海采矿机器人自定位过程中数据融合研究[J]. 自动化与仪表，2007(2).

[113] 吴东旭，曾庆田，唐飞. ImPact综合通信系统在地下矿山的应用研究. 矿业工程，2008，6(3).

[114] 吴立新，陈学习，史文中. 基于GTP的地下工程与围岩一体化真三维空间构模[J]. 地理与地理信息科学，2003，19(6).

[115] 吴立新，郝海森，殷作如. 基于钻孔点集Voronoi图的矿产储量新算法[J]. 地理与地理信息科学，2004，20(1).

[116] 吴立新，刘纯波，牛本宣，等. 试论发展我国矿业地理信息系统的若干问题[J]. 矿山测量，1998(4).

[117] 吴立新，史文中，Christopher Gold. 3D GIS与3D GMS中的空间构模技术[J]. 地理与地理信息科学，2003，19(1).

[118] 吴立新，史文中. 基于QuaPA的无边界GIS与全球空间编码新方法[J]. 地理与地理信息科学，2003，19(5).

[119] 吴立新，殷作如，邓智毅，等. 论21世纪的矿山：数字矿山[J]. 煤炭学报，2000，25(4).

[120] 吴立新，余接情. 基于球体退化八叉树的全球三维网格与变形特征[J]. 地理与地理信息科学，2009(1).

[121] 吴立新，张瑞新，戚宜欣，等. 三维地学模拟与虚拟矿山系统[J]. 测绘学报，2002(1).

[122] 吴立新，车德福，郭甲腾. 面向地上下无缝集成建模的新一代三维地理信息系统[J]. 测绘工程，2006，15(5).

[123] 吴立新，高均海，葛大庆，等. 工矿区地表沉陷D-InSAR监测试验研究[J]. 东北大学学报(自然科学版)，2005，26(8).

[124] 吴立新，刘善军，吴育华. 遥感－岩石力学引论：岩石受力灾变的红外遥感[M]. 北京：科学出版社，2006.

[125] 吴立新，史文中. 地理信息系统原理与算法[M]. 北京：科学出版社，2004.

[126] 吴立新，史文中. 论三维地学空间建模[J]. 地理与地理信息科学，2005，21(1).

[127] 吴立新，殷倩，蔡振峰，等. 空间编码QuaPA方法的改进与实验[J]. 地理与地理信息科学，

2007, 23(2).

[128] 吴立新, 殷作如, 钟亚平. 再论数字矿山: 特征、框架与关键技术[J]. 煤炭学报, 2003, 28(1).

[129] 吴立新, 朱旺喜, 张瑞新. 数字矿山与我国矿山未来发展[J]. 科技导报, 2004(7).

[130] 吴立新, 方兆宝. 矿山测绘的未来发展[J]. 矿山测量. 2003(3).

[131] 吴立新. 数字地球、数字中国与数字矿山[J]. 矿山测量, 2000(1).

[132] 吴立新. 真三维地学构模的若干问题[J]. 地理信息世界, 2004(3).

[133] 吴立新. 中国数字矿山进展[J]. 地理信息世界, 2008(5).

[134] 武伟. 国外几种采矿CAD软件的比较. 有色金属(矿山部分)[J]. 1996(1).

[135] 徐九华, 谢玉玲, 李建平, 等. 地质学[M]. 北京: 冶金工业出版社, 2004.

[136] 徐开礼, 朱志澄. 构造地质学[M]. 北京: 地质出版社, 2003.

[137] 徐永圻. 采矿学[M]. 徐州: 中国矿业大学出版社, 2003.

[138] 许世范. 智能机器人的发展及其在矿山的应用[J]. 工矿自动化, 1993(1).

[139] 杨敏. 矿山数据挖掘的方法与模型研究[D]. 徐州: 中国矿业大学, 2007.

[140] 杨可明, 吴立新, 陈书琳, 等. 煤矿矿图的GIS管理、更新与共享[J]. 地理与地理信息科学, 2003, 19(2).

[141] 杨玉成. 综合自动化无人工作面开采薄煤层[J]. 矿业快报, 2004, 20(3).

[142] 杨云浩, 车兆学. 现代露天矿山生产信息统计分析系统设计[J]. 露天采矿技术, 2006(1).

[143] 余接情, 吴立新. 球体退化八叉树网格编码与解码研究[J]. 地理与地理信息科学, 2009(1).

[144] 张 瑾, 黄勇. 国外矿业软件测试的一次成功实践[J]. 中国矿业, 1999(4).

[145] 张爱敏. 采区高分辨率三维地震勘探[M]. 徐州: 中国矿业大学出版社, 1997.

[146] 张国良, 朱家钰, 顾和和. 矿山测量学[M]. 徐州: 中国矿业大学出版社, 2001.

[147] 张荣立, 何国纬, 李铎. 采矿工程设计手册[M]. 北京: 煤炭工业出版社, 2003.

[148] 张荣群, 严泰来. 资源环境信息技术的内容、特点及其发展研究[J]. 国土资源遥感, 2000(1).

[149] 张瑞林. 现代信息技术在煤与瓦斯突出区域预测中的应用[D]. 重庆: 重庆大学, 2004.

[150] 张守祥, 张良, 李首滨. 矿山综合地理信息系统研究[J]. 地质与勘探, 2001, 37(5).

[151] 张以祥. 煤矿机采的瓦斯监测[J]. 煤矿安全, 1981(2).

[152] 张祖勋, 张剑清. 数字摄影测量学[M]. 武汉: 武汉大学出版社, 2002.

[153] 赵英时. 遥感应用分析原理与方法[M]. 北京: 科学出版社, 2004.

[154] 周智勇, 陈建宏, 周科平. Surpac Vision软件在矿床建模中的应用[J]. 矿业工程, 2004, 2(4).

[155] 朱洪前, 桂卫华, 唐斌, 等. 深海采矿机器人行走系统模糊控制研究[J]. 矿业研究与开发, 2008, 28(3).

[156] 朱建军, 贺跃光, 曾卓乔. 变形测量的理论与方法[M]. 长沙: 中南大学出版社, 2004.

[157] 朱晓岚. 矿图[M]. 北京: 煤炭工业出版社, 1987.

[158] 朱煜峰, 周世健, 臧德彦. 矿山安全信息系统在江西铀矿的应用[J]. 东华理工大学学报(自然科学版), 2008, 31(2).

附　　录

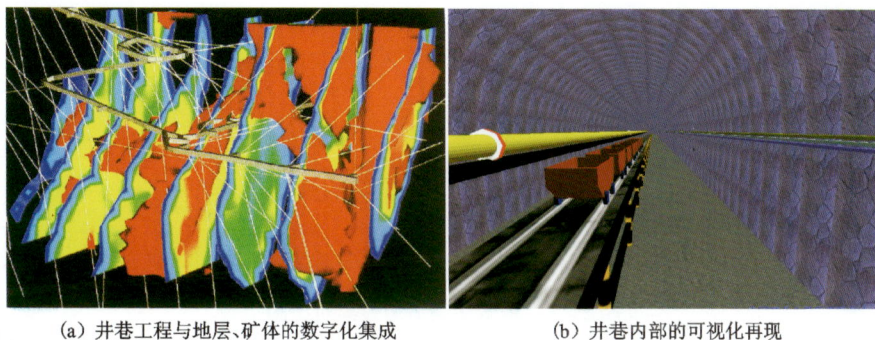

（a）井巷工程与地层、矿体的数字化集成　　　　　（b）井巷内部的可视化再现

图 1 - 3　矿山数字化集成与可视化再现

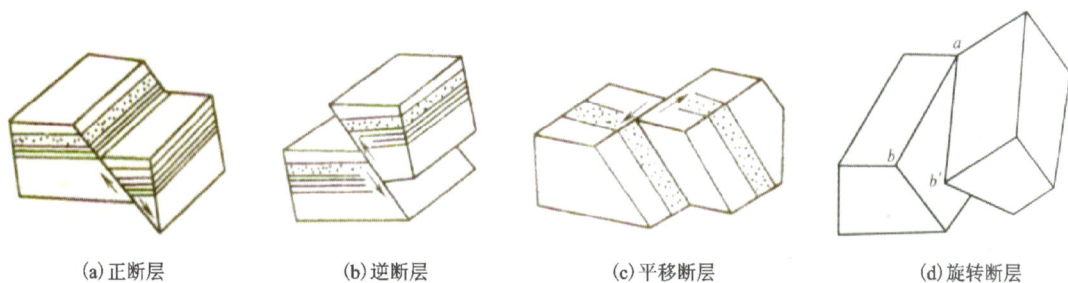

（a）正断层　　　　　　（b）逆断层　　　　　　（c）平移断层　　　　　　（d）旋转断层

图 2 - 2　四种断层的典型形态

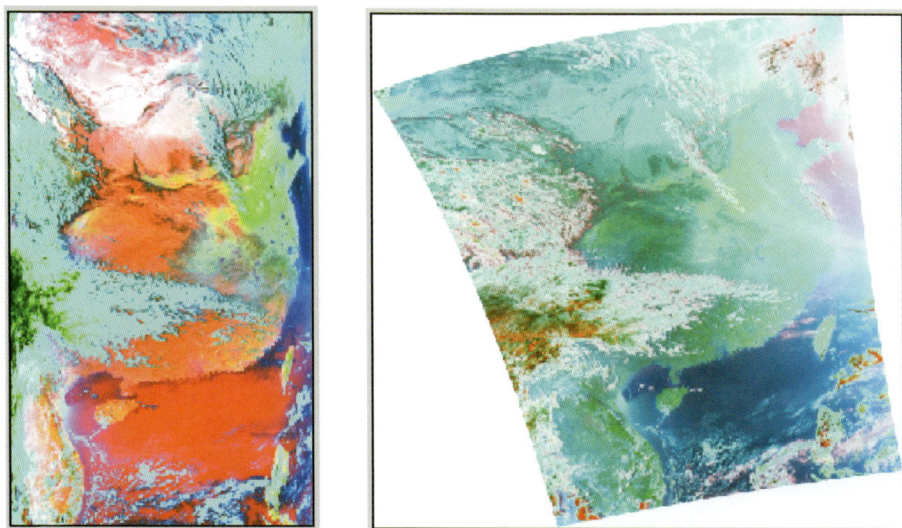

（a）校正前原始影像（彩色合成）　　　　　　　　（b）校正后彩色合成影像

图 2 - 7　MODIS 影像几何校正前、后对照影像图

图 2 - 8　影像增强前后效果对比图

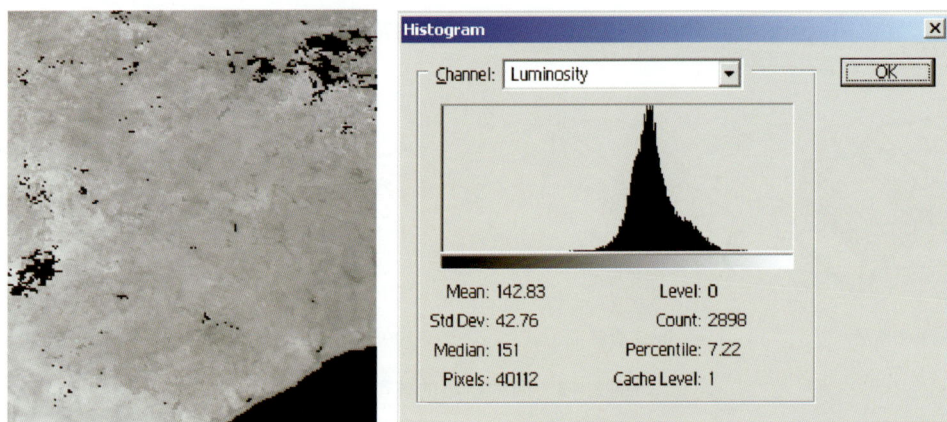

图 2 - 9　遥感影像及其像元灰度直方图

图 2 - 10　遥感影像高通滤波效果

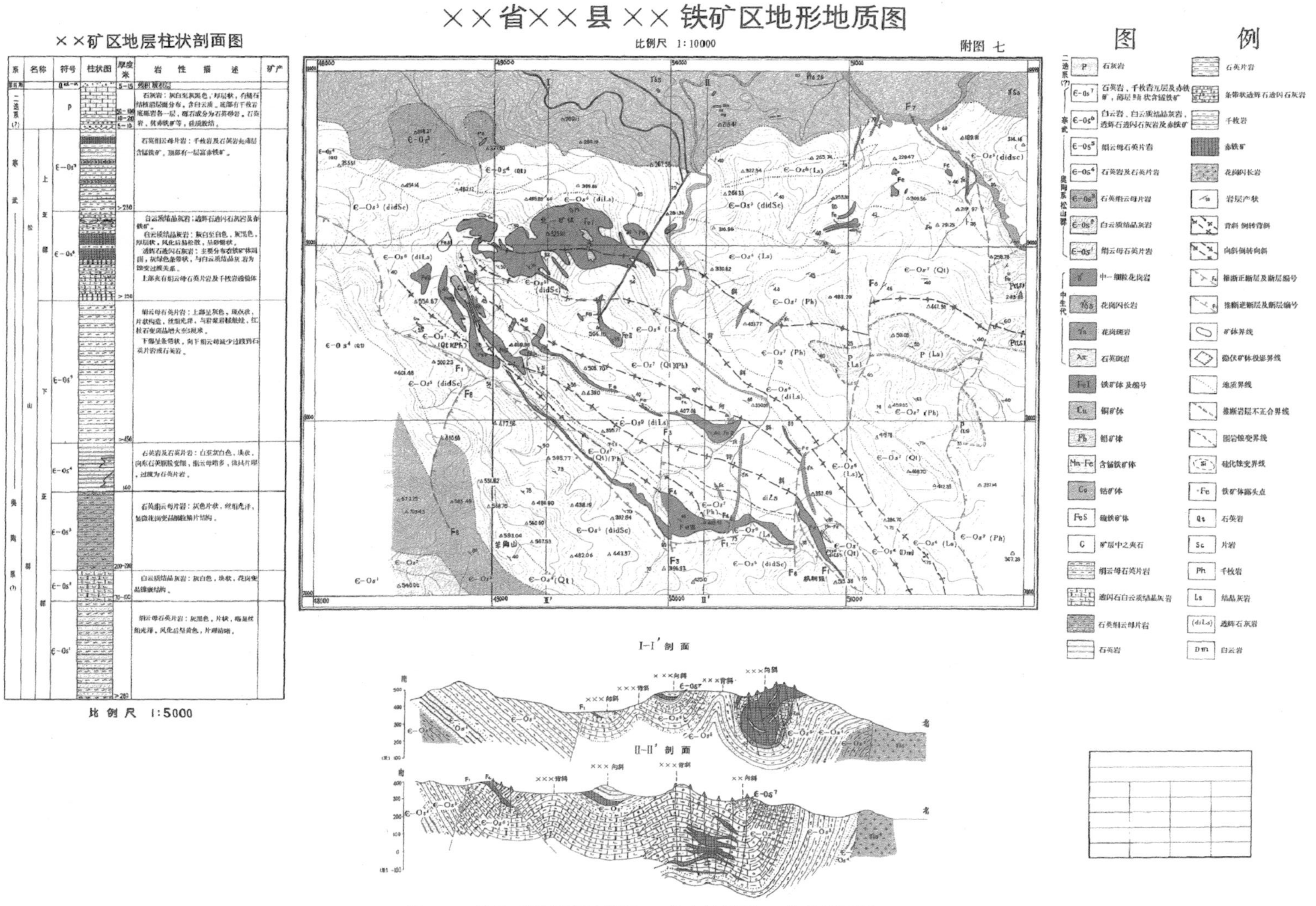

图3-14 某铁矿区地形地质图、综合柱状图、地质剖面图

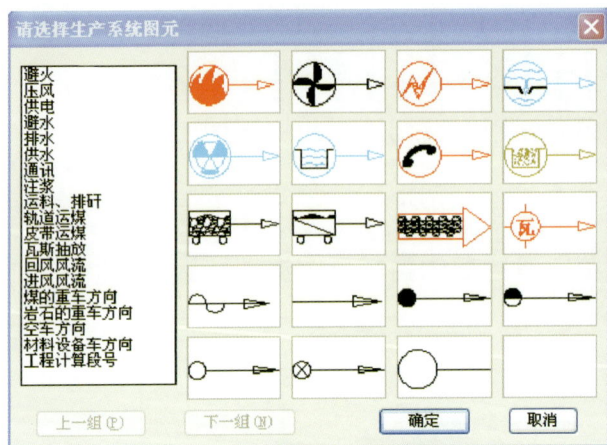

图 3-18 选择生产系统图元界面

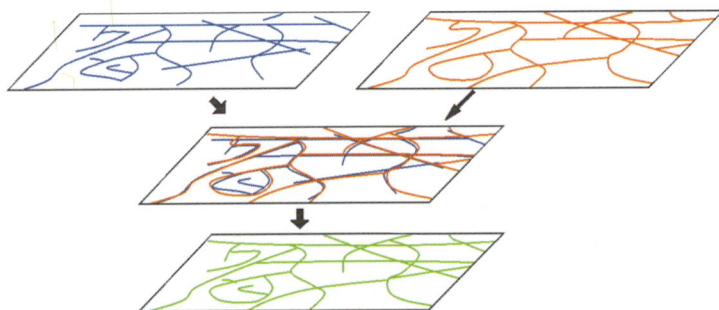

图 5-6 数字合并算法应用示例

图 5-7 控制点分布图

图 5-8 图像控制点位置测量方法

图 5 – 9　更新以后的地形图与影像图叠置对照

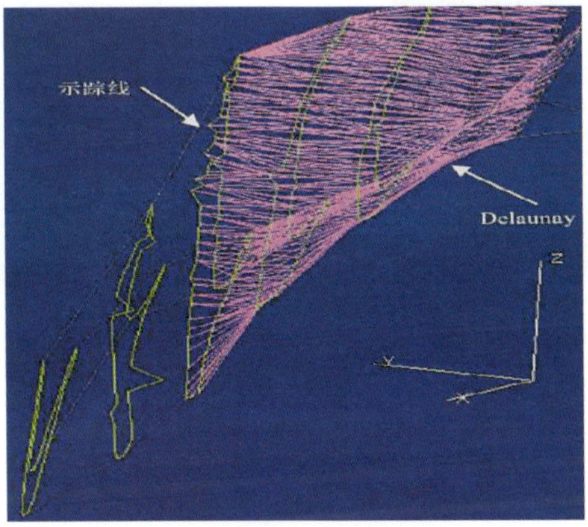

图 6 – 6　相连切片线框模型

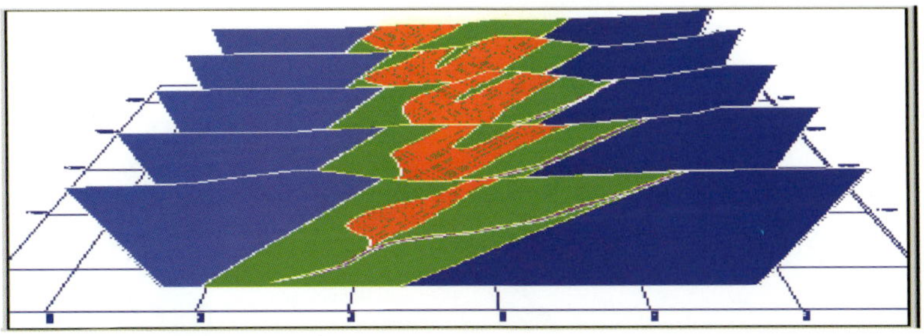

图 6 – 7　序列地质剖面实例

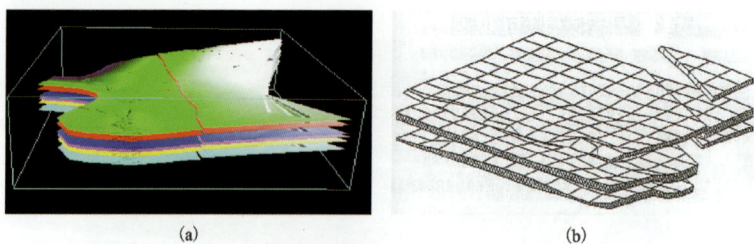

图 6 - 8　多层 DEM 建模实例

(a)5 个煤层的层面模型；(b)3 个煤层的层体模型

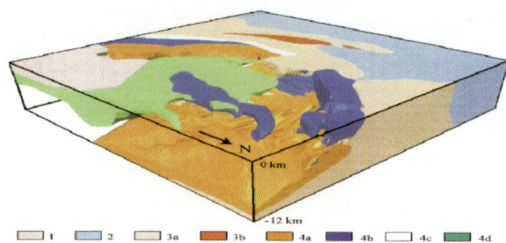

图 6 - 11　基于 Voronoi 图的地质模型

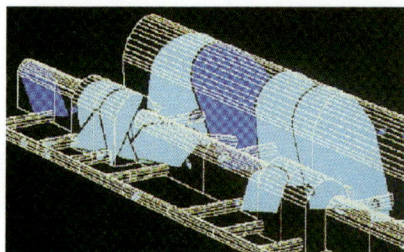

图 6 - 17　井巷工程的 Wire Frame 模型

图 6 - 18　井巷工程纹理渲染

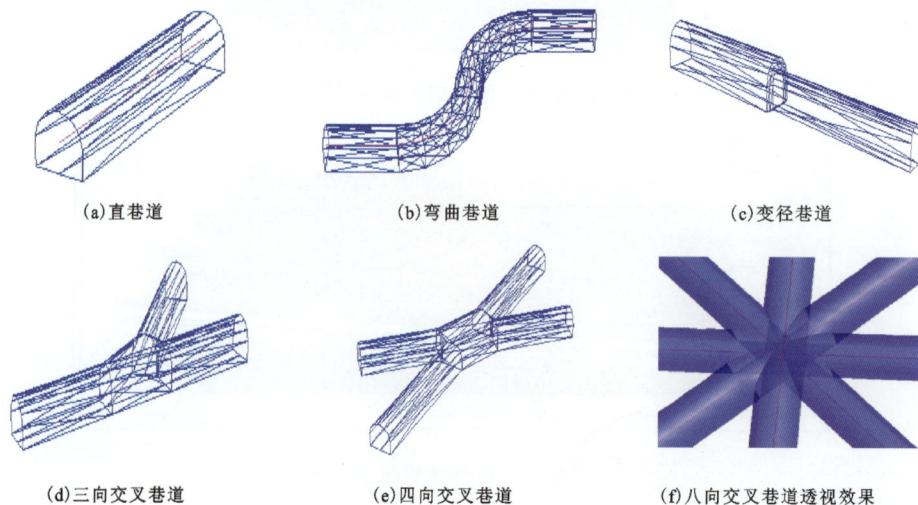

(a)直巷道　　　　　(b)弯曲巷道　　　　　(c)变径巷道

(d)三向交叉巷道　　　(e)四向交叉巷道　　　(f)八向交叉巷道透视效果

图 6 - 23　基于管线模型的巷道模型图

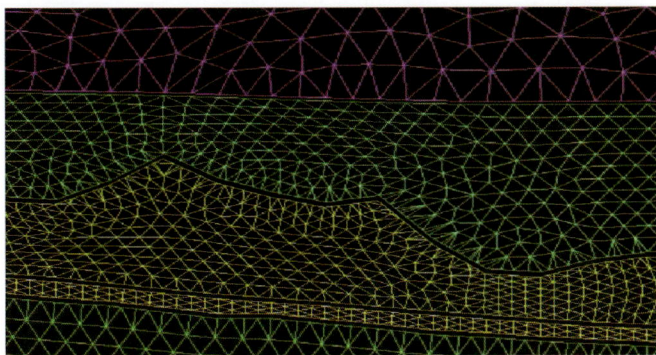

图 6 – 24　基于 TEN 的地质体与采掘工程集成建模

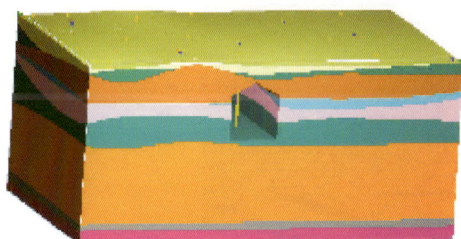

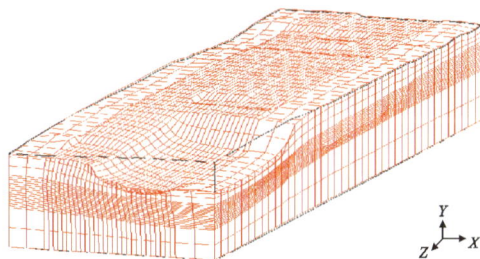

图 6 – 25　基于 TP 的地质体与采掘工程集成建模　　图 6 – 26　基于 3D Grid 的地质体与采掘工程集成建模

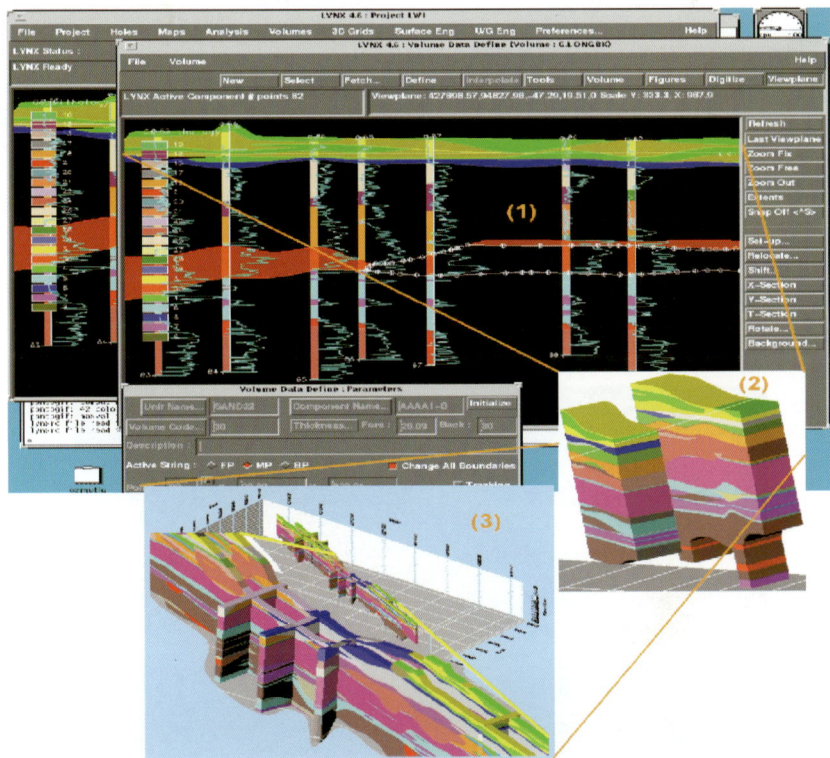

图 6 – 27　基于 Solid 的地质体与采掘工程集成建模

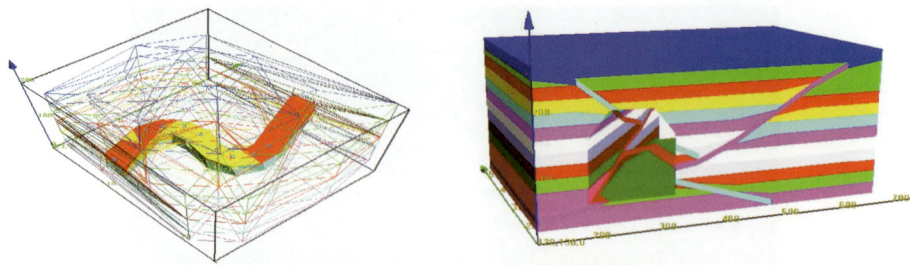

(a)井巷工程与地层的GTP耦合　　　　　　(b)井巷工程与地层集成模型效果

图6-34　井巷工程与地质体集成建模实例

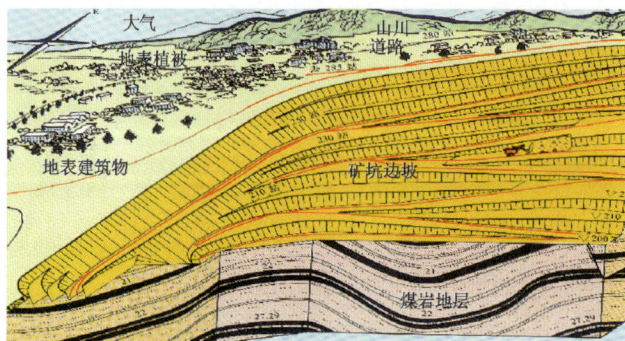

图6-35　典型矿山环境系统示意图

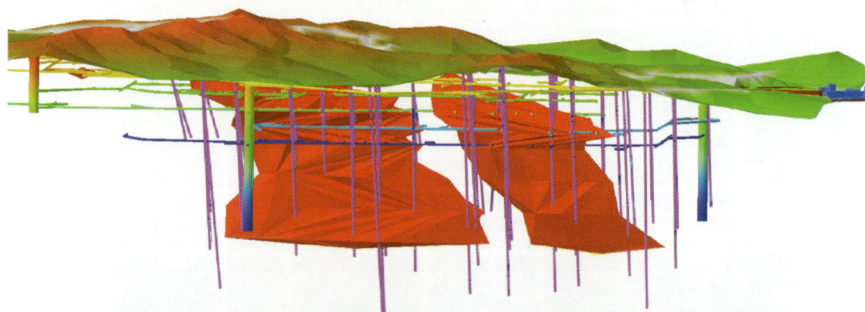

（a）地形、矿体与井巷工程的集成可视化

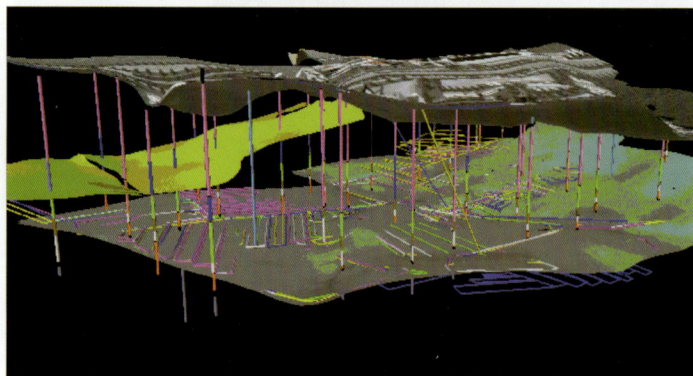

(b)地形、地表影像、煤层与井巷工程的集成可视化

图6-36　地上地下集成可视化实例

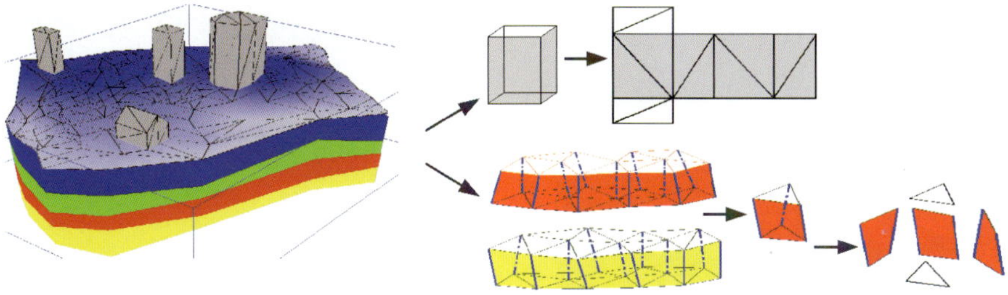

图 6 – 38　地上地下空间层次关系描述与三角形分解

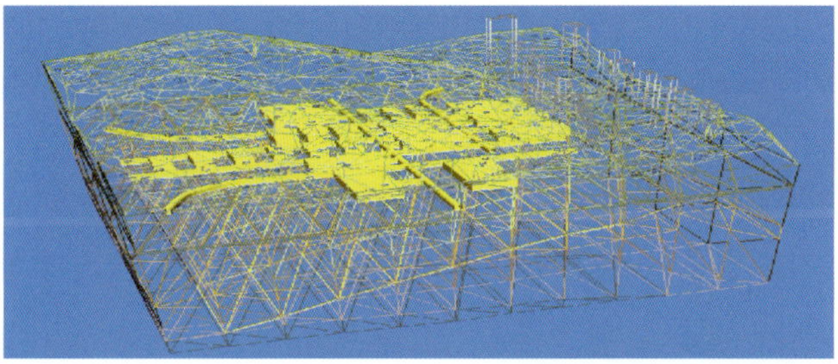

图 6 – 39　大型地下工程地上地下集成建模的空间网络图

图 6 – 40　北京 CBD 国际新城地上集成建模与可视化效果图

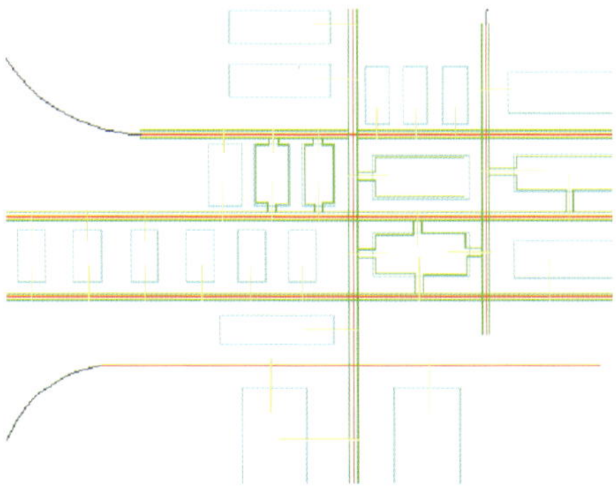

图 6 – 42　井巷工程平面设计图

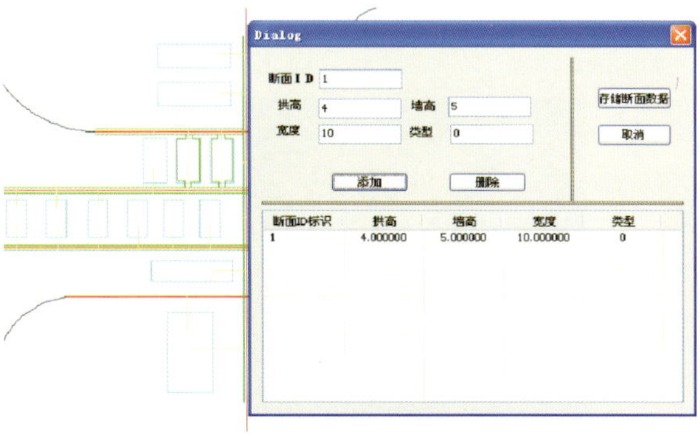

图 6 – 43　提取三维建模数据(断面元素)

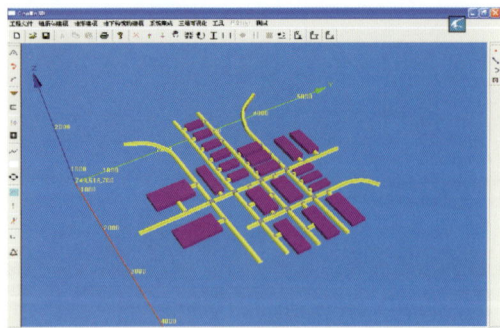

图 6 - 44　将提取数据导入三维系统进行三维建模

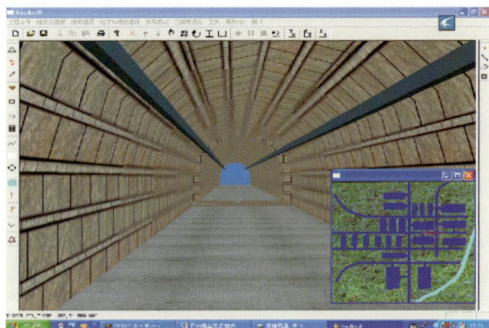

图 6 - 45　在三维模型内进行虚拟漫游与查询分析

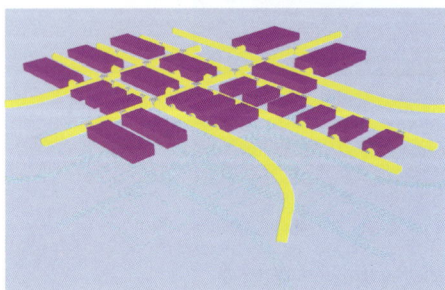

图 6 - 46　根据三维模型生成二维视图

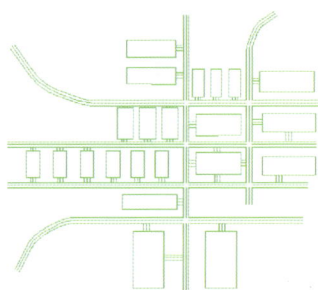

图 6 - 47　生成交换文件后导入 AutoCAD

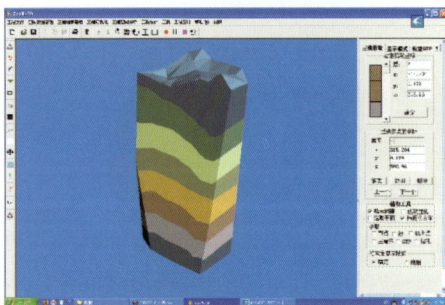

图 6 - 48　由三维模型剖切生成剖面

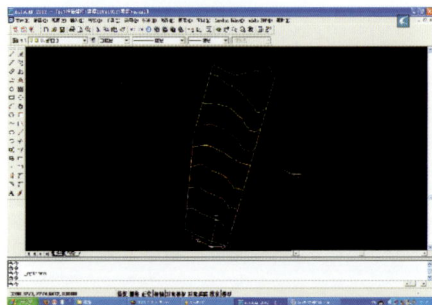

图 6 - 49　生成剖面交换文件后导入 AutoCAD

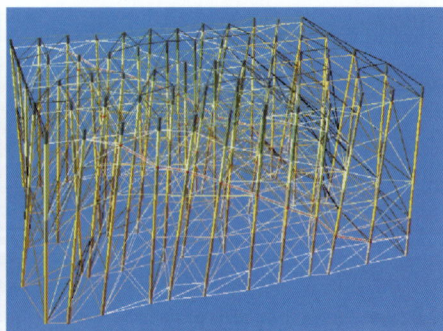

(a)四面体模型(TEN)　　　　　　　　(b)边界表示模型(B-reps)

图 6 - 51　GTP 模型向四面体模型、边界表示模型转化

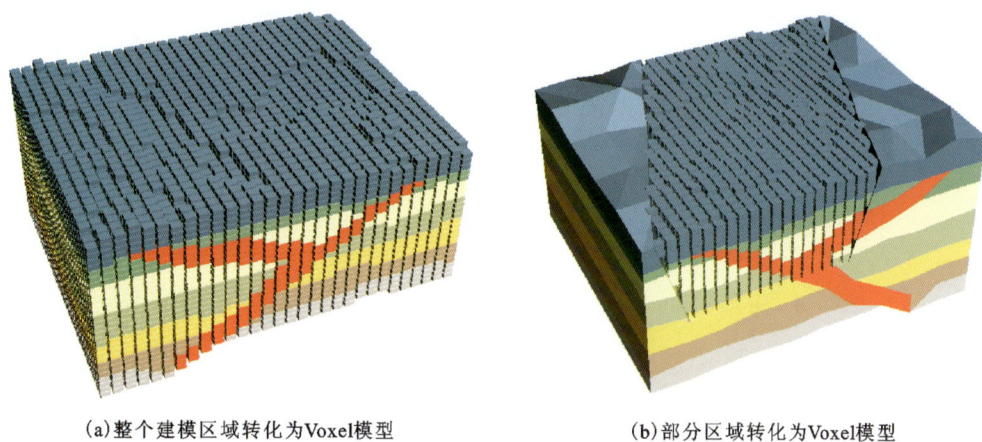

(a)整个建模区域转化为Voxel模型　　　　　　(b)部分区域转化为Voxel模型

图 6 – 52　GTP 模型转化为 Voxel 模型

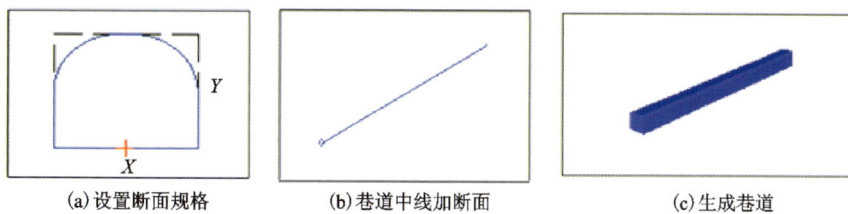

(a)设置断面规格　　　　(b)巷道中线加断面　　　　(c)生成巷道

图 7 – 1　中线加单一断面法生成巷道

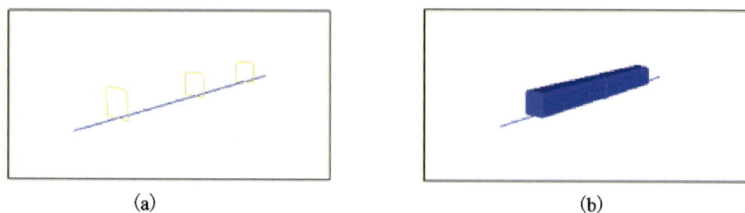

(a)　　　　　　　　　　　　　　(b)

图 7 – 2　中线加多个断面方法生成巷道实体

(a)在中线上指定；(b)断面与断面之间生成巷道

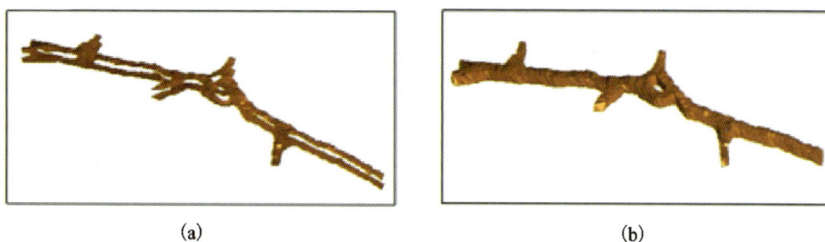

(a)　　　　　　　　　　　　　　(b)

图 7 – 3　顶板加底板法生成巷道实体

(a)实测顶底板面；(b)顶底板之间生成巷道实体

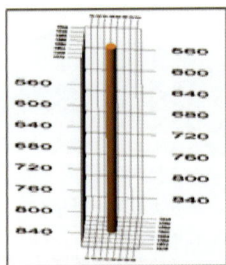

图 7 - 4　主井实体

图 7 - 5　斜井实体

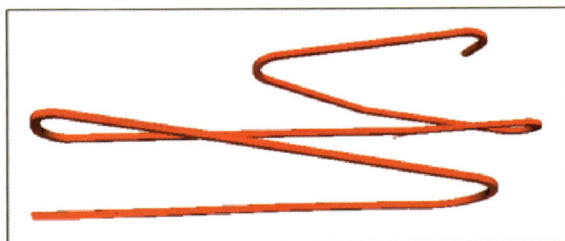

图 7 - 6　斜坡道实体

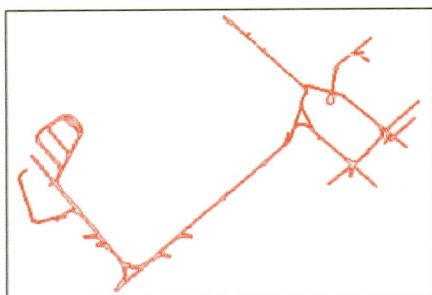

图 7 - 7　巷道底板实测线

图 7 - 8　巷道底板 DTM 图

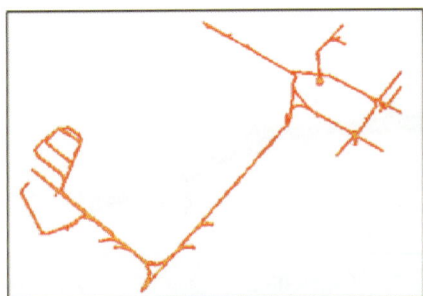

图 7 - 9　底部 DTM 剪切结果图

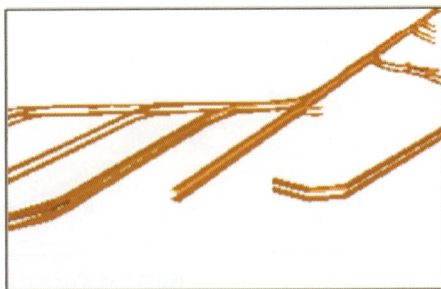

图 7 - 10　剪切后的巷道顶底板 DTM 图

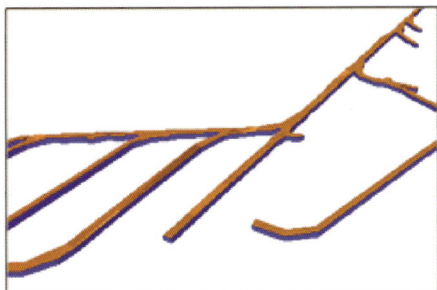

图 7－11　巷道顶底板合并示意图

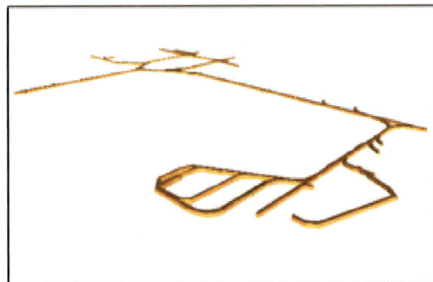

图 7－12　合并形成的巷道实体

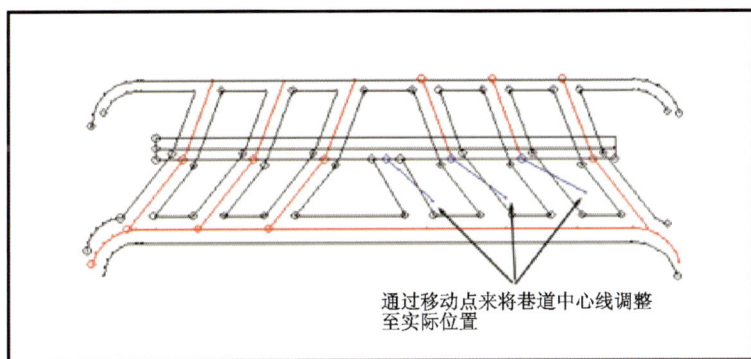

通过移动点来将巷道中心线调整至实际位置

图 7－13　调整巷道中心线的高程

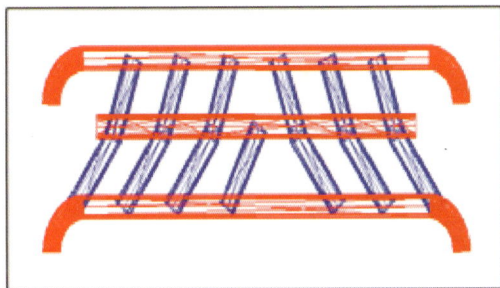

图 7－14　按中心线创建线框

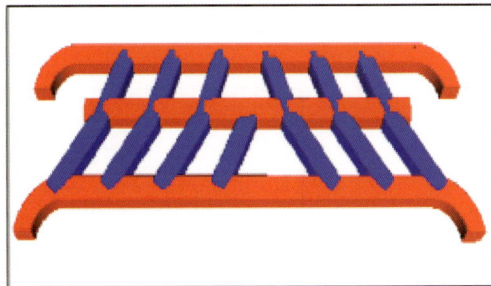

图 7－15　线框模型的三维显示

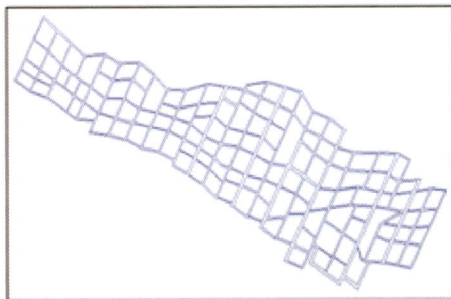

图 7－16　调整后的盘区划分图

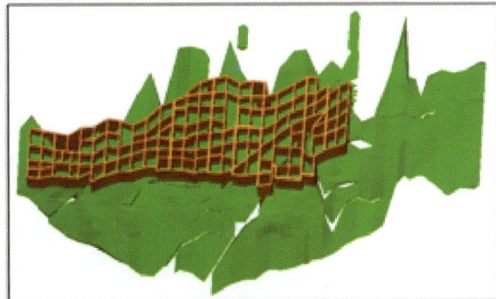

图 7－17　盘区实体与矿体空间关系

图 7 – 18　盘区分布图（矿房、矿柱）

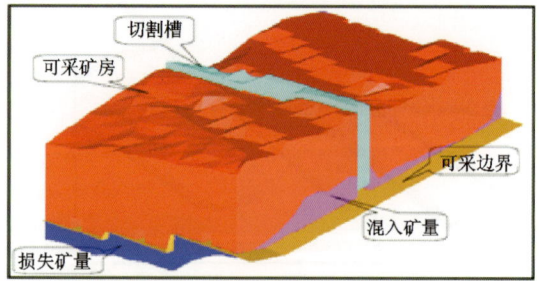

图 7 – 19　切割工程待爆破实体图

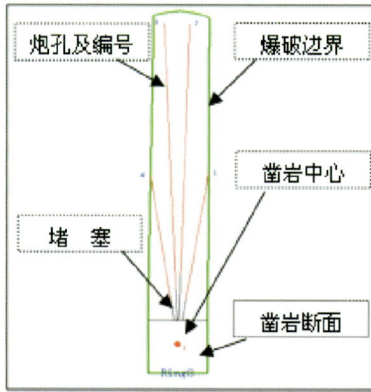

图 7 – 20　切割槽扇形爆破设计图

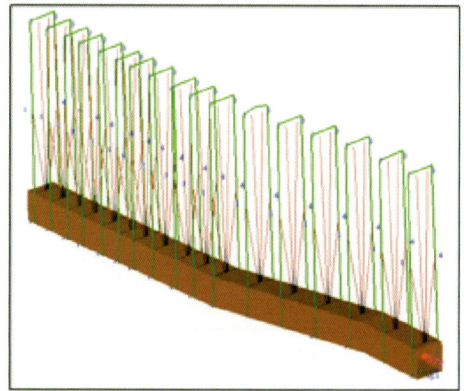

图 7 – 21　切割工程爆破设计图

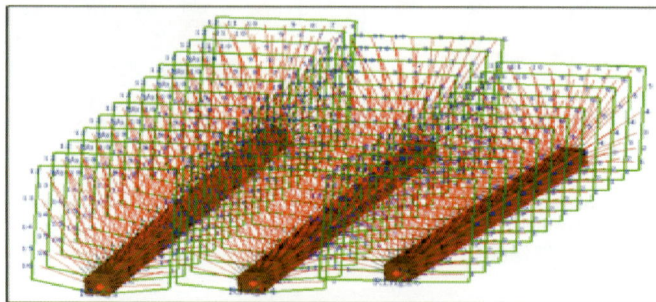

图 7 – 22　采矿扇形中深孔爆破设计图

图 7 – 23　生成爆破边界图

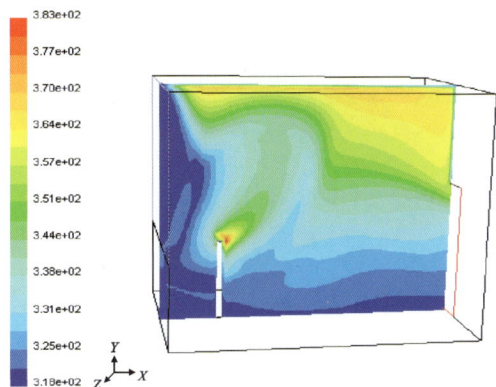

图 9 - 3　瓦斯火灾时温度场模拟

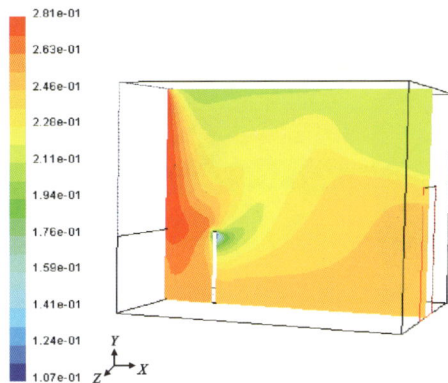

图 9 - 4　瓦斯火灾区域内氧气浓度分布模拟

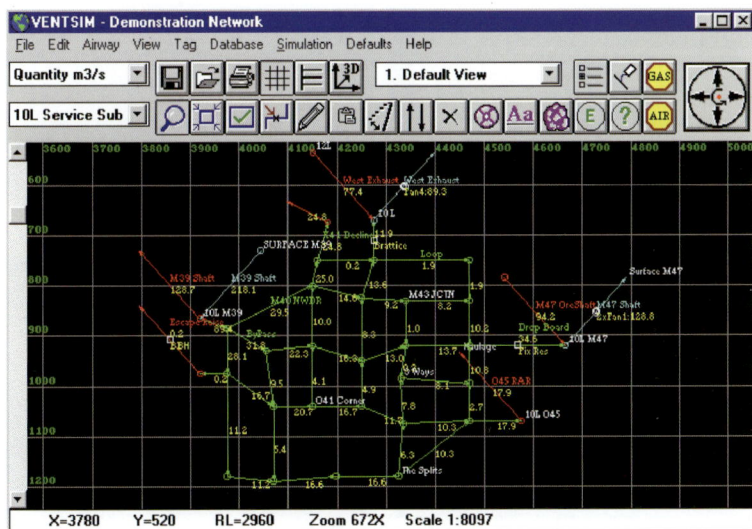

图 9 - 5　Ventsim 对矿山通风网络的模拟

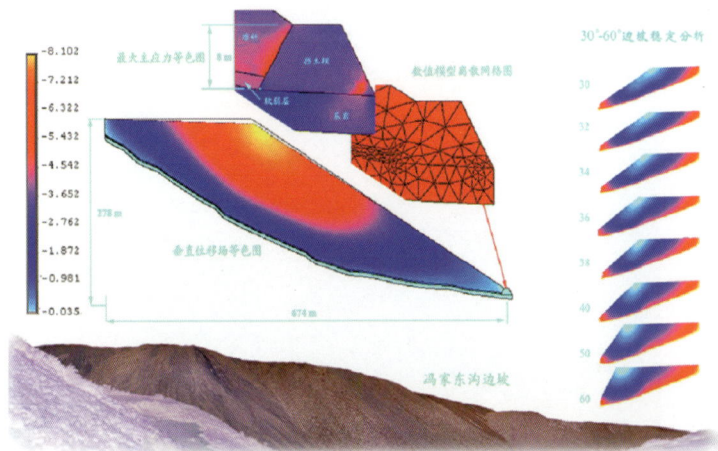

图 9 - 6　Ansys 对某露天矿边坡稳定性的模拟

图9-7　隧道与地层的三维集成可视化

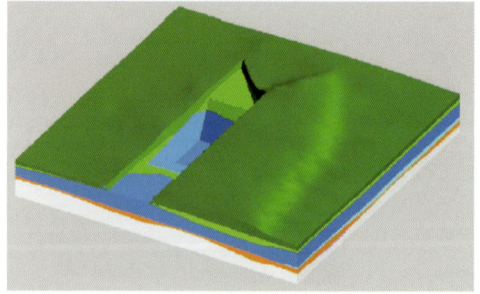

图9-8　矿坑与地层的三维集成可视化

（a）开挖巷道后的地质体模型

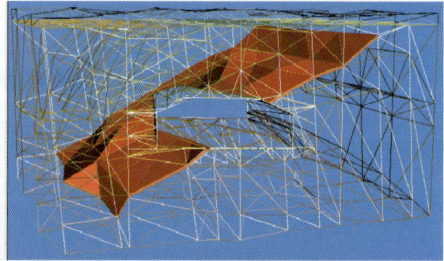

（b）集成模型的线框图

（c）巷道体三维效果

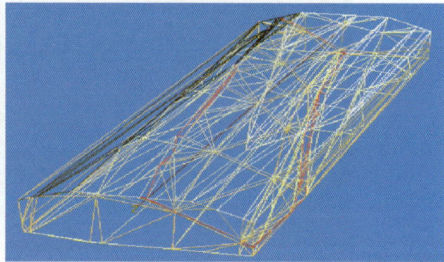

（d）巷道体三维线框图

图9-9　采掘空间与地层环境集成建模

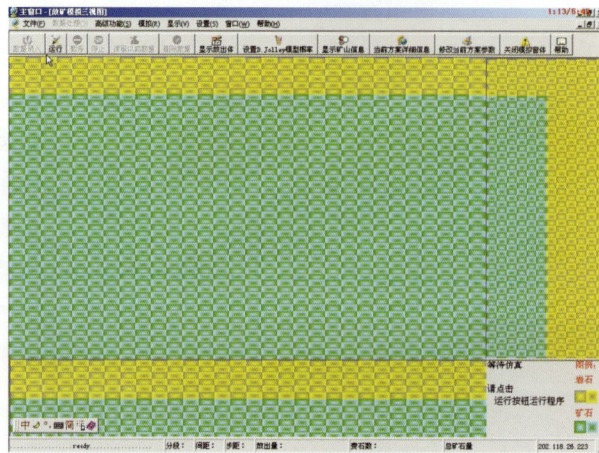

图9-13　运行模拟三视图窗口

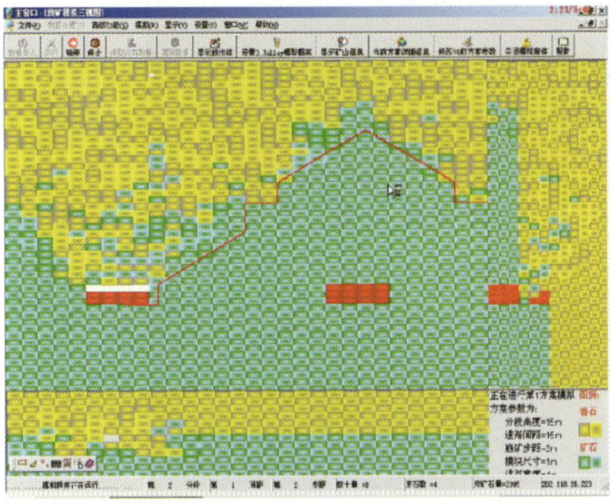

图 9 – 16　正在进行模拟的运行窗体

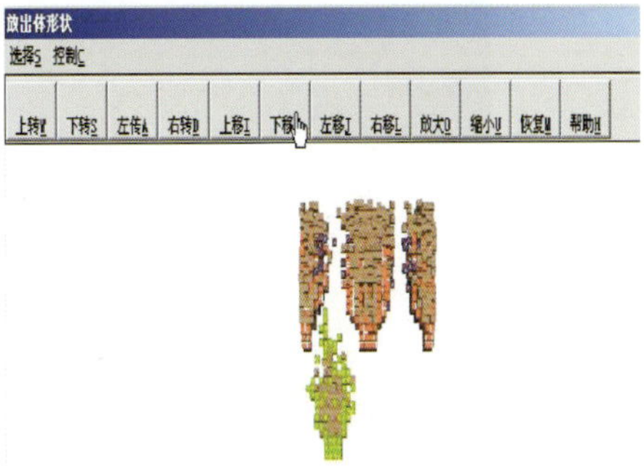

图 9 – 17　三维放出体

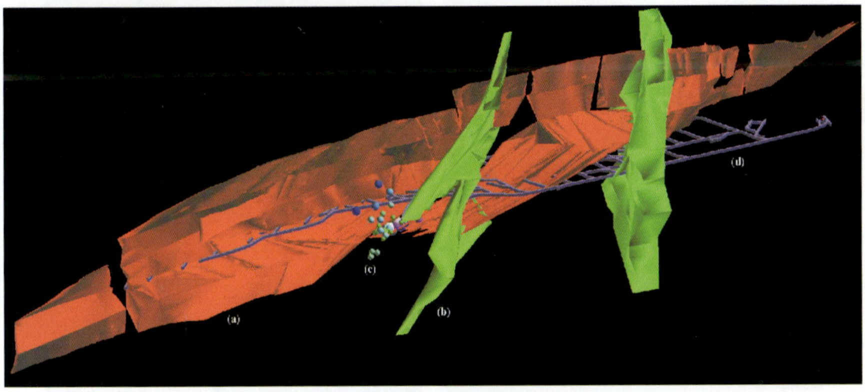

图 9 – 23　矿山微震灾害的虚拟现实

(a)铜矿体；(b)辉绿岩；(c)微震数据；(d)巷道

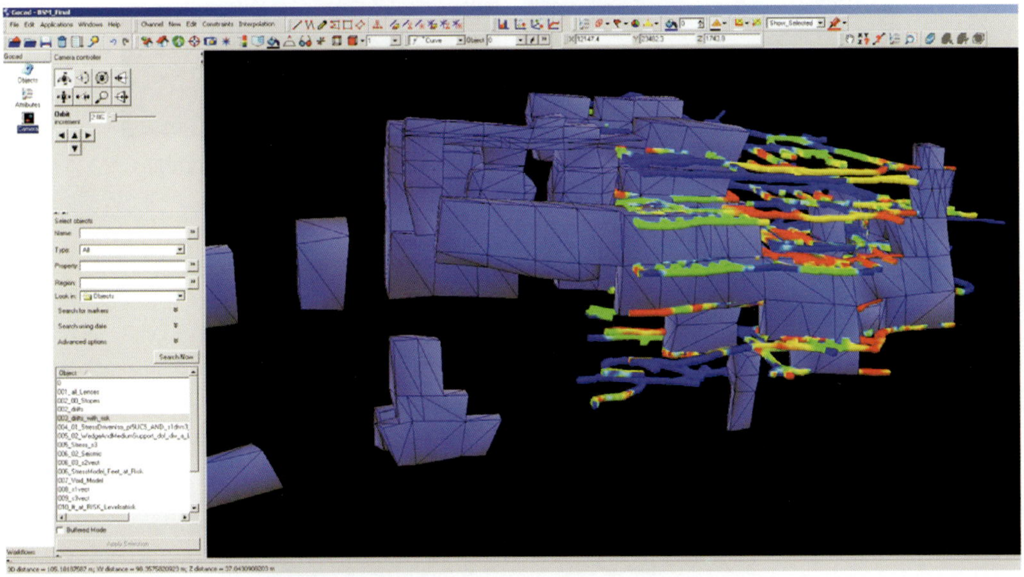

图 9 – 24　某金属矿巷道危险度的虚拟现实

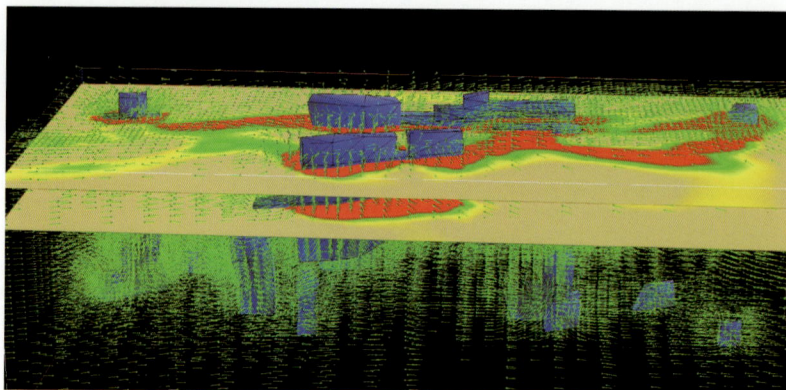

图 9 – 25　矿山应力场虚拟现实

(a)飞行员在接受失重仿真训练　　　　　(b)飞行员在接受航空设备操作技术培训

图 9 – 30　虚拟现实技术在航空领域应用

(a)VMS对矿山工作人员进行技术培训　　　(b)VMS在矿山生产工艺设计中的应用

图 9 – 31　虚拟矿山系统的功能特点

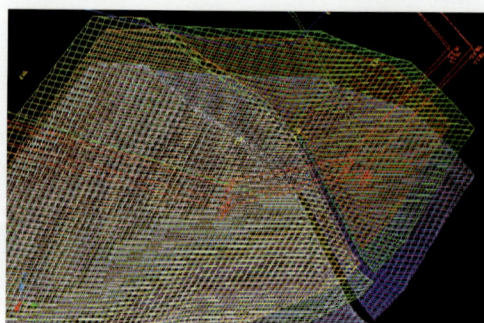

图 10 – 9　多层保护煤柱自动计算与可视化

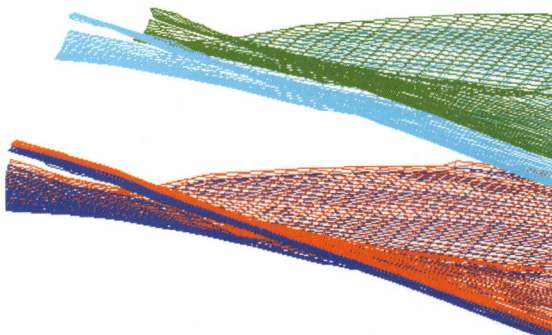

图 10 – 10 煤层不同角度的可视化效果

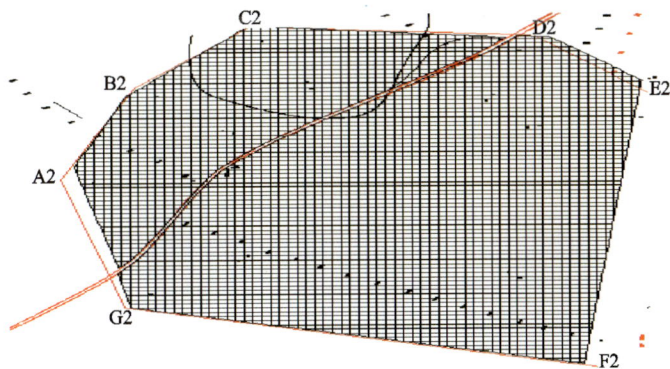

图 10 – 11 2#煤层底板保护煤柱对比图

(a)

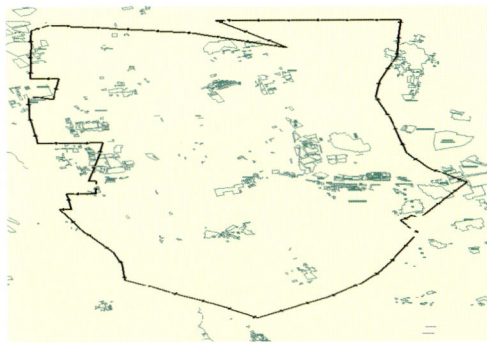

(b)

图 10 – 14 基于 ComGIS 的煤矿安全监测监控一体化系统有关分析界面

（a)井上下空间关系析；（b)超层越界开采分析预警

图 10 - 15 七台河矿业精煤集团的系统照片

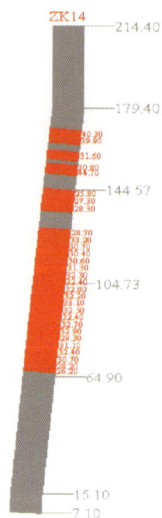

图 10 - 18 探矿钻孔柱状

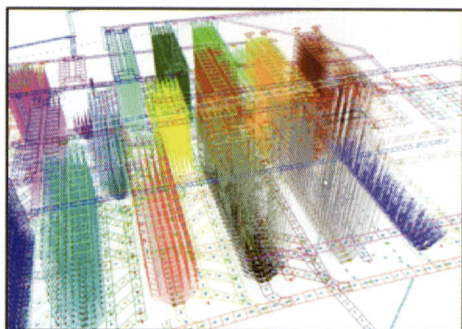

图 10 - 23 固定断面类型的帮线与任务点

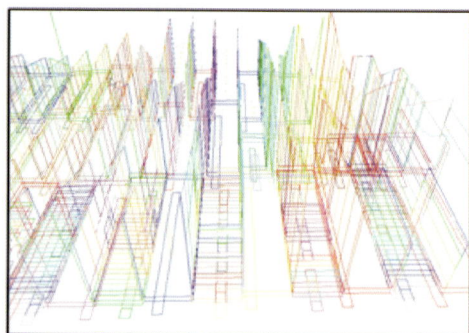

图 10 - 24 复杂实体类型的帮线与任务点

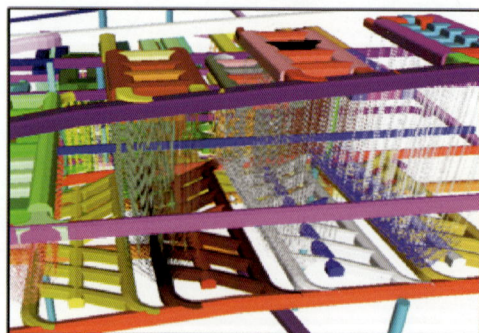

图 10 - 25 固定断面类型线框模型

图 10 - 26 复杂实体类型线框模型

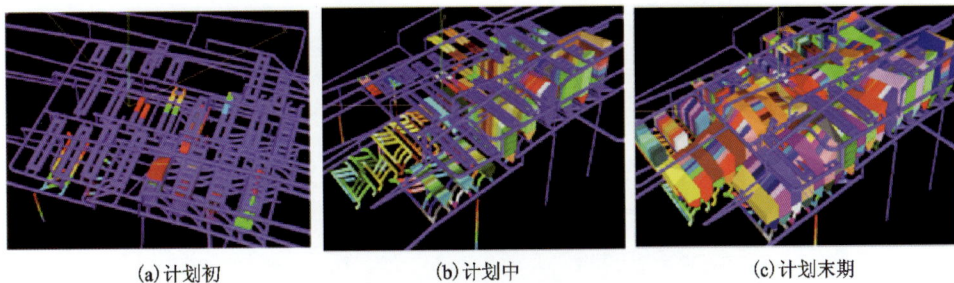

(a) 计划初　　　　　　　(b) 计划中　　　　　　　(c) 计划末期

图 10 - 28　开采计划动画演示中不同时期生产状况图

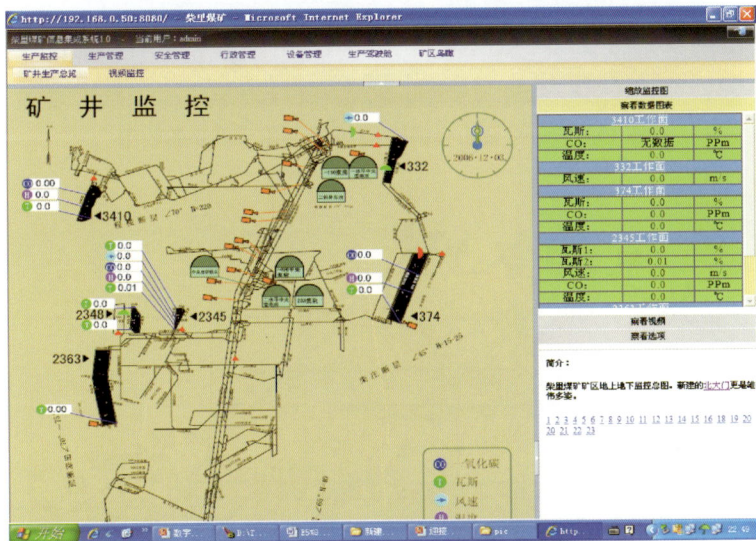

图 10 - 32　柴里矿监控信息集成系统矿井生产总览

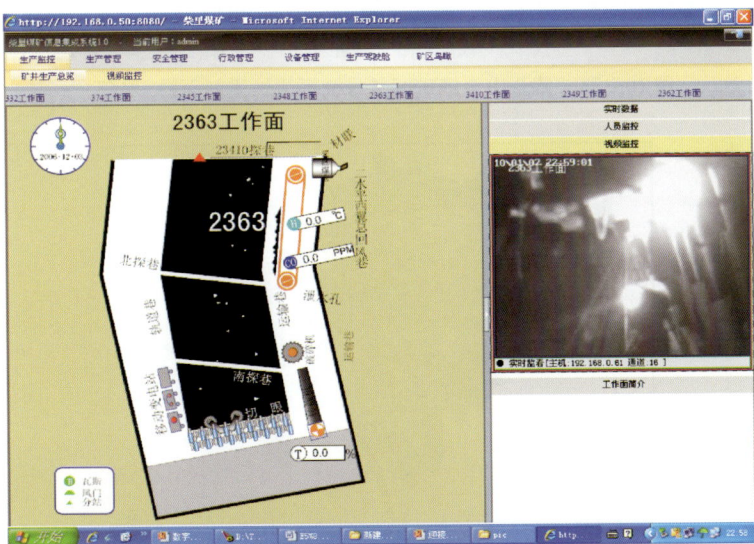

图 10 - 33　柴里矿监控信息集成系统工作面监控布局与视频显示

图 10 - 37　紫金山金铜矿 08 年某月露天开采验收图

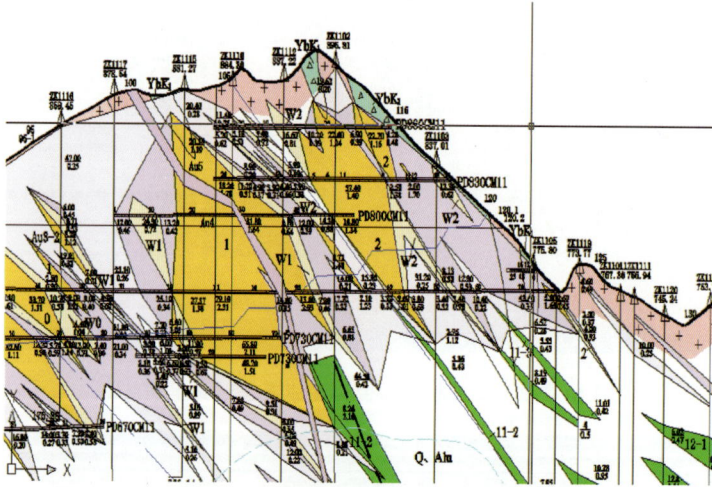

图 10 - 38　紫金山金铜矿区某号勘探线地质剖面图(局部)

图 10 - 41　矿体模型

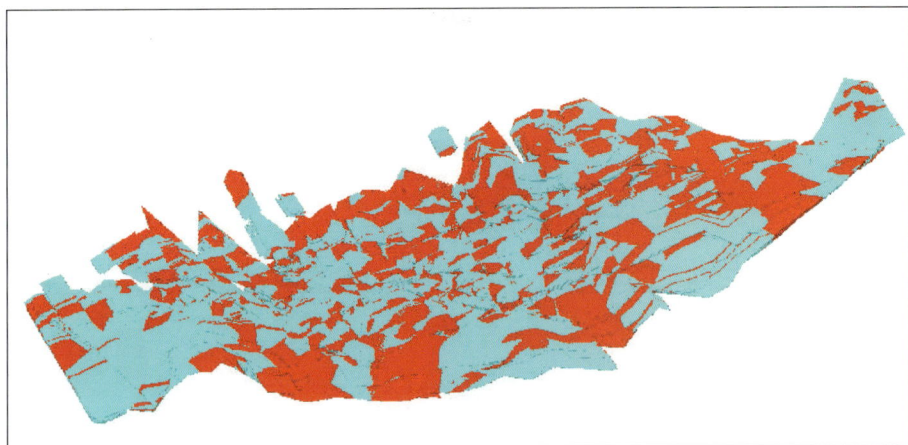

图 10 - 42　Cu 克里格估值后块段模型显示

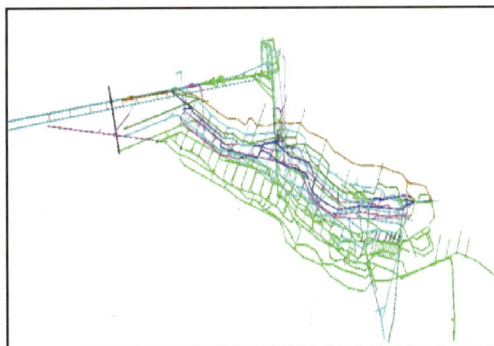

图 10 - 43　三维开拓系统线框实体平面图

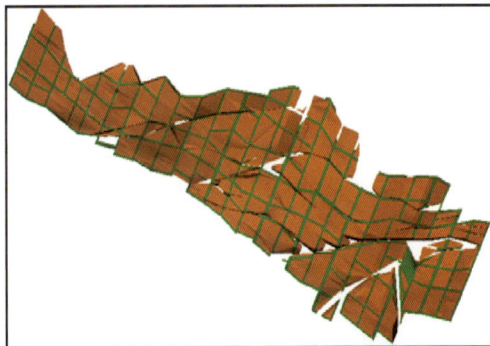

图 10 - 44　中段矿体盘区划分图

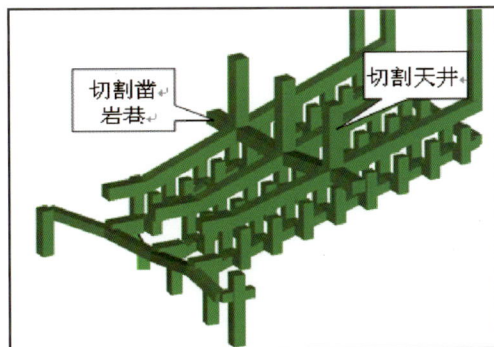

图 10 - 45　切割凿岩巷道和切割天井

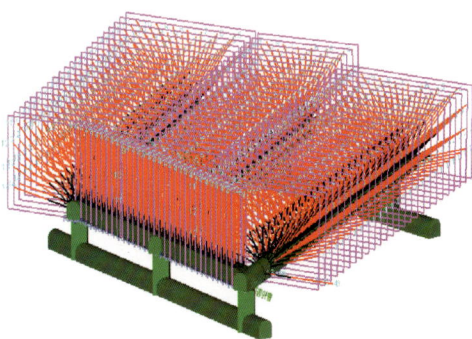

图 10 - 46　中深孔爆破设计综合图

▶ **267**

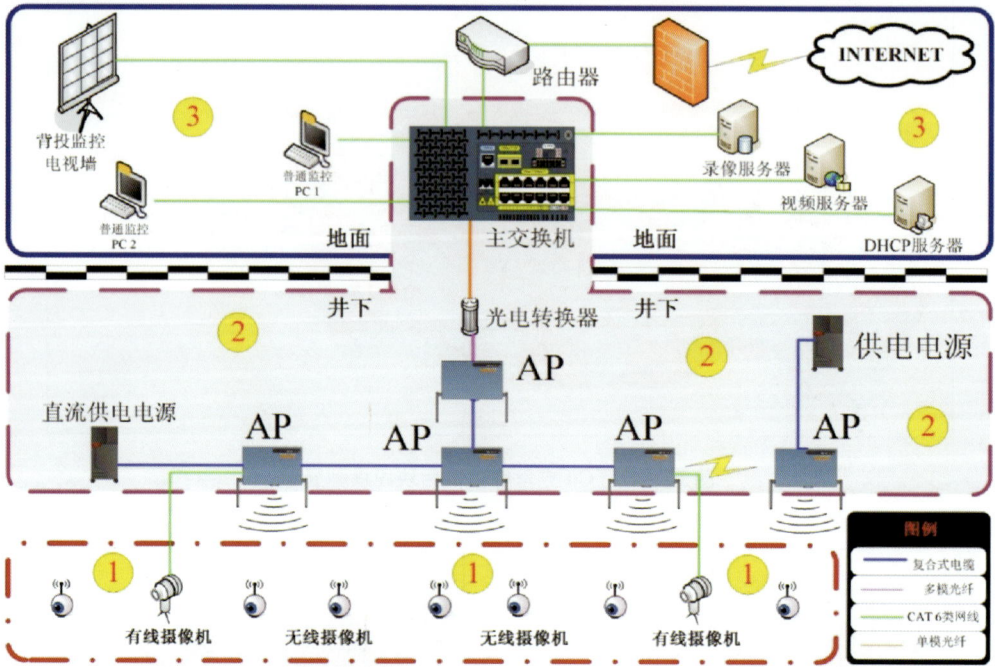

图 10 - 49　无线数字视频监控系统结构图

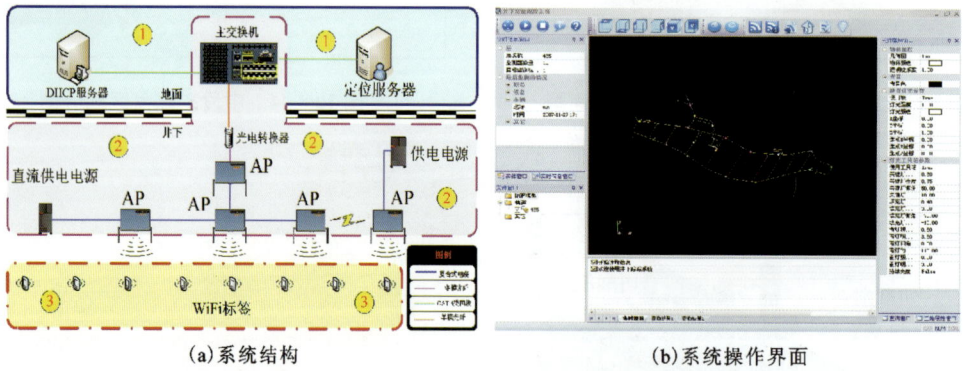

（a）系统结构　　　　　　　　（b）系统操作界面

图 10 - 51　无线定位考勤与跟踪系统图